高职高专测绘类专业“十二五”规划教材·规范版

教育部测绘地理信息职业教育教学指导委员会组编

# 矿 山 测 量

■ 主 编 冯大福

■ 副主编 杨 楠 陈 帅

武汉大学出版社

图书在版编目(CIP)数据

矿山测量/冯大福主编;杨楠,陈帅副主编 .—武汉:武汉大学出版社,2013.2(2020.8 重印)
高职高专测绘类专业“十二五”规划教材·规范版
ISBN 978-7-307-10407-5

Ⅰ.矿…　Ⅱ.①冯…　②杨…　③陈…　Ⅲ.矿山测量—高等职业教育—教材　Ⅳ.TD17

中国版本图书馆 CIP 数据核字(2012)第 318711 号

责任编辑:谢文涛　　责任校对:刘　欣　　版式设计:马　佳

出版发行:**武汉大学出版社**　(430072　武昌　珞珈山)
(电子邮箱:cbs22@whu.edu.cn 网址:www.wdp.com.cn)
印刷:荆州市鸿盛印务有限公司
开本:787×1092　1/16　印张:20.5　字数:482 千字　插页:1
版次:2013 年 2 月第 1 版　　2020 年 8 月第 3 次印刷
ISBN 978-7-307-10407-5/TD·1　　定价:40.00 元

# 高职高专测绘类专业“十二五”规划教材·规范版
## 编审委员会

# 序

武汉大学出版社根据高职高专测绘类专业人才培养工作的需要，于 2011 年和教育部高等教育高职高专测绘类专业教学指导委员会合作，组织了一批富有测绘教学经验的骨干教师，结合目前教育部高职高专测绘类专业教学指导委员会研制的“高职测绘类专业规范”对人才培养的要求及课程设置，编写了一套《高职高专测绘类专业“十二五”规划教材·规范版》。该套教材的出版，顺应了全国测绘类高职高专人才培养工作迅速发展的要求，更好地满足了测绘类高职高专人才培养的需求，支持了测绘类专业教学建设和改革。

当今时代，社会信息化的不断进步和发展，人们对地球空间位置及其属性信息的需求不断增加，社会经济、政治、文化、环境及军事等众多方面，要求提供精度满足需要，实时性更好、范围更大、形式更多、质量更好的测绘产品。而测绘技术、计算机信息技术和现代通信技术等多种技术集成，对地理空间位置及其属性信息的采集、处理、管理、更新、共享和应用等方面提供了更系统的技术，形成了现代信息化测绘技术。测绘科学技术的迅速发展，促使测绘生产流程发生了革命性的变化，多样化测绘成果和产品正不断努力满足多方面需求。特别是在保持传统成果和产品的特性的同时，伴随信息技术的发展，已经出现并逐步展开应用的虚拟可视化成果和产品又极好地扩大了应用面。提供对信息化测绘技术支持的测绘科学已逐渐发展成为地球空间信息学。

伴随着测绘科技的发展进步，测绘生产单位从内部管理机构、生产部门及岗位设置，进而相关的职责也发生着深刻变化。测绘从向专业部门的服务逐渐扩大到面对社会公众的服务，特别是个人社会测绘服务的需求使对测绘成果和产品的需求成为海量需求。面对这样的形势，需要培养数量充足，有足够的理论支持，系统掌握测绘生产、经营和管理能力的应用性高职人才。在这样的需求背景推动下，高等职业教育测绘类专业人才培养得到了蓬勃发展，成为了占据高等教育半壁江山的高等职业教育中一道亮丽的风景。

高职高专测绘类专业的广大教师积极努力，在高职高专测绘类人才培养探索中，不断推进专业教学改革和建设，办学规模和专业点的分布也得到了长足的发展。在人才培养过程中，结合测绘工程项目实际，加强测绘技能训练，突出测绘工作过程系统化，强化系统化测绘职业能力的构建，取得很多测绘类高职人才培养的经验。

测绘类专业人才培养的外在规模和内涵发展，要求提供更多更好的教学基础资源，教材是教学中的最基本的需要。因此面对“十二五”期间及今后一段时间的测绘类高职人才培养的需求，武汉大学出版社将继续组织好系列教材的编写和出版。教材编写中要不断将测绘新科技和高职人才培养的新成果融入教材，既要体现高职高专人才培养的类型层次特征，也要体现测绘类专业的特征，注意整体性和系统性，贯穿系统化知识，构建较好满足现实要求的系统化职业能力及发展为目标；体现测绘学科和测绘技术的新发展、测绘管理与生产组织及相关岗位的新要求；体现职业性，突出系统工作过程，注意测绘项目工程和生产中与相关学科技术之间的交叉与融合；体现最新的教学思想和高职人才培养的特色，在传统的教材基础上勇于创新，按照课程改革建设的教学要求，让教材适应于按照“项目教学”及实训的教学组织，突出过程和能力培养，具有较好的创新意识。要让教材适合高职高专测绘类专业教学使用，也可提供给相关专业技术人员学习参考，在培养高端技能应用性测绘职业人才等方面发挥积极作用，为进一步推动高职高专测绘类专业的教学资源建设，作出新贡献。

按照教育部的统一部署，教育部高等教育高职高专测绘类专业教学指导委员会已经完成使命，停止工作，但测绘地理信息职业教育教学指导委员会将继续支持教材编写、出版和使用。

**教育部测绘地理信息职业教育教学指导委员会副主任委员**

二〇一三年一月十七日

# 前　言

为了适应矿山测量新技术的发展，满足高等职业教育人才培养新的需要，教育部高职高专测绘类专业教学指导委员会和武汉大学出版社共同组织编写了本系列教材。

在编写本书的作者中，有两位从事矿山测量工作十余年，有着非常丰富的生产实践经验。围绕培养技能型人才培养目标，共同充分讨论并最终定稿的教材编写大纲，体现了本书的系统性、先进性和实用性。

本书由冯大福任主编，杨楠、陈帅任副主编。具体编写分工是：绪论、第5章、第6章、第10章、第11章、第13章由冯大福（重庆工程职业技术学院）编写；第3章由杨楠（云南能源职业技术学院）编写；第2章由陈帅（山西水利职业技术学院）编写；第4章、第7章、第12章由邓军（重庆工程职业技术学院）编写；第8章、第9章由申浩（黄河水利职业技术学院）编写；第1章由朱红侠（重庆工程职业技术学院）编写。全书由冯大福统稿。

在本书的编写过程中，参阅了大量的文献，引用了同类书刊的部分资料，在此，谨向有关作者表示衷心的感谢！教育部测绘地理信息职业教育教学指导委员会副主任委员赵文亮教授、副秘书长张东明教授、委员李天和教授亲自组织审定了本教材的编写大纲，在此也深表谢意！

由于作者水平有限，书中难免存在缺点和疏漏，恳请广大读者朋友批评指正。

**编　者**

2012年8月

# 前言

# 目　　录

# 绪　论

**【教学目标】**

学习本章，要了解矿山测量的研究内容、矿山测量的主要任务、矿山测量的发展历程、矿山测量人员应掌握的专业理论知识、矿山测量人员应具有的品格，要知道矿山测量的基本原则以及矿山测量的特点，从而对矿山测量有一个轮廓性的了解。

## 0.1　矿山测量的研究内容和任务

### 0.1.1　矿山测量的研究内容

矿山测量学科是采矿科学的一个分支，是采矿科学的重要组成部分，也是介于测量学和采矿学的边缘学科，它是综合运用测量、地质及采矿等多种学科知识，来研究矿山勘探设计、矿区建设、矿物开采直至矿井报废整个过程中的矿山测量及矿图绘制的理论与方法、仪器设备的选型与检校、测绘工程的组织实施，以及测绘成果的验收、管理与应用；同时，还研究开采沉陷规律和采动损害的防治以及矿物的开采损失和储量动态的计算与管理等。

矿山测量学科的主要内容可用以下四个分支学科加以概括：

(1)矿区控制测量。研究矿区平面和高程控制网的建立，包括坐标系统的选定、技术设计、施测和平差计算等内容，是与大地测量学联系极为紧密的矿山测量基础学科。

(2)矿山测量学。包括矿区建设施工测量、生产矿井测量和露天矿测量三大部分。矿区建设施工测量主要研究矿区建设时期的工业与民用建筑物、铁路和管线等工程的施工测量，立井施工与设备的安装测量，以及井底车场、硐室和主要井巷施工测量等；生产矿井测量主要研究矿井开采时期的矿山测量工作，包括矿井的平面与高程控制测量、矿井联系测量、巷道施工测量与贯通测量、采掘工程的进度与验收测量，以及各种矿图的绘制和矿测资料的提供与管理等；露天矿测量主要研究露天矿剥离、日常生产测量以及边坡变形观测等问题。

(3)矿山开采沉陷学。研究开采引起的围岩与地表移动变形规律以及采动损害及防治等矿山岩体力学与环境工程问题，是由采矿学科发展起来的矿山测量的一个重要分支学科。

(4)矿体几何学。应用图解和数学模型研究矿体形态和矿产性质以及矿产资源保护与评价等问题，是矿图绘制、储量计算与管理的理论基础。矿体几何学也是由采矿学和地质学相交融而发展起来的矿山测量学科的重要分支。

### 0.1.2 矿山测量的任务

矿山测量是矿产资源开发过程中不可缺少的一项重要的基础技术工作。在矿井勘探、设计、建设、生产各个阶段直到矿井报废为止，都要进行矿山测量工作。

在矿床勘探阶段，要建立勘探区域的地面控制网，测绘 1∶5000 比例尺的地形图，标定设计好的勘探工程，例如，钻孔、探槽及探井、探巷等，并将它们测绘到平面图上。同时还要与地质人员共同测绘、编制图纸和进行储量计算。

在矿山设计阶段，需要测绘比例尺为 1∶1000，1∶2000 的地形图，作为工业广场、建(构)筑物、线路等设计的依据，还应进行土方量计算等工作。

在矿山建设阶段，要进行一系列施工测量。例如，标设井筒或露天矿开挖沟道位置，工业与民用建(构)筑物放样，凿井开巷测量，设备安装测量及线路测量等。

在矿山生产阶段，需要进行巷道标定与测绘、储量管理，开采监督，岩层与地表移动观测与研究，以及露天矿边坡稳定性的观测与研究等。参加采矿计划编制和环境保护与土地复垦的工作。

当矿山报废时，还须将全套矿山测绘图件、测量手簿及计算资料等转交给有关单位长期保存。

综上所述，矿山测量在矿山生产建设中承担的主要任务可归纳为：

(1)建立矿山地面和井下(露天矿)测量控制系统，绘制大比例尺地形图。

(2)各种矿山基本建设工程的施工测量。

(3)测绘各种采掘工程图、矿山专用图及矿体几何图。

(4)对资源利用及生产情况进行检查和监督。

(5)观测和研究由于开采所引起的地表与岩层移动及其基本规律，以及露天矿边坡的稳定性。组织开展“三下”(建筑物下、铁路下、水体下)采矿和矿柱留设的实施方案。

(6)进行矿区土地复垦及环境综合治理研究。

(7)进行矿区范围内的地籍测量。

(8)参与本矿区(矿)月度、季度、年度生产计划和长远发展规划的编制工作。

## 0.2 矿山测量的发展概况

矿山测量是一门工程技术型学科。它是从采矿实践中产生和发展起来的。

我国是世界上采矿事业发展最早的国家，公元前两千多年的黄帝时代已经开始应用金属，如铜等。到了周代金属工具已普遍应用。说明此时的采矿业已经很发达。据《周礼》记载，在周代已经设立了专门的采矿部门，在开采时重视矿体形状，并使用矿产地质图以辨别矿产的分布。说明此时我国的矿山测量已经有相当的成就。到了近代，矿山测量技术有了长足发展，1879 年(光绪五年)，开滦矿区建设第一对矿井——唐山矿时，就设立了测量机构，测绘了井田地形图和采掘工程图。1908 年，清政府颁布实施的《大清矿务章程》中已经有了矿图绘制程式要求。

中华人民共和国成立后，我国矿山测量得到了迅速发展。根据采矿业发展的需要，

1953年，北京矿业学院(现中国矿业大学)首先设置了矿山测量专业。1954年，燃料工业部全国煤矿管理总局成立测量处，之后合并为地质测量处。1956年，唐山煤炭科学研究院建立了中国第一个矿山测量研究机构——矿山测量研究室，即现在的煤炭科学研究总院唐山分院矿山测量研究所。与此同时，各大中型矿山企业相继成立了矿山测量机构，对矿区地面控制网进行了全面的改建或重建，统一了矿区坐标系统。1981年，中国煤炭学会矿山测量专业委员会成立，召开了第一届矿山测量学术大会。

在国外，公元前13世纪，埃及有了按比例缩小绘制的巷道图。公元前1世纪，希腊学者亚历山德里斯基已对地下测量和定向进行了叙述。但是，矿山测量作为一门独立的学科始于德国、俄国等国家。在德国，1556年出版了由格·阿格里柯拉著的《采矿与冶金》一书，其第五章专门论述采用罗盘测量井下巷道和解决采矿过程中的一些几何问题。16世纪后半期，德国采矿业中出现了专门从事测量工作的人员，被称为矿山测量员。他们把为解决不同采矿主的开采边界及其地面界线等技术问题称为矿山测量术。在德文中，“矿山测量术”一词为Markscheidekunst，该词原意是地界(Mark)划分(Scheide)术(Kunst)。这一技术传入俄国后，许多学者曾建议改为“矿山几何学”，但由于矿山测量术一词已叫成习惯，很难更改。我国在解放初期照搬苏联模式，所以仍袭用矿山测量一词至今。1885年，德国建立了矿山测量师协会，并出版了世界上第一种矿山测量的定期刊物《矿山测量学通报》。

在俄国，矿山测量科技一直比较受重视，发展较快。1742年，M. B. 罗蒙诺索夫著的《冶金与采矿的首要基础》一书中专有一章“矿山测量”，不仅介绍了各种测量仪器，而且还研究了诸如立井和平巷贯通等各种具体测量问题。1847年，Л. А. 奥雷舍夫提出用经纬仪代替挂罗盘和半圆仪测量井下巷道。1904年，在俄国的托姆斯克工学院成立了第一个矿山测量专业。1921年，苏联召开全俄矿山测量员代表大会，大会决定在各采矿企业建立矿山测量机构。1932年举行全苏联矿山测量代表大会，建立了“中央矿山测量科学研究局”，之后改建成“全苏矿山测量科学研究所(ВНИМИ)”。

为了交流各国矿山测量的生产、教学及科研方面的经验，探讨矿山测量和采矿工业的发展，在国际采矿学会下设立了矿山测量分会。1969年8月在捷克斯洛伐克的布拉格召开了第一届国际矿山测量会议(ISM)。会议决定每三年召开一次。我国的矿山测量科学家们从1979年的第四届大会开始参加ISM的国际活动。2004年，国际矿山测量协会(ISM)第12届国际大会在我国辽宁阜新召开。这是ISM自1969年成立以来第一次在中国召开大会。

20世纪60年代以后，随着电子、激光等新技术的迅速发展，推动了矿山测量仪器设备的研发工作，陀螺经纬仪、光电测距仪、电子经纬(水准)仪、全站仪、摄影测量、GPS全球定位系统、遥感(RS)、地理信息系统(GIS)等新仪器、新技术，以及计算机技术等相继在矿山测量工作中得到应用，使传统的矿山测量学理论和技术方法发生巨大变革，并朝着数据采集、储存、计算和绘图数字化、自动化、可视化的方向发展。

## 0.3 矿山测量人员必须具备的专业理论和品格

### 0.3.1 矿山测量人员应掌握的专业理论知识

为了出色地完成上述各项任务，充分发挥应有的作用，矿山测量人员不仅要有高度的政治思想水平和爱岗敬业的精神，还应具备坚实的理论知识和实际经验，具体如下：

(1)测量方面的知识。包括地形图测绘、矿区控制测量及 GPS 卫星定位技术、测量误差及平差、矿山测量及矿图绘制、大地测量仪器学等。

(2)地质方面的知识。必须掌握地质基本理论及矿井地质、矿体几何等知识，以便研究矿体的形状、性质及赋存规律和计算储量、损失及确定合理的回采率等。

(3)采矿知识。主要通过学习采矿方法来了解采矿的全过程，以便更好地参加采矿计划的编制，并进行监督检查和研究岩层与地表移动等问题。

(4)具备摄影测量、遥感(RS)、地理信息系统(GIS)和矿区土地复垦知识，以便对采矿引起的环境问题进行监测，对开采沉陷造成的生态环境问题进行综合治理。

(5)掌握一些其他基础理论知识，如高等数学、力学、工程制图、计算机技术及外语等。

### 0.3.2 矿山测量人员应具有的品格

由于矿山测量是一门边缘性应用学科，应承担的任务多样复杂，因而作为一个合格的矿山测量人员，不仅要具有较宽广的基础理论知识和坚实的专业知识与技能，还应当具备良好的职业品格：

(1)矿山测量作为采矿工程的“先行”和“眼睛”，在测量工作中的任何差错都可能给矿山生产建设带来难以估量的损失，真可谓“失之毫厘，谬以千里”，因此矿山测量技术人员必须具有强烈的事业心和责任感，养成严谨、求实、认真、细致的工作作风。

(2)矿山测量技术人员的工作条件比较艰苦，要经常携带仪器工具上山、下井从事大量的外业工作，还要从事大量的内业计算和绘图等工作，而且责任重大。因此矿山测量人员必须具有职业奉献精神和克服困难的毅力。

(3)矿山测量的每一项工作都不是一个人所能完成的，而是诸多测量人员相互配合集体劳动的结果。因此矿山测量技术人员要有团结合作精神，以便顺利完成每一项测量任务。

## 0.4 矿山测量的要求和特点

通常矿山测量分为生产矿井测量、矿山建设施工测量和露天矿测量三个部分的内容，矿山测量的重点是生产矿井测量。生产矿井测量是指用井工方法开采地下矿物资源的矿井建成投产后的各项测量和计算绘图工作。

生产矿井测量的对象是采矿巷道。现代化大型矿井几乎都是多井口、多水平和多层次的开采，因而生产矿井测量面对的是多通道、多水平的空间问题。根据巷道的性质和形状不同，有水平和缓倾斜的巷道，也有急倾斜巷道和竖直的立井和暗井；有沿煤层开凿的直线或弯曲巷道，也有不沿煤层开凿的直线或曲线形巷道，整个矿井是由这些不同性质和形状的巷道构成的复杂空间体系。因此，生产矿井测量的主要工作就是标定巷道的实地位置，指示巷道的掘进方向，测设井巷的空间位置；然后根据所测资料及时地把新掘的巷道填绘在图纸上，并绘制各种矿图，以保证采矿工作安全合理进行。其次是矿体埋藏要素及其特征点的测定，包括矿体的走向、倾角、厚度、顶底板面、断层要素、取样地点及井下钻孔口位置等，并及时绘制到图上。它们是研究矿体形状、性质及绘制矿体几何图所必需的。

生产矿井测量和地面测量一样，其目的是测定点的空间位置，其任务是放样与测图，其内容分为平面控制测量和高程控制测量。通常生产矿井测量进行的顺序是，将地面控制点引测至井口进行联系测量，即通过平峒、斜井和竖井井筒把地面的平面坐标及高程传递到井下，在井底车场建立起始点坐标、起始边方位和起始点高程，然后沿巷道进行井下平面和高程控制测量，最后进行各种碎部测量。除联系测量外，其他各项测量工作均与地面相似。

井下测量应遵循下列基本原则：测量顺序必须是高级控制低级。这样可以控制测量误差的积累，从而提高测量的精度。

各项测量工作应与采矿所必需的精度相适应。精度过高会导致不必要的浪费，而过低则不能满足工程要求，一般可按有关规范执行(特别是《煤矿测量规程》)。对于某些特殊工程的必要精度，应进行专门的测量设计，并预计其精度能否满足该工程的要求。只有满足要求时，才可按设计进行施测。

对每项测量工作的正确性必须进行检查。测量是一种细致而繁重的工作，任何一点微小差错，都有可能导致巨大的工程损失，甚至造成重大的安全事故。由于测量过程中包括大量的操作、记录和计算，有可能产生一些差错。因此，除要求测量人员严肃、认真、细心地工作外，还应进行必要的检查，以便及时发现错误，加以改正。对单个测量的要素，如角度、边长以及高差等，应在野外按规定的要求当场进行检核。对整项测量工作的质量，还须通过室内计算加以检查。例如导线测量，可用角度闭合差和坐标增量闭合差或两次测量较差来进行检查等。

井下测量和地面测量相比，也有一些不同的地方。①井下测量的条件比地面差。井下黑暗、狭窄，行人和运输繁忙，给测量造成一定的困难。②井下测量的对象经常在变化，因此在采矿的全过程需要连续地进行测量。③井下测量为了解决某些重要的矿山几何问题，还必须专门设计并按设计进行高精度的测量。

## ◎ 复习思考题

1. 矿山测量的主要任务是什么？
2. 矿山测量人员应具有哪些基本知识？
3. 与普通的地面测量相比，矿山测量有什么特点？

# 第1章 近井网测量

【教学目标】

通过本章的学习，学生能够了解近井点和井口水准基点的选点埋设、测量方法和精度等方面的要求；能进行矿区地面近井点和水准基点的布设，能进行GPS近井网的网形设计；能正确地选择近井点和水准基点的测量方法。

## 1.1 地面近井点和井口水准基点的选点、埋石及精度要求

为了使井上、下保持同一坐标系统和高程系统，就必须进行联系测量，即将地面坐标系统中的平面坐标、坐标方位角和高程系统传递到井下的起始点和起始边上去。联系测量时所用到的点主要有“连接点”、“近井点”和“井口水准基点”。

在进行联系测量前，在地面井口附近建立的用作定向时与垂球线连接的点，叫做“连接点”。“连接点”的坐标由“近井点”传递而来，所以还必须在工业广场附近或离井口较近的地方设立“近井点”。为了测量“近井点”所建立的控制网称为“近井网”。

同样，为了从地面向井下传递高程，还要在离井口一定距离的地方设立井口水准基点（近井点可以同时作为水准基点）。

### 1.1.1 地面近井点和井口水准基点选点埋石的基本要求

近井点和井口水准基点是井下各种测量工作的基准点，其精度直接关系到井下测量点位的精度，同时这些点还需要较长时期的保存，故所建立的近井点和井口水准基点，应满足下列要求：

(1)尽可能将点埋设于便于观测、易于保存和不受开采影响的地方。当近井点须设置于井口附近工业厂房房顶上时，应保证观测时不受机械振动的影响和便于向井口布设导线。

(2)每个井口附近应设置一个近井点和两个水准基点，近井点和连测导线点均可作为水准基点用。

(3)近井点至井口的连测导线边数应不超过三条。

(4)多井口矿井的近井点应统一规划、合理布置，尽可能使相邻井口的近井点构成控制网中的一条边，或力求间隔的边数最少。

(5)近井点和井口水准基点的标石埋设深度，在无冻土地区应不小于0.6m，在冻土地区盘石顶面与冻结线之间的高度应不小于0.3m。标石的样式及埋设如图1.1所示。

(6)为使近井点和井口水准基点免受损坏，在点的周围宜设置保护桩和栅栏或刺网。

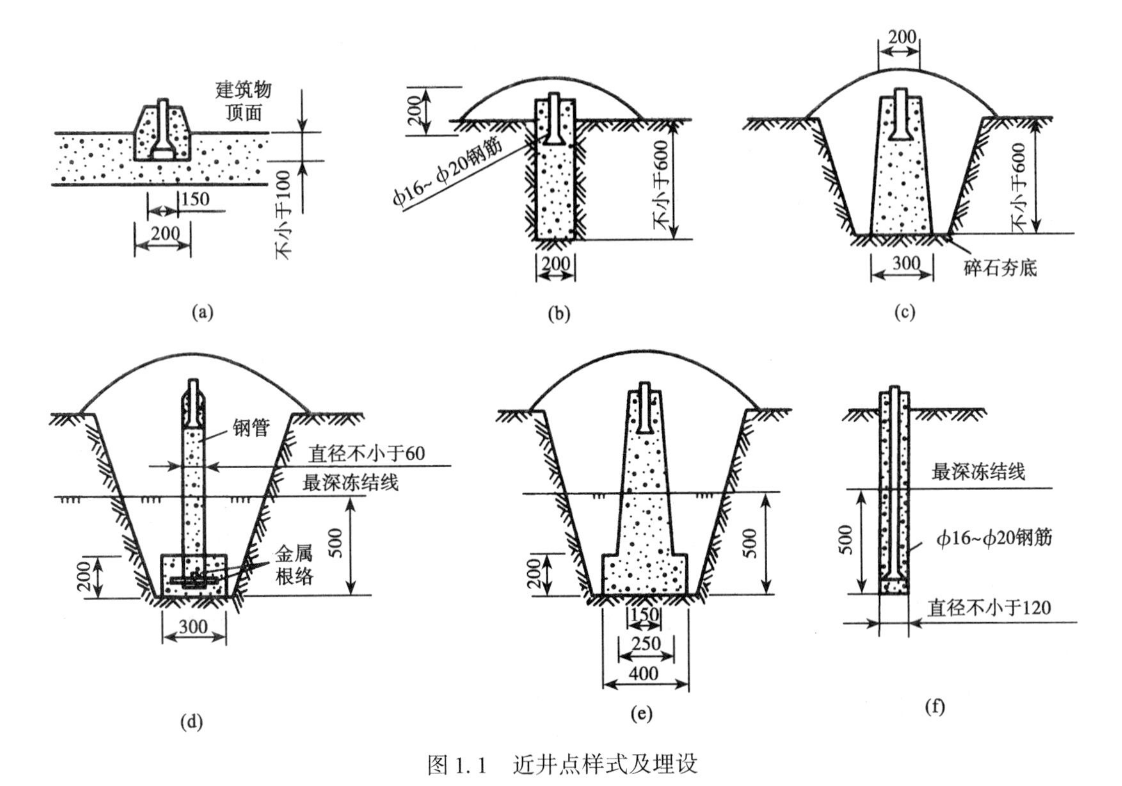


图 1.1　近井点样式及埋设

在标石上方宜堆放不小于 0.5m 的碎石。

(7)在近井点及与近井点直接构成控制网边的点上，宜建造永久标志。

### 1.1.2　地面近井点和井口水准基点测量的精度要求

近井点及井口水准基点测量的精度，必须要满足重要井巷工程测量的精度要求。因此，它应能满足相邻井口间利用两个近井点进行主要巷道贯通测量的精度要求。近井点的精度对贯通测量的影响表现在：两近井点的相对点位误差(即两近井点间坐标增量中误差的线量误差)，以及两近井点后视边的坐标方位角相对误差(即两近井点后视边的坐标方位角之差的中误差)。井口水准基点的高程精度对贯通测量的影响表现为：两井口水准基点相对的高程误差(即两井口水准基点高差的中误差)。

1. 近井点的点位精度要求

两井口间进行主要巷道贯通时，在假定的 $x$ 轴方向(贯通水平重要方向)的允许偏差 $m_{x允}$一般规定为±0.5m，则中误差取其一半，即 $m_x=\pm0.25$m。利用两个近井点进行贯通测量时，一般要求两近井点相对的点位中误差引起贯通在假定的 $x$ 轴方向偏差的中误差应不大于$\frac{m_x}{3}=\pm0.08$m。

现设两近井点相对的点位中误差引起贯通在假定的 $y$ 轴方向的偏差与假定的 $x$ 轴方向的偏差是相等的，则两近井点相对的点位中误差应不大于$\pm0.08\sqrt{2}=\pm0.11$m。由于为设置近井点而布设的近井网一般规模都较小，所以两相邻近井点相对的点位中误差一般均小于或近似等于这两个近井点(对高级点)点位中误差平方和的平方根。因此，《煤矿测量规程》中规定：近井点的精度对于测量它的起算点来说，其点位中误差不得超过±7cm。在实际工作中，有可能在个别情况下，因受地形条件限制，不能构成较好的近井网形时，对于多井口的矿井，在确保相邻近井点相对的点位中误差在顾及起算边误差影响时不超过±0. 11m的前提下，或一个矿井只需建立一个近井点时，可适当地放宽规程所规定的这一要求。

2. 近井点后视边坐标方位角的精度要求

在进行贯通测量时，利用两个近井点布设导线，由于两个近井点后视边相对的坐标方位角中误差 $M_{\alpha \mathrm{I}-\mathrm{II}}$ 引起贯通点 $K$ 在假定的 $x$ 轴方向上的偏差 $m_{x_\alpha}$ 可按下式估算：

$$m_{x_\alpha}=\frac{M_{\alpha \mathrm{I}-\mathrm{II}}}{\rho\sqrt{2}}\sqrt{R_{y \mathrm{I}_K}^2+R_{y \mathrm{II}_K}^2} \tag{1-1}$$

式中：$R_{y \mathrm{I}_K}$、$R_{y \mathrm{II}_K}$ 为近井点Ⅰ、Ⅱ与贯通相遇点 $K$ 的连线在假定的 $y$ 轴方向上的投影长度。

根据两井口间进行贯通时的允许偏差，由于两近井点后视边相对的坐标方位角中误差，引起贯通点 $K$ 假定的 $x$ 轴方向(重要水平方向)上 $m_{x_\alpha}$ 也应不超过±0. 08m，故两近井点后视边相对的坐标方位角中误差应满足下式的要求：

$$M_{\alpha \mathrm{I}-\mathrm{II}} \leqslant \frac{23300''}{\sqrt{R_{y \mathrm{I}_K}^2+R_{y \mathrm{II}_K}^2}} \tag{1-2}$$

式中：$\sqrt{R_{y \mathrm{I}_K}^2+R_{y \mathrm{II}_K}^2}$ 的值在最不利的条件下，近似等于两近井点间的距离 $D_{\mathrm{I}-\mathrm{II}}$(km)。故上式可写为

$$M_{\alpha \mathrm{I}-\mathrm{II}} \leqslant \frac{23300''}{\sqrt{R_{y \mathrm{I}_K}^2+R_{y \mathrm{II}_K}^2}}=\frac{23.3''}{D_{\mathrm{I}-\mathrm{II}}} \tag{1-3}$$

在《煤矿测量规程》中规定，近井点后视边的坐标方位角误差相对于四等网边来说，不得超过±10″。因此，在实际工作中，应通过合理地布设近井网，使近井网后视边的坐标方位角精度既达到《煤矿测量规程》的规定，又符合式(1-3)的要求。

3. 井口水准基点高程测量的精度要求

井口水准基点的高程精度应满足两相邻井口间进行主要巷道贯通的精度要求。由于两井口间进行主要巷道贯通时，在竖直方向(即高程)的允许偏差 $m_{z_允}=\pm 0.2\mathrm{m}$，则中误差 $m_z=\pm 0.1\mathrm{m}$。一般要求两井口水准基点相对的高程中误差引起贯通点 $K$ 在竖直方向的偏差中误差应不超过 $\pm\frac{m_z}{3}=\pm 0.03\mathrm{m}$。

## 1.2 近井点和井口水准基点的测量

### 1.2.1 近井点的测量

近井点可在矿区原有控制点的基础上布设导线进行测量，同时凡符合近井点要求的控

制点或同级导线点均可作为近井点。但现在 GPS 控制网测量已非常普及，建立 GPS 近井网更方便、灵活、快捷，而且其精度也完全能满足近井网的要求。本教材就重点讲述利用 GPS 定位技术测量近井点。

下面重点阐述 GPS 近井网的设计。

随着 GPS 用于定位测量技术的越来越广泛，矿山测量中建立近井网采用 GPS 的方法也会越来越普及。进行 GPS 近井网测量，首先要根据测量任务和观测条件进行 GPS 控制网的设计，其内容包括：测区范围、布网形式、控制点数、测量精度、提交成果方式、完成时间等。设计的技术依据可参照国家测绘局颁发的《全球定位系统(GPS)测量规范》及建设部颁发的《全球定位系统城市测量技术规程》。

1. GPS 近井网的精度

根据国家测绘局 2001 年颁布实施的《全球定位系统(GPS)测量规范》，GPS 按其精度可分为 AA、A、B、C、D、E 六级。各级 GPS 网相邻点间基线长度精度用下式表示：

$$\sigma = \sqrt{a^2 + (b + D)^2} \tag{1-4}$$

式中：$\sigma$——网中相邻点间距离中误差，mm；

$a$——固定误差，mm；

$b$——比例误差，ppm；

$D$——相邻点间的距离。

对于不同等级的 GPS 网，其精度要求见表 1.1。

表 1.1　　**各等级 GPS 网精度要求**

| 测量等级 | 固定误差 $a$(mm) | 系统误差 $b$(ppm) | 相邻点间距离 $D$(km) | 用　途 |
|---|---|---|---|---|
| AA | ≤3 | ≤0.01 | 1000 | 全球性的地球动力学研究，地壳形变测量，精密定轨 |
| A | ≤5 | ≤0.1 | 300 | 区域性的地球动力学研究，地壳形变测量 |
| B | ≤8 | ≤1 | 70 | 局部形变测量和各种精密工程测量 |
| C | ≤10 | ≤5 | 10~15 | 大、中城市及工程测量的基本控制网 |
| D | ≤10 | ≤10 | 5~10 | 中、小城市，城镇及测图，地籍，土地信息，房产，物探，勘察，建筑施工等的控制测量 |
| E | ≤10 | ≤20 | 0.2~5 | |

用 GPS 测量建立近井网在《煤矿测量规程》还无相应的技术要求。但根据传统布网方法，近井点是在矿区三、四等平面控制网的基础上用插点或插网的方式布设的，则其精度相对于起始点最高也仅为四等，甚至四等以下，故应根据国家建设部和质量监督检验检疫

总局2007年10月颁布的《工程测量规范》平面控制测量中关于GPS测量控制网对其中四等至二级的主要技术要求(见表1.2)和作业要求(见表1.3),再结合具体的矿井范围、井口多少以及开采的复杂程度等情况,选用GPS网中的C、D、E级网中的一种作为近井网,其精度应该是能够满足矿山井下开采工程需要的。关于GPS网的C、D、E级精度要求见表1.4。

表1.2 **卫星定位测量控制网的主要技术要求**

| 等级 | 平均边长(km) | 固定误差 *A*(mm) | 比例误差系数 *B*(mm/km) | 约束点间的边长相对中误差 | 约束平差后最弱边相对中误差 |
| --- | --- | --- | --- | --- | --- |
| 四等 | 2 | ≤10 | ≤10 | ≤1/100000 | ≤1/40000 |
| 一级 | 1 | ≤10 | ≤20 | ≤1/40000 | ≤1/20000 |
| 二级 | 0.5 | ≤10 | ≤40 | ≤1/20000 | ≤1/10000 |

表1.3 **GPS控制测量作业的基本技术要求**

| 等级 | | 四等 | 一级 | 二级 |
| --- | --- | --- | --- | --- |
| 接收机类型 | | 双频和单频 | 双频和单频 | 双频和单频 |
| 仪器标称精度 | | 10mm+5ppm | 10mm+5ppm | 10mm+5ppm |
| 观测量 | | 载波相位 | 载波相位 | 载波相位 |
| 卫星高度角(°) | 静态 | ≥15 | ≥15 | ≥15 |
| | 快速静态 | — | ≥15 | ≥15 |
| 有效观测卫星数 | 静态 | ≥4 | ≥4 | ≥4 |
| | 快速静态 | — | ≥5 | ≥5 |
| 观测时段长度(min) | 静态 | 15~45 | 10~30 | 10~30 |
| | 快速静态 | — | 10~15 | 10~15 |
| 数据采样间隔(s) | 静态 | 10~30 | 10~30 | 10~30 |
| | 快速静态 | — | 5~15 | 5~15 |
| 点位几何图形强度因子PDOP | | | | |

表1.4 **GPS测量基本技术要求规定**

| 级　　别 | C | D | E |
| --- | --- | --- | --- |
| 卫星截止高度角(°) | 15 | 15 | 15 |
| 同时观测有效卫星数 | ≥4 | ≥4 | ≥4 |
| 有效卫星总数 | ≥6 | ≥4 | ≥4 |

续表

| 级别 | | | C | D | E |
|---|---|---|---|---|---|
| 观测时段数 | | | ≥2 | ≥1.6 | ≥1.6 |
| 观测时段长度(min) | 静态 | | ≥60 | ≥45 | ≥40 |
| | 快速静态 | 双频+P 码 | ≥10 | ≥5 | ≥2 |
| | | 双频全波 | ≥15 | ≥10 | ≥10 |
| | | 单频 | ≥30 | ≥20 | ≥20 |
| 采样间隔(s) | 静态 | | 10～30 | 10～30 | 10～30 |
| | 快速静态 | | 5～15 | 5～15 | 5～15 |
| 时段中任一卫星有效观测时间(min) | 静态 | | ≥15 | ≥15 | ≥15 |
| | 快速静态 | 双频+P 码 | ≥1 | ≥1 | ≥1 |
| | | 双频全波 | ≥3 | ≥3 | ≥3 |
| | | 单频 | ≥5 | ≥5 | ≥5 |

2. GPS 近井网的基准

对于一个 GPS 网，在技术设计阶段应该明确其成果所采用的坐标系统和起算数据，即 GPS 网的基准。对于近井网，其作用是向井下传递地面的坐标系统，即近井网必须和地面坐标系统保持一致。这样，GPS 网的位置基准就要根据起算点的坐标确定，一般需选取三个以上地面坐标系统的控制点与 GPS 点重合，作为坐标起算点，以求得坐标转换参数。为了保证近井网的精度均匀，起算点一般应均匀分布于 GPS 网的周围，要避免所有的起算点分布于网的一侧。

方位基准一般根据给定的起算方位确定。起算方位可布设在 GPS 网中的任意位置。

为求得 GPS 网点的正常高，应根据近井网的需要适当进行高程联测。C 级网应按四等水准或与其相当的方法至少每隔 3～6 点联测一点的高程；D、E 级网应按四等水准或与其相当的方法根据具体情况确定联测高程点的点数，应均匀分布于整个网，使 GPS 未知点的正常高应尽量为内插。

3. 网形设计

根据测区踏勘的情况和近井网的要求，GPS 网的布设方案可在 1∶2000 或 1∶5000 地形图上进行设计，包括网形，网点数，连接方式，网中同步环、异步环的个数估计等。其网形好坏直接关系到建网的费用、控制成果的精度及网的可靠性。GPS 控制网可不考虑点与点间的通视问题，因此图形设计的灵活性比较大。其考虑的主要因素为以下几个方面：

(1)网的可靠性。由于 GPS 是借助无线电定位，受外界环境影响较大，所以在图形设计时应重点考虑成果的准确和可靠，要有较可靠的检验方法。GPS 网一般应通过独立观测边构成闭合图形，以增加检核条件，提高网的可靠性。因近井网中控制点个数较小，可根据测区情况、已知点的个数及分布等采用同步图形扩展式进行布网，其连接方式可考虑边连式(如图 1.2(a)所示)或混连式(如图 1.2(b)所示)。这两种基本网形一般可满足近井点的点数要求，对近井点的设点要求也较易满足。同时，这两种网形的作业方法简单、具有较好的图形强度。边连式还具有较高的作业效率，若要进一步提高网的可靠性可考虑适当增加观测时段。而混连式本身就具有较好的自检性和可靠性。

(2)作业效率。在进行 GPS 网的设计时，经常要衡量控制网设计方案的效率，以及在采用某种布网方案作业所需要的作业时间、消耗等。因此所设计的近井网应尽量使其作业效率高一些。

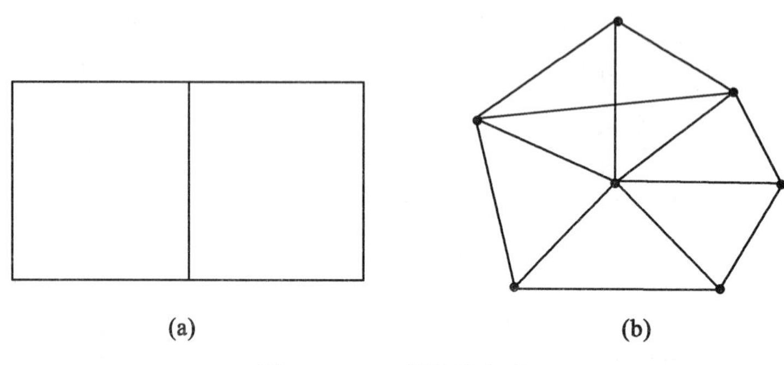


图 1.2　GPS 点连接方式

(3)GPS 点虽然不需要通视，但是为了便于用常规方法联测和扩展，要求控制点至少与一个其他控制点通视，或在控制点附近 300m 外布设一个通视良好的方位点，以便建立联测方向。

(4)为了利用 GPS 进行高程测量，在测区内 GPS 点应尽可能与水准点(即井口水准基点)重合，或者进行等级水准联测。

(5)GPS 点尽量选在视野开阔、交通方便的地点，并要远离高压线、变电所及微波辐射干扰源。

### 1.2.2　井口水准基点的测量

井口高程基点一般应用四等水准测量的精度要求测量其高程，其水准观测技术要求及各项限差见表 1.5。

表 1.5　**水准观测技术要求及限差表**

| 等级 | 附合路线长度(km) | 仪器 | | 观测次数 | | 往返较差、附合或环线闭合差(mm) | | 视线长度(m) | 前后视距差(m) | 前后视距累积差(m) | 视线高度(m) | 基辅分划(红黑面读数差)(mm) | 基辅分划(红黑面高差之差)(mm) |
|---|---|---|---|---|---|---|---|---|---|---|---|---|---|
| | | 水准仪 | 水准尺 | 与已知点联测的 | 附合或环线的 | 一般地区 | 山区 | | | | | | |
| 四等 | 15 | $S_3$ | 双面 | 往返 | 一次 | $\pm 20\sqrt{R}$ | $\pm 25\sqrt{R}$ | 80 | 5 | 10 | 0.2 | 3.0 | 5.0 |

## ◎ 复习思考题

1. 什么是连接点？什么是近井点？什么是井口水准基点？
2. 近井点和高程基点的埋设有哪些要求？
3. 近井点可用什么方法测量？
4. GPS 近井网的网形设计应考虑哪些因素？
5. 井口水准基点有哪些测量方法？

# 第2章　矿井联系测量

【教学目标】

通过本章的学习，学生能够了解联系测量的主要任务和精度要求；能够知道一井定向和两井定向的定向方法及步骤，掌握两井定向内业计算的步骤及方法；了解陀螺经纬仪的定向原理，能正确陈述陀螺经纬仪定向方法和熟练使用陀螺经纬仪进行定向。能够基本掌握钢尺导入高程、钢丝导入高程和光电测距仪导入高程的原理和测量方法。

## 2.1　矿井联系测量的任务及精度要求

### 2.1.1　矿井联系测量的任务

矿井联系测量的目的就是为了使矿井上、下采用统一的平面坐标系统和高程系统。矿井联系测量又分为矿井平面联系测量和矿井高程联系测量两个部分。矿井平面联系测量是解决井上、井下平面坐标系统的统一问题，矿井高程联系测量是解决井上、井下高程系统的统一问题，一般前者简称定向，后者简称导入高程(标高)。

为了把矿井上下坐标系统统一起来，一般矿井联系测量主要任务包括以下内容：

(1)确定井下导线起始边方位角；

(2)确定井下导线起始点的平面坐标；

(3)确定井下水准基点的高程。

前两项任务是通过平面联系测量完成，第三项任务是利用高程联系测量完成。

### 2.1.2　矿井联系测量的精度要求

由于起算边坐标方位角误差对井下导线的影响比起算点坐标对井下导线误差的影响大得多，因此，通常把井下导线起算边坐标方位角的误差大小作为衡量平面联系测量精度的主要依据，并把平面联系测量简称为定向。

联系测量方法因矿井开拓方式不同而不同。在以平硐或斜井开拓的矿井中，从地面近井点开始，沿平硐或斜井进行精密导线测量和高程测量，就能将地面的平面坐标、方位角及高程直接传递到井下导线的起始点和起始边上。而以立井开拓时，可采用几何定向，也可采用陀螺经纬仪定向，但必须进行专门的联系测量工作。其精度要求见表2.1。

表 2.1　**联系测量的主要精度要求**

| 联系测量类别 | 限差项目 | 精度要求 | 备　注 |
|---|---|---|---|
| 几何定向 | 由近井点推算的两次独立定向结果的互差 | 一井定向：<2′<br>两井定向：<1′ | 井田一翼长度小于300m 的小矿井，可适当放宽限差，但不得超过 10′ |
| 陀螺经纬仪定向 | 井下同一定向边两次独立定向平均值中误差的互差 | 15″级仪器：<40″<br>25″级仪器：<60″ | |
| 导入高程 | 两次独立导入高程的互差 | <*Q* | *H* 为井筒深度 |

## 2.2　一 井 定 向

通过一个立井进行的几何定向，称为一井定向。其方法是在一个井筒内悬挂两根钢丝，将地面点的坐标和边的方位角传递到井下的测量工作。一井定向设备系统如图 2.1 所示，钢丝的一端固定在井口上方，另一端系有定向专用的垂球，自由悬挂于定向水平。通过地面坐标系统测量和计算求出两根垂球线的平面坐标及其连线的方位角，在定向水平通过测量把垂线与井下永久导线点联系起来，这项工作称为连接。这样便能将地面的坐标和方向传递到井下，从而达到定向的目的。由此可见，一井定向工作可分为两个部分：一是由地面向井下定向水平投点(简称投点)；二是在地面和井下定向水平上与垂球线进行连接测量(简称连接)。

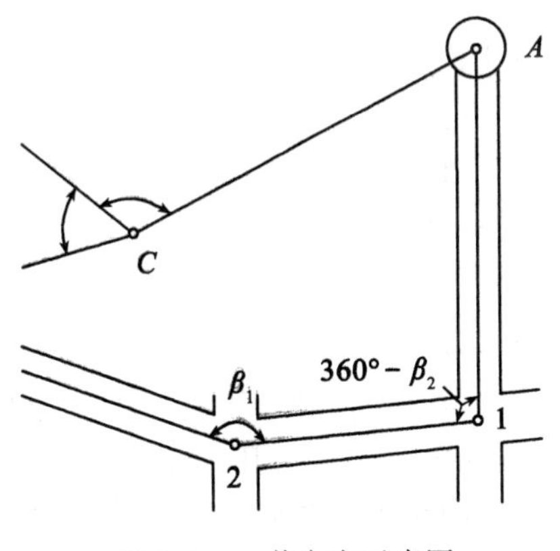


图 2.1　一井定向示意图

### 2.2.1　投点

所谓投点，就是在井筒中悬挂铅垂线至定向水平。投点的方法，一般都采用垂球线单重投点法。所谓单重投点，就是在投点过程中垂球的重量不变。单重投点又可以分为两类，即单重稳定投点和单重摆动投点。前一种方法是将垂球放在水桶内，使其静止；在定向水平上测角量边时均与静止的垂球线进行连接。后一种方法则恰恰相反，是让垂球自由摆动，用专门的设备观测垂球线的摆动，从而求出它的静止位置并加以固定；在定向水平上连接时，应按固定的垂球线位置进行。稳定投点法，只有当垂球摆动振幅不超过 0.4mm 时才能应用；否则，必须采用摆动投点法。

1. 定向投点

a. 单重稳定投点

单重稳定投点是假定垂球线在井筒内处于铅垂位置而静止不动，亦即它在任何水平面上的投影为一个点。但实际上这是不可能的，所以，当摆幅不超过 0.4mm 时，应认为它是不摆动的。这种方法只有在井筒不深、气流运动稳定及滴水不大并采取一定必要的措施等条件下才能采用。投点需要的主要设备有：

(1)垂球，挂在钢丝下端使钢丝在井筒内处于铅垂状态的重铊称之为垂球(定向垂球)。一般用生铁制作，如果在磁性矿床中，则用铅制作。它的构造形状很多，但从现场使用方便来说，以砝码式的垂球较好。

(2)钢丝，定向时选择钢丝直径的主要依据是所用垂球的质量。投点时应尽可能采用小直径的高强度钢丝。井筒深度大于 300m 时宜采用直径 1mm 以上的钢丝。钢丝上悬挂的重锤质量应为钢丝极限强度值的 60% ~70% 。钢丝最易断裂的地方是它与垂球连接的地方。因此，一般多采用专做的铁环来连接。在定向完毕后，应将钢丝擦净上油，整齐地绕在手摇绞车的滚筒上。

(3)手摇绞车，缠绕钢丝的手摇绞车应满足下列两个条件。

①绞车的全部零件应当能承受井内工作时荷重的 3 倍；

②应具有闸和棘轮爪，以防止其自由转动。同时为了不使钢丝弯曲过甚，其滚筒直径应不小于 250mm。

(4)导向滑轮，要求其结构牢固，直径不得小于 150mm，最好采用滚珠轴承，轮缘做成锐角形的绳槽，以防止钢丝脱落。

(5)定点板，其用铁皮做成，在地面连接时，应在该定点板下 0.5m 左右进行。定点板安置在特设的木梁上，以固定钢丝的位置。由于定点板安置困难，且第一次定向完后，移动钢丝作第二次定向又不方便，因此，目前不少矿井在投点时不用定点板而直接由滑轮下放钢丝。经验证明也能保证精度。

(6)小垂球，在提放钢丝时，不能将定向垂球挂上，所以采用重 3 ~ 6kg 的小垂球，其形状为圆柱形或普通垂球之形状均可，也可用适当的重物加以代替。

(7)稳定垂球线的设备，在定向水平上井筒气流及滴水对垂球线的影响很大，为此必须采用稳定的方法以减少其影响。一般都将垂球浸入水桶中，水桶的尺寸应比垂球大些，不致使垂球碰到桶壁，一般采用废汽油桶。水桶上必须加盖以防止滴水的冲击，同时桶盖也可作为放置照明灯之用。还可以在高出水桶 1 ~ 2m 的井筒罐道梁上铺上小块的胶皮雨布，以防止滴水冲击钢丝。此外还可以用防风套管套在钢丝上，以减少风流对钢丝的影响。

当井盖及绞车滑轮安好之后，便可下放钢丝。在下放之前必须通知定向水平上的人员离开井筒。钢丝通过滑轮并挂上垂球后，慢慢放入井筒内。为了检查钢丝是否弯曲和减少钢丝的摆动，下放钢丝的手必须握成拳状，下放速度必须均匀，并且每秒不超过 1 ~ 2m。每下放 50m 左右，稍停一下，使垂球摆动稳定下来。当收到垂球到达定向水平的信号后，应立即停止下放并用插爪固定，将钢丝卡入定点板内。在定向水平上，取下小垂球，挂上定向垂球。此时必须事先考虑到钢丝因挂上垂球后被拉伸的长度。

b. 单重摆动投点

当井深或风大使垂线难以稳定时，必须采用摆动投点，即观测垂线的摆动以确定其稳定位置并固定起来，然后进行连接。摆动投点可采用标尺法和定中盘法。目前我国广泛采用标尺法来进行单重摆动投点。其所需设备及安装方法基本上和前述稳定投点一样，只不过在定向水平增设一带有标尺的定点盘来观测锤球的摆动。

c. 垂球线自由悬挂的检查

垂球线在井筒中是否与井壁或其他东西接触，必须进行检查。其检查方法如下：

(1)信号圈法，在地面上用细金属丝作成直径为 2 ~ 3cm 的小圈(信号圈)套在钢丝上，然后下放，查看是否能到达定向水平。当垂球线非自由悬挂时，信号圈便被阻止。信号圈不能太重，否则仍可冲击钢丝而落下。同时，在下放信号圈时，不能使钢丝摆动，以免信号圈乘隙通过接触处。为了可靠起见，对每根钢丝均应相隔一定时间放下 2 ~ 3 个信号圈。因为信号圈轻易被油粘住而失去检查效力，因此采用此法时，应特别注意在钢丝上的涂油(特别是机油)。

(2)比距法，即用比较井上下两垂线间距离的方法进行检查。若垂球线没有与井壁接触，则两垂线间的距离在井上下应相等。因此，如果井上下所量得之值不大于 2mm 时，便可认为是自由悬挂的。

(3)钟摆法，有些又称振摆法，或振幅法。垂球线的摆动可看做和钟摆一样。因此垂球线一次摆动时间(半周期)可用下式算出：

$$t = \pi\sqrt{\frac{L}{g}} \tag{2-1}$$

式中：$t$ ——一次摆动时间，即半周期，s；

$L$ ——垂球线的自由悬挂长度，m；

$g$ ——重力加速度，一般取 9. 80m/s$^2$。

如果垂球没有和其他部分接触，即按式(2-1)算得的时间和定向水平观测出一次摆动的实际时间应该相等。当计算的时间和实际观测的时间不相等时，则可根据观测所得的 $t$ 值按公式 $L=g(t/\pi)^2$ 确定垂线在井筒内的接触点，$L$ 是垂球线的自由悬挂长度，亦即接触点以下的垂球长度。这样就能比较容易地找到接触点并进行排除。

(4)乘罐笼或吊桶直接检查钢丝的悬挂，当井筒中条件允许时，一般都采用乘罐笼或吊桶直接检查钢丝的悬挂，以确保垂球线的自由悬挂。当井深风大而两垂球线又均沿风流方向布置时，一般采用信号圈法和钟摆法进行检查。因此时用比距法不易满足上述限差的要求。

2. 投点误差分析

由地面向井下定向水平投点时，由于井筒内风流、滴水等因素的影响，致使钢丝(垂球线)在地面上的位置投到定向水平后会发生偏离，使钢丝偏斜，一般称这种线量偏差为投点误差。由这种误差而引起的垂球线连线的方向误差叫做投向误差。

如图 2.2 中 $A$ 和 $B$ 为两垂球线在地面上的位置，而 $A'$ 和 $B'$ 为两垂球线在定向水平上偏离后的位置。图 2.2(a)中表示两垂球线沿着其连线方向偏离，这种投点误差对 $AB$ 方向来说没有影响。

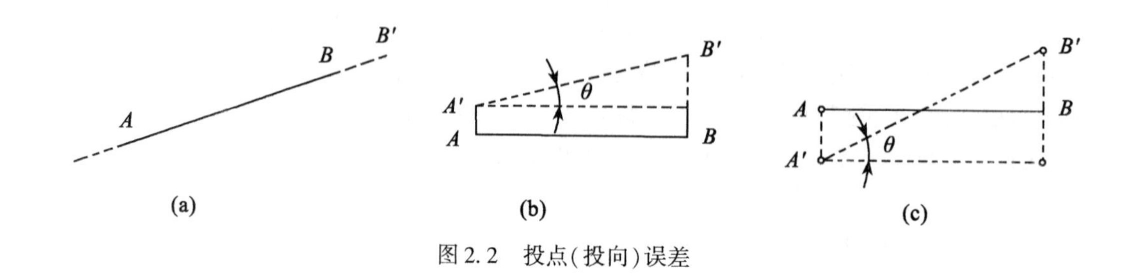


图 2.2　投点(投向)误差

图 2.2(b)则为两垂球偏向于连线的同一侧，且在连线的垂直方向上，使 $AB$ 方向的投射产生了一个误差角 $\theta$。

$$\tan\theta=\frac{BB'-AA'}{AB} \tag{2-2}$$

如两垂球线向其连线两边偏离，且在垂直于连线方向上，如图 2.2(c)所示，则其投向误差可用下式求得

$$\tan\theta=\frac{BB'+AA'}{AB} \tag{2-3}$$

设 $AA'=BB'=e$，$AB=c$，且由于 $\theta$ 很小，则上式可简化为

$$\theta=\frac{2e}{c}\rho'' \tag{2-4}$$

显然，上述三种投向误差是特殊的情况，而且以第三种情况所引起的投向误差为最大。由此可见，要想减小投向误差，就必须加大两垂球线间的距离 $c$ 或减小投点误差 $e$。但由于井筒直径有限，距离 $c$ 的增大也很有限，因此只能采取精确投点的方法。精确投点的精度，可从下面的计算中求得。

设 $e=1\text{mm}$，$c=3\text{m}$，则

$$\theta=\frac{2e}{c}\rho''=\pm\frac{2\times1\times206265}{3000}\approx\pm138'' \tag{2-5}$$

按照《规程》规定，两次独立定向之差不大于 $\pm2'$，则一次定向允许的误差是 $\pm\frac{2'}{\sqrt{2}}$，其中误差为

$$m_\alpha=\pm\frac{2'}{2\sqrt{2}}=42'' \tag{2-6}$$

若除去因井上下连接而产生的误差，则投向误差约为 30″。设垂球线之间的距离分别为 $c=2\text{m}$，3m，4m 时，投点误差相应为 0.3mm，0.45mm，0.6mm。

因此，在投点时必须采取许多有效的措施和给予极大的注意，才能达到上述的精度要求。

3. 减少投点误差的措施

实践和理论研究证明，引起垂线投点误差的主要来源是马头门处风流对垂线的侧压力，要尽可能采取措施减小投点误差。垂线受风流影响所产生的投点误差 $e$ 的估算公式为

$$e=c\,\frac{dhH}{Q}V^2 \tag{2-7}$$

式中：$d$——钢丝(垂线)直径，m；

$h$——马头门的高度，m；

$H$——井筒深度，m；

$Q$——垂球的质量，kg；

$V$——与垂线相垂直的方向上的风流速度，m/s；

$c$——空气动力系数。

由公式(2-7)可看出，垂线受风流影响所产生的投点误差，与井筒深度、马头门的高度和钢丝的直径以及风速的平方成正比，而与垂球的质量成反比。考虑到其他因素的影响，减少投点误差的主要措施如下：

(1)减少风流对垂线的偏斜影响，定向时最好停止风机运转或增设风门，以减小风速；在马头门处用放风套管套着垂线，以隔绝风流对钢丝的作用。

(2)采用直径小、抗拉强度高的钢丝，适当增加垂球的质量，并将垂球浸入稳定液中。

(3)减小滴水的影响，在淋水大的井筒，必须采取挡水措施，并在水桶上加锥形挡水盖。

(4)摆动观测时，垂线摆动的方向应尽量与标尺平行，并适当增大摆幅(特别在风大、淋水大的井筒)，但不宜超过100mm。

在一井定向中，为了减小投点误差引起的投向误差，除采用上述措施外，还应注意采取下列两项措施：

(1)尽量增大两垂线间的距离。

(2)合理布置垂线位置，使两垂线连线方向与风流一致。这样，沿风流方向的垂线偏斜可能较大，但是在垂直于两垂线连线方向上的偏斜却较小，从而可减少投向误差。

采用陀螺经纬仪定向且需要通过投点传递坐标时，可采用钢丝投点，也可采用激光投点。激光投点必须保证投点误差不大于20mm。

### 2.2.2　连接

连接测量的方法很多，如连接三角形法、瞄直法、对称读数连接法、连接四边形法等，本课程主要介绍连接三角形法和瞄直法。

1. 连接三角形法

连接三角形是在井上和井下的井筒附近选定连接点 $C$ 和 $C'$，如图2.3(a)所示，形成以两垂球连线 $A$，$B$ 为公共边的两个三角形 $ABC$ 和 $ABC'$，称这两个三角形为连接三角形，

如图 2.3(b)所示。为了提高精度，连接三角形应布设成延伸三角形，即尽可能将连接点 $C$ 和 $C'$设在 $AB$ 延长线上，使 $\gamma$、$\alpha$ 及 $\gamma'$、$\beta'$尽量小(不大于 2°)，同时，连接点 $C$ 和 $C'$还应尽量靠近一根垂球线。

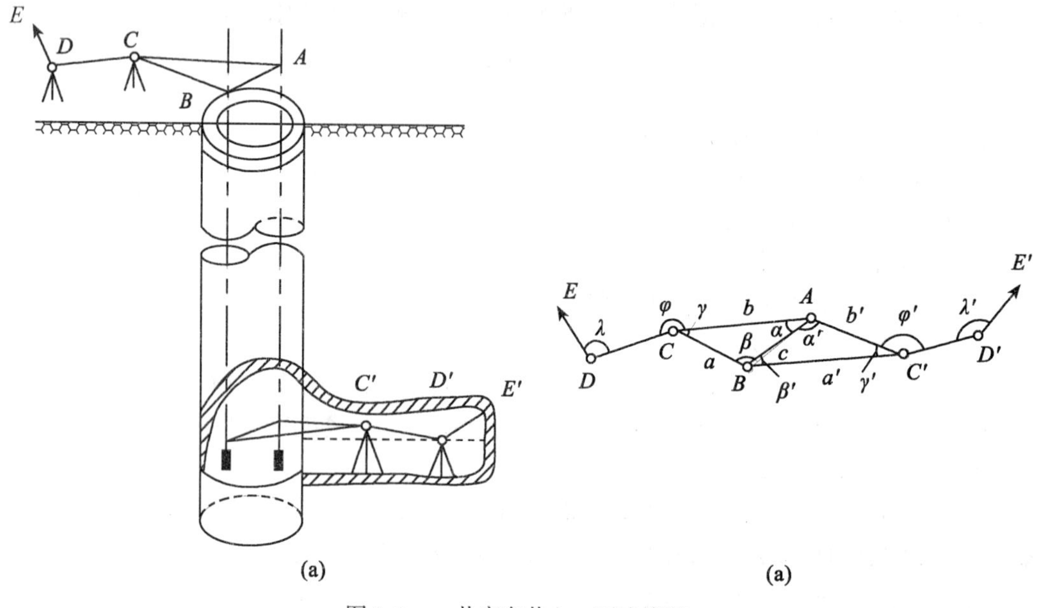


图 2.3　一井定向井上、下连接图

a. 连接三角形法的外业工作

地面连接：测出 $\lambda$，$\varphi$ 和 $\gamma$ 角，丈量 $DC$ 边和延伸三角形的 $a$、$b$、$c$ 边。

井下连接：测出 $\gamma'$、$\varphi'$和 $\lambda'$角，丈量延伸三角形的 $a'$、$b'$边和 $C'D'$边。

b. 连接三角形法的内业工作

(1)解算三角形，在图 2.3(b)中，角度 $\gamma$ 和边 $a$、$b$、$c$ 均为已知，在△$ABC$ 中，可按正弦定理求出 $\alpha$ 和 $\beta$ 角，即

$$\sin\alpha=\frac{a}{c}\sin\gamma;\quad \sin\beta=\frac{b}{c}\sin\gamma \tag{2-8}$$

当 $\alpha<2°$及 $\beta>178°$时，可按下列近似公式计算：

$$\alpha''=\frac{a}{c}\gamma'';\quad \beta''=\frac{b}{c}\gamma'' \tag{2-9}$$

同样，可以解算出井下连接三角形中的 $\alpha'$和 $\beta'$角。

(2)导线计算，根据上述角度和丈量的边长，将井上、下看成一条由 $E$—$D$—$C$—$A$—$B$—$C'$—$D'$—$E'$组成的导线，按一般导线的计算方法求出井下起始边的方位角 $\alpha_{D'E'}$ 和起始点的坐标($X'_D$，$Y'_D$)。

为了校核，一般定向工作应独立进行两次，两次求得的井下起始边的方位角互差不得超过 2′。当外界条件较差时，在满足采矿工程要求的前提下，互差可放宽到 3′。

由解算三角形得到了 $\alpha$ 和 $\beta$ 角的值后，则 $\alpha+\beta+\gamma$ 之和应等于 180°。对于延伸三角形

解算后的内角和一般都能闭合，但往往由于计算的误差而使三内角之和不等于180°而有微小的差值，此时可将闭合差平均分配给 $\alpha$ 和 $\beta$ 角。

两垂线之间的距离 $c$ 可按余弦公式计算，即

$$c^2=a^2+b^2-2ab\cos\gamma \tag{2-10}$$

按《规程》规定，$c$ 的计算值和直接丈量值之差，在地面不应超过±2mm，即 $d=c_{丈}-c_{计}\leqslant 2\text{mm}$。在井下连接三角形中 $d\leqslant 4\text{mm}$。

当 $\gamma<4°$，则 $c$ 边可用下列简化公式计算：

$$c_{计}=(b-a)+\frac{ab(1-\cos\gamma)}{(b-a)} \tag{2-11}$$

在计算井下连接三角形时，必须用井下定向水平丈量的和计算的两垂线间的距离平差值进行计算。

经检验计算合乎要求后，便可按导线计算表格来计算各边方位角和各点坐标。

2. 瞄直法

瞄直法又名穿线法。此方法实质上是连接三角形法的一个特例。在连接三角形法连接中，井上下连接点应尽可能选在两垂球连线的延长线上。如果能设法使连接点真正设在延长线上，则连接三角形将不复存在，即 $C$、$A$、$B$ 及 $C'$ 在同一直线上，如图2.4所示。这样一来，只要在 $C$ 与 $C'$ 点安置经纬仪，精确测出角度 $\beta_C$ 和 $\beta'_C$；量出 $CA$，$AB$，$C'B$ 的长度，就能完成定向的任务。

瞄直法的内外业简单，适应于精度要求不高的特别是小矿井的定向中。

### 2.2.3　一井定向算例

某矿由地面向井下进行了定向，近井点 $D$ 至连接点 $C$ 的方位角 $\alpha_{DC}=163°56'45''$，$X_C=55.085$，$Y_C=1894.572$。地面连接三角形的观测值为：$\gamma=0°03'06''$；加改正后的边长 $a=8.3359\text{m}$，$b=11.4052\text{m}$，$c=3.0697\text{m}$。井下连接三角形的观测值为：$\gamma'=0°27'01.5''$；加改正后的边长 $a'=4.8562\text{m}$，$b'=7.9237\text{m}$，$c'=3.0720\text{m}$；$\angle BC'E=191°29'00''$，$\angle C'EF=171°56'56''$，$\angle EFG=183°54'13''$；$D'_{CE}=34.884\text{m}$，$D_{EF}=43.857\text{m}$，$D_{FG}=47.667\text{m}$。试求井下导线起始边 $FG$ 的方位角及坐标。

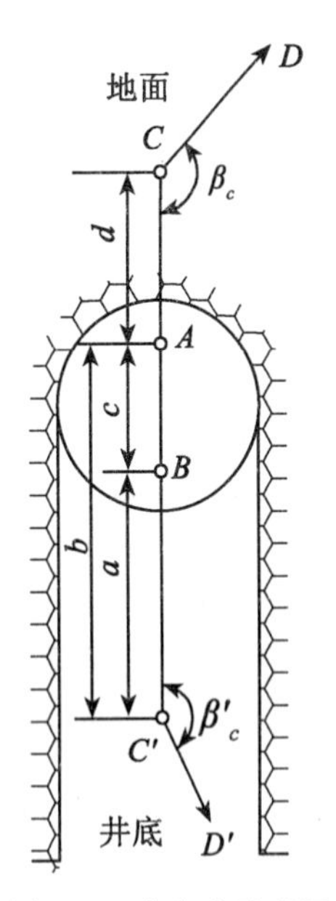

图2.4　瞄直法示意图

**解**：首先，解算连接三角形。地面连接三角形的解算列于表2.2中。表中的计算是根据顺序按序号依次进行的。井下连接三角形的解算同地面(计算表未列出)。

其次，计算各点的坐标。按一般导线计算方法进行计算，其结果列于表2.3中。

该矿井的定向独立进行了两次。第一次定向结

果如表 2.3 中所算得的井下导线起始边 $FG$ 的方位角 $\alpha_{FG}=256°02'19''$，第二次定向计算未列出，其实际算得 $\alpha_{FG}=256°03'13''$。第一、第二次定向之差值为 54″，符合于《规程》所规定的精度要求。故取两次方向的平均值作为井下起始边的方位角，即 $\alpha_{FG}=256°02'46''$。

表 2.2　　**地面连接三角形的解算($\gamma$=2°，$\beta$>178°)**

| 1 | $c_{计}=(b-a)+\frac{ab(1-\cos\gamma)}{b-a}$ |
|---|---|

| | | |
|---|---|---|
| 3 | $\cos\gamma$ | 0.99999959 |
| 4 | $1-\cos\gamma$ | 0.00000041 |
| 5 | $ab$ | 95.0726 |
| 6 | $1-\cos\gamma$ | 0.0000 |
| 7 | $b-a$ | 3.0693 |
| 8 | $\frac{ab(1-\cos\gamma)}{b-a}$ | 0.0000 |
| 9 | $c_{计}$ | 3.0693 |
| 10 | $c_{测}$ | 3.0697 |
| 11 | $d$ | 0.0004 |

$$d=\frac{[c+(b-a)][c-(b-a)]-2ab(1-\cos\gamma)}{2c}=\frac{\Sigma}{2c}$$

| | | |
|---|---|---|
| 12 | $c+(b-a)$ | 6.1390 |
| 13 | $c-(b-a)$ | 0.0004 |
| 14 | $[c+(b-a)]\times[c-(b-a)]$ | 0.0025 |
| 15 | $-2ab(1-\cos\gamma)$ | -0.0001 |
| 16 | $\Sigma$ | 0.0024 |
| 17 | $2c$ | 6.1394 |
| 18 | $d$ | 0.0004 |

| | | $a$ | $b$ | $c$ | $\gamma$ |
|---|---|---|---|---|---|
| 2 | 观测值 | 8.3359 | 11.4052 | 3.0697 | 0°03′06″ |
| 19 | $\Delta=d/3$ | -0.0001 | 0.0002 | -0.0001 | |
| 20 | 平均值 | 8.3358 | 11.4054 | 3.0696 | |

$$\alpha=\frac{a}{c}\gamma \quad \beta=\frac{b}{c}\gamma$$

| | | |
|---|---|---|
| 27 | $\alpha$ | 0°08′25.1″ |
| 28 | $\beta$ | 179°48′28.9″ |
| 29 | $\gamma$ | 0°03′06.0″ |
| 30 | $\Sigma$ | 180°00′00″ |

| | | |
|---|---|---|
| 21 | $a/c$ | 2.7115 |
| 22 | $a/c$ | 3.7156 |
| 23 | $\gamma$ | 186.0″ |
| 24 | $\alpha$ | 505.1″ |
| 25 | $\beta$ | 691.1″ |
| 26 | $\beta$ | 0°11′31.1″ |

$$m_{\alpha}=\pm\frac{a}{c}m_{\gamma}$$

$$m_{\alpha}=\pm\frac{b}{c}m_{\gamma}$$

| | | |
|---|---|---|
| 31 | $m_{\gamma}$ | ±6.3″ |
| 32 | $m_{\alpha}$ | ±18″ |
| 33 | $m_{\beta}$ | ±23.1″ |

表2.3　　连接三角形连接井上下坐标计算

| 点 | | 水平角 | 方位角 | 水平边 | 坐标增量 | | 坐 标 | | 草图 |
|---|---|---|---|---|---|---|---|---|---|
| 测站 | 视点 | (° ′ ″) | (° ′ ″) | 长(m) | ΔX | ΔY | X | Y | |
| D | C | | 163 56 45 | | | | 55.085 | 1894.572 | |
| C | D<br>A | 86 03 33 | 70 00 18 | 11.405 | +3.900 | +10.718 | 58.985 | 1905.290 | |
| A | C<br>B | 359 51 35 | 249 51 53 | 3.071 | -21.059 | -2.883 | 57.928 | 1902.407 | |
| B | A<br>C | 178 50 17 | 248 42 10 | 4.852 | -1.762 | -4.521 | 56.166 | 1897.886 | |
| C′ | B<br>E | 191 29 00 | 260 11 10 | 34.884 | -5.946 | -34.374 | 50.220 | 1863.512 | |
| E | C′<br>E | 171 56 56 | 252 08 06 | 43.857 | -13.454 | -41.742 | 36.766 | 1821.770 | |
| F | E<br>G | 183 54 13 | 256 02 19 | 47.667 | -11.259 | 46.259 | 25.265 | 1775.511 | |

## 2.3　两 井 定 向

当矿井有两个立井，且在定向水平有巷道相通并能进行测量时，就要采用两井定向。所谓两井定向，就是在两个井筒中各挂一个垂球线，然后在地面和井下把两个垂球线连接起来，如图2.5所示，从而把地面坐标系统中的平面坐标及方向传递到井下。

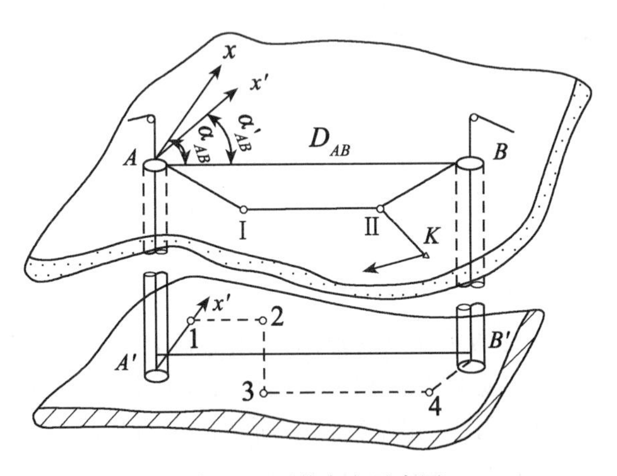


图2.5　两井定向示意图

两井定向是把两个垂球分别挂在两个井筒内，因此两垂球之间的距离比一井定向大得多。当两个井筒之间的最短距离约为30m，这比一井定向来说两垂球线间的距离就大大增

加了，因而大大减少了投向误差。假设投点误差 $e=1\text{mm}$，其投向误差即为

$$\theta=\pm\frac{2e}{c}\rho''=\pm\frac{2\times206265}{30000}\approx13.8''$$

对比前面一井定向所举的例子可看出，其误差缩小了10倍，这是因为两垂球线间的距离比它增大了10倍的缘故。对于两井定向来说，投点误差不是主要问题，这是两井定向最大的优点。此外，两井定向外业测量简单，占用井筒时间短。所以，凡是能进行两井定向的矿井，均应采用两井定向。

两井定向的全部工作和一井定向类似，包括向定向水平投点和在地面及定向水平上与垂球线连接及其内业计算。

### 2.3.1 两井定向的外业工作

1. 投点

有关投点的设备与方法均与一井定向相同，但是比一井定向更加容易。因为每个井筒内只需挂一根垂球线，它比一井定向占用井筒的时间短。一般采用单重稳定投点即可。

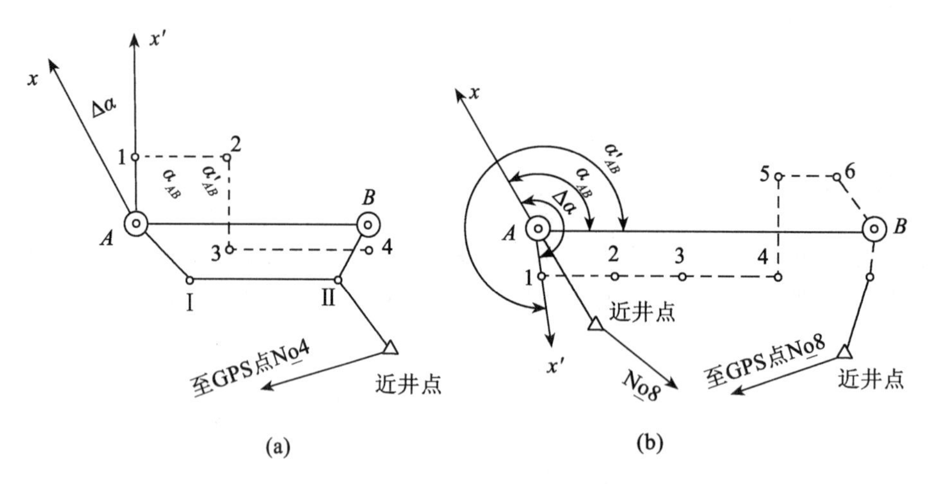


图2.6 两井定向连接示意图

2. 连接

a. 地面连接

地面连接的任务在于测定两垂球线的坐标，进而算出两垂球的方位角。

关于地面连接的方式，根据两井筒相距的远近而有所不同。当两井相距较近时，可插入一个近井点，然后用导线连接，如图2.6(a)所示；当两井筒相距较远时，可在两个井筒附近各插入一个近井点来连接，如图2.6(b)所示。

敷设导线时，应使导线的长度最短，并尽可能沿两垂球线连线的方向延伸。因为此时量边误差对连线的方向不产生影响。一般可按照前面叙述过的设立近井点的要求进行测量。但在定向之前，应根据一次定向测量中误差不超过±20″的要求，用误差预计方法确定井上、下连接导线的施测方案。

b. 井下连接

在定向水平上，一般可用井下7″级经纬仪导线将两垂球线连接起来，如图2.6中虚线所示。在巷道形状可能的情况下，也和地面连接导线一样应尽可能沿两垂球方向敷设，并使其长度最短。在选定了井上、下连接方案后，应进行精度预计。如果井下经纬仪导线起始边的方位角中误差 $M_{\alpha_0}$ 不超过±20″，这个方案才能被采用。

投点完毕后，进行连接测量时，只测量与两垂球线紧连着的一个边和一个角。例如图2.6(a)中，在地面只测∠$A$ⅠⅡ和∠ⅠⅡ$B$ 及量 $A$Ⅰ与 $B$Ⅱ边；在井下测角1与4及量 $A1$ 与 $B4$ 边。其他边和角，则可在定向之前或之后来测量，这样可减少占用井筒的时间。

### 2.3.2 两井定向的内业计算

按地面连接测量的成果，算出两垂球线的坐标，再利用坐标反算计算出两垂球连线的方位角和长度。井下连接导线由于没有方向，所以首先假定一个方向和坐标原点，即选一个假定坐标系统。按这个假定坐标系统计算出两个垂球线的假定坐标，再用假定坐标反算出两垂球连线的假定方位角和长度。根据垂球连线的两个方位角之差，就可算出井下连接导线的任何一边在地面坐标系统中的方位角，即完成了方向的传递任务，然后再按地面坐标系统的方位角和一个垂球线的坐标，重新计算井下连接导线各点的坐标，这样就完成了两井定向。具体计算步骤如下：

(1)根据地面连接测量的结果，计算两垂球线的方位角及长度。按一般计算方法，算出两垂球线的坐标值 $X_A$、$Y_A$、$X_B$、$Y_B$；再根据算出的坐标值，计算 $AB$ 的方位角 $\alpha_{AB}$ 及长度 $D_{AB}$：

$$\tan\alpha_{AB}=\frac{Y_B-Y_A}{X_B-X_A}=\frac{\Delta Y_{AB}}{\Delta X_{AB}} \tag{2-12}$$

$$D_{AB}=\frac{Y_B-Y_A}{\sin\alpha_{AB}}=\frac{X_B-X_A}{\cos\alpha_{AB}}=\sqrt{(\Delta X_{AB})^2+(\Delta Y_{AB})^2} \tag{2-13}$$

(2)确定井下假定坐标系统，计算在定向水平上两垂球连线的假定方位角及长度。一般为了计算方便起见，假设 $A$ 为坐标原点，$A_1$ 边为 $X'$ 轴方向，即 $X'_A=0$，$Y'_A=0$，$\alpha'_{A_1}=0°00'00''$。

按上述假定坐标系统，经井下连接导线计算出球线 $B$ 的假定坐标为 $X'_B$ 和 $Y'_B$，然后计算 $AB$ 的假定方位角 $\alpha'_{AB}$ 及长度 $D'_{AB}$：

$$\tan\alpha'_{AB}=\frac{Y'_B-Y'_A}{X'_B-X'_A}=\frac{\Delta Y'_{AB}}{\Delta X'_{AB}} \tag{2-14}$$

$$D'_{AB井下}=\frac{Y'_B-Y'_A}{\sin\alpha'_{AB}}=\frac{X'_B-X'_A}{\cos\alpha'_{AB}}=\sqrt{(\Delta X'_{AB})^2+(\Delta Y'_{AB})^2} \tag{2-15}$$

(3)测量和计算正确性的第一个检验。由式(2-13)和式(2-15)算出两垂球线间的长度经改正后理论上应完全相等。但由于测角量边误差的影响，实际上两者并不相等。

(4)按地面坐标系统计算井下连接导线各边的方位角及各点的坐标。由图2.6(a)可清楚地看出：

$$\alpha_{AB}-\alpha'_{AB}=\Delta\alpha=\alpha_{A1} \tag{2-16}$$

如图2.6(b)所示，若 $\alpha_{AB}<\alpha'_{AB}$，可用 $\alpha_{AB}+360°-\alpha'_{AB}$，则式(2-16)仍然是正确的。

仍然根据 $\alpha_{A1}$ 之值以垂球线 $A$ 的地面坐标为准，重新计算井下连接导线各边的方位角及各点的坐标，最后算得垂球 $B$ 的坐标。

(5)测量和计算正确性的第二个检验。这个检验是利用两垂球线的井上、下坐标来检查的。也就是最后将井下连接导线按地面坐标系统，由 $A$ 算出 $B$ 点的坐标后，它应该与按地面连接所算得的 $B$ 点坐标相同。如果其相对闭合差不超过井下所采用的连接导线的精度时，则认为井下连接导线的测量和计算是正确的。平差时一般采用简易平差的方法。将该闭合差按与边长成正比例分配，对井下连接导线各点的坐标加以改正。

### 2.3.3 两井定向算例

某矿-530m水平进行了两井定向，地面由三角点九矿和龙王山作为起始方向，三角点九矿作为起始点，从龙王山—九矿起向九号井和新三井敷设地面导线，如图2.7所示。

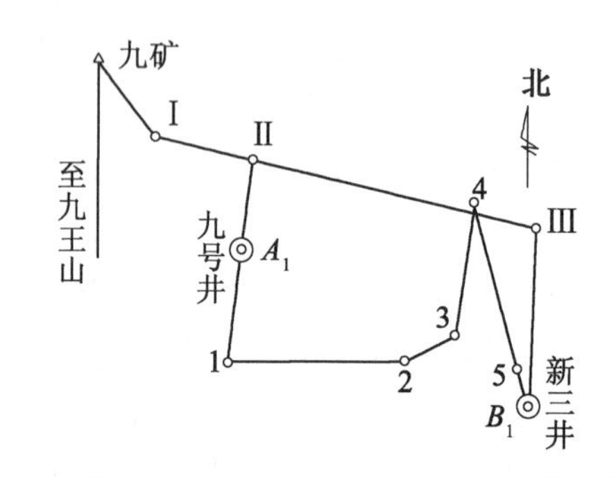


—— 地面导线 —·— 井下导线 ---- 贯通巷道

图2.7 两井定向算例

起算数据：九矿至龙王山的方位角 $\alpha_{(九矿—龙王山)}=167°15'29.5''$；九矿的坐标 $X_{九矿}=610091.024$，$Y_{九矿}=507901.396$。

导线测量数据列于表2.4和表2.5中。角度最终值取两次观测的平均值。边长加比长、垂曲、温度、倾斜改正、取往返丈量之平均值作为最终值。全部计算列于表2.6、表2.7和表2.8中。

表2.4 导线测量数据

| 地面导线角号 | | 水平角(° ′ ″) | 地面导线边号 | 水平距离(m) |
|---|---|---|---|---|
| 九矿 | 龙王山 | 352 21 20.4 | 九矿—I | 79.9566 |
| | I | | | |
| I | 九矿 | 141 28 53.0 | I—II | 75.9181 |
| | II | | | |

续表

| 地面导线角号 | | 水平角（° ′ ″） | 地面导线边号 | 水平距离（m） |
|---|---|---|---|---|
| Ⅱ | Ⅰ | 174 47 34.0 | Ⅱ—Ⅲ | 63.0406 |
| | Ⅲ | | | |
| Ⅱ | Ⅰ | 243 18 22.4 | Ⅱ—$A_1$ | 9.1360 |
| | $A_1$ | | | |
| Ⅲ | Ⅱ | 259 54 13.6 | Ⅲ—$B_1$ | 25.5264 |
| | $B_1$ | | | |

表 2.5　　**井下第一次测量值**

| 地面导线角号 | | 水平角（° ′ ″） | 地面导线边号 | 水平距离（m） |
|---|---|---|---|---|
| 1 | $A_1$ | 86 28 20.4 | $A_1$—1 | 15.9312 |
| | 2 | | | |
| 2 | 1 | 155 08 55.2 | 1—2 | 37.9229 |
| | 3 | | | |
| 3 | 2 | 116 08 35.5 | 3—4 | 17.2131 |
| | 4 | | | |
| 4 | 3 | 328 11 34.3 | 4—5 | 19.6327 |
| | 5 | | | |
| 5 | 4 | 201 31 56.9 | 5—$B_1$ | 13.7574 |
| | $B_1$ | | | |

注：按井下7″级导线测量的。

表 2.6　　**两井定向地面连接导线坐标计算表**

| 测点 | | 水平角（° ′ ″） | 方位角（° ′ ″） | 水平边长（m） | 坐标增量 | | 坐标 | |
|---|---|---|---|---|---|---|---|---|
| 测站 | 视准点 | | | | $\Delta X$ | $\Delta Y$ | $X$ | $Y$ |
| 龙王山 | 九矿 | | 347 15 29.5 | | | | 610091.0240 | 507901.3960 |
| 九矿 | 龙王山 | 352 21 20.4 | 159 36 49.9 | 79.9566 | −74.9486 | +27.8525 | 610016.0754 | 507929.2485 |
| | Ⅰ | | | | | | | |
| Ⅰ | 九矿 | 141 28 53.0 | 121 05 42.9 | 79.9181 | −39.2088 | +65.0094 | 609976.8666 | 507994.2579 |
| | Ⅱ | | | | | | | |

续表

| 测点 | | 水平角 | 方位角 | 水平边长 | 坐标增量 | | 坐标 | |
|---|---|---|---|---|---|---|---|---|
| 测站 | 视准点 | (° ′ ″) | (° ′ ″) | (m) | Δ*X* | Δ*Y* | *X* | *Y* |
| Ⅱ | Ⅰ | 243 18 22.4 | 184 24 05.3 | 9.1360 | −9.1090 | −0.7011 | 609967.7575 | 507993.5568 |
| | $A_1$ | | | | | | | |
| Ⅰ | Ⅱ | | 121 05 42.9 | | | | 609976.8666 | 507994.2579 |
| Ⅱ | Ⅰ | 174 47 34.0 | 115 53 16.9 | 63.0406 | −27.5244 | +56.7144 | 609949.3422 | 508050.9723 |
| | Ⅲ | | | | | | | |
| Ⅲ | Ⅱ | 259 54 13.6 | 195 47 30.5 | 25.5264 | −24.5630 | −6.9468 | 609924.7792 | 508044.0255 |
| | $B_1$ | | | | | | | |

注：$\Delta x_{A_1}^{B_1}=-42.9783$；$\Delta y_{A_1}^{B_1}=+50.4687$；$\tan\alpha_{A_1B_1}=1.17428330$；$\alpha_{A_1B_1}=130°25'01.8''$；$S_{A_1B_1}=66.2889$。

表 2.7　　按假定坐标系统进行井下连接导线的坐标计算

| 测点 | | 水平角 | 方位角 | 水平边长 | 坐标增量 | | 坐标 | |
|---|---|---|---|---|---|---|---|---|
| 测站 | 视准点 | (° ′ ″) | (° ′ ″) | (m) | Δ*X* | Δ*Y* | *X* | *Y* |
| $A_1$ | | | 0 00 00 | 15.9312 | | | 0 | 0 |
| | 1 | | | | +15.9312 | 0 | +15.9312 | 0 |
| 1 | $A_1$ | 86 28 20.2 | 266 28 20.2 | 37.9229 | −2.3335 | −37.8510 | +13.5977 | −37.8510 |
| | 2 | | | | | | | |
| 2 | 1 | 155 08 55.2 | 241 37 15.4 | 13.8807 | −6.5975 | −12.2126 | +7.0002 | −50.0636 |
| | 3 | | | | | | | |
| 3 | 2 | 116 83 35.2 | 177 45 50.9 | 17.2131 | −17.2000 | +0.6715 | −10.1998 | −49.3921 |
| | 4 | | | | | | | |
| 4 | 3 | 328 11 34.3 | 325 57 25.2 | 19.6327 | +16.2680 | −10.9907 | +6.0682 | −60.3828 |
| | 5 | | | | | | | |
| 5 | 4 | 201 31 56.9 | 347 29 22.1 | 13.7574 | +13.4307 | −2.9801 | +19.4989 | −63.3629 |
| | $B_1$ | | | | | | | |

注：$\Delta y_{A_1}^{B_1}=-63.3629$；$\Delta x_{A_1}^{B_1}$ 19.4989；$\tan\alpha'_{A_1B_1}=-3.24956417$；$\alpha'_{A_1B_1}=287°06'17.6''$；$S'_{A_1B_1}=66.2953$；$\Delta S=6.4\text{mm}$。

表 2.8　　**按地面坐标系统进行井下连接导线的坐标计算**

| 测点 | | 水平角 | 方位角 | 水平边长 | 坐标增量 | | 坐标 | |
|---|---|---|---|---|---|---|---|---|
| 测站 | 视准点 | (° ′ ″) | (° ′ ″) | (m) | $\Delta X$ | $\Delta Y$ | $X$ | $Y$ |
| $A_1$ | | | 203 18 44.2 | 15.9312 | +6 | −7 | 609967.7575 | 507993.5568 |
| | 1 | | | | −14.6306 | −6.3046 | 609953.1275 | 507987.2515 |
| 1 | $A_1$ | 86 28 20.2 | 109 47 04.4 | 37.9229 | +12 | −15 | 609940.2924 | 508.0229344 |
| | 2 | | | | −12.8363 | +35.6844 | | |
| 2 | 1 | 155 08 55.2 | 84 55 59.6 | 13.8807 | +5 | −6 | 609941.5188 | 508036.7603 |
| | 3 | | | | +1.2259 | +13.8265 | | |
| 3 | 2 | 116 83 35.2 | 21 04 35.1 | 17.2131 | +6 | −7 | 609957.5810 | 508042.9497 |
| | 4 | | | | +16.0616 | +6.1901 | | |
| 4 | 3 | 328 11 34.3 | 169 16 09.4 | 19.6327 | +7 | −8 | 609938.2923 | 508046.6044 |
| | 5 | | | | −19.2894 | +3.6555 | | |
| 5 | 4 | 201 31 56.9 | 190 48 06.3 | 13.7574 | +5 | −6 | 609924.7792 | 508044.0255 |
| | $B_1$ | | | | −13.5136 | −2.5783 | | |

注：$\sum \Delta x = -42.9824$；$\sum \Delta y = 50.4736$；$f_x = \sum \Delta x - \Delta x_{A_1}^{B_1} = -0.0041$；$f_y = \sum \Delta y - \Delta y_{A_1}^{B_1} = 0.0049$；$f = \sqrt{f_x^2 + f_y^2} = 6.4\text{mm}$；$\frac{f}{p} = \frac{6.4}{118388} \approx \frac{1}{18490} < \frac{1}{6000}$。

该矿两井定向独立进行了两次，第二次井下测量的成果见表 2.9。

表 2.9　　**井下第二次测量成果表**

| 测点 | | 水平角 | 方位角 | 水平边长 | 坐标 | |
|---|---|---|---|---|---|---|
| 测站 | 视准点 | (° ′ ″) | (° ′ ″) | (m) | $X$ | $Y$ |
| $A_2$ | | | 203 13 56.0 | 15.9286 | 609967.7654 | 507993.5361 |
| | 1 | | | | 609953.1289 | 507987.2523 |
| 1 | $A_2$ | 86 33 13.0 | 109 47 09.0 | 37.9229 | 609940.2929 | 508022.9351 |
| | 2 | | | | | |
| 2 | 1 | 155 08 55.2 | 84 56 04.2 | 13.8807 | 609941.5190 | 508036.7611 |
| | 3 | | | | | |
| 3 | 2 | 116 08 35.5 | 21 04 39.7 | 17.2131 | 609957.5809 | 508042.9509 |
| | 4 | | | | | |

续表

| 测点 | | 水平角 (° ′ ″) | 方位角 (° ′ ″) | 水平边长 (m) | 坐标 | |
|---|---|---|---|---|---|---|
| 测站 | 视准点 | | | | X | Y |
| 4 | 3 | 328 11 34.3 | 169 16 14.0 | 19.6327 | 609938.2920 | 508046.6053 |
| | 5 | | | | | |
| 5 | 4 | 201 29 44.9 | 190 45 58.9 | 13.7594 | 609924.7752 | 508044.0345 |
| | $B_2$ | | | | | |

取两次计算结果的平均值作为两井定向井下连接导线的最终值，见表2.10。

表2.10　**两井定向井下连接导线的最终成果**

| 测点 | | 水平角 (° ′ ″) | 方位角 (° ′ ″) | 水平边长 (m) | 坐标 | |
|---|---|---|---|---|---|---|
| 测站 | 视准点 | | | | X | Y |
| 1 | | | 109 47 07 | 37.923 | 609953.128 | 507987.252 |
| | 2 | | | | 609940.293 | 508022.935 |
| 2 | 1 | 155 08 55.2 | 84 56 02 | 13.881 | 609941.519 | 508036.761 |
| | 3 | | | | | |
| 3 | 2 | 116 08 35.5 | 21 04 37 | 17.213 | 609957.581 | 508042.950 |
| | 4 | | | | | |
| 4 | 3 | 328 11 34.3 | 169 16 12 | 19.633 | 609938.292 | 508046.605 |
| | 5 | | | | | |

## 2.4 陀螺定向

几何定向存在着占用井筒影响生产，且设备多、组织工作复杂，需耗费大量人力、物力和时间，并随着井筒深度的增加，定向精度相应降低等缺点，为了尽量避免上述问题，矿山测量者研究采用物理方法进行矿井定向。随着科学技术的发展，特别是力学、机械制造和电子技术的进步，使得陀螺仪定向具备了必要的基础。目前，我国和世界上很多国家都已成功研制将陀螺仪和经纬仪(全站仪)结合在一起完成定向工作的陀螺经纬仪(全站仪)。所谓陀螺仪，是指以高速旋转的刚体制成的仪器。陀螺经纬仪(全站仪)是将陀螺仪与经纬仪(全站仪)组合而成的一种定向仪器。陀螺经纬仪(全站仪)的定向精度高，根据实际定向的结果，陀螺经纬仪(全站仪)一次定向中误差小于2′，完全能满足各种采矿工程的需要；而高精度的陀螺经纬仪(全站仪)一次定向标准偏差优于5′，完全满足了高精度大地测量、精密工程测量、国防等领域所需。陀螺经纬仪(全站仪)目前已广泛应用于矿井联系测量和井下大型贯通测量的定向。

### 2.4.1 自由陀螺仪的特性

没有任何外力作用，并具有三个自由度的陀螺仪称为自由陀螺仪。图 2.8 所示为自由陀螺仪的模型及其原理示意图。

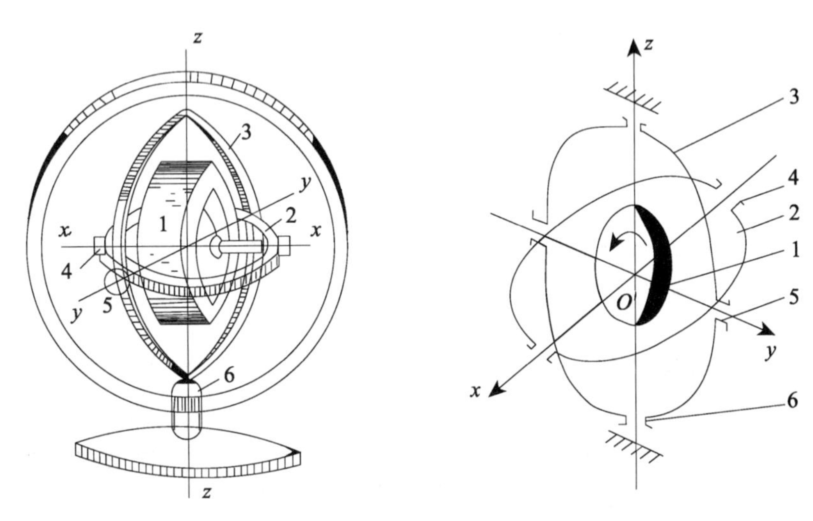


1—转子　2—内环　3—外环　4、5、6—轴承

图 2.8　自由陀螺仪的模型及其原理示意图

转子 1 安置在内环 2 上，内环 2 又安置在外环 3 上。内环和外环保证了陀螺仪围绕在相互垂直的三个旋转轴的自由度，即转子绕其对称轴 $x$ 旋转，转子和内环一起绕水平轴 $y$ 在轴承 5 中旋转，陀螺仪转子和内外两环一起绕竖直轴 $z$ 在轴承 6 中旋转。其中转子轴 $x$ 叫做陀螺仪自转轴或主轴，通常简称为陀螺仪轴。从轴端看，转子按逆时针方向旋转时，则该端为主轴的正端。内外两环叫做万向机构。所以 $y$ 轴与 $z$ 轴叫做万向结构轴。陀螺仪主轴绕 $y$ 轴旋转，改变其与水平面之间的夹角，通常叫做高度的变化。陀螺仪主轴绕 $z$ 轴旋转，改变其与地物在平面内的相对位置，通常称为方位的变化(见图 2.9)。三个轴的交点叫做陀螺仪的中心。陀螺仪的灵敏部(包括转子和内外两环)的重心与陀螺仪的中心点重合。

自由陀螺仪有两个特性：

(1)陀螺轴在不受外力作用时，它的方向始终指向初始恒定方向，即定轴性；也就是说陀螺在转动惯量作用下，具有力图维持其本身回转平面的特性。

(2)陀螺轴在受外力作用时，将产生一种非常重要的效应——“进动”，即进动性。进动的角速度 $\omega_P$ 的大小与外加力矩 $M_B$ 成正比，与陀螺仪的动量矩 $H$ 成反比，即

$$\omega_P = \frac{M_B}{H} \tag{2-17}$$

通常用右手定则来表示它们之间的方向关系，即伸出右手的拇指、食指和中指，使它

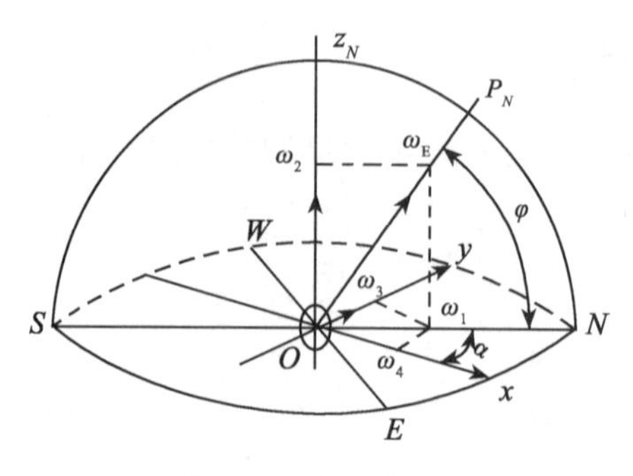


图 2.9　方位的变化

们彼此成直角，将食指指向动量矩的方向，中指指向外力矩矢量方向，那么拇指的方向就是进动角速度矢量的方向。在式(2-17)中，$\omega_P$在 $z$ 轴方向上，$M_B$在 $y$ 轴方向上，$H$ 在 $x$ 轴方向上。

研究表明，由于轴承间摩擦力矩所引起的主轴的进动是没有规律的，故目前用于定向的陀螺仪是采取两个完全的自由度和一个不完全的自由度，即钟摆式陀螺仪。

如果把自由陀螺仪的重心从中心下移(见图 2.10)，即在自由陀螺的轴上加以悬重 $Q$，则陀螺仪灵敏部的重心由中心 $O$ 下移到 $O_1$点，结果便限制了自由陀螺仪绕 $y$ 轴旋转的自由度，亦即 $x$ 轴因悬重 $Q$ 的作用，而永远趋于和水平面平行的状态。此时它具有两个完全的自由度和一个不完全的自由度。因为它的灵敏部和钟摆相似(重心位于过中心的铅垂线上，且低于中心)，所以称为钟摆式陀螺仪。如用悬挂带挂起来，则陀螺既能绕自身轴高速旋转，又能绕悬挂轴摆动(进动)。

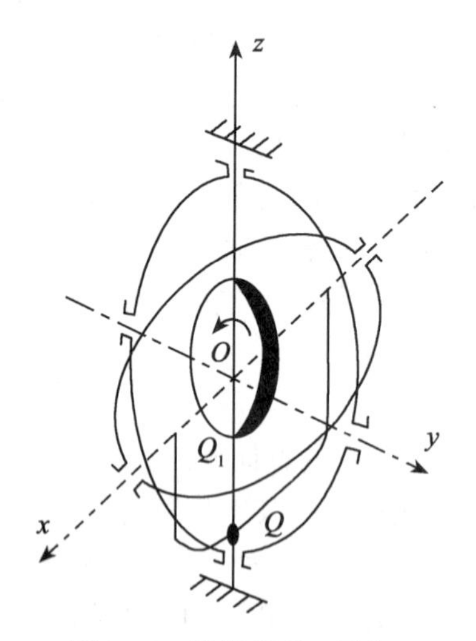


图 2.10　陀螺仪重心下移

因为陀螺仪是靠地球转动作用而实现其定向性能的，所以要想说明钟摆式陀螺仪的工作原理，需要说明地球的转动及其对陀螺仪的作用。

### 2.4.2 陀螺经纬仪的工作原理

1. 地球自转及其对陀螺仪的作用

众所周知，地球以角速度 $\omega$（$\omega=1$ 周/昼夜 $=7.25\times10^{-5}$ rad/s）绕其自转轴旋转，所以地球上的一切东西都随着地球转动。如从宇宙空间来看地轴的北端，地球是在作逆时针方向旋转，如图 2.11(a) 所示，地球旋转角速度的矢量 $\omega$ 沿其自转轴指向北端。对纬度为 $\phi$ 的地面点 $P$ 而言，地球自转角速度矢量 $\omega$ 和当地的水平面成 $\phi$ 角，且位于过当地的子午面内。这个角速度矢量 $\omega$ 可分解为垂直分量水平分量 $\omega_1$（沿子午线方向）和 $\omega_2$（沿铅垂方向）。

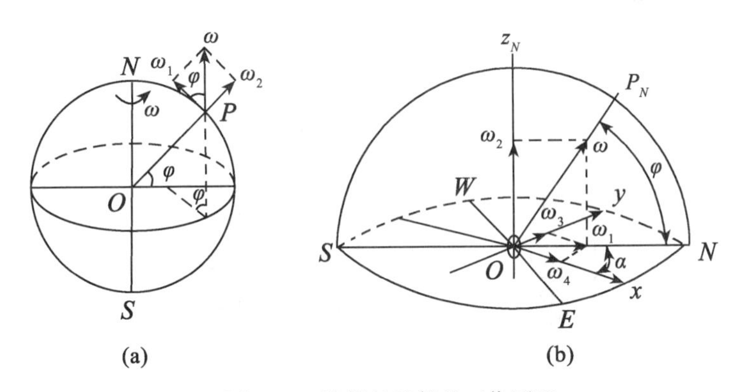


图 2.11　陀螺经纬仪的工作原理

图 2.11(b) 表示辅助天球在地平面以上的部分。$O$ 点为地球的中心，因为对天体而言地球可看做是一个点。故可设想，陀螺仪与观测者均位于此 $O$ 点上，且陀螺仪主轴呈水平位置，在方位上处于真子午面之东，与真子午面呈夹角 $\alpha$。图中 $NP_Nz_NS$ 为观测者真子午面，$NWSE$ 为真地平面，$OP_N$ 为地球旋转轴，$Oz_N$ 为铅垂线，$NS$ 为子午线方向，$\phi$ 为纬度。

这时角速度矢量 $\omega$ 应位于 $OP_N$ 上，且向着北极 $P_N$ 端。将 $\omega$ 分解成互相正交的两个分量 $\omega_1$ 和 $\omega_2$。分量 $\omega_1$ 叫做地球旋转的水平分量，表示地平面在空间绕子午线旋转的角速度，且地平面的东半面降落，西半面升起，在地球上的观测者感到就像太阳和其他星体的高度变化一样。地球水平分量的大小为

$$\omega_1=\omega\cos\varphi \tag{2-18}$$

分量 $\omega_2$ 表示子午面在空间绕铅垂线方向亦即万向结构 $z$ 轴旋转的角速度，并且表示子午线的北端向西移动。这个分量称为地球旋转的垂直分量。观测者在地球上感到的正如太阳和其他星体的方位变化一样。分量 $\omega_2$ 的大小为

$$\omega_2=\omega\sin\varphi \tag{2-19}$$

为了说明钟摆式陀螺仪受到地球旋转角速度的影响，把地球旋转分量 $\omega_1$ 再分解成为两个互相垂直的分量 $\omega_3$（沿 $y$ 轴）和 $\omega_4$（沿 $x$ 轴），如图 2.11(b) 所示。

分量 $\omega_4$ 表示地平面绕陀螺仪主轴旋转的角速度，其大小为

$$\omega_4 = \omega\cos\varphi\cos\alpha \tag{2-20}$$

此分量对陀螺仪轴在空间的方位没有影响，所以不加考虑。

分量 $\omega_3$ 表示地平面绕 $y$ 轴旋转的角速度，其大小为

$$\omega_3 = \omega\cos\varphi\sin\alpha \tag{2-21}$$

分量 $\omega_3$ 对陀螺仪轴 $x$ 的进动有影响，所以 $\omega_3$ 叫做地转有效分量。该分量使陀螺仪的主轴发生高度的变化；向东的一端仰起，向西的一端倾降。

不难理解，当地球旋转时，钟摆式陀螺仪上的悬重 $Q$(见图 2.10)将使主轴 $x$ 产生回到子午面内的进动。其关系表示如图 2.12 所示。当陀螺仪主轴 $x$ 平行于地平面的时刻，如图 2.12(a)所示，则悬重 $Q$ 不引起重力力矩，所以对于 $x$ 轴的方位没有影响。但在下一时刻，地平面以角速度 $\omega_3$ 绕 $y$ 轴旋转，所以地平面不再平行于 $x$ 轴，而与之呈某一夹角 $\theta$，如图 2.12(b)所示。

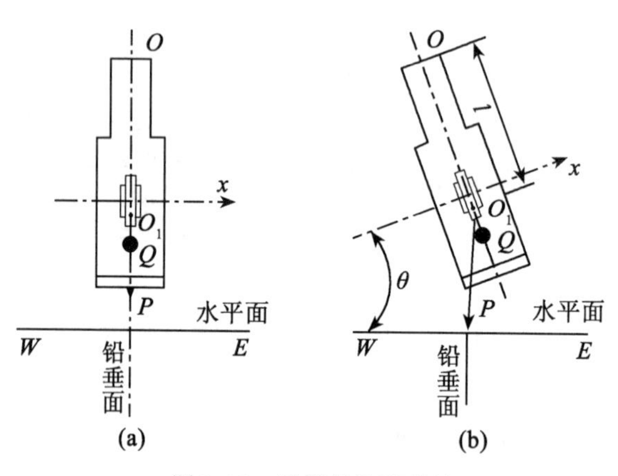


图 2.12　陀螺仪的进动性

由此可见，悬重 $Q$ 产生的力矩使 $x$ 轴的正端进动并回到子午面方向，反之亦然。

2. 陀螺仪转子轴对地球的相对运动

如前所述，因为子午面在不断地旋转，所以即使某一时刻陀螺仪轴与地平面平行且位于子午面内，但下一时刻陀螺仪轴便不再位于子午面内，因此陀螺仪轴与子午面之间具有相对运动的形式。

钟摆式陀螺仪就是在子午面附近作连续不断的、不衰减的椭圆简谐摆动。如图 2.13 所示。$x$ 轴在沿椭圆轨迹的运动中，稍停而又向相反的方向运动的时刻，叫做陀螺仪的逆转时刻。点Ⅱ与点Ⅳ叫做陀螺仪的逆转点。$x$ 轴正端沿椭圆走完全行程又回到起点所需的时间，叫做陀螺仪不衰减摆动的周期，并以 $T$ 表示。其大小与陀螺的构造及所在地的纬度 $\varphi$ 有关，可按下式求得

$$T = 2\pi\sqrt{\frac{H}{M\omega\cos\varphi}} \tag{2-22}$$

式中：$M$——灵敏部的总重力矩。计算如下：

$$M = mgl \tag{2-23}$$

式中：$m$——灵敏部的质量；

$g$——地球重力加速度；

$l$——灵敏部悬挂点到重心的距离。

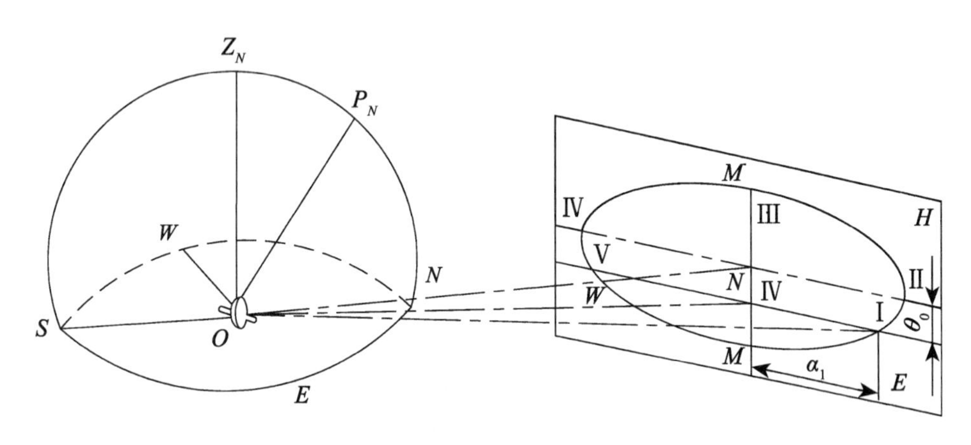


图 2.13　陀螺仪的简谐摆动

由于 $x$ 轴的摆动椭圆很扁，因此通常把陀螺仪轴的不衰减摆动当做在平面内的摆动，如图 2.14 所示。

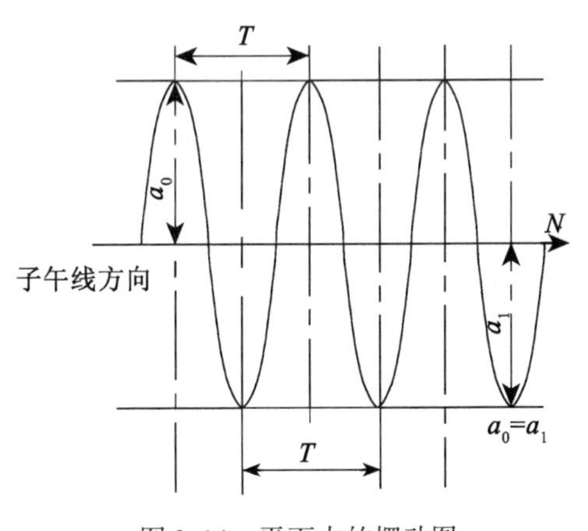


图 2.14　平面内的摆动图

当摩擦力矩的大小和方向都不变时，陀螺仪轴衰减微弱的摆动具有以下规律性：

(1)前后两摆动的比值(衰减系数 $f$)保持常数，如图 2.15 所示。

(2)从上述对陀螺仪轴和地球的相对运动的分析中可知：陀螺仪的主轴是以子午面为零位围绕子午面作简谐运动的，这说明把陀螺仪轴的东西两逆转点位置记录下来，取其平均值即可得出子午面的方向。

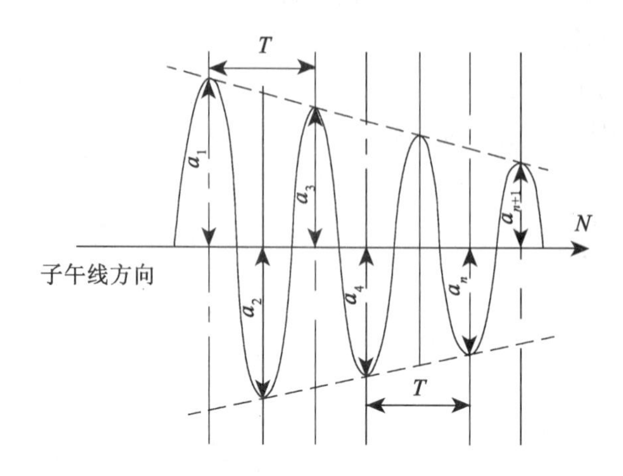


图 2.15 陀螺仪摆动的规律性

综上可知，陀螺仪是根据自由陀螺仪的定轴性和进动性两个基本特征，并考虑到陀螺仪对地球自转的相对运动，使陀螺轴在测站子午线附近作简谐摆动的原理而制成的。陀螺经纬仪则是由陀螺仪和经纬仪结合而成的定向仪器。它通过陀螺仪测定出子午线方向，用经纬仪测出定向边与子午线方向的夹角，就可以根据天文方位角和子午线收敛角求得地面或井下任意定向边的大地方位角。这就是陀螺经纬仪的工作原理。陀螺经纬仪的基本构造如图 2.16 所示。

### 2.4.3 陀螺经纬仪的定向方法

应用陀螺经纬仪进行矿井定向的常用方法是逆转点法和中天法。它们之间的主要差别是在测定陀螺北方向时，中天法的仪器照准部是固定不变的；而逆转点法的仪器照准部处于跟踪状态。

1. 逆转点法测定井下未知边方位角的全过程

所谓逆转点，是指陀螺绕子午线摆动时偏离子午线最远处的东西两个位置，分别称为东西逆转点。

a. 在地面已知边上测定仪器常数 $\Delta_{前}$

由于仪器加工等多方面的原因，陀螺轴的平衡位置往往与测站真子午线的方向不重合，它们之间的夹角称为陀螺经纬仪的仪器常数，并用 $\Delta$ 表示，一般要在地面已知边上测定 2～3 个测回 $\Delta$。下井前地面测得的仪器常数记为 $\Delta_{前}$。测定 $\Delta_{前}$ 关键是要测定已知边的陀螺方位角 $T_{AB陀}$，如图 2.17(a)所示。

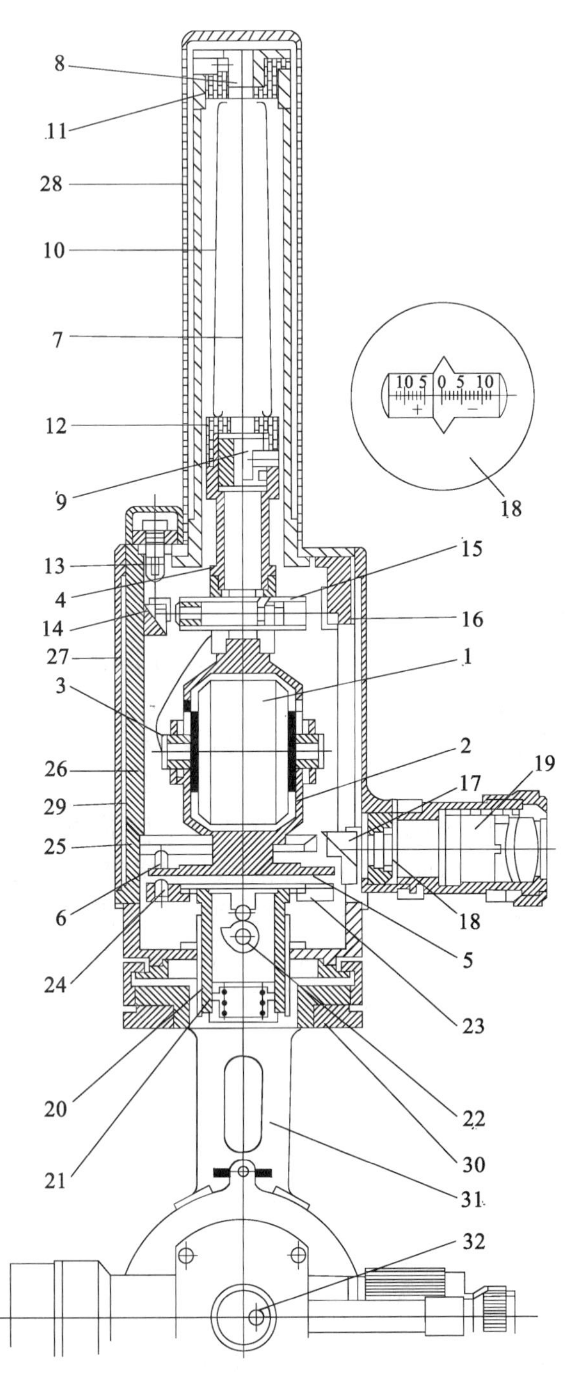


1—陀螺马克　2—陀螺房　3—陀螺轴　4—悬挂柱　5—底盘　6—底盘顶尖　7—悬挂带
8—悬挂带上钳形夹头　9—悬挂带下钳形夹头　10—导流丝　11—上导流丝座　12—下导流丝座
13—光源　14—进光棱镜　15—光学准直管　16—上棱镜　17—下棱镜　18—分划板　19—目镜
20—轴套　21—导向轴　22—凸轮　23—限幅盘　24—限幅泡沫塑料垫　25—锁紧圈　26—支架
27—下套筒　28—上套筒　29—磁屏蔽　30—微调座　31—连接托架　32—经纬仪横轴

图 2.16　陀螺经纬仪的基本构造

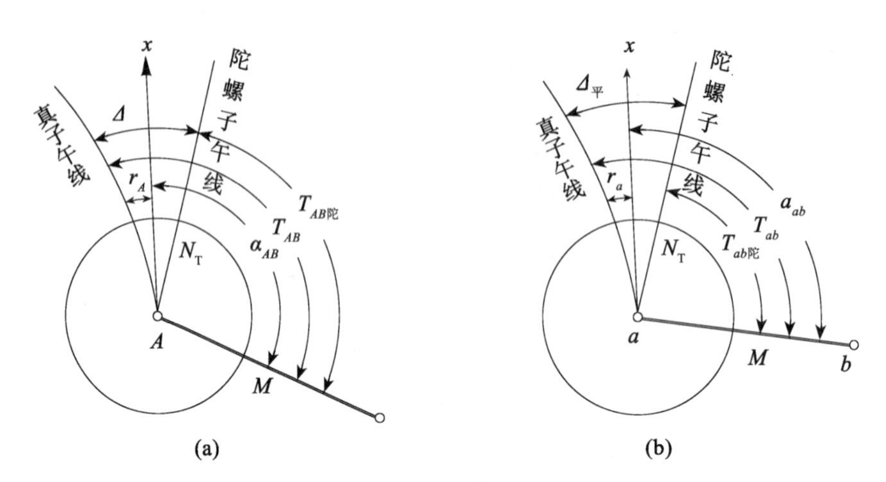


图 2.17　陀螺经纬仪定向示意图

测定 $T_{AB陀}$ 的方法如下：

(1)在 $A$ 点安置陀螺经纬仪，严格对中整平，并以两个镜位观测 $AB$ 的方向值 $M_1$；

(2)将经纬仪的视准轴大致对准北方向；

(3)启动陀螺仪，按逆转点法测定陀螺北方向值 $N_T$；

按逆转点法观测陀螺北方向值的方法如下：

在测站上安置仪器，观测前将水平微动螺旋置于行程中间位置，并于正镜位置将经纬仪照准部对准近似北方向，然后启动陀螺。此时在陀螺仪目镜视场中可以看到光标线在摆动，用水平微动螺旋使经纬仪照准部转动，平稳匀速地跟踪光标线的摆动，使目镜视场中分划板上的零刻度线与光标线重合。当光标达到东西逆转点时，读取经纬仪水平度盘上的读数。连续读取 5 个逆转点的读数 $u_1$，$u_2$，…，$u_5$，便可按以下公式求得陀螺北方向值 $N_T$：

$$\left.\begin{aligned} N_1 &= \frac{1}{2}\left(\frac{u_1+u_3}{2}+u_2\right) \\ N_2 &= \frac{1}{2}\left(\frac{u_2+u_4}{2}+u_3\right) \\ N_3 &= \frac{1}{2}\left(\frac{u_3+u_5}{2}+u_4\right) \end{aligned}\right\} \tag{2-24}$$

$$N_T = \frac{1}{3}(N_1+N_2+N_3) \tag{2-25}$$

(4)再用两个镜位观测 $AB$ 的方向值 $M_2$，取 $M_1$ 和 $M_2$ 的平均值 $M$ 作为 $AB$ 方向线的最终方向值；

(5)计算 $T_{AB陀}$。

$$T_{AB陀} = M - N_T \tag{2-26}$$

$$\Delta_{前} = T_{AB} - T_{AB陀} = \alpha_{AB} + \gamma_A - T_{AB陀} \tag{2-27}$$

式中：$T_{AB陀}$——$AB$ 边一次测定的陀螺方位角；

$T_{AB}$——$AB$ 的大地方位角；

$\alpha_{AB}$——$AB$ 的坐标方位角；

$\gamma_A$——$A$ 点的子午线收敛角。

b. 在井下定向边上测量陀螺方位角 $T_{ab陀}$

内容略。

c. 求仪器常数及平均值 $\Delta_{平}$

返回地面后再在 $AB$ 边上测一次仪器常数 $\Delta_{后}$，得仪器常数的平均值 $\Delta_{平}$为

$$\Delta_{平}=\frac{\Delta_{前}+\Delta_{后}}{2} \tag{2-28}$$

d. 计算井下未知边的坐标方位角

如图 2.2(b)所示，井下未知边的坐标方位角为

$$\alpha_{AB}=T_{ab陀}+\Delta_{平}-\gamma_a \tag{2-29}$$

式中：$T_{ab陀}$——$ab$ 边的陀螺方位角；

$\gamma_a$——$a$ 点的子午线收敛角。

2. 中天法

中天法要求起始近似定向达到±15′以内，在整个观测过程中，经纬仪照准部都固定在这个近似北方向上。中天法陀螺仪定向时一个测站的操作程序如下：

(1)严格整置经纬仪，架上陀螺仪，以一个测回测定待定或已知测线的方向值。然后将仪器大致对正北方向。

(2)进行粗略定向。将经纬仪照准部固定在近似北方向 $N'$上，并记下 $N'$值。在整个定向过程中，照准部始终固定在这个方向上。

(3)测前零位观测。下放陀螺灵敏部，进行测前悬带零位观测，同时用秒表记录自摆动周期。零位观测完毕，托起并锁紧灵敏部。

悬带零位是指陀螺马达不转时，陀螺灵敏部受悬挂带和导流丝扭力矩作用而引起扭摆的平衡位置，就是扭力矩为零的位置。这个位置应在目镜分划板的零刻度线上。在陀螺仪观测工作开始之前和结束后，要做悬带零位观测，相应称为测前零位观测和测后零位观测。

测定悬带零位时，先将经纬仪整平并固定照准部，然后下放陀螺灵敏部，从读数目镜中观测灵敏部的摆动，在分划板上连续读三个逆转点读数，估读到 0.1 格(当陀螺仪较长时间未作运转时，测定零位之前，应将马达开动几分钟，然后切断电源，待马达停止转动后再下放灵敏部)。观测过程如图 2.18 所示。

按下式计算零位：

$$L=\frac{1}{2}\left(\frac{a_1+a_3}{2}+a_2\right) \tag{2-30}$$

式中：$a_1$、$a_2$、$a_3$为逆转点读数，以格计。

同时还需要用秒表测定周期，即光标像穿过分划板零刻度线的瞬间启动秒表，待光标像摆动一周又穿过零刻度线的瞬间制动秒表，其读数称为自由摆动周期。零位观测完毕，锁紧灵敏部。如悬挂零位变化在±0.5 格以内，且自摆周期不变，则不必进行零位校正和

加入改正。目前出厂的陀螺经纬仪基本都把零位调整在上述范围内的。

(4)启动陀螺马达，待达到额定转速后下放灵敏部，经限幅，使光标像摆幅不超过目镜视场。然后参照图 2. 19，按下列顺序进行观测：

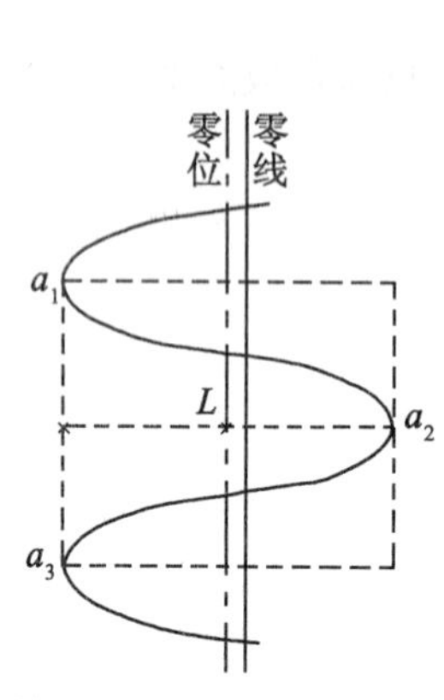

图 2. 18　零位观测示意图

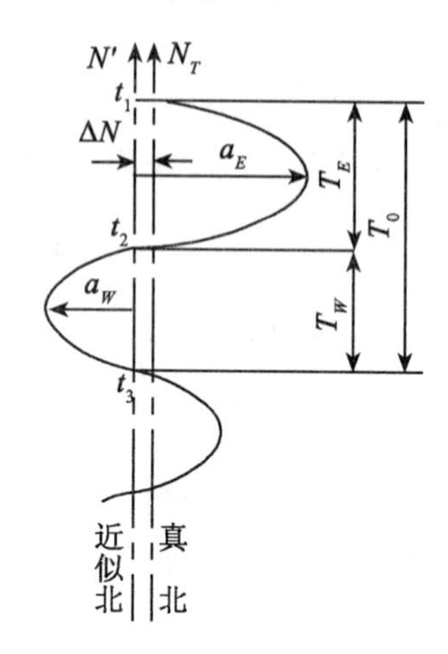


图 2. 19　中天法观测示意图

①灵敏部指标线经过分划板零刻度线时启动专用秒表，读取中天时间 $t_1$；

②灵敏部指标线到达逆转点时，在分划板上读取摆幅读数 $a_E$；

③灵敏部指标线返回零刻度线时读出秒表上的读数 $t_2$；

④灵敏部指标线到达另一逆转点时读摆幅读数 $a_W$；

⑤灵敏部指标线返回零刻度线时再读秒表上中天时间 $t_3$；

重复进行上述操作，一次定向需要连续测定 5 次中天时间。记录不跟踪摆动周期 $T_2$。观测完毕，托起并锁紧灵敏部，关闭陀螺马达。

(5)测后零位观测，方法同前。

(6)以一测回测定特定或已知测线方向值。前、后两测回的限差要求同逆转点法定向。取前、后两次的平均值作为测线方向值。基本计算如下：

摆动周期　　$T_E = t_2 - t_1$，$T_W = t_3 - t_2$

时间差　　$\Delta t = T_E - T_W$

摆幅值　　$a = \dfrac{|a_E| + |a_W|}{2}$

近似北方偏离平衡位置的改正数：$\Delta N = c \cdot a \cdot \Delta t$　　(2-31)

摆动平衡位置在水平度盘上的读数陀螺北方向值 $N_T$ 为

$$N_T = N' + \Delta N = N' + c \cdot a \cdot \Delta t \tag{2-32}$$

式中：$c$ 为比例系数。其测定和计算方法如下：

①利用实际观测数据求 $c$ 值。

把经纬仪照准部摆在偏东 10′和偏西 10′左右，分别用中天法观测，求出时间差 $\Delta t_1$ 和 $\Delta t_2$，以及摆幅值 $a_1$ 和 $a_2$，可用下式求解得到 $c$ 值。

$$c=\frac{N_2'-N_1'}{a_1\Delta t_1-a_2\Delta t_2} \tag{2-33}$$

$c$ 值与地理纬度有关，在同一地区南北不超过500km范围以内可使用同一 $c$ 值，超过这个范围须重新测定，隔一定时间后应抽测检查。

②利用摆动周期计算比例系数 $c$。

$$c=m\cdot\frac{\pi}{2}\cdot\frac{T_1^2}{T_2^3} \tag{2-34}$$

式中：$m$——分划板分划值；

$T_1$——跟踪摆动周期；

$T_2$——不跟踪摆动周期。

## 2.5 导入高程

### 2.5.1 导入高程的实质

高程联系测量就是导入高程，其任务就是把地面坐标系统中的高程，经过平硐、斜井或立井传递到井下高程测量的起始点上，使井上、下采用统一高程系统，也叫导入标高。

由于矿井有平硐、斜井和立井三种开拓方式，导入高程的方法随开拓方法的不同而分为：

(1)通过平硐导入高程，采用井下几何水准测量或三角高程测量来完成，其测量方法和精度要求与井下水准基本控制测量相同。

(2)通过斜井导入高程，用一般三角高程测量来完成，其测量方法和精度要求与井下基本控制三角高程测量相同。

(3)通过立井导入高程，其工作内容实际上是丈量井筒的深度，为此必须采用专门的方法才能来完成。

下面主要介绍通过立井导入高程的方法。

### 2.5.2 钢尺导入高程

目前国内外使用的长钢尺有100m、200m、500m、800m、1000m等几种。

用长钢尺导入高程的设备及安装如图2.20所示。钢尺由地面放入井下，到达井底后，挂上一个垂球(垂球的质量等于钢尺鉴定的拉力)，以拉直钢尺，并使之处于自由悬挂位置，然后再在井上、下各安置一台水准仪，在 $A$、$B$ 水准尺上读取读数 $a$ 与 $b$；再照准钢尺，井上、下同时读取读数 $m$ 和 $n$(同时读数可避免钢尺移动所产生的误差)。由图2.20可知，井下水准点 $B$ 的高程为

$$\begin{aligned} h_{AB} &= (m-n)-a+b+\sum\Delta l \\ H_B &= H_A - H_{AB} \end{aligned} \tag{2-35}$$

式中：$\sum\Delta l$ 为钢尺的总改正数，它包括尺长、温度、拉力和钢尺自重等四项改正数。即

$$\sum \Delta l = \Delta l_k + \Delta l_t + \Delta l_p + \Delta l_c \tag{2-36}$$

钢尺工作时的温度应取井上、下温度的平均值。当钢尺下端悬挂的垂球重量为钢尺的标准拉力时，则拉力改正 $\Delta l_p$ 为零，否则应根据实际垂球铊重量拉力进行计算。钢尺自重改正可按下列公式计算：

$$\Delta l_c = \frac{\alpha}{2E} l^2 \tag{2-37}$$

式中：$\alpha$——钢尺的密度，一般取 7.8kg/cm$^3$；

$E$——钢尺的弹性系数，一般为 $2\times10^6$kg/cm$^2$；

$l$——井上下水准仪视线间钢尺长度。

为了校核和提高精度，导入标高应进行两次。按《规程》规定两次之差不得大于 1/8000（$l$ 为 $m$ 与 $n$ 之间的钢尺长度）。

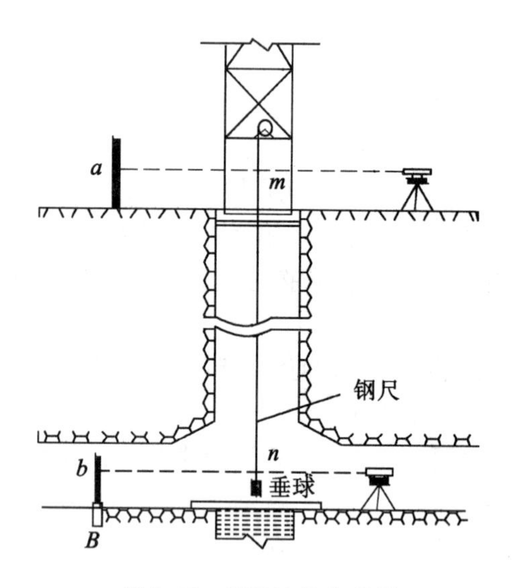


图 2.20　钢尺法导入高程

### 2.5.3　钢丝导入高程

矿井联系测量用的钢丝直径小、强度高，导入标高时，将钢丝通过小滑轮由地面挂至井底，以代替钢尺，如图 2.21 所示。其原理及方法与钢尺导入标高相同，只是由于钢丝上没有刻画，故应在钢丝上的水准仪照准处做上标记，然后用小绞车绕起钢丝的同时，在地面丈量出两记号间的长度。

当采用钢丝法导入标高时，首先应在井筒中部悬挂一钢丝，在井下端悬以重锤，使其处于自由悬挂状态；然后，在井上、下同时用水准仪测得水准尺上的读数为 $a$ 和 $b$；最后用水准仪瞄准钢丝，在钢丝上做上标记。

钢丝两标记间的长度可采用光电测距仪或钢尺在地面测量，在平坦地面上将钢丝拉直，并施加与导入高程时给钢丝所加的相同的拉力。依据钢丝上的标记 $m$，$n$，在实地上打木桩用小钉做上标志。然后用光电测距仪或钢尺丈量两标志 $m$，$n$ 之间的距离。当在井

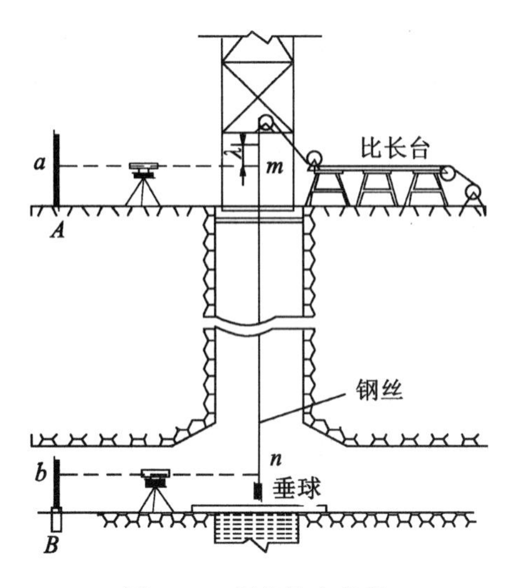


图 2.21　钢丝导入高程

口附近设置比长台时，在比长台上设置一根比长过的钢尺，随着钢丝的提升，分段丈量两标志 $m$，$n$ 之间的距离。钢丝导入高程内业计算与钢尺导入高程相类似。

长钢丝导入高程同样应独立进行 2 次，两次测量差值的容许值和钢尺导入高程相同。

### 2.5.4　光电测距导入高程

随着光电测距仪在测量中的应用，用测距仪来测量井深也可达到导入高程的目的。这种方法测量精度高，占用井筒时间短，测量方法简单。

用光电测距仪导入高程就是将测距仪安置在井口不远处，在井口安置一个直角棱镜能将光线转折 90°，发射到在井下定向水平平放的反射棱镜，如图 2.22 所示，测距仪 G 安

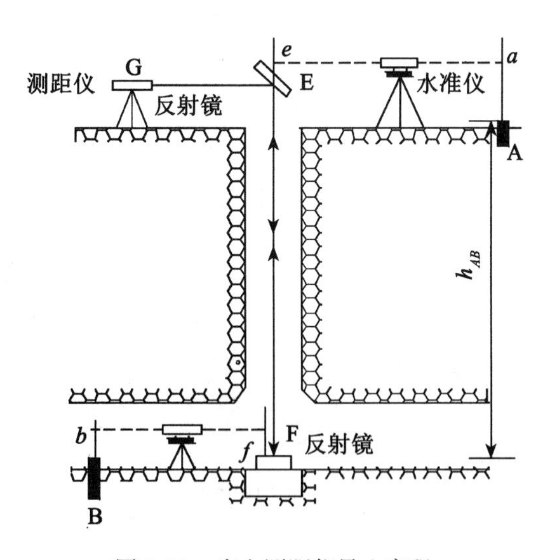


图 2.22　光电测距仪导入高程

置在井口附近处，在井架上安置反射镜 E(与水平面成45°角)，反射镜 F 水平置于井底。用测距仪分别测得测距仪至反射镜 $E$ 的距离 $D(D=GE)$ 和测距仪至反射镜 $F$ 的距离 $S(S=GE+EF)$，由此得出井深 $H$ 为

$$H=S-D+\Delta H \tag{2-38}$$

式中：$\Delta H$——光电测距仪的气象及仪器加乘数等的总改正数。

在井上、下分别安置水准仪，读取立于 $A$、$E$ 及 $B$、$F$ 处水准尺 $a$、$e$ 和 $b$、$f$，则可求得井下水准点 $B$ 的高程为

$$H_B=H_A-h_{AB} \tag{2-39}$$

式中：$h_{AB}=H-(a-e+f-b)$

上述测量也应重复进行两次，按《规程》规定两次之差不得大于 $H/8000$。

## ◎ 复习思考题

1. 什么是连接点？什么是近井点？什么是井口水准基点？
2. 矿井联系测量的目的和任务是什么？为什么要进行联系测量？
3. 陈述一井定向的主要步骤，对所用设备有何要求？
4. 何谓投点误差？减小投点误差有哪些措施？
5. 简述连接三角形的解算步骤和方法。
6. 与一井定向相比，两井定向有哪些优越性？
7. 如何进行两井定向的误差预计？
8. 自由陀螺仪有哪两个特性？陀螺经纬仪的工作原理是什么？
9. 简述陀螺经纬仪由哪些基本部件构成。
10. 导入高程随开拓方法不同分为哪几类？
11. 简述用长钢尺法导入标高的设备、安装施测过程及计算方法。
12. 某矿用连接三角形法进行一井定向，其井上下连接如图 2.23 所示，地面连测导线的有关数据是：$a=15.439\text{m}$，$b=21.551\text{m}$，$c=6.125\text{m}$，$\gamma=1°12'40''$，$\angle DCA=185°28'43''$，$\alpha_{DC}=53°52'09''$，$X_C=2025.09$，$Y_C=552.670$；井下连接导线中的数导线中的数据：$a'=16.861\text{m}$，$b'=22.986\text{m}$，$c'=6.124\text{m}$，$r'=0°1'25''$，$\angle BCD=18°45'38''$，$D_{C'D'}=25.450\text{m}$，试求井下导线边 $C'D'$ 的方位角及 $D'$ 点的平面坐标。

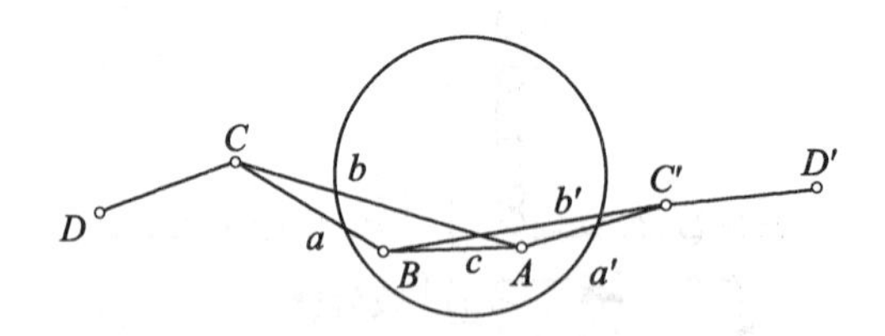


图 2.23　一井定向井上下连接

13. 如图 2.24 所示，某矿利用主副立井进行了两井定向。地面测设了近井点 $D$ 和连

接点 $C$，测得 $X_C=4840.529\text{m}$，$Y_C=72941.692\text{m}$，$\alpha_{DC}=97°46'02''$。由 $C$ 点与两井筒中的垂球线 $A$、$B$ 连接，$\angle DCA=115°05'07''$，$\angle BCD=32°26'05''$，$D_{CA}=28.515\text{m}$，$D_{CB}=22.790\text{m}$，井下按 7″导线施测，$\beta_1=270°40'14''$，$\beta_2=177°55'17''$，$D_{a1}=1.035\text{m}$，$D_{12}=12.987\text{m}$，$D_{2B}=26.440\text{m}$。试求井下 1—2 边的坐标方位角和 1、2 点的平面坐标。

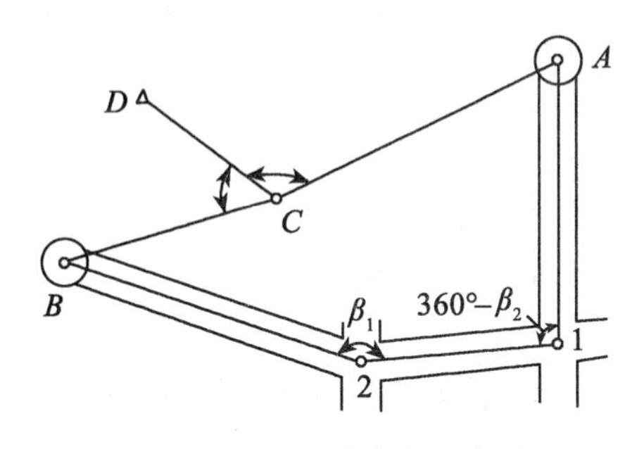


图 2.24　两井定向示意图

14. 在图 2.20 中，地面用水准仪测得 $a=1.453\text{m}$，钢尺上读数 $m=93.256\text{m}$，井下用水准仪测得 $b=1.347\text{m}$，在钢尺上读数 $n=0.642\text{m}$，井上温度 $t_{上}=18℃$，井下温度 $t_{下}=12℃$；垂球线所挂重锤质量 $Q=147\text{kg}$，已知地面 $A$ 点的高程 $H_A=321.638\text{m}$。试求井下水准基点 $B$ 的高程。(钢尺每米尺长改正数 $\Delta k=+0.15\text{mm}$，检定时的温度 $t_0=20℃$，检定时拉力 $F_0=147\text{N}$，钢尺在导入标高时自由悬挂长度 $L=95.000\text{m}$)。

# 第3章　井下平面控制测量

【教学目标】

学习本章，主要掌握井下导线外业观测方法；了解井下导线布设的等级、形式及导线点设置；理解井下导线内业计算原理，掌握计算方法。

## 3.1　井下平面控制导线的布设

### 3.1.1　井下平面控制测量的原则及特点

在矿山井下测量工作中同样要遵循“先控制，后碎部”的测量工作原则，对于井下巷道的掘进方向的给定和矿山各种图件的绘制都是以井下平面控制测量为基础的，因此井下平面控制测量和井下高程控制测量一样是非常重要的测量工作内容。

我们从《控制测量》知道，地面控制测量的方法很多，如三角形测量、GPS测量、经纬仪导线测量等。矿山井下平面控制测量是在井下巷道中进行的，而井下巷道和地面比较起来，其情况要特殊得多，如视野受限，观测方向受限(只能沿巷道延伸方向观测)，就不可能采用三角形测量来布设平面控制网；另外，井下巷道中接收空中的信息受限，也就不可能进行GPS测量，故井下平面控制测量也就只能采用经纬仪(全站仪)导线测量这唯一的方法了。

要进行井下平面控制测量，必须要有测量的已知数据，即要知道井下巷道中起算点的坐标和起始边的方位角，这些测量的已知数据是通过地面与井下之间的联系测量而得到的。即通过矿井定向求得井下起算点坐标和起始边方位角，从此开始，便可进行井下的平面控制测量。

### 3.1.2　井下平面控制测量的等级

井下平面控制测量的方法就是经纬仪导线测量。一般而言，井下平面控制导线分为两个等级，即基本控制导线和采区控制导线。基本控制导线精度较高，是井下的首级控制导线，一般布设在主要巷道中，如斜井、暗斜井、平洞、水平(阶段)运输巷道、石门、矿井总回风巷、主要的采区上下山等。基本控制导线又分为两个精度等级，即，±7″导线和±15″导线，可根据矿井的大小和测量所需精度要求选择其中一种作为井下的首级平面控制。一般当井田的一翼长度大于5km时，宜选择±7″导线作为矿井的首级平面控制，否则，可选用±15″导线作为井下首级控制。井下基本控制导线的主要技术指标见表3.1中的规定。

表 3.1 **井下基本控制导线的主要技术指标**

| 井田一翼长度(km) | 测角中误差(″) | 一般边长(m) | 导线全长相对闭合差 | |
|---|---|---|---|---|
| | | | 闭(附)合导线 | 复测支导线 |
| ≥5 | ±7 | 60～200 | 1/8000 | 1/6000 |
| <5 | ±15 | 40～140 | 1/6000 | 1/4000 |

采区控制导线相对于基本控制导线而言，精度较低，是作为井下加密控制导线来布设的。采区控制导线是从井下的基本控制导线点开始，沿采区上、下山、中间巷道和片区运输巷道和其他次要巷道进行布设。采区控制导线按其测量精度的不同也可布设成两级，即±15″导线和±30″导线。在具体工作中，可根据矿井的大小和巷道要求测量的精度高低选取其中一种作为采区控制。井下采区控制导线的主要技术指标见表 3.2 中的规定。

表 3.2 **井下采区控制导线的主要技术指标**

| 井田一翼长度(km) | 测角中误差(″) | 一般边长(m) | 导线全长相对闭合差 | |
|---|---|---|---|---|
| | | | 闭(附)合导线 | 复测支导线 |
| ≥1 | ±15 | 30～90 | 1/4000 | 1/3000 |
| <1 | ±30 | — | 1/3000 | 1/2000 |

对于上面所述的基本控制和采区控制导线等级的选取，并不是固定不变的，根据矿井的具体情况是可以变化的，如有些地方矿井确因井田一翼长度太短(小于 1km)，而巷道中又不需要安装精度要求较高的机械，则可选用±30″导线作为首级控制，相应采区控制导线的等级就可更低一些。

井下导线往往不是一次全面布网，而是随井下巷道掘进而逐步敷设。在井下的平面控制测量中，基本控制和采区控制导线的布设，除了上面所述的不同巷道外，在主要的巷道的掘进过程中，往往也进行交替使用。在巷道的掘进过程中，需要测量人员指示巷道掘进的方向，即要给出巷道在水平面内的方向(巷道中线)和竖直面内的方向(巷道腰线)。为了给出巷道的中线，需要在大巷掘进的过程中先测设±15″或者±30″导线作为给向导线，同时及时测出巷道的细部轮廓绘到有关矿图上。当大巷掘进到 300～800m 时再测设基本控制导线，并用以检查先测设的±15″导线或者±30″导线的正确性，同时也就保证了平面图控制和绘制矿图的精度。为了检查和给中线的方便，每一段基本控制导线应该和先测设的±15″或者±30″导线的起边和终边重合，当基本控制导线与给向导线无大的出入时，以基本控制导线的数据为依据，再继续用给向导线测设巷道中线，用以指示巷道掘进。当巷道再掘进 300～800m 时，又延续测设基本控制导线，如此继续，直至井田的边界，方可停止。

主要巷道中基本控制导线和给向导线的测设关系如图 3.1 所示，图中实线表示基本控制导线，虚线表示给向导线。

当主要巷道中用激光指向仪代替巷道的中、腰线指示巷道掘进方向时，则不需测设给

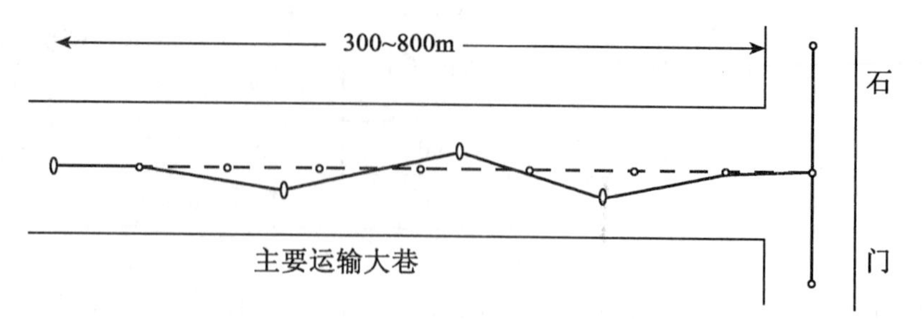


图 3.1 两种导线的关系

向导线，当巷道掘进 300～800m 时，直接测设基本控制导线检查激光指向仪所指巷道方向的正确性，然后根据检查的结果调整激光指向仪的方向，再用以指示下一段巷道的掘进方向。

### 3.1.3 井下导线的布设形式

井下经纬仪导线是在巷道中测设的，而井下巷道是在不断掘进的，故在一条巷道的掘进过程式中，其平面控制只能以支导线的形式进行测设。当井下各种巷道掘进完毕，采掘、运输、通风系统大都形成时，也可根据巷道和已知点的具体情况将井下平面控制网布设成附合导线、闭合导线或者导线网。而附合导线又可根据起始点的分布情况、矿井的开拓方式、井田大小及精度要求等方面的不同，而布设成无定向导线(坐标附合导线)、带陀螺定向边的方向附合导线以及地面常用的附合导线等多种形式。如图 3.2(a)所示为井下闭合导线，图 3.2(b)所示为导线网，图 3.3 为井下附合导线。总之井下导线的布设形式和地面基本一样，即根据情况可布设成闭合导线、附合导线和支导线，而日常工作中测得最多的是支导线。

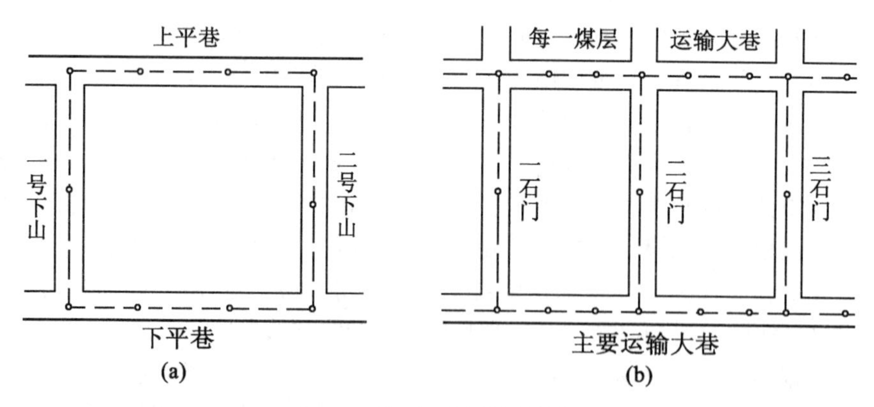


图 3.2 闭合导线和导线网

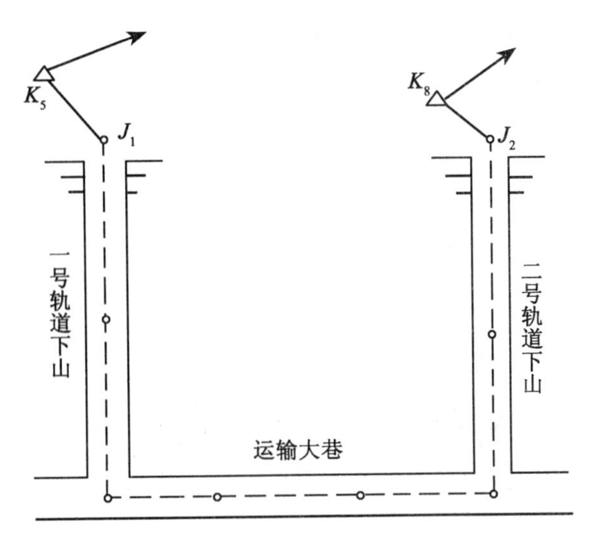


图 3.3　井下附合导线

### 3.1.4　井下导线点的设置

井下导线点按其需要保存的时间长短而分为永久点(见图 3.4)和临时点(见图 3.5)两种。井下与地面不同的是，为了易于寻找和便于保存，很多测点均设置在巷道的顶上，只有当巷顶岩石松软而使测点不便固定时，才将测点设在巷道底板上。其永久点应设置在巷道碹顶或者巷道顶、底板的稳定岩石中。永久点应设在主要巷道中，一般每隔 300 ~ 500m 设置一组，每组导线点至少应有三个相邻点，永久点由于需要保存的时间较长，其制作和

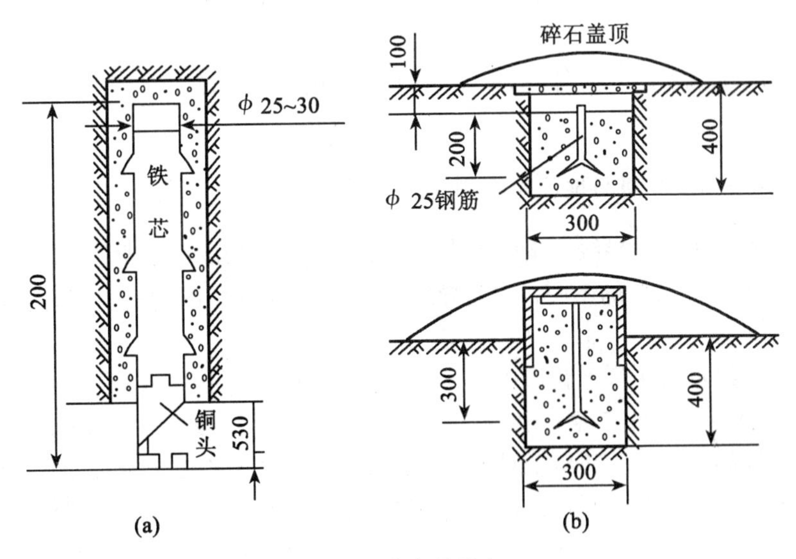


图 3.4　永久导线点

埋设时应以坚固耐用和使用方便为考虑的主要因素。临时点可设在一组永久点间或者次要巷道中。归纳起来，井下导线点的埋设方法有如下几种：

(1)在巷道顶上打洞，用混凝土将已制作好的铁芯标志埋设在顶板的洞中，如图3.4(a)，为固定巷道顶板上的永久点；

(2)用混凝土将预制好的点桩埋设于巷道的底板上，如图3.4(b)为设置在巷道底板的永久点，上面加有保护盖；

(3)在巷道顶上钻孔，打入木桩，再在木桩上用铁钉设点，如图3.5(a)所示；

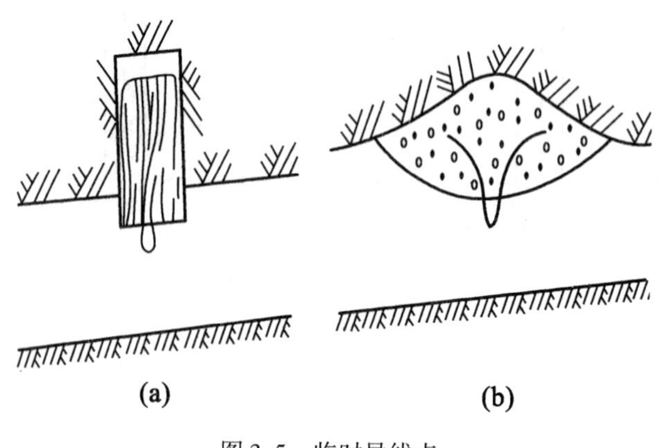


图3.5　临时导线点

(4)用混凝土或者水泥与水玻璃混合将铁丝(或铁芯标志)直接敷设在巷道顶板岩石上如图3.5(b)所示；

(5)巷道若用木头支护，可直接在牢固的梁棚顶钉上铁钉，再将其打弯后即成点位。

所有测点均应统一编号，并将编号明显地标记在点的附近。

## 3.2　井下导线的角度测量

### 3.2.1　井下角度测量与地面角度测量的区别

井下导线测量和地面导线测量的工作内容基本一样，角度测量所使用的仪器也是经纬仪(全站仪)，但观测条件的不同，也就导致经纬仪(全站仪)的构造、安置、观测方法等方面的差异。

由于井下导线点大多位于巷道顶上，经纬仪(全站仪)的安置是点下对中，这就要求经纬仪(全站仪)一定要具有镜上中心，同时，由于井下通风的原因，而使悬挂垂球线不易稳定，为了提高对中精度和易于对中操作，最好在镜上中心之上安装光学对中器。

由于有的次要巷道低矮而狭窄，测量精度要求又不高，若用脚架安置仪器将使观测操作非常困难，甚至人都不能移动。在这种情况下，最好能将经纬仪悬挂在固定巷道支护梁柱的吊架上，这样操作起来就相对方便、轻松一些。

井下阴暗潮湿、水汽重、矿尘多、空气质量不太好，这就要求仪器有较好的密闭性，同时应具有较好的防爆性能。

由于井下光线暗、噪声大，在测量中一般用“灯语”进行联系，故在测量前大家都要相互沟通和熟悉联系信号。在测量过程中，仪器和目标都需用矿灯照明才能完成观测、照准和读数，司前、后视的人不能用矿灯直射仪器物镜。为了使望远镜中所看到目标处的光线不致太刺眼，目标成像又能清晰，可在矿灯上蒙一层透明纸或抹上白粉笔灰。随着科学技术的发展，有些经纬仪有自带的照明光源，发光垂球也有销售，这就较好地解决了井下测量中的照明问题。

在井下测量工作中安全问题是随时随地都不能忽视的，在仪器安置之前，测量人员首先要对周围的巷道两帮和顶板进行检查，如有松动的岩石，应立即敲掉，以免在测量中危及人员和仪器设备的安全；由于井下工作人员多，人来车往，场地狭窄，没有照明，当仪器安置后一定要有专人照看；观测过程中，在保证观测正确性的同时，一定要加快操作的速度，尽快完成测量工作。

### 3.2.2 对测角仪器的检验与维护

矿山井下用经纬仪多为 DJ6 型经纬仪，其检验、校正方法和地面所用经纬仪大致相同，下面将 DJ6 型经纬仪的主要检校内容及方法叙述如下：

1. 照准部水准管的检校

目的：使照准部水准管轴垂直于仪器竖轴。

检验：初步整平经纬仪，转动照准部使管水准器平行于一对脚螺旋，转动这一对脚螺旋，使管水准器气泡居中。然后将照准部旋转 180°，如气泡仍居中，说明水准管轴垂直于竖轴，否则应进行校正。

校正：用校正针拨动管水准器一端的校正螺丝，调回气泡偏离量的一半，两手相对地旋转平行于管水准器的一对脚螺旋，使气泡居中。这项检验和校正需反复进行几次，直到气泡偏离量小于半格。

在此基础上可校正圆水准器，方法是，拨动圆水准器的校正螺丝，使圆水准器的气泡居中。

2. 望远镜十字丝的检验与校正

目的：仪器整平后，十字丝竖丝铅垂，横丝水平。

检验：安置经纬仪并严格整平，用望远镜十字丝的竖丝瞄准自由悬挂于 10m 左右的一根垂球线，如果十字丝竖丝和垂球线严格重合，则不需校正；否则，需要校正。

校正：卸下目镜处的十字丝环外罩，松开四个十字丝环固定螺丝，转动十字丝环，使十字丝竖丝与垂球线重合或平行时为止，最后，旋紧十字丝环固定螺丝。校正后再用上述方法检验一次，直到十字丝竖丝和垂球线无明显倾斜为止。

3. 视准轴的检验和校正

目的：视准轴垂直于横轴。

检验：在与经纬仪高度大致相同的 40m 左右处任意选择一目标点，用仪器盘左位置瞄准该目标点，读取水平度盘读数为 $L$；再置仪器盘右位置瞄准目标点，读取水平度盘读

数为 $R$。如果 $|L-(R\pm180°)|>20''$，则认为视准轴不垂直于横轴，需要进行校正。

校正：计算盘左、盘右瞄准同一目标的水平度盘的盘右平均数 $\overline{R}$(因检验时最后瞄准目标为盘右位置)：

$$\overline{R}=\frac{1}{2}[R+(L\pm180°)]$$

旋转照准部微动螺旋，使盘右的水平度盘读数为 $\overline{R}$，此时，十字丝交点必定偏离目标点。取下十字丝环外罩，用校正针旋转左、右一对十字丝校正螺丝，使十字丝交点与目标点重合。

也可微动照准部，使水平度盘读数为盘左平均数 $\overline{L}=\frac{1}{2}[L+(R\pm180°)]$，然后再用校正针旋转左、右一对十字丝校正螺丝，使十字丝交点与目标点重合。这也同样达到校正视准轴的目的。

4. 横轴的检验和校正

目的：使经纬仪横轴垂直于竖轴。

检验：在离高墙 15m 左右安置经纬仪整平后，以盘左瞄准墙上一视线倾角大于或等于 30°的高目标，固定照准部，然后大致放平望远镜，在墙面上定出一点 $A$。

然后以盘右瞄准墙上的同一高目标，放平望远镜，在墙面上定出一点 $B$，如果 $A$ 点和 $B$ 点不重合，说明经纬仪横轴不垂直于竖轴，需进行校正。竖轴铅垂而横轴不水平，与水平线的交角 $i$ 称为横轴误差。

校正：取 $AB$ 的中点 $M$，以盘右(或盘左)位置瞄准 $M$ 点，向上转动望远镜瞄准高目标处，此时十字丝交点必然偏离高目标，可拨动支架上的偏心轴承，使横轴的右端升高或降低，使十字丝中心对准高目标。这时，横轴已水平，且与竖轴垂直。

5. 竖盘指标差的检验和校正

目的：消除竖盘指标差 $x$。

检验：仪器整平后，盘左、盘右分别用横丝瞄准高处同一目标，当竖盘水准管气泡居中时读取竖盘读数，并计算得到盘左、盘右的竖直角分别为 $\delta_{左}$ 与 $\delta_{右}$，如果 $\delta_{左}=\delta_{右}$，说明指标差为零；如果 $\delta_{左}\neq\delta_{右}$，即有指标差存在。按

$$x=\frac{L+R-360}{2}$$

计算出指标差。如果 $x$ 值超过±15″，则需要校正。

校正：以 DJ6-1 型光学经纬仪为例，说明校正方法。设盘左读数 $L=110°22'12''$，盘右读数 $R=249°44'00''$，分别计算出盘左和盘右时的竖直角：

$$\delta_{左}=L-90°=+20°20'12''$$
$$\delta_{右}=270°-R=+20°16'00''$$

由于 $\delta_{左}\neq\delta_{右}$，说明竖盘存在指标差，且 $\delta_{左}$ 与 $\delta_{右}$ 的差数大于±30″，需要进行校正。首先求出正确的竖直角 $\delta$ 及竖盘指标差 $x$：

$$\delta=\frac{1}{2}(\delta_{左}+\delta_{右})=20°19'06''$$

$$x=\frac{1}{2}\times 0°06'12''=+3'06''$$

根据正确的竖直角 $\delta$ 值，可以计算出盘左(或盘右)竖盘应有的正确读数：

$$L'=\delta+90°=110°19'06''$$

$$R'=270°-\delta=249°40'54''$$

校正时，盘右(或盘左)位置瞄准原目标，转动竖盘水准管微动螺旋，使竖盘读数为 $R'$(或 $L'$)；此时，竖盘水准管气泡不再居中，拨动竖盘水准管校正螺丝，使气泡居中。此项检验和校正需反复进行，直到 $\delta_{左}$ 与 $\delta_{右}$ 的差数小于±30″为止。

6. 镜上中心位置的检验与校正

目的：使经纬仪(全站仪)镜上中心位置正确。

检验：在自由悬挂的垂球线下安置经纬仪(全站仪)，使望远镜视线处于水平位置，精确整平对中。然后慢慢转动照准部并注意观察悬挂的垂球尖是否偏离镜上中心，如果始终不偏离，则说明镜上中心位置正确；如果发生偏离，则应校正。

校正：如图 3.6 所示，由于镜上中心 $A$ 不在仪器竖轴中心 $O$ 上，因此照准部旋转一周时，镜上中心的轨迹将是一个圆。设照准部旋转 180°后，垂球尖对在 $B$ 点上，则 $AB$ 连线的中心点 $O$ 便是正确的镜上中心。以 $O$ 为镜上中心重新精确对中、整平仪器，再重复上述检查，直至垂球尖没有明显的偏离为止。最后在望远镜上刻出正确的镜上中心 $O$，并将原镜上中心 $A$ 涂掉。如果是可调整的镜上中心标志，则可松开固定螺丝，移动镜上中心标志至 $O$ 点位置，并用垂球尖再次检验，若位置正确，则拧紧镜上中心固定螺丝。

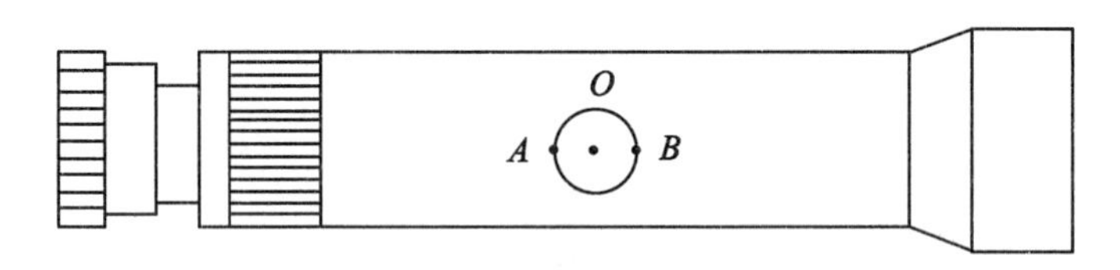


图 3.6　镜上中心位置的校正

### 3.2.3　水平角的观测与限差要求

1. 水平角的观测

a. 经纬仪的安置

井下经纬仪导线测量之前，同样要进行经纬仪的安置，其工作内容同样是对中和整平，如果导线点位于巷道的底板上时，其安置工作的具体操作和地面的操作没什么区别。但是，井下导线点大多位于巷道的顶板上，要对经纬仪进行点下安置，下面将其安置方法简述之。

首先在导线点上挂下垂球线，打开三脚架安于垂球下，在保持三脚架头大致水平的情况下，架头中心处于垂球线下方，踩紧脚架。缩短垂球线或将其挂在一旁。取出仪器安置于三脚架上，调整脚螺旋整平仪器，再将望远镜视线调至水平位置(用竖直角判断)。放下垂球线，移动仪器使垂球尖对准仪器镜上中心。再整平仪器，再次对中。由于仪器的对中和整平是相互影响的，因此二者需要反复进行。

在仪器对中的过程中一定要注意的是，不要让垂球掉下打坏仪器。

如果使用的仪器是镜上中心之上安装有光学对中器的经纬仪，也可采用光学对中器进行对中。如果在井下要使用仅有点上对中器的经纬仪，可先用垂球将顶板上的导线点位置投到巷道底板上，作上标志，再在其上安置仪器，用光学对中器对中。在仪器的安置中用光学对中器对中，既可提高速度，又可提高精度。

b. 水平角测量

当仪器安置好后，还要在前、后视点上分别挂下垂球线，作为观测的标志。井下的风流会使悬挂的垂球线产生摆动，观测时可尽量瞄准垂球线的上部，以减少垂球线摆动对测角的影响。

瞄准时，观测者要用自己的灯光照亮望远镜上的瞄准器，进行大致瞄准照亮了的垂球线，再进行对光和调整焦距后才能在视场中找到垂球线。在观测的过程中观测者要及时地用“灯语”与前、后视人员进行必要的联系，大家均要集中注意力，达到最好的配合效果。

井下水平角的观测方法有：测回法和复测法两种。一般采用测回法，其观测步骤为：

(1)如图3.7所示，仪器置于$O$点，盘左位置瞄准左目标$A$，读取水平度盘读数$a_{左}$，记入记录手簿；

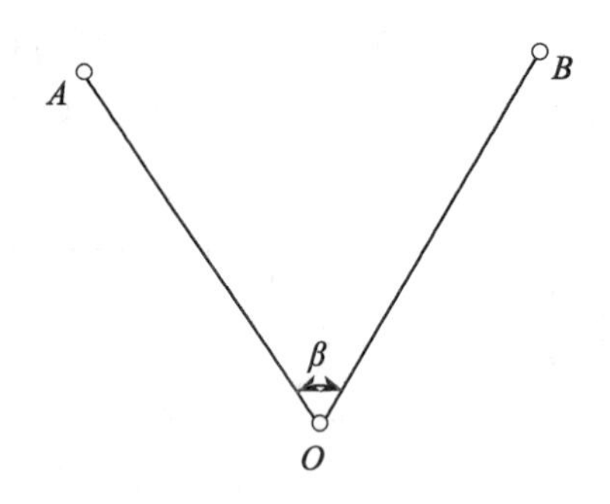


图3.7　水平角测量

(2)松开照准部制动螺旋，顺时针方向旋转照准部，瞄准右目标$B$，读取水平度盘读数$b_{左}$，记入记录手簿。上半测回角值为

$$\beta_{左}=b_{左}-a_{左}$$

(3)倒转望远镜将仪器置于盘右位置，瞄右目标$B$，读取水平度盘的读数$b_{右}$，记入记录手簿；

(4)松开照准部制动螺旋，反时针方向旋转照准部，瞄准左目标$A$，读取水平度盘读数$a_{右}$，记入记录手簿；则下半测回角值为

$$\beta_{右}=b_{右}-a_{右}$$

至此，一个测回的观测完毕。所观测角度的最终角度值为上、下半测回的平均值。

2. 水平角观测的限差要求

井下经纬仪导线水平角观测所采用的仪器和作业要求应符合表3.3中的规定。

表 3.3　　井下导线作业技术要求

<table>
<tr><th rowspan="3">导线类别</th><th rowspan="3">使用仪器</th><th rowspan="3">观测方法</th><th colspan="6">按导线边长分(水平边长)</th></tr>
<tr><th colspan="2">15m 以下</th><th colspan="2">15 ~ 30m</th><th colspan="2">30m 以上</th></tr>
<tr><th>对中次数</th><th>测回数</th><th>对中次数</th><th>测回数</th><th>对中次数</th><th>测回数</th></tr>
<tr><td>7″导线</td><td>DJ2</td><td>测回法</td><td>3</td><td>3</td><td>2</td><td>2</td><td>1</td><td>2</td></tr>
<tr><td>15″导线</td><td>DJ2</td><td>测回法或复测法</td><td>2</td><td>2</td><td>1</td><td>2</td><td>1</td><td>2</td></tr>
<tr><td>30″导线</td><td>DJ6</td><td>测回法或复测法</td><td>1</td><td>1</td><td>1</td><td>1</td><td>1</td><td>1</td></tr>
</table>

在倾角小于 30°的井巷中，经纬仪(全站仪)导线水平角的观测限差应符合表 3.4 中的规定。在倾角大于 30°的井巷中，各项限差可为表 3.4 中规定的 1.5 倍。

表 3.4　　井下导线水平角观测限差要求

| 仪器级别 | 同一测回中半测回互差 | 检验角与最终角之差 | 两测回间互差 | 两次对中测回(复测)间互差 |
|---|---|---|---|---|
| DJ2 | 20″ | — | 12″ | 30″ |
| DJ6 | 40″ | 40″ | 30″ | 60″ |

在倾角大于 15°或视线一边水平而另一边的倾角大于 15°的主要巷道中，水平角宜用测回法，在观测过程中水准管气泡偏离不得超过一格，否则应整平后重测。

### 3.2.4　竖直角的观测与限差要求

1. 竖直角的测量

为了将倾斜边长换算为水平边长，也是为了在倾斜巷道中计算高程的需要，井下导线测量中，需要测量视线的倾角。

竖直角的观测步骤如下：

(1)仪器安置于测站点，盘左用十字丝横丝切准目标顶部，调节竖盘指标水准管，使气泡居中，读取竖盘读数 $L$，记入表 3.5 中。

(2)纵转望远镜，盘右用十字丝横丝切准目标 $A$ 点顶部，调节竖盘指标水准管，使气泡居中，读取竖盘读数 $R$，记入表 3.5 中。

这样就完成了一个测回的竖直角观测。

表 3.5　　　　竖直角观测记录手簿

| 测站 | 目标 | 竖盘位置 | 竖盘读数 (° ′ ″) | 半测回竖直角 (° ′ ″) | 指标差 (″) | 一测回竖直角 (° ′ ″) | 备注 |
|---|---|---|---|---|---|---|---|
| O | A | 左 | 76 30 06 | +13 29 54 | -6 | +13 29 48 | 竖盘为全圆顺时针注记 |
| | | 右 | 283 29 42 | +13 29 42 | | | |
| | B | 左 | 109 26 12 | -19 26 12 | -9 | -19 26 21 | |
| | | 右 | 250 33 30 | -19 26 30 | | | |

2. 竖直角测量的限差

当一测回结束后，应立即计算出指标差和竖直角。依据《煤炭测量规范》，同一测站上观测不同目标竖直角时，应该满足表 3.6 的规定。

表 3.6　　　　井下竖直角测量限差

| 观测方法 | DJ2 经纬仪 | | | DJ6 经纬仪 | | |
|---|---|---|---|---|---|---|
| | 测回数 | 垂直角互差 | 指标差互差 | 测回数 | 垂直角互差 | 指标差互差 |
| 对向观测(中丝法) | 1 | — | — | 2 | 25″ | 25″ |
| 对向观测(中丝法) | 2 | 15″ | 15″ | 3 | 25″ | 25″ |

### 3.2.5　全站仪测角

1. 传统全站仪角度测量

由于全站仪既可测角，又可测边，对于导线测量来说，是非常方便的，对于有条件的矿井，用全站仪进行导线测量应该是一个不错的选择。下面将用全站仪测角的方法作一简述。

首先，将全站仪安置于测站点上，前、后视点下安置反光镜，将反光镜进行点下整平对中。一般来说，按全站仪电源开关键后，即进行角度测量模式，或者按键进入角度测量 ANG 模式，角度测量的步骤为：

(1)如图 3.7 所示，欲测 *OA*、*OB* 间的水平夹角，在 *O* 点安置仪器后，盘左照准第一个目标 *A*，按 F1(置零)后，*A* 方向的水平度盘读数为 $L=0°00'00''$。

(2)顺时针方向转动照准部照准第二个目标 *B*，此时显示屏上显示 HR 后面的角度值就是 *B* 方向水平度盘读数，也就是 *A*、*B* 两方向间的水平夹角。*B* 方向的竖盘读数即显示屏上 *V* 后面的角度值。

以上便完成了上半个测回的角度观测。下半个测回的操作方式同经纬仪操作，读数方法同上半个测回。

2. 井下角度测量中新型全站仪的应用

近年来，随着测绘仪器的发展，研发出了专门用于地下工程的测量系统，该系统使得在无光环境或需要做点下对中的井下、隧洞等地下工程测量时，不用助手持灯照明，不用挂锤球对中，不用钢卷尺量仪高、觇高，不怕巷道通风影响，使得地下工程测量变得更安全、高效、测量精度更高。该测量系统由以下几个部分组成：

a. 多功能全站仪

多功能全站仪的性能与特点：

如图 3.8 所示，多功能全站仪除了有普通带可视激光免棱镜全站仪的测量功能外，还具有在井下或隧洞无光条件下进行测量时的以下特点：

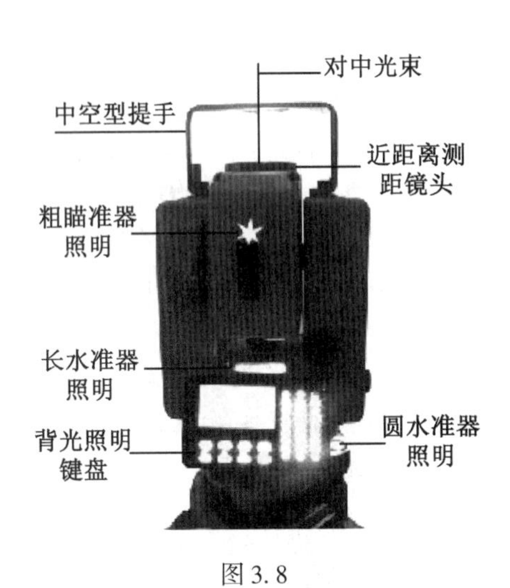


图 3.8

(1)激光点下对中，仪高自动测量；

(2)望远镜内安装有“点圆”十字丝分划板，可有效提高瞄准精度和测量速度；

(3)背光照明键盘，便于在黑暗中进行测量；

(4)仪器向上对点、粗瞄准器、对中整平用长、圆水准器自带照明；

(5)专用激光上对点测量程序；

(6)提供行之有效的激光点下对中操作方法步骤；

多功能全站仪对中整平、仪高测量方法：

使用时，将全站仪在测点下方位置安置在脚架上(架头要平)，开机，打开长、圆水准器照明灯。调整脚螺旋，使圆水准气泡居中，按“对点”功能键进入对点界面。将 VZ (垂直角)调至 0°00′±1′，按“瞄准”键打开激光。此时，仪器可产生一束与仪器竖轴重合，垂直向上照在顶板测点附近的激光束，如图 3.9 所示。设激光点为 $B$，测点为 $A$，此时，看激光束在顶板形成的激光点 $B$ 距测点 $A$ 的距离是否大于 6cm，若大于 6cm，则分别向 $A$ 点方向移动仪器的每一只脚架尖，移动距离等于 $AB$ 的长度；踩稳脚架，整平圆水准器，再看顶板激光点 $B$ 距测点 $A$ 的距离是否大于 6cm，如还大，再移动脚架尖，重复上一操作步骤(一般情况下，移一次即可)，直至踩稳脚架，用脚螺旋整平圆水准器后，激光点 $B$ 距顶板测点 $A$ 的距离小于 6cm 时，再用以下三种方法使仪器精确对中和整平。

方法一：脚螺旋→脚架法。

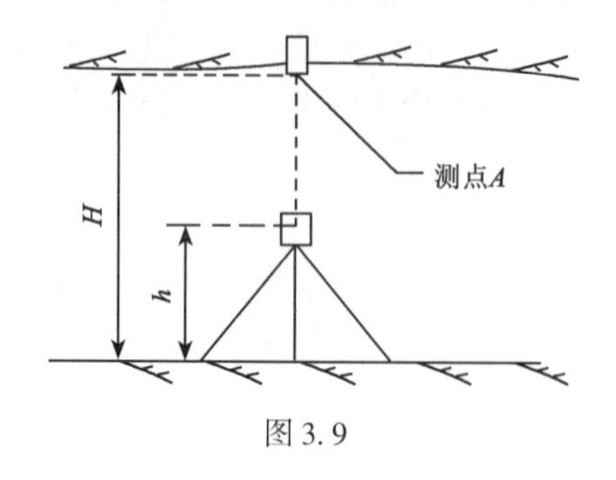


图 3.9

如图 3.9 所示，设地面至测点 $A$ 的高度为 $H$，地面至仪器横轴高度为 $h$，设 $N=H/h+\Delta$(即 $N$ 为地面至测点 $A$ 的高度 $H$ 与地面至仪器横轴高度 $h$ 之比加上仪器调整过程中仪高发生微小变化等因素而产生的，存在但操作过程中又可以忽略不计的几个微小变量之和 $\Delta$)。当整平圆水准器后，激光点 $B$ 距顶板测点 $A$ 的距离 $<6$cm 时，调整脚螺旋，如图 3.10 所示，使激光点 $B$ 沿远离测点 $A$ 的 $AB$ 延长线移到 $C$ 点，且 $AC=AB\times N$(以 3m 高的隧道仪高为 1.5m 为例，则 $N=2$，$AC=2AB$)，此时的圆水泡将不再居中，调整三脚架，使圆水泡居中。从理论上讲，此时激光点应该落在测点 $A$ 上，对点完成。但因为 $AB$、$AC$ 的长度及方向都是目估的，且 $H$、$h$ 的地面起算点有微小的误差等因素，所以需反复几次，当圆水泡居中，激光点 $B$ 与 $A$ 点距离 $<10$mm 时，精确整平仪器，并通过平移架头进行精确对中，完成仪器的对中整平。

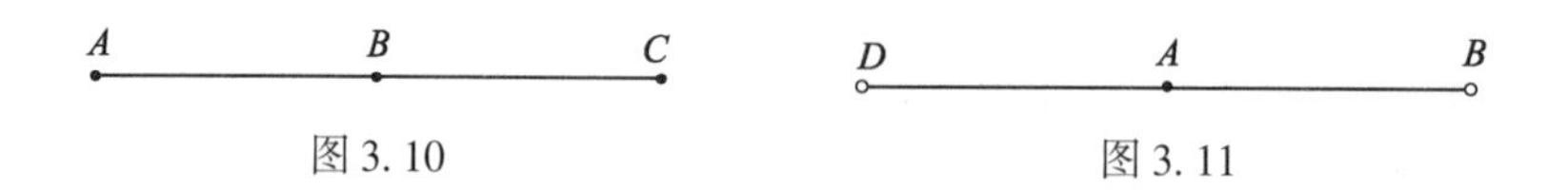


图 3.10　　图 3.11

方法二：脚架→脚螺旋法。

当整平圆水准器后，激光点 $B$ 距顶板测点 $A$ 的距离 $<6$cm 时，调整脚架，如图 3.11 所示，使顶板上的激光点 $B$ 沿 $BA$ 延长线方向经过 $A$ 点移到 $D$ 点，且 $BD=BA\times N$(如隧道高为 3m，仪高为 1.5m，则 $N=2$，$BD=2BA$)。此时的圆水泡将不再居中，调整脚螺旋，使圆水泡居中，理论上讲，此时激光点应该落在测点 $A$ 上，但因为 $AB$、$BD$ 的长度及方向都是目估的，且 $H$、$h$ 的地面起算点有微小的误差等因素，所以需反复几次，当圆水泡居中，激光点与 $A$ 点距离 $<10$mm 时，精确整平仪器，并通过平移架头进行精确对中，完成对仪器对中整平。

方法三：趋近法。

调整脚螺旋使圆水准气泡居中，估计一下激光束在顶板形成的激光点 $B$ 距测点 $A$ 的距离，然后分别向 $A$ 点方向移动每一只脚架尖，移动距离等于 $AB$ 的长度；踩稳脚架，用脚架整平圆水准器，看顶板激光点 $B$ 距测点 $A$ 的距离是否 $<10$mm，如还大，再移，反复几次，直至踩稳脚架，用脚架整平圆水准器后激光点 $B$ 距顶板测点 $A$ 的距离 $<10$mm 时，精确整平仪器，并通过平移架头进行精确对中整平，完成对仪器对中整平。

对中整平完毕后，按仪高测量键，仪高将自动测量并存入仪器中，可进行下一步测量。

b. 多功能测量觇牌

多功能测量觇牌的性能与特点：

如图 3.12 所示，多功能测量觇牌具有传统测量觇牌功能，在井下、隧洞测量时还具有以下特点：

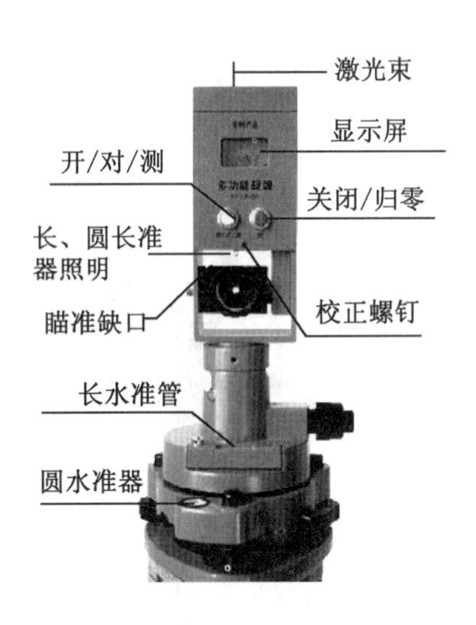


图 3.12

(1)不受无光环境影响，对中、整平自带照明；

(2)激光上对点；

(3)觇高自动测量；

(4)观测中心带照明光源。

多功能测量觇牌对中整平、仪高测量方法：

使用时，将多功能测量觇牌在测点下方位置安置在脚架上(架头要平)，如图 3.12 所示，按“开/对/测”按钮打开对中照明灯及长水准管、圆水准器对中整平照明灯，照亮长水准管、圆水准器和测点；整平圆水准器，再按“开/对/测”按钮打开测距头激光，仪器可产生一束与仪器竖轴重合，垂直向上照在顶板测点附近的激光束，此时，就可利用这一束铅垂激光束进行点下对中，对中整平方法与前所述“多功能全站仪对中整平方法”一样。

对中整平完毕后，按“开/对/测”按钮，多功能测量觇牌将自动测出觇高，显示在读数窗内，将觇高读取报给测站后，用瞄准缺口对准全站仪，转动棱镜中心照明灯开关旋钮打开棱镜中心照明灯，将照明灯亮度调整至适宜的观测亮度，长按“关闭/归零”按钮 5 秒关闭测距头，测站处的全站仪即可对准棱镜中心照明灯进行观测。

c. 地下工程专用测量觇标

地下工程专用测量觇标的性能与特点：

如图 3.13 所示，“地下工程测量专用觇标”是一种操作快捷、携带方便的普通精度的地下工程测量觇标。它广泛地应用于精度要求不高的地下工程测量中，如小规模地下工程、掘进迎头施工放线等。该觇标具有以下特点：

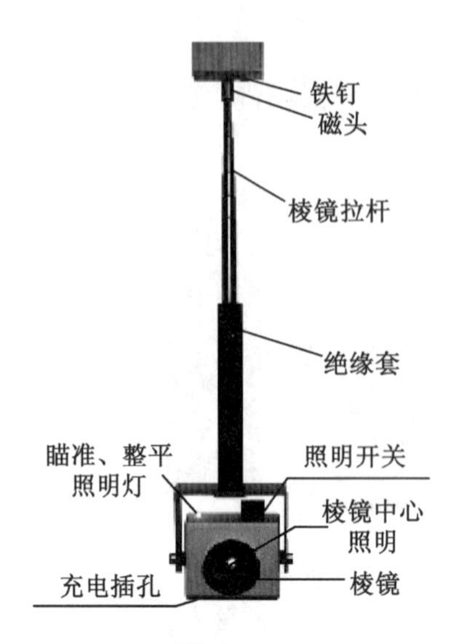


图 3.13

(1)地下工程测量专用觇标配置有伸缩式拉杆，拉杆上有塑料的绝缘套，具有伸缩方便、不导电的功能。拉杆节与节之间，可手动旋转而不会自动旋转，便于将棱镜转向正对仪器的方向。

(2)拉杆顶端带有具有强制对中功能的强磁体，可方便快捷地吸附在金属测点上。

(3)棱镜中心安装有亮度可调的高亮发光二极管，测量中便于发现目标进行观测；在夜间或井下，当测点在地面时，棱镜可通过专用连接头连接又具有普通棱镜功能，可装在基座或棱镜杆上使用，棱镜下端带有一个照明灯，确保整平、瞄准时无需外部光源照明。

地下工程专用觇标的使用方法：

地下工程专用觇标的使用有两种情况，一种是测点在顶板上，另一种是测点在地面上。

(1)测点在顶板上。使用时通过拉杆下端螺柱与棱镜外框中心螺孔旋紧连接，将拉杆拉至所需长度，握住绝缘杆，将磁头对准测点水泥钉慢慢靠近测点(使用 3 分水泥钉做测点)，达到一定距离后，磁头会自动吸附在水泥钉上，轻轻松开手(检查磁头和水泥钉是否吸稳且位置正确，若钉小吸不稳，就反复吸几次)，调整棱镜的方向，对准测站全站仪(若磁头吸附后，通过旋转觇标不能有效的调整棱镜的方向时，可用双手分别握住棱镜拉杆的不同两节，轻轻转动，调整到合适的方向)，打开照明灯，调整棱镜中心照明灯至适宜的观测亮度，即可进行观测。

(2)测点在地面上。当测点在地面时，觇标可通过仪器箱中配备的专用连接头连接在基座或棱镜杆上，打开照明开关，用棱镜下端的照明灯，照亮长水准管、圆水准器进行整平，调整棱镜的方向，用瞄准照明灯旁的觇标框边瞄准测站仪器，调整棱镜中心照明灯至适宜的观测亮度，即可进行观测。

## 3.3　井下导线的边长测量

井下导线测量的边长丈量方法有两种，即，钢尺直接丈量边长和光电测距仪测量边长。钢尺直接丈量边长是一种传统的方法，但是现在很多小型矿井的测量工作中仍在使用；光电测距仪测量边长现已用得非常普遍，特别是对于较大型矿井的测量工作，已完全用光电测距的方式取代了钢尺量边。下面将这两种量边方法作一简要介绍。

### 3.3.1　光电测距

在井下巷道中用光电测距仪测边较之钢尺量边，既减轻了劳动强度，提高了工作效率，同时也提高了测边的精度，在有条件的矿井测量工作中都应采用光电测距的方式测边。防爆型的光电测距仪和全站仪都可以用于井下巷道中的导线测量。若是用全站仪测量，则边长测量和角度测量是同时进行的。首先在仪器中设置棱镜常数和气象改正数；当望远镜十字丝中心瞄准后视或前视点上的棱镜中心后，按键盘上的距离测量键◢，再按显示屏下面的软键 F1 后，距离测量开始进行，几秒钟后，显示屏上便显示仪器至反光棱镜的距离，SD 后的数字为倾斜距离，HD 后的数字为水平距离。斜距和平距可随按◢键而轮流显示。记录人员应根据全站仪显示屏的显示数据，在记录手簿中清楚记录倾斜边长和水平边长。对于井下的光电测距，应按如下要求进行作业：

(1)下井作业前要对测距仪进行检验和校正。

(2)每条边的测回数不得少于两个。采用单向观测或往返(或不同时间)观测时，其限差为：一测回(照准棱镜一次，读数四次)读数较差不大于 10mm；单程测回间较差不大于 15mm；往返(或不同时间)观测同一边长时，化算为水平距离(经气象改正和倾斜改正)后的互差，不得大于 1/6000。

(3)测定气压读至 100Pa，气温读至 1℃。

### 3.3.2　井下钢尺量边

1. 量边工具

井下边长丈量的工具有钢尺、拉力计和温度计。钢尺的长度常用的有 50m 和 30m 两种规格，它是量边的主要工具；拉力计俗称弹簧秤，是精确量边时给钢尺加适当而又稳定拉力的度量计；温度计则是边长需要进行温度改正时，用来测定量边现场温度的工具。在井下丈量基本控制导线边长时，必须采用经过比长检定的钢尺。

2. 量边方法

井下边长丈量一般采用悬空丈量的方法，如图 3.14 所示。在水平巷道中通常丈量水平距离，在倾斜巷道中一般丈量倾斜距离，但不论是丈量水平距离还是倾斜距离，其做法都差不多。具体做法是：

(1)首先用经纬仪视线瞄准前视或后视点所挂垂球线上用小铁钉(或大头针)标出的位置，将竖盘水准气泡调节居中后，读取竖盘读数记入记录手簿；

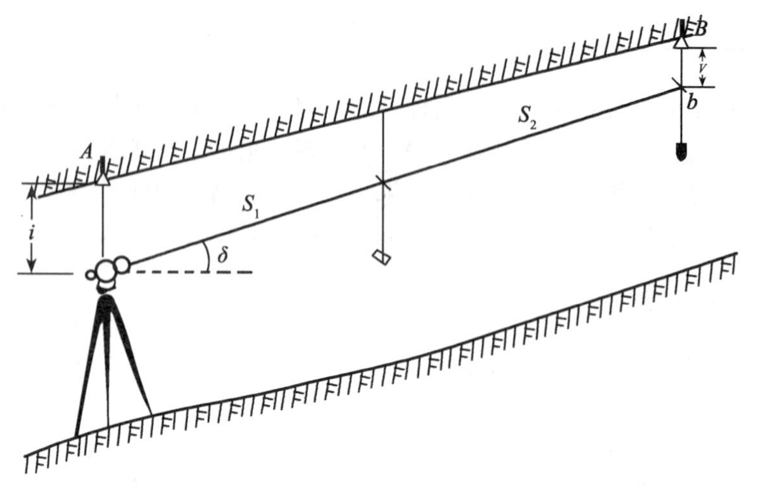


图 3.14　悬空丈量导线边长

(2)用钢尺丈量经纬仪横轴中心至前视或后视点所挂垂球线上用小铁钉标出的位置之间的距离。丈量时用钢尺末端的整厘米分画线对准经纬仪横轴中心，另一端对准垂球线上小铁钉位置，并加钢尺比长时的拉力(用拉力计)稳定拉住，两端同时读数，拉力计一端估读到毫米。

3. 钢尺量边的改正计算

(1)加入比长改正。由所用钢尺的尺长方程式可看出尺长改正数为 $\Delta S$，若钢尺名义长为 $S$，尺段的丈量距离为 $S'$，则应加入的尺长改正为 $\Delta S_L$

$$\Delta S_L = \frac{\Delta S}{S} S' \tag{3-1}$$

(2)加入温度改正。设钢尺丈量时的温度为 $t$，该钢尺原检定时的温度为 $t_0$，若尺段丈量距离为 $S'$，则温度改正为

$$\Delta S_t = S' \times \alpha (t - t_0) \tag{3-2}$$

式中：$\alpha$——钢尺的线膨胀系数，其值为 0.0115 ~ 0.0125mm/(m℃)；

$t_0$——标准温度，一般取 20℃；

$t$——丈量时温度，℃。

(3)加入倾斜改正。各尺段的高度不可能完全相同，为此还需要对量得的每尺段长度进行倾斜改正，才能化为水平距离。倾斜改正为

$$\Delta S_\delta = -2S \sin^2 \frac{\delta}{2} \tag{3-3}$$

4. 量边规定

丈量时基本控制导线边长时，应遵守以下规定：

(1)若一段距离超过一整尺段长度，则要进行分段丈量，丈量前必须进行直线定线，如图 3.15 所示。最小尺段长度不得小于 10m，定线偏差应小于 5cm。

(2)每尺段应以不同起点读数三次，读至 mm，长度互差不大于 3mm。

(3)导线边长必须往返丈量，丈量结果加入各种改正数(比长改正、温度改正、拉力改正、垂曲改正和倾斜改正)的水平边长互差不得大于边长的1/6000。

(4)在边长小于15m或倾角在15°以上的倾斜巷道中丈量边长时，往、返丈量水平边长的允许互差不得大于边长的1/4000。

用钢尺丈量采区控制导线边长时，可不测记温度，凭经验施以拉力，并采取往、返丈量或错动钢尺一米以上的方法丈量两次，其互差不得大于边长的1/2000。

## 3.4 井下导线测量的外业

井下导线测量的外业工作内容与地面导线测量基本相同，但因井下导线测量需与巷道掘进相结合，故其内容除选点、埋点、测角与量边以及碎部点测量外，还要进行导线的延长及其检查测量。

### 3.4.1 选点和埋点

选择井下导线点位置时，应根据以下几方面来进行，即

(1)相邻导线点之间应通视良好，便于安置仪器，并尽可能使点间距大些；

(2)为了避免井下测量工作与运输的相互干扰，应尽可能将导线点设在巷道远离轨道的一侧；

(3)导线点应当设在巷道稳定、安全、避开淋水、便于保存和易于寻找的地方；

(4)两条巷道交叉连接处应选导线埋点；

(5)选点工作一般由三人来进行，在保证与后视点通视，并顾及前视点的通视和有利的情况下，将中间测点固定下来，依此下去，选定巷道中的所有导线点；

(6)永久点选埋好后，至少须经过一昼夜时间，待混凝土将点位固牢后方能进行观测。临时点或次要巷道中的导线点可边选边测。

### 3.4.2 测角和量边

1. 导线水平角测量

根据确定的测量方法选用测角仪器，当测站上有两个方向时，采用测回法测角；当测站上有三个以上的方向时采用方向观测法测角，一般采用测回法进行测量。以导线前进方向为准，在前进方向左侧的转角叫左角，右侧的转角叫右角，一般在测量时，我们在外业、内业工作时，以左角为准。

左角=前视水平度盘读数-后视水平度盘读数，其值在(0～360°)。

$$左角+右角=360°$$

在观测前应严格对中、整平，精确照准标志，读数时要仔细果断，记录员要回报，以防听错、记错，不得涂改记录。当发现管水准器气泡偏离中心超过一个格值时，应重新整置仪器，重新观测该测回。

2. 边长测量

边长测量可采用钢尺量距和电磁波测距，现在一般采用电磁波测距，采用测距仪或全

站仪进行边长测量，在利用全站仪进行测距时可以直接输入气象参数值，直接改正即可。

### 3.4.3　工作组织

1. 井下导线测量的组织

光电测距导线测角及量边一般需要4人，其中1人主测，1人记录，另外2人立棱镜及照明前后视觇标。钢尺经纬仪导线如果测角和量边同时进行，则需4～6人组成导线测量小组。在下井之前应明确分工，一到井下工作地点便各司其职，迅速而有条不紊地开展工作。

当用钢尺量边时，记录员要帮助主测安置仪器，后视手和前视手应该分别在前视点和后视点挂垂球线，丈量觇标高，并照明垂球线供主测瞄准。测角完毕并符合精度要求后，丈量测站距后视点及测站距前视点的距离。全部测角、量边结束并检查无误，所有觇标高、仪器高和巷道上、下、左、右均侧记完毕后，再搬到下一站继续观测。

2. 井下导线测量精度的影响因素

(1)井下导线测量的精度的高低主要受导线的布设方法及测角、量边精度的影响。

(2)井下导线的布设形式可根据情况可布设成闭合导线、附合导线和支导线，而日常工作中测得最多的是支导线及无定向附合导线。

(3)井下用经纬仪(全站仪)进行角度测量存在着误差，其主要误差来源于仪器误差、测角方法误差、仪器和觇标的对中误差等三个方面。

(4)井下用钢尺悬空丈量边长，其主要误差来源于如下方面：钢尺的尺长误差、测定钢尺温度的误差、确定钢尺拉力的误差、测定钢尺松垂距的误差、定线误差、测量视线倾角的误差、测点投到钢尺上的误差、读取钢尺读数的误差、井下巷道中风流的影响。

(5)井下光电测距的误差除了仪器误差、仪器及觇标的对点误差还受外界条件的影响，主要是温度、气压及大气折光的影响。

3. 井下导线测量的注意事项

(1)测量过程中严格遵守《煤炭安全规程》，注意人员和仪器安全；

(2)在测量过程中必须步步检核，符合相应的限差要求；

(3)测角、量边过程中严格对中仪器和觇标严格对中，同时采取相应措施，减弱风流的影响；

(4)由于井下粉尘、滴水的影响，除了仪器要求所用的仪器具有很好的密闭性外，仪器设备在使用后应及时擦拭干净。

### 3.4.4　“三架法”导线测量

采用经纬仪和测距仪(或全站仪)进行测角和量边，由于仪器头和棱镜觇标可以共用相同的三脚架和基座，在相邻两站的观测过程中，每个三脚架和基座都只需进行一次整平对中。当一站测量完毕，仪器迁往下一站的过程中，只需移动仪器头和棱镜觇标，不必移动三脚架和基座。这样，就使导线测量的工作组织简单、操作便捷、进展迅速，不但使工作效率大大提高，同时又能减少对中误差对测角和量边的影响。在井下导线测量中，视人员、设备和欲测点位的多少以及巷道的具体情况，导线测量可以采用三架法。

如图3.15所示，一般从已知点$A$和$B$开始施测。首先在导线点$B$安置仪器，后视点$A$和前视点1安置棱镜觇标对中整平，在完成$B$点的角度和边长观测工作后，按如下方法搬动仪器头、三脚架和棱镜觇标：首先，保持$B$点、1点的三脚架和基座不动，将$B$点的仪器头移到1点，直接插入原已安置好的三脚架基座中；将$A$点的棱镜觇标取下直接插入$B$点的三脚架基座中；搬动$A$点的三脚架和基座至2点安置，并将1点的棱镜觇标插入并整平对中后即可开始第二站的观测。这样，每观测一站，只需在新的前视点上将三脚架和基座整平对中一次，其余点上仪器、棱镜觇标均不需安置三脚架和基座，从而提高了工作效率。

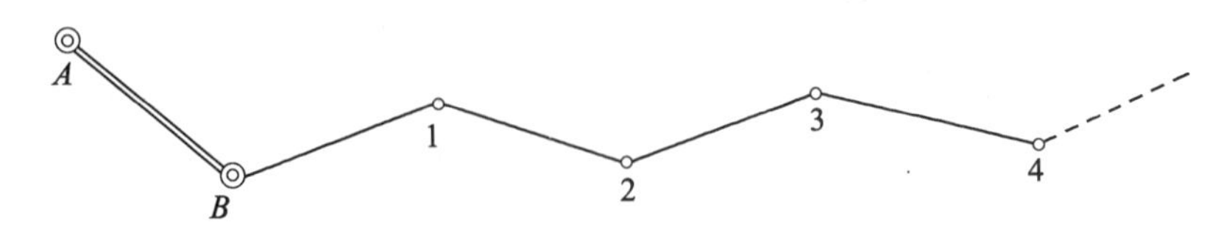


图3.15　三架法导线测量

### 3.4.5　碎部测量

碎部测量的目的是测出井下巷道的细部轮廓形状，作为填绘矿图的依据。该项工作是和井下导线测量一起进行的，当在一个导线点上完成测角、量边工作后，就立即进行碎部测量。测量内容是：丈量仪器中心到巷道顶板、底板和两帮的距离。此外，还要用支距法测量一般巷道、硐室或工作面的轮廓。如图3.16所示，在丈量完导线边长之后，将钢尺拉紧，然后用皮尺或小钢尺丈量巷道两帮各特征点到钢尺(导线边)的垂直距离(横距)$b$和垂足到仪器中心的距离(纵距)$a$。当用经纬仪和测距仪(或全站仪)进行导线测量时，可用极坐标法进行碎部测量，即用手持棱镜到碎部点上，再测其水平角和水平距离即可。较大硐室的碎部测量宜采用极坐标法，如图3.17所示。将导线点引测至硐室适当位置，在该点上用经纬仪测出导线边至各特征点方向线间的水平角，丈量出仪器中心至各特征点的水平距离，同时绘制草图，以便出井后方便、正确地绘制矿图。

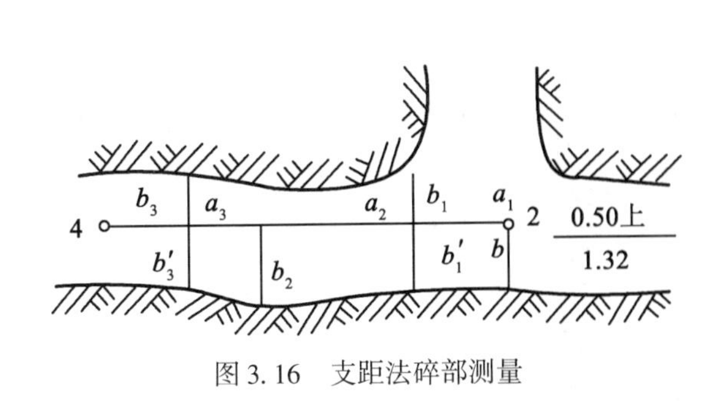


图3.16　支距法碎部测量

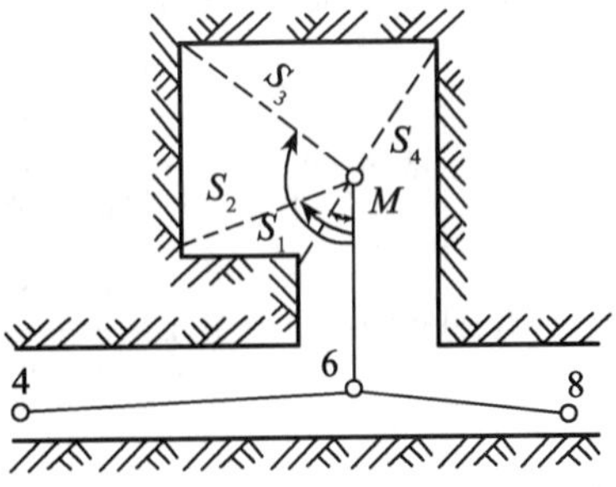

图3.17　极坐标法测量硐室

### 3.4.6 导线测量记录

1. 井下导线测量记录手簿

井下经纬仪导线测量的记录手簿格式较多，表 3.7 为其中一种，表 3.8 为边长测量记录手簿。各矿井可根据本矿井的观测习惯、记录内容等自行印制，总之其记录格式要求能全面、清楚地反映记录内容即可。

2. 井下导线测量电子记录手簿

所谓电子记录手簿，就是在全站仪等电子测量仪器上装有的电子记录设备，它可以随着观测的进行，自动将观测数据记录下来，并进行简单计算后，自动判断并提示其观测是否超限；还可通过仪器与计算机的连接和通信，将电子手簿所记录下来的数据输入计算机形成数据文件，为用计算机进行内业计算及绘制矿图提供依据。目前所生产的全站仪都配有电子手簿(电子数据采集器)，许多测绘单位和测量仪器厂家也都自行研究和开发了多种功能齐全、价格较低廉、适合我国国情的电子记录手簿。

表 3.7 **井下经纬仪导线测量记录手簿**

测量地点：-215m 水平石门大巷　仪器号：J6 No76004754　测量者：　前司光者：

测量日期：1994. 5. 20　钢尺号：No3　记录者：　后司光者：

| 仪器点 | 照准点 | 水平度盘读数 | | | 垂直度盘读数 | | cosδ<br>sinδ | 倾斜距离 L (m) | 水平距离 D (Sgcosδ) (m) | Sg sinδ | 觇标高 v 上/下 | 仪器高 i | 高差 Δz (m) | 备注及草图 |
|---|---|---|---|---|---|---|---|---|---|---|---|---|---|---|
| | | 正镜读数 | 倒镜读数 | (正+倒)/2 | 正镜读数/倒镜读数 | 倾角 δ | | | | | | | | |
| | | ° ′ ″ | ° ′ ″ | ° ′ ″ | ° ′ ″ | ° ′ ″ | | | | | | | | |
| 1 | 8 | 0 46 00 | 180 45 54 | 0 45 57 | 89 46 54 | 0 13 12 | 0.999 992 | 24.633 | 24.633 | | -1.010 | -0.880 | | |
| | | | | | 270 13 18 | | 0.003 840 | | | | | | | |
| | 2 | 31 05 36 | 211 04 54 | 31 05 15 | 89 45 30 | 0 14 32 | 0.999 991 | 59.049 | 59.048 | | -1.500 | | | |
| | | | | | 270 14 34 | | 0.004 228 | | | | | | | |
| 水平角 | | 30 19 36 | 30 19 00 | 30 19 18 | | | 往返平均值 | | 59.044 | | | | | |
| 2 | 1 | 0 01 30 | 180 00 30 | 0 01 00 | 90 28 54 | -0 28 57 | 0.999 964 | 59.041 | 59.039 | | -1.920 | -1.420 | | |
| | | | | | 261 31 00 | | 0.008 421 | | | | | | | |
| | 3 | 179 54 06 | 359 53 24 | 179 53 45 | 90 31 30 | -0 31 15 | 0.999 959 | 20.830 | 20.829 | | -1.230 | | | |
| | | | | | 269 29 00 | | 0.009 090 | | | | | | | |
| 水平角 | | 179 52 36 | 179 52 54 | 179 52 45 | | | 往返平均值 | | 20.830 | | | | | |

表 3.8　　　　　　　　　　　　　**井下导线边长测量记录手簿**

钢尺号：003　　　　　　　　　　测量地点：-315m 水平大巷　　观测日期：2003 年 5 月 16 日

记录：　　　　　　　　　　　　前尺：　　　　　　　　　　　后尺：

| 导线点 | 测线 | 往测 | | | | 返测 | | | |
|---|---|---|---|---|---|---|---|---|---|
| | | 读数 | | 边长（后-前） | 温度 $t$（℃） | 读数 | | 边长（后-前） | 温度 $t$（℃） |
| | | 后端 | 前端 | | | 后端 | 前端 | | |
| $B$ | $B$—1 | 24.525<br>24.628<br>24.650 | 0.305<br>0.405<br>0.430 | 24.220<br>24.223<br>24.220 | 15 | 24.401<br>24.501<br>24.445 | 0.170<br>0.270<br>0.215 | 24.231<br>24.231<br>24.230 | 15 |
| | 平均 | | | 24.221 | | | | 24.231 | |
| 1 | 1—2 | 17.844<br>17.890<br>17.901 | 0.065<br>0.110<br>0.120 | 17.779<br>17.780<br>17.781 | 13 | 17.749<br>17.884<br>17.933 | 0.035<br>0.100<br>0.147 | 17.784<br>17.784<br>17.786 | 13 |
| | 平均 | | | 17.780 | | | | 17.785 | |

### 3.4.7　导线延长和检查

井下导线都是随巷道的掘进分段测设，即随着巷道的延伸而向前延测。井下基本控制导线一般每 300～500m 延长一次，而采区控制导线则每 30～100m 延长一次。为了保证新测导线所用已知数据的正确性，在每次导线延长前，先要对上次所测导线的最后一个水平角、最后一条边长按原观测精度进行检查测量。本次观测与上次观测的水平角之差 $\Delta d$ 不应超过容许值：

$$\Delta d_{容} \leqslant 2\sqrt{2} m_\beta \tag{3-4}$$

式中：$m_\beta$——相应等级导线的测角中误差。

井下各等级导线两次观测水平角之差 $\Delta d$ 的不符值不能超过表 3.9 规定。

表 3.9

| 导线等级 | 7″导线 | 15″导线 | 30″导线 |
|---|---|---|---|
| $\Delta d$ 的容许值 | 20″ | 40″ | 80″ |

基本控制导线的边长小于 15m 时，两次观测水平角的不符值可适当放宽，但不得超过表 3.9 中限差的 1.5 倍。

新丈量上一次最后一条边长与原丈量结果之差不得超过相应等级导线边长往、返丈量之差的容许值，即，基本控制导线应不超过 1/6000；采区控制导线应不超过 1/2000。

如果检查不符合上述要求，则应退后一个水平角及其边长继续检查，直到满足上述要求后方可以检查合格的导线点和边为起始依据，继续向前延测导线。

当巷道掘进工作面接近采矿安全边界(水、火、瓦斯、老采空区、井田边界及重要采矿技术边界)时，除应延长经纬仪导线至掘进工作面外，还必须以书面形式报告矿(井)技术负责人，并书面通知安全检查和施工区、队等有关部门。

## 3.5 井下导线测量的内业

井下经纬仪导线测量的内业计算是在外业工作全部完成之后，将外业的观测数据进行检查、整理和计算的工作。内业计算的目的是为了求出导线各边的坐标方位角和各导线点的平面坐标，并据此填绘矿图。经纬仪导线的内业计算包括以下工作内容：

### 3.5.1 检查和整理外业观测记录手簿

虽然在井下测量的过程中，已经对水平角和观测边长按照《规范》的要求进行了检核，但是，为了防止疏漏，保证测量成果的质量，在内业计算开始之前，还要重新仔细检查外业观测记录，检查的内容为：手簿中所有计算是否正确；角度测回间互差是否超限；往返丈量边长之差是否达到精度要求；是否有记错、漏测、漏记的内容。经过认真的检查确认外业观测成果无误后，方可进行下一步计算。

### 3.5.2 计算边长改正平均边长

首先将各导线边长从井下导线边长记录表中转抄到边长计算表中，转抄后，要对其认真核对，防止抄错。根据《规范》规定，井下基本控制导线用钢尺丈量的边长应加入比长、温度、垂曲等改正后化算为水平边长，如有必要还应加入归化到投影水准面的改正和投影到高斯-克吕格平面的改正。将往返测边长分别加入上述改正后，如果互差不超过边长的1/6000，则可取其平均值作为最后的边长，用于计算导线边的坐标增量。采区控制导线只需把井下所量的边长化算为水平边长，而不必加入其他改正，如果往返测平距的互差不超过边长的1/2000，则可取其平均产值作为该边的最终边长，用于导线边坐标增量的计算。

### 3.5.3 角度闭合差的计算及分配

1. 角度闭合差$f_\beta$的计算

a. 闭合导线

从《地形测量》中知道，闭合导线角度闭合差$f_\beta$的计算式为

$$\left.\begin{aligned} f_\beta &= \sum_1^n \beta_{内} - 180°(n-2) \\ f_\beta &= \sum_1^n \beta_{外} - 180°(n+2) \end{aligned}\right\} \tag{3-5}$$

式中：$\sum_1^n \beta_{内}$、$\sum_1^n \beta_{外}$——闭合导线的内角总和与外角总和；

$n$——闭合导线转折角的个数。

b. 空间交叉闭合导线

井下导线测量中，若在不同水平的多条巷道中布设闭合导线，其导线就可能在空间上形成交叉，故称之为空间交叉闭合导线，如图 3.18 所示。在测该导线时，从 1 点开始，分别在 1 点，2 点，3 点，…，21 点沿着导线前进方向测其左角，当经过交叉点时，便由内角(闭合多边形Ⅰ中)变成了外角(闭合多边形Ⅱ中)。图中各点上所画弧线的角度均为观测角，导线边交叉点上的角(如 3 点与 4 点之间的 $\alpha$、$\beta$)为不在一个平面上的空间两直线间的虚拟角，未观测。

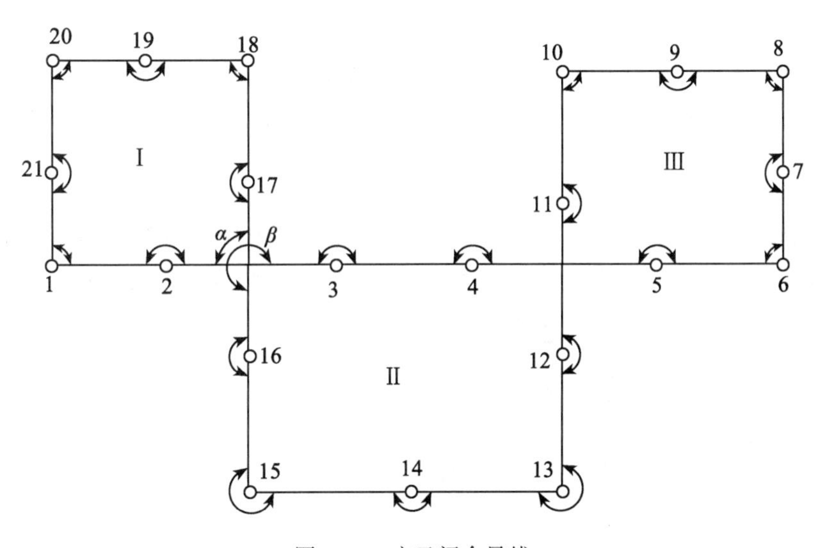


图 3.18　交叉闭合导线

一般，设交叉闭合导线共有观测内角的闭合图形(Ⅰ和Ⅲ)$p$ 个，观测外角的闭合图形(Ⅱ)$k$ 个，则交叉点的个数为$(p+k-1)$个，所以交叉导线的图形角度总和 $\sum(\beta)$ (包括实际观测的角度和交叉点上的虚拟角度)应为内角图形和外角图形角度的总和，即

$$\begin{aligned}\sum(\beta) &= 180°\{(n_1-2)+(n_2-2)+\cdots+(n_p-2)\}+\\ &\quad 180°\{(n_1'+2)+(n_2'+2)+\cdots+(n_k'+2)\}\\ &= 180°\{n_1+n_2+\cdots+n_p)+(n_1'+n_2'+\cdots+n_k')-2(p-k)\}\end{aligned} \tag{3-6}$$

式中：$n_1$，$n_2$，…，$n_p$——每个内角多边形中的角数；

$n_1'$，$n_2'$，…，$n_k'$——每个外角多边形中的角数。

这些图形的角数中包含交叉点上的虚拟角度，但是每个交叉点上的两个虚拟角度对相邻两个图形来说总有 $\alpha+\beta=360°$，要求实测角度总和的理论值，就应当从上式的 $\sum(\beta)$ 中减去这些虚拟角度，即应减去$360°(p+k-1)$。则实测角度总和的理论值应为

$$\sum\beta_{理} = \sum(\beta) - 360°(p+k-1) \tag{3-7}$$

由图 3.18 中可见，已测量的角度总数 $n$ 应为

$$n=(n_1+n_2+\cdots+n_p)+(n'_1+n'_2+\cdots+n'_k)-2(p+k-1)$$

故实测角度总和的理论值应为

$$\sum\beta_{理}=180°[n-2(p-k)] \tag{3-8}$$

为此空间交叉闭合导线的角度闭合差计算式为

$$f_\beta=\sum\beta_{测}-\sum\beta_{理}=\sum\beta_{测}-180°[n-2(p+k)] \tag{3-9}$$

在式(3-9)中，当 $p=1$，$k=0$ 时，图形为一个闭合多边形，则

$$f_\beta=\sum\beta_{测}-\sum\beta_{理}=\sum\beta_{测}-180°(n-2)$$

当 $p=2$，$k=1$ 时，图形就是图 3.18 所示的导线，则根据式(3-9)算得

$$f_\beta=\sum\beta_{测}-\sum\beta_{理}=\sum\beta_{测}-180°(n-2)$$

可见空间交叉闭合导线的闭合差计算式和一般闭合导线的闭合差计算式完全一样。最后还需要注意的是：运用式(3-9)时，导线的观测角应是前进路线上的全部左角或者全部右角。

c. 附合导线

设附合导线起始边和最终附合边的坚强方位角(即井下导线附合到已知坐标方位角或陀螺方位角)为 $\alpha_0$ 和 $\alpha_n$，路线上所测角度的总个数为 $n$，则附合导线的角度闭合差 $f_\beta$ 为

$$\left.\begin{aligned}f_\beta&=\sum\beta_{左}-n\times180°(\alpha_n-\alpha_0)\\f_\beta&=\sum\beta_{右}-n\times180°(\alpha_0-\alpha_n)\end{aligned}\right\} \tag{3-10}$$

d. 复测支导线

井下复测支导线的角度闭合差 $f_\beta$ 是按最末边第一次和第二次所测得的方位角 $\alpha_{n_1}$ 和 $\alpha_{n_2}$ 按下式计算的，即

$$f_\beta=\alpha_{n_1}-\alpha_{n_2} \tag{3-11}$$

井下各级导线的角度闭合差 $f_\beta$ 均不得超过表 3.10 的规定。

表 3.10　**井下各级导线的角度闭合差限差**

| 导线类别 | 最大闭合差 | | |
|---|---|---|---|
| | 闭合导线 | 复测支导线 | 附合导线 |
| 7″导线 | $\pm14''\sqrt{n}$ | $\pm14''\sqrt{n_1+n_2}$ | $\pm2\sqrt{m_{\alpha_1}^2+m_{\alpha_2}^2+nm_\phi^2}$ |
| 15″导线 | $\pm30''\sqrt{n}$ | $\pm30''\sqrt{n_1+n_2}$ | |
| 30″导线 | $\pm60''\sqrt{n}$ | $\pm60''\sqrt{n_1+n_2}$ | |

注：$n$ 为闭(附)合导线的总站数；$n_1$、$n_2$ 分别为复测支导线第一次和第二次测量的总站数；$m_{\alpha_1}$、$m_{\alpha_2}$ 分别为附合导线起始边和附合边的坐标方位角中误差；$m_\beta$ 为导线测角中误差。

2. 角度闭合差的分配

若角度闭合差 $f_\beta$ 不符合表 3.10 中的规定，则需检查测角情况，找出原因，或者进行

返工重测。当$f_\beta$未超限时，则要对角度闭合差进行分配，即将观测的水平角进行改正，消除其不符值。分配闭合差的方法是：将$f_\beta$反号平均分配给每一个观测角，即给每一个观测角一个改正数，为

$$v_{\beta_i}=-\frac{f_\beta}{n} \qquad (i=1,\ 2,\ \cdots,\ n) \tag{3-12}$$

改正后的水平角值为

$$\hat{\beta}_i=\beta_i+v_{\beta_i} \qquad (i=1,\ 2,\ \cdots,\ n) \tag{3-13}$$

### 3.5.4 坐标方位角的推算

当其对观测角度进行了改正后，便要用起始边方位角和改正后的角度推算每一条导线边的坐标方位角，其推算公式为

$$\alpha_i=\alpha_{i-1}+\hat{\beta}_{i左}\pm180° \tag{3-14}$$

式中：$\alpha_i$、$\alpha_{i-1}$——分别为第$i$条边、第$i$-1条边的坐标方位角；

$\hat{\beta}_{i左}$——第$i$点处经改正后的水平角值(左角)。

坐标方位角也可以用右角进行计算，公式为

$$\alpha_i=\alpha_{i-1}-\hat{\beta}_{i右}\pm180° \tag{3-15}$$

在闭合导线中，从第一条边开始，经各导线边坐标方位角的计算后，再推算出该边的坐标方位角应与第一次相等；附合导线，推算出的最后一条边的坐标方位角应与原最终坚强边的坐标方位角相等；复测支导线经两次算得的最后同一条边的坐标方位角应相等。否则，应查找计算错误，并予改正。

### 3.5.5 坐标增量闭合差的计算及调整

1. 各边坐标增量的计算

在《地形测量》中已知，导线边坐标增量的计算式为

$$\left.\begin{aligned}\Delta x_i=D_i\cos\alpha_i\\ \Delta y_i=D_i\sin\alpha_i\end{aligned}\right\} \tag{3-16}$$

式中：$D_i$——第$i$边的水平距离。

2. 坐标增量闭合差$f_x$、$f_y$的计算

a. 闭合导线$f_x$、$f_y$的计算

对于闭合导线而言，闭合路线各边同名坐标增量的总和的理论值应该等于零，即

$$\left.\begin{aligned}\sum\Delta x_{理}=0\\ \sum\Delta y_{理}=0\end{aligned}\right\}$$

但是，因为观测误差的存在，实际计算出的同名坐标增量的总和不一定为零，即存在着坐标增量闭合差为

$$\left.\begin{aligned}f_x=\sum\Delta x_{计}\\ f_y=\sum\Delta y_{计}\end{aligned}\right\} \tag{3-17}$$

式中：$f_x$、$f_y$——分别为纵、横坐标增量闭合差。

b. 附合导线$f_x$、$f_y$的计算

$$\left.\begin{aligned} f_x &= \sum \Delta x_{计} - (x_n - x_1) \\ f_y &= \sum \Delta y_{计} - (y_n - y_1) \end{aligned}\right\} \tag{3-18}$$

式中：$x_1$、$y_1$——附合导线起始点的坐标；

$x_n$、$y_n$——附合导线最终坚强点的坐标。

c. 复测支导线$f_x$、$f_y$的计算

$$\left.\begin{aligned} f_x &= \sum \Delta x_{往} - \sum \Delta x_{返} \\ f_y &= \sum \Delta y_{往} - \sum \Delta y_{返} \end{aligned}\right\} \tag{3-19}$$

式中：$\sum \Delta x_{往}$、$\sum \Delta y_{往}$——往测计算所得支导线各边坐标增量之和；

$\sum \Delta x_{返}$、$\sum \Delta y_{返}$——返测计算所得支导线各边坐标增量之和。

d. 导线边长相对闭合差的计算

导线的边长精度是用全长相对闭合差来衡量的，即

$$\frac{f}{\sum D} = \frac{\sqrt{f_x^2 + f_y^2}}{\sum D} \tag{3-20}$$

式中：$f$——导线的全长闭合差；

$\sum D$——导线的总长度。复测支导线为两次测量的边长总和。

根据所测导线的精度要求，其全长相对闭合差应符合表3.5、表3.6中的相应规定。若不符合规定则应查找原因，或者重新观测。若符合规定，应对坐标增量闭合差进行调整。

3. 坐标增量闭合差的调整

坐标增量的调整方法，一般是将闭合差反号按边长成比例分配给每条边的坐标增量计算值，即给每一个坐标增量一个改正数为

$$\left.\begin{aligned} v_{\Delta x_i} &= -\frac{f_x}{\sum D} D_i \\ v_{\Delta y_i} &= -\frac{f_y}{\sum D} D_i \end{aligned}\right\} \tag{3-21}$$

改正后的坐标增量为

$$\left.\begin{aligned} \Delta \hat{x}_i &= \Delta x_i + v_{\Delta x_i} \\ \Delta \hat{y}_i &= \Delta y_i + v_{\Delta y_i} \end{aligned}\right\} \tag{3-22}$$

### 3.5.6 坐标的计算

经过对坐标增量的改正，就可以计算各导线点的坐标了，其坐标计算按下式进行：

$$
\left.\begin{aligned}
x_i &= x_{i-1} + \Delta\hat{x}_{i-1,i} \\
y_i &= y_{i-1} + \Delta\hat{y}_{i-1,i}
\end{aligned}\right\} \tag{3-23}
$$

闭合导线由始点起算，经各导线点后再计算到始点，其坐标应和原坐标相等；附合导线由起始点开始计算各导线点的坐标，应计算到最后的坚强点，且其坐标应与原坐标相等；复测支导线和方向附合导线，两次算得的最末点的坐标应相等。

## ◎ 复习思考题

1. 简述井下平面控制测量的等级、布设和精度要求。
2. 井下经纬仪导线有哪几种类型？
3. 井下测量水平角的主要误差来源有哪些？测角方法误差如何估算？
4. 井下测量用经纬仪应该进行哪些项目的检验和校正？
4. 何谓"三轴"误差？用正倒镜观测能否消除其对水平角的影响？
5. 简述井下量边误差的来源。各是什么性质的误差？
6. 量边误差中 $a$、$b$ 的含义是什么？各取什么单位？其值如何确定？
7. 井下经纬仪导线的外业工作内容有哪些？
8. 什么是"三架法"？如何用"三架法"进行井下经纬仪导线测量？
9. 井下经纬仪导线选点应注意些什么？导线点的种类有哪些？各用于什么情况下？
10. 井下导线测量的内业工作有哪些内容？搞清楚每项内容的方法。
11. 如图 3.19 所示为某矿施测的 15″空间交叉闭合导线，沿 $A$—1—2—…7—$B$ 方向，均测左角，问所测角度总和在多少范围内可满足精度要求？

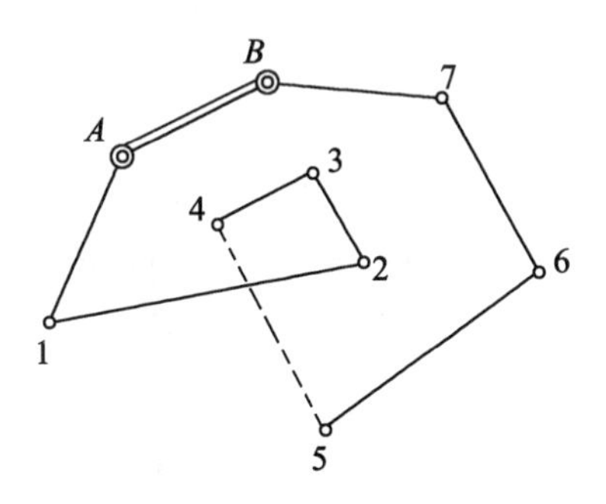


图 3.19　空间交叉闭合导线

# 第4章　井下高程控制测量

【教学目标】

学习本章，掌握井下高程控制的目的、任务和基本要求；能够利用水准仪完成井下水准及剖面测量的外业测量和内业计算、剖面图的绘制；能够完成井下三角高程测量的外业及内业计算；能够进行井下高程导线的平差和精度评定。

## 4.1　井下高程测量概述

### 4.1.1　井下高程测量的目的和任务

井下高程测量是测定井下各种测点高程的测量工作。其目的是为了建立一个与地面统一的高程系统，确定各种采掘巷道、硐室在竖直方向上的位置及相互关系，以解决各种采掘工程在竖直方向上的几何问题。其具体任务大体有以下几项：

(1)在井下主要巷道内精确测定高程点和永久导线点的高程，建立井下高程控制；

(2)给定巷道在竖直面内的方向；

(3)确定巷道底板的高程；

(4)检查主要巷道及其运输线路的坡度和测绘主要运输巷道纵剖面图。

### 4.1.2　井下高程测量的基本要求

井下高程控制网，可采用水准测量方法或三角高程测量方法敷设。在主要水平运输巷道中，一般应采用精度不低于 *S*10 级的水准仪和普通水准尺进行水准测量；在其他巷道中，可根据巷道坡度的大小、采矿工程的要求等具体情况，采用水准测量或三角高程测量测定。

从井底车场的高程起算点开始，沿井底车场和主要巷道逐段向前敷设，每隔 300 ~ 500m 设置一组高程点，每组高程点至少应有三个点组成，其间距以 30 ~ 80m 为宜，永久导线点也可作为高程点使用。

水准点可设在巷道的底板、顶板或两帮上，也可以设在井下固定设备的基础上，设置时应考虑使用方便并选在巷道不宜变形的地方。设在巷道顶、底板的水准点构造与永久导线点相同。设在巷道两帮及设在固定设备基础上的水准点构造如图 4.1 所示。井下所有高程点应统一编号，并将编号明显地标记在点的附近。

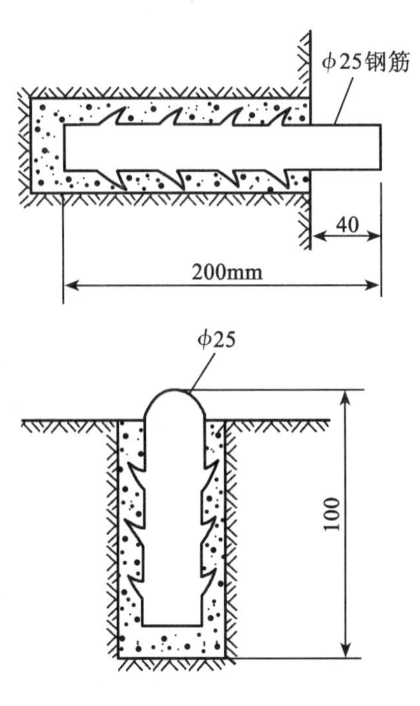


图 4.1　井下水准点的结构

## 4.2　井下水准测量

### 4.2.1　井下水准测量的外业

外业主要是测出各相邻点间的高差，施测时水准仪置于两尺点之间，使前、后视距离大致相等，这样可以消除由于水准管轴与视准轴不平行所产生的误差。由于井下黑暗，观测时要用矿灯照明水准尺，读取前、后视读数。读数前应使水准管气泡居中，读数后应注意检查气泡位置，如气泡偏离，则应调整、重新读数。视线长度一般以 15 ~ 40m 为宜。要求每站用两次仪器高观测，两次仪器高之差应大于 10cm，高差的互差不应大于 5mm。上述限差在施测时应认真检核，如不符合，即应重测。最后取两次仪器高测得的高差平均值作为一次测量结果。当水准点设在巷道顶板上时，要倒立水准尺，以尺底零端顶住测点，记录者要在记录簿上注明测点位于顶板上。

井下水准路线可为支线、附合路线或闭合路线。井下每组水准点间高差应采用往返测量的方法确定，往返测量高差的较差不应大于 $\pm 50\sqrt{R}$ mm（$R$ 为水准点间的路线长度，以 km 为单位）。如条件允许，可布设成水准环线。闭、附合水准路线可用两次仪器高进行单程测量，其闭合差不应大于 $\pm 50\sqrt{L}$ mm（$L$ 为闭、附合路线长，以 km 为单位）。

当一段水准路线施测完后，应及时在现场检查外业手簿。检查内容包括：表头的注记是否齐全；两次仪器高测得的高差的互差是否超限；高差的计算是否正确；顶、底板的水准点是否注明等。

### 4.2.2 井下水准测量的内业

水准测量内业主要是计算出各测点间的高差，经平差后，再根据起算点的高程，求出各测点的高程。

由于井下巷道中的高程点有些设在顶板上，有的设在底板上，因此可能出现图 4.2 所示的四种情况。但不论哪种情况，在计算两点间的高差时，仍与地面水准测量一样，是用后视读数 $a$ 减去前视读数 $b$，即

$$h=a-b \tag{4-1}$$

当测点在顶板上时，只要在顶板测点的水准尺读数前冠以负号，仍可按式(4-1)计算高差。

当求得各点间的高差及各项限差都符合规定后，再将高程闭合差进行平差，并计算各测点的高程。

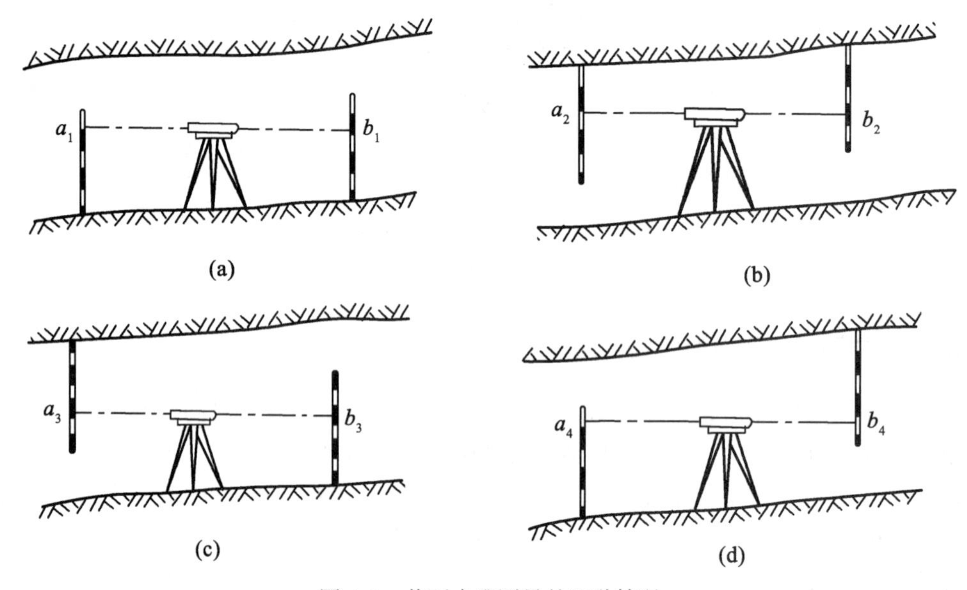


图 4.2 井下水准测量的四种情况

### 4.2.3 巷道纵剖面图的测绘

为了检查平巷的铺轨质量或为平巷改造提供设计依据，需进行巷道纵剖面图的测绘。这一工作一般是在水准测量过程中同时完成的，具体做法是：先用皮尺沿轨面(或底板)每隔 10m 或 20m 标记一个临时测点(中间点)，并将此点标设在巷道两帮上，以便调整坡度放腰线时使用。这些测点要统一编号。施测时在每一测站上先用两次仪器高测出转点间的高差，符合要求后，再利用第二次仪器高，依次读取中间点上的水准尺的读数。内业计

算时，先根据后视点的高程和第二次仪器高时的后视点水准尺读数，求出仪器视线高程；再由仪器视线高程减去各中间点上的水准尺读数，即为各中间点的高程。水准测量的记录簿格式如表4.1所示。

表4.1　　**井下水准测量记录手簿**

工作地点：　　　　观测者：　　　　水准仪

日　期：　年　月　日　时至　时　　记录者：　　　　水准尺　第　页

| 仪器站 | 测点 | 距离 | 标尺读数 | | | 高差 | 高差中数 | 标高 | 测点位置 顶底帮 ┬ ┴ ┤ | 巷道全高 | 测点 | 草图与备注 |
|---|---|---|---|---|---|---|---|---|---|---|---|---|
| | | | 后视 | 前视 转点 | 前视 中间站 | | | | | | | |
| | *A* | | -1.312 | | | | | 200.667 | ┬ | | *A* | |
| 1 | | | -1.475 | | | | | | | | | |
| | *B* | | 0.877 | 1.593 | | -2.905 | -2.906 | 197.761 | ┴ | | *B* | 注：采用两次仪器高法观测。 |
| 2 | | | 0.729 | 1.432 | | -2.907 | | | | | | |
| | *C* | | -1.091 | -1.002 | | 1.879 | 1.880 | 199.641 | ┬ | | *C* | |
| 3 | | | -1.214 | -1.151 | | 1.880 | | | | | | |
| | *D* | | | -1.213 | | 0.122 | 0.122 | 199.763 | ┬ | | *D* | |
| | | | | -1.336 | | 0.122 | | | | | | |

室内绘制巷道纵剖面图时，水平比例尺一般为1∶2000、1∶1000或1∶500，对应的竖直比例尺一般为1∶200、1∶100或1∶50。其绘制方法如下：

(1)按水平比例尺画出表格，表中填写测点编号、测点间距、测点的实测高程和设计高程、轨面(或底板)的实际坡度。

(2)在表格的上方，绘出轨面(巷道)的纵剖面图。绘图时，应先按竖直比例尺绘出水平线，在其左端注明高程，在线上绘出各测点的水平投影位置，再按各测点的实测高程和选定的竖直比例尺绘出各测点在竖直面上的位置，然后用直线段将这些位置点连接起来，即为轨面(巷道)的实测纵剖面线。最后画出轨面的设计坡度线和该巷道相交其他巷道的位置。

(3)在表格的下方绘出该巷道的平面图，并在图上绘出高程基点和永久导线点的位置。

图4.3为某矿主要运输大巷的剖面图。

巷道纵剖面图除用上述方法测绘外，还可用专用仪器进行测绘。前苏联生产的轨道剖面测绘仪ΠPШ2就是一种能自动检测轨道纵剖面的专用仪器。

轨道剖面测绘仪ΠPШ2有机体和前轮两部分组成。在搬运过程中需要装箱时，该仪器很容易拆卸，当使用时，也很容易组装。在仪器的机体内装有带光电记数系统和阻尼器的摆动体、电码盘、电子元件、电源、记录器以及将测量值通过机械传输到记录器的后测

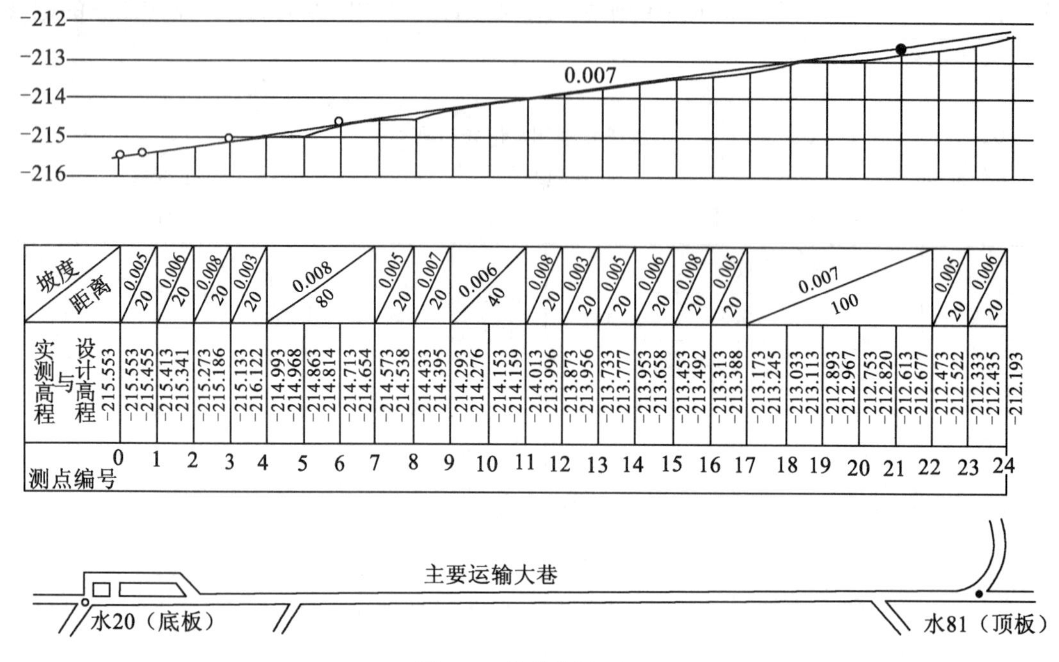


图 4.3　巷道纵剖面图

量轮。前轮通过带有支架的钢管与机体连接起来，测点间距控制杆面定在剖面测绘仪扶手柄上。检查区段的轨道剖面测定值由记录器自动记录在带状图纸上，形成轨道剖面图。测点间轨道坡度根据轨道剖面测定值直接求出。该仪器的主要技术指标为：

(1)可以测定轨道的坡度范围为±0.05；

(2)轨道坡度的一次测定中误差在200m时不超过±0.005；

(3)测量路线长度的相对中误差不超过±0.5‰；

(4)运行速度为0.9～1.2m/s；

(5)绘图比例尺，水平1∶1000；垂直1∶25，1∶50，1∶100；

(6)不换电池连续工作时间最少6h；

(7)防爆型，仪器全重小于21kg。

## 4.3　井下三角高程测量

井下三角高程测量一般是与经纬仪导线测量同时进行的。施测方法如图4.4所示。

安置经纬仪于$A$点，对中整平。在$B$点悬挂垂球。用望远镜瞄准垂球线上的标志$b$点，测出倾角$\delta$，用钢尺丈量仪器中心到$b$点的距离$l'$，量取仪器高$i$及觇标高$v$。

由图4.4可以看出，$B$对$A$点的高差可按下式计算：

$$h=l'\sin\delta+i-v \tag{4-2}$$

式中：$l'$——实测斜长，基本控制导线应是经三项改正后的斜长；

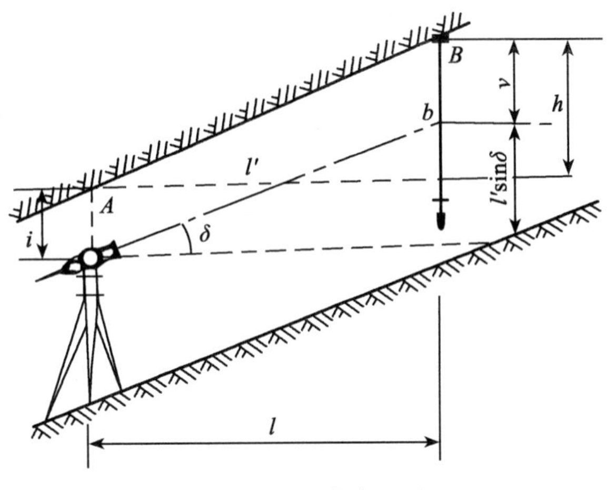

图 4.4　井下三角高程测量

δ——垂直角，仰角为正，俯角为负；

i——仪器高，由测点量至仪器中心的高度，测点在底板时为正值，顶板时为负值；

v——觇标高，由测点量至照准目标点的高度，测点在地板时为正值，在顶板时为负值。

井下经纬仪导线为光电测距导线时，在 A 点安置仪器，在 B 点安置反射棱镜，并对中整平。用测距仪测出仪器至反射棱镜中心斜距 $l'$，经气象，加常数等项改正后，得改正后斜距 $l'$。A、B 两点间的高差可按下式计算：

$$h = l'\sin\delta + \frac{l'^2}{2R}\cos\delta(\cos\delta - k) + i - v \tag{4-3}$$

式中：k——折光系数；

R——测线处地球曲率半径。

三角高程测量垂直角观测精度要求见《煤矿测量规程》。仪器高和觇标高应在观测开始前和结束后各量一次(以减少垂球线荷重后的渐变影响)，两次丈量的互差不得大于4mm，取其平均值作丈量结果。丈量仪高时，可使望远镜竖直，量出测点至棱镜上中心的距离。

三角高程测量要往返进行。相邻两点往返测量的高差互差不应大于$(10+0.3l)$mm($l$为导线水平边长，m)；三角高程导线的高程闭合差不应大于$\pm100\sqrt{L}$mm($L$为导线长度，km)。当高差的互差符合要求后，应取往返测高差的平均值作为一次测量结果。

闭合和附合高程路线的闭合差，可按边长成正比分配。复测支线终点的高程，应取两次测量的平均值。高差经改正后，可根据起始点的高程推算各导线点的高程。

## 4.4　井下高程路线的平差

井下高程测量和井下导线测量一样，也有闭合的、附合的及支导线等几种类型。单个闭合或附合的水准路线只有一个条件方程式，所以，当等精度观测时，可将高程闭合差反号平均分配到各站高差上。复测水准支线的平差，是取两次测得高差的平均值作为最终结果。井下水准网可用等权代替法或多边形平差。

当井下高程路线中，既有水准高程，又有三角高程时，因为不是等精度观测，因此需考虑不同的权。各环节的权为

$$p=\frac{u^2}{m_h^2}$$

而

$$m_h^2=m_{h_水}^2+m_{h_经}^2 \tag{4-4}$$

式中：$u$——单位权中误差，可采用任一常数；

$m_{h_水}$和$m_{h_经}$——分别为环节中水准测量和三角高程测量所测得的高差中误差，可按高程测量的等级确定。

当用多边形平差时，各环节的测站数应用其权倒数 $1/p$ 代替。权的计算方法同上。

求得每一环节的总改正数 $\delta_h$ 后，即可计算该环节中水准测量或三角高程测量所测得的高差改正数：

$$v_{h_水}=-\frac{\delta_h}{p_水}p \qquad v_{h_经}=-\frac{\delta_h}{p_经}p \tag{4-5}$$

式中：

$$p_水=\frac{u^2}{m_{h_水}^2};\ p_经=\frac{u^2}{m_{h_经}^2};\ p=\frac{u^2}{m_{h_水}^2+m_{h_经}^2}$$

**【例 4-1】**某矿的开拓形式如图 4.5 所示，地面通过两个斜井到达第一水平，两斜井间用平巷连接，斜井中 $A$-Ⅰ及 $B$-Ⅱ段进行了三角高程测量，一号斜井长 450m、二号斜井长 670m，总闭合差 $\delta_k=-65$mm，试求三段线路应分配的改正数。

**解**　在无实际资料分析求出的误差参数时，单位长度的高差中误差可以采用《煤矿测量规程》的要求，即 $m_{h_水}=\pm17.7$mm，$m_{h_经}=\pm50$mm。此时

$$m_{h_{A—Ⅰ}}=m_{h_经}\sqrt{I'}=\pm50\sqrt{0.45}=\pm33.5\text{mm}$$

$$m_{Ⅰ—Ⅱ}=m_{h_水}\sqrt{L}=\pm17.7\sqrt{1.9}=\pm24.4\text{mm}$$

$$m_{h_{Ⅱ—B}}=m_{h_经}\sqrt{L}=\pm50\sqrt{0.67}=\pm40.9\text{mm}$$

$$m_h^2=m_{h_{A—Ⅰ}}^2+m_{h_{Ⅰ—Ⅱ}}^2+m_{h_{Ⅱ—B}}^2=3390\text{mm}^2$$

所以

$$v_{h_{A—Ⅰ}}=-\frac{\delta_k}{m_h^2}m_{h_{A—2}}^2=\frac{65}{3390}\times33.5^2=21.5\text{mm}$$

$$v_{h_{Ⅰ—Ⅱ}}=-\frac{\delta_k}{m_h^2}m_{h_{Ⅰ—Ⅱ}}^2=\frac{65}{3390}\times24.4^2=11.4\text{mm}$$

$$v_{h_{Ⅱ—B}}=-\frac{\delta_k}{m_h^2}m_{h_{Ⅱ—B}}^2=\frac{65}{3390}\times40.9^2=32.1\text{mm}$$

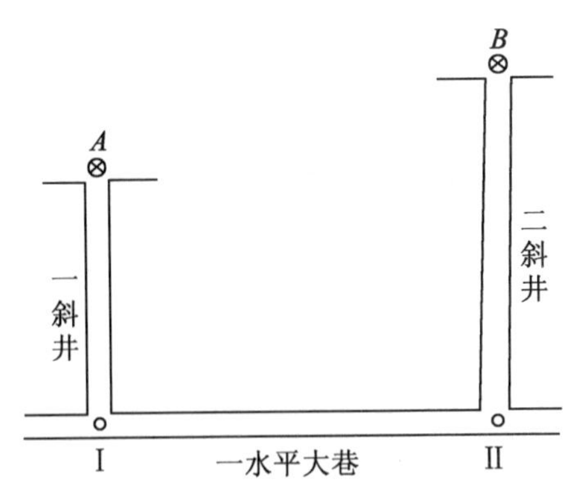


图 4.5　高程路线的联合平差

## ◎ 复习思考题

1. 井下高程测量的目的是什么?

2. 井下水准测量中高程点位于巷道顶板时立水准尺与高程点位于巷道底板时有何区别? 高差计算时对观测值如何处理?

3. 用变更仪器高法进行水准测量时，每一站均符合要求，由此能否判定整个路线的水准测量符合精度要求?

4. 井下三角高程测量与地面三角高程测量有何异同? 为什么井下三角高程测量都和经纬仪导线测量一并进行?

5. 井下水准测量的误差来源有哪些方面? 怎样估算其精度?

6. 如何估算三角高程支线终点高程的算术平均值的中误差?

# 第5章　巷道及回采工作面测量

【教学目标】

通过本章的学习，学生能够了解巷道中、腰线的定义；掌握中腰线的标定步骤和方法；知道回采工作面测量的内容、方法；能使用经纬仪(全站仪)进行各种巷道中、腰线的标定；能熟练地使用水准仪在水平巷道中进行腰线的标定；能使用罗盘仪进行次要巷道中线的标定和利用半圆仪进行次要巷道腰线的标定。能结合采区和回采工作面的测量内容使用经纬仪、罗盘仪和半圆仪进行采区和回采工作面的测量。

## 5.1　巷道及回采工作面测量的目的和任务

巷道和回采工作面测量是指巷道掘进和采煤工作面开采时的测量工作。这是一项日常性的井下测量工作。其目的是：及时、准确地测定井下各种巷道及工作面的位置；按设计要求标定巷道掘进的水平方向和坡度、填绘矿图等，以满足矿井日常生产的测量需要。它的任务包括以下几个方面：

(1)标定巷道的中线，用以指示巷道在水平面内的掘进方向，简称给中线；

(2)标定巷道的腰线，用以指示巷道在竖直面内的方向，简称给腰线；

(3)定期检查和验收巷道掘进的进度和质量，简称验收测量；

(4)将已掘进的巷道位置测绘到矿图上，简称填图；

(5)进行采矿工程、井下钻探和地质特征点的测定工作。

井下巷道和回采工作面测量工作关系到矿山采矿计划的实现和井下采掘工程的质量，矿山测量人员必须及时准确地配合有关部门认真进行上述测量工作。在到井下测量之前，测量人员要认真细致地检查设计图纸，弄清设计巷道的几何关系，认真验算图纸上的各种数据，若发现错误要及时与图纸设计部门或生产主管技术人员沟通。在井下测量工作中，要严格按测量规程进行操作和遵守本单位的规章制度，做到步步有检核；每天井下测量工作完后，要及时将所测资料进行内业处理并填绘矿图。

测量人员必须以高度的责任心面对该项工作，在矿井生产中，避免因测量错误而发生事故或造成损失；同时，还要不断改进工作方法，熟练掌握过硬的测量技术，提高工作效率，保证矿井生产正常有序地进行。

## 5.2　巷道中线的标定

巷道水平投影的几何中心线称为中线，它是巷道在水平面内的方向。标定巷道中线就是按设计要求给定巷道在水平面内的方向。标定中线之前必须做好准备工作，然后到井下进行中线的实地标定、延长和检查。

### 5.2.1 标定前的准备工作

1. 检查图纸

测量人员拿到巷道设计图纸后，必须先了解巷道的用途，知道该巷道与其他巷道之间的几何关系，检查和验算设计的角度和距离是否满足这些几何关系，检查图纸中的尺寸和注记的数字是否相符。然后根据巷道的用途和重要性，确定测量方法和精度要求。对主要巷道中线，必须用经纬仪(或全站仪)标定，或安置激光指向仪指示掘进方向，次要巷道可以用罗盘仪标定。

2. 计算标定数据

巷道中线的标定数据一般为距离和指向角。根据巷道具体情况的不同，其数据的计算和取得略有不同。首先了解所开巷道附近有无导线点，若有且经过检查确认其可靠后，可用这些导线点的坐标计算标定数据。若附近没有导线点，则需用从别处引测导线后，再用引测点的资料计算标定数据。需要注意的是，所用导线点和其资料必须一一对应，不能抄错，不能算错，不能用错点。否则，将铸成大错。

### 5.2.2 标定巷道开切点和掘进方向

标定巷道开切点和开掘方向的工作，俗称“开口”。如图5.1所示，4、5为原有巷道中的导线点，如果设计图上没有标出这些导线点，测量人员应该根据其坐标将点展于图上。虚线表示设计的新开巷道，*AB*为新开巷道的中线。

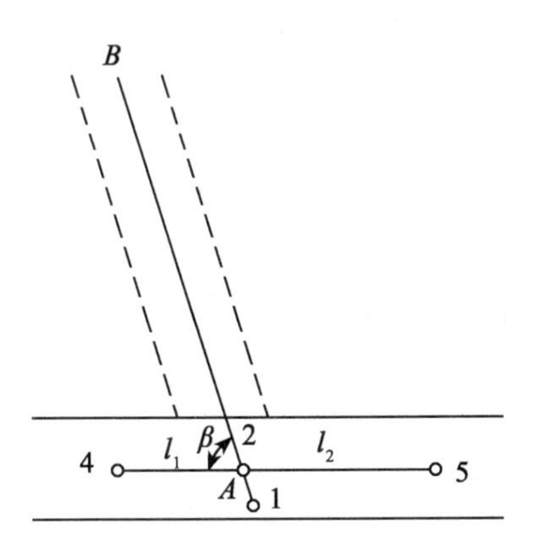


图5.1 开切点初步给向

1. 标定数据的计算和量取

此处的标定数据为图5.1中的距离$l_1$(或$l_2$)、指向角$\beta$。它们均可在设计图上直接量取得到，也可以根据4、5、*A*、*B*点的坐标计算得到。

设计新开巷道指向角的计算公式为

$$\beta=\alpha_{AB}-\alpha_{54}。$$

计算出的距离也可以相互检核

$$D_{4A}+D_{A5}=D_{45} \quad 或 \quad l_1+l_2=D_{45}。$$

2. 实地标定

一般先进行初步标定，当巷道掘进 4 ~ 8m 时再精确标定。初步标定可用罗盘仪，精确标定用经纬仪进行。

a. 罗盘仪标定

首先根据 $AB$ 边的坐标方位角和磁偏角计算出 $AB$ 边的磁方位角，即 $\alpha_{磁}=\alpha_{坐}-\Delta$。标定方法：用钢尺沿 4—5 方向量距离 $l_1$ 得 $A$ 点，同时量 $l_2$ 进行检核；在顶板固定开切点 $A$ 的位置后，如图 5.2 所示，在 $A$ 点系一线绳，挂上罗盘仪，使罗盘仪度盘上 0°(N)，即线绳自由端，对着开切方向，并使线绳在开切帮上左右移动，同时观察罗盘仪上磁针北端的读数，当其读数为 $\alpha_{磁}$ 时，线绳方向即为设计巷道的开切方向，然后在巷道帮壁上标出 $a$ 点，同时反向在巷道顶板上标出 $b'$、$a'$，则 $a'$、$b'$、$A$ 三点的连线方向即为设计巷道开切方向。用石灰水在巷道顶上画出开切方向线，即设计的新开巷道中线。

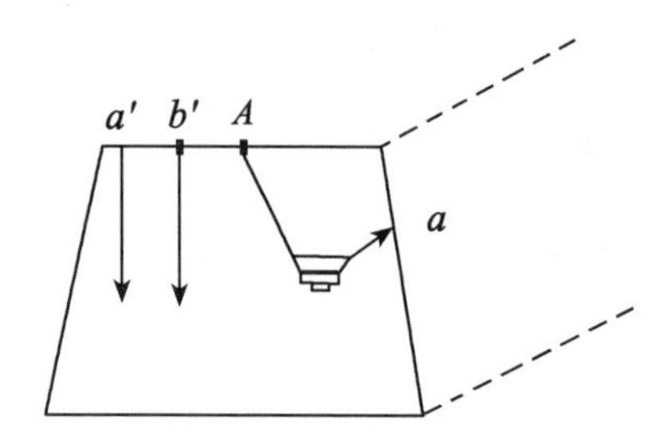


图 5.2　罗盘仪给中线

b. 经纬仪标定

如图 5.1 所示，首先，在 4 点安置经纬仪，照准 5 点，沿此方向量距离 $D_{4A}$，得开切点 $A$，设置 $A$ 点，再量 $D_{A5}$ 作检查。然后，将经纬仪安置于 $A$ 点，用盘左后视 4 点，水平度盘对零后，顺时针方向转出指向角 $\beta$；在视线的方向顶板固定一点 2，倒转望远镜在 2、$A$ 的延长线上确定点 1，由 1、$A$、2 三点组成一组中线点，即可指示新开巷道的掘进方向，同样也要用石灰水（或白油漆）在巷道顶板上画出中线。须注意的是，这种方法有时会因巷道断面太小视距太短而无法标定。

### 5.2.3　标定直线巷道的中线

因为巷道开切中线较短，而且当开切点爆破后，局部（或全部）中线被破坏，当巷道掘进 4 ~ 8m 后，就必须用经纬仪检查和重新标定中线。

1. 精确标定中线

首先检查开切点 $A$ 的位置是否存在，再看其是否发生位移。方法是：在 4 点安置经纬仪，照准 5 点，沿此方向量距离 $D_{4A}$，得开切点 $A$，看是否与原有点位重合，否则将新的

$A$ 点重新设定，再量 $D_{A5}$ 作检查。然后将经纬仪安置于 $A$ 点，用盘左、盘右两个镜位，后视 4 点后拨指向角 $\beta$，如图 5.3 所示。由于仪器和测量均有误差，盘左、盘右所标出的 2′、2″两点不一定重合，取其平均位置 2 作为中线点，将其固定。为了避免差错，应该用经纬仪对所标出的 $\beta$ 角进行一测回的观测，其误差应该在 1′以内。当符合要求后，再在 $A2$ 方向线上标定出 1 点，将其固定。$A$、1、2 三点便组成新开巷道的第一组中线点。中线点一般设三个点为一组，其作用是利用相互间的关系检查、判断其是否移动，若发现三点不在一直线上时，则应重新标定。一组中线各点之间的距离一般不应小于 2m。

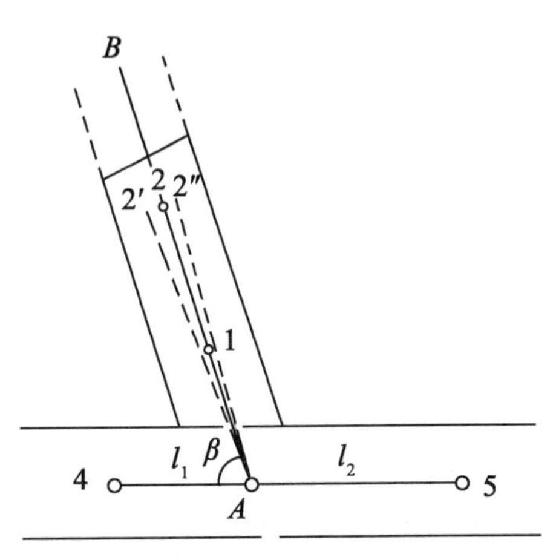


图 5.3　经纬仪标定中线

2. 边线的标设方法

当巷道采用机械掘进时，中线便不太实用。此时，常用标定巷道边线的方法来指示机械的掘进。在大断面双轨巷道，特别是巷道断面不断变化的车场部分，标定一侧轨道的中线比较有利，因为这样就不必经常改变中线的位置。

巷道边线(轨道中线)的具体标定方法，如图 5.4 所示。$A$ 为巷道中线上的一点，现在要标设出边线上的 $B$ 点及一组边线点。

a. 计算标定数据

如图 5.4 所示的标定数据为：$\beta'$、$l_{AB}$ 和边线上的指向角 $180°+\gamma$。可根据边线与巷道中线的间距 $a$ 以及 $AB$ 的水平距离在中线上的投影长度 $l$ 求出：

$$\gamma=\arctan\frac{a}{l};\ \ l_{AB}=\sqrt{l^2+a^2}$$

再由 $\gamma$ 及巷道中线的指向角 $\beta$ 计算标定 $B$ 点的指向角 $\beta'$ 为

$$\beta'=\beta-\gamma$$

b. 实地标定

首先，将经纬仪安置在 $A$ 点，根据 $\beta'$ 角和距离 $l_{AB}$ 可标定出 $B$ 点；然后，将经纬仪移至 $B$ 点，后视 $A$ 点，顺时针方向转 $(180°+\gamma)$ 角，这时仪器视线方向即为边线方向，在视线上设点 1 和 2，则点 $A$、1、2 即为一组边线点。

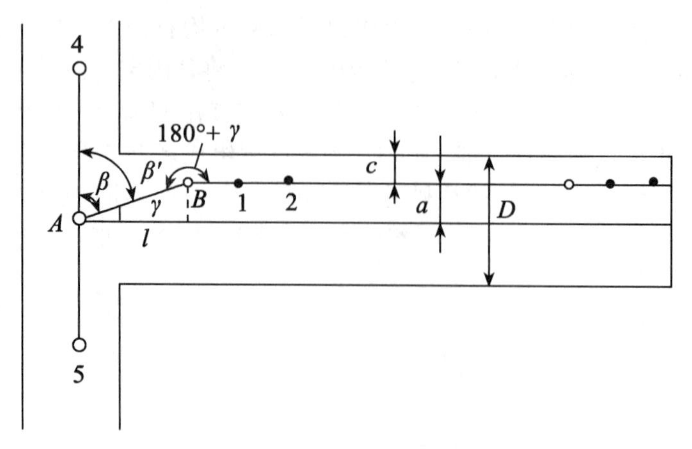


图 5.4　边线的标定

给出边线后，应及时把边线偏中距 $a$ 和 $c(c=D/2-a)$ 通知掘进人员，以便于施工和进行质量检查。

3. 中线点的使用

为了指示掘进和在掘进工作面上布置炮眼，必须在掘进工作面上找出中线的位置，所采用的方法，一般为拉线法和瞄线法。要注意的是，在使用中线点前，应检查中线点是否移动，若未移动，才能使用。否则，应重新标出中线点后再使用。

拉线法的做法是：如图 5.5 所示，首先，在中线点 1 系一条线绳，同时在中线点 2、3 各挂一根垂球线，然后，将 1 点所系线绳的另一端拉向掘进工作面，使线绳与 2、3 的垂球线相切。这时，线绳在掘进工作面上的位置即为中线位置。

瞄线法的做法是：如图 5.6 所示，1、2、3 为一组中线点。在这三点上各挂一根垂球线，一人站在中线点 1 后 1m 左右的位置，用眼睛瞄挂在中线点上的垂球线，同时指挥另一持灯者在工作面上左右移动，当工作面上的灯与三根垂球线重合在一起时，即说明灯的位置位于中线点 1、2、3 的延长线上，然后用白粉笔在掘进工作面上矿灯处画一记号，这就是中线在掘进工作面上的位置。

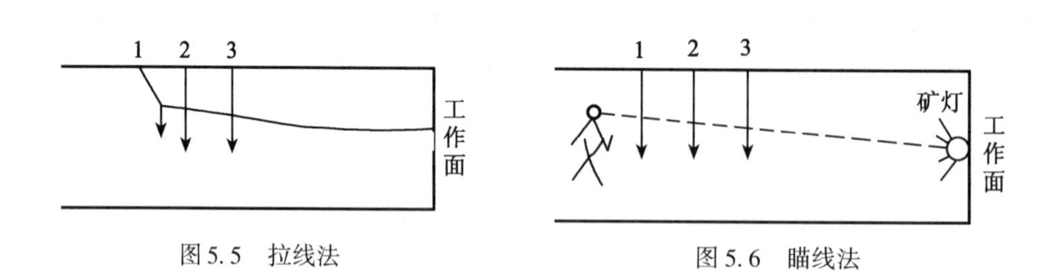


图 5.5　拉线法　　　　图 5.6　瞄线法

### 5.2.4　直线巷道中线的延长及检查

用拉线法和瞄线法指示巷道的掘进距离不能过长，一般掘进 20～30m 后，就必须检查和延长中线，其方法有如下三种。

1. 用经纬仪延设中线

这种方法一般用于主要巷道的中线延设。如图5.7所示，点1、2、3、4、5、6为前几次用经纬仪标定的中线点，点5是经纬仪安置在$A$点时检查过的导线点。当要延长中线点时，就将J6级经纬仪安置在5点下，后视$A$点，倒镜即得前视中线的方向，在经纬仪的视线(十字丝竖丝)上设置7、8、9三个中线点。

当巷道掘进碛头距导线点$A$距离在约80m范围之内时，也可以直接在$A$点安置经纬仪，后视图中的12点，拨$\beta$角标定7、8、9点。

点7、8、9即为一组新的中线点，用30″级导线测出点8的位置，用于填绘矿图。点5、8为采区控制导线点。若为主要巷道，当巷道向前掘进长度达到300～500m时，应测量基本控制导线，同时对采区控制导线进行检查和纠正。

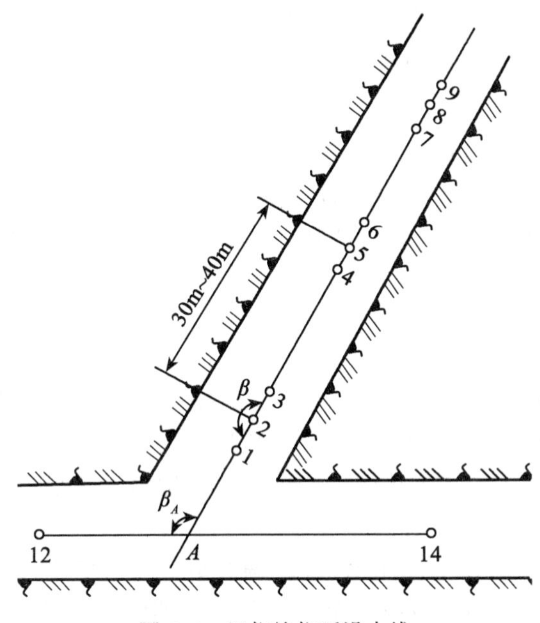


图5.7 经仪纬仪延设中线

2. 瞄线法延设中线

如图5.8所示，已有中线点1、2、3上各挂一根垂球线，甲站在中线点1所挂垂球线的后面，沿点1、2、3的方向用眼睛瞄视，乙在欲设点6的位置用矿灯照亮手持的垂球线，并听从甲的指挥左右慢慢地移动垂球线，直到1、2、3、6四点在一条线上为止，在巷道顶板上钉出6号点。同法再钉出5号点、4号点，这样就延设了一组新的中线点。

3. 拉线法延设中线

如图5.9所示，由甲检查1、2、3点上所挂的三根垂球线，当它们处于同一竖直面时，说明中线点未移动。然后，在点1上系一根线绳将另一端拉向所要标定新中线点6处并左右移动；由甲仔细观察2、3点的垂球线和拉线的关系，直到两垂球线与拉线刚好相

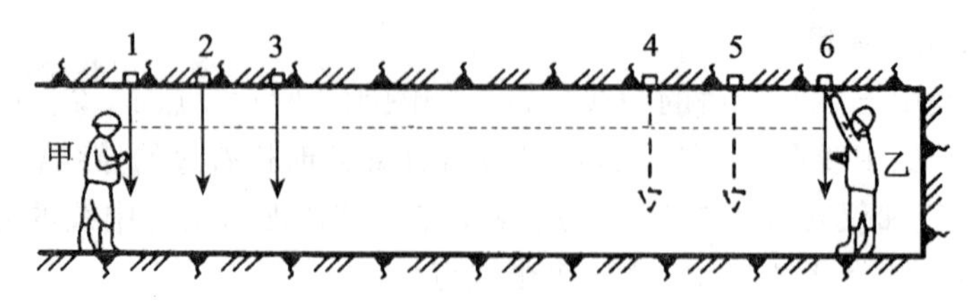


图 5.8　瞄线法延设中线

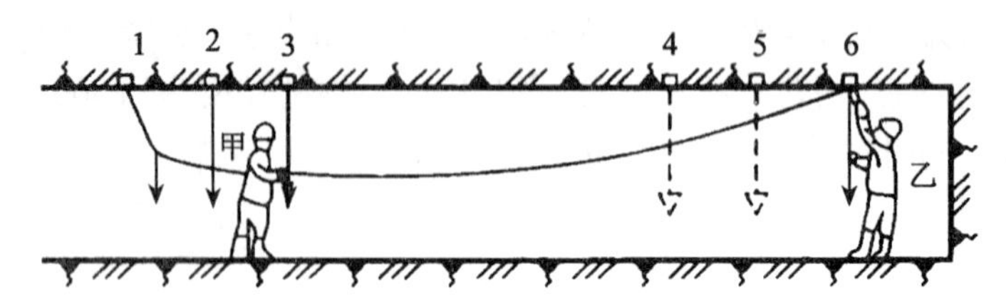


图 5.9　拉线法延设中线

切时为止。此时，1、2、3 与 6 都处于同一竖直面内，在巷道顶板上固定 6 点后，甲向前到图中所示 4、5 点处，再利用垂球线与拉线相切的做法定出 4、5 的位置。

在一般巷道和采区的次要巷道，特别是急倾斜巷道中，常采用瞄线法或拉线法延设巷道中线。

### 5.2.5　曲线巷道中线的标定

井下运输巷道转弯处或巷道分岔处，都有一段曲线巷道，曲线巷道的中线是弯曲的，不能直接标出，只能以适当长度的折线(分段圆弧的弦线)代替弯曲的中线，将折线的方向标出，用以指示弯曲巷道的掘进施工。设计图上一般给出了弯曲巷道的起点、终点、曲线半径、中心角等元素。

曲线巷道标定中线的方法一般用弦线法，即用弦线来代替弧线。标定时首先要确定合理的弦长，如果弦线太短，则所标定的弦线过多会增加标定的时间并影响掘进施工进度；若弦线太长，则弦线中央离帮壁的距离太近，给施工造成困难，甚至两端不能通视。因此最好是在巷道的放大样图(1∶100 或者更大比例尺)上确定弦线的合适长度。

1. 计算标定数据

如图 5.10 所示，曲线巷道起点为 $A$，终点为 $B$，半径为 $R$，中心角为 $\alpha$。

(1)弦线长度计算。将曲线巷道 $AB$ 分为 $n$ 个等分，则每根弦所对圆心角为 $\frac{\alpha}{n}$，弦长为

$$l=2R\sin\frac{\alpha}{2n} \tag{5-1}$$

(2)各点转角的计算。由图中可以看出，起点 $A$ 和终点 $B$ 处的转角为

$$\beta_A=\beta_B=180°+\frac{\alpha}{2n} \tag{5-2}$$

中间各点处的转角为

$$\beta_1=\beta_2=180°+\frac{\alpha}{n} \tag{5-3}$$

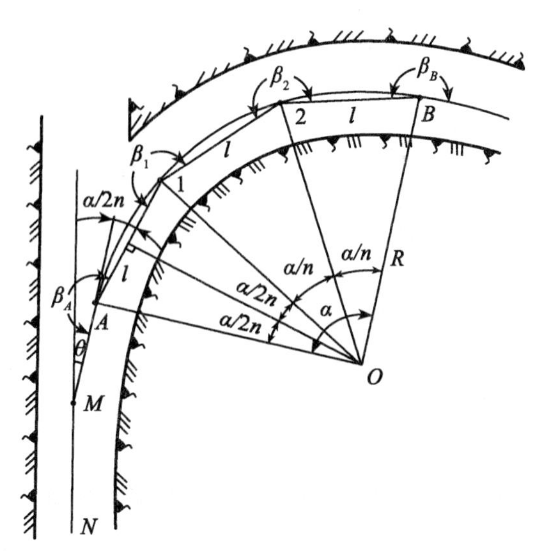


图 5.10　曲巷中线标定数据的计算

**【例 5-1】**设曲线巷道半径 $R=12\text{m}$，中心角 $\alpha=90°$，现将曲线巷道分为三等分，计算其标定数据。

**解**：$n=3$，根据式(5-1)，弦长为

$$l=2R\sin\frac{\alpha}{2n}=2\times12\sin\frac{90°}{2\times3}=6.212\text{m}$$

起、终点处的转角为

$$\beta_A=\beta_B=180°+\frac{\alpha}{2n}=180°+15°=195°$$

中间点的转角为

$$\beta_1=\beta_2=180°+\frac{\alpha}{n}=180°+30°=210°$$

2. 实地标定

曲线巷道的中线标设可采用经纬仪法、罗盘仪法和卷尺法。

a. 经纬仪法

如图 5.11 所示，当巷道从直线段掘进到曲线的起点 $A$ 后，先标出 $A$ 点，并在 $A$ 点安置经纬仪，后视中线点 $M$，顺时针方向转动照准部 $\beta_A$ 度，即得 $A$—1 段方向，倒转望远镜在巷道顶板上标出 1′点和 1″点，用 $A$、1′、1″指示巷道的掘进方向。当从 $A$ 点掘进到 1 点后，再安置经纬仪于 $A$ 点，后视 $M$ 点，拨角 $\beta_A$，用钢尺沿视线方向量出弦长 $l$ 标出 1 点；再将仪器安置于 1 点，拨角 $\beta_1$ 后，倒转望远镜在巷道顶板上标出点 2′和点 2″，用点 2′、点 2″和 1 点再指示巷道 1—2 段的掘进施工。其余各段的方向用同样的方法标设。

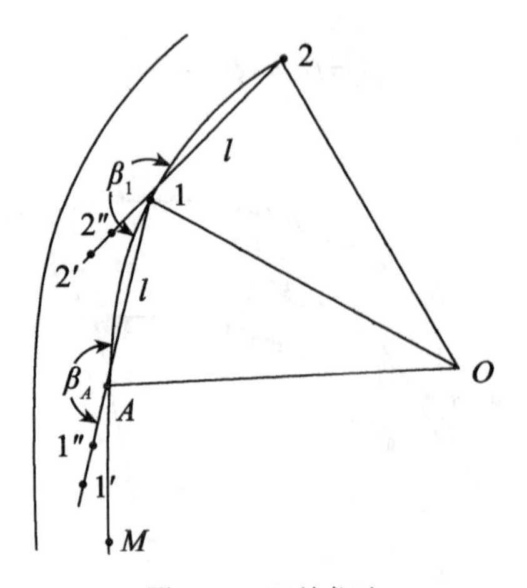

图 5.11　经纬仪法

b. 罗盘仪法

先根据所计算的转角求出所有短弦的方位角，再换算成磁方位角。实地标设方法与标定巷道开切方向的方法相同，在此不再赘述。

要注意的是：罗盘仪只能用于无磁性物质影响的次要巷道中。

c. 卷尺法

如图 5.12 所示，当巷道由 $M$ 点掘进到 $A$ 点并标定出 $A$ 点后，为了给出 $A$—1 段的方向，可从 $A$ 点沿 $AM$ 方向量取 $l$(一般为 2m)得点 $P$，从点 $A$ 及点 $P$ 分别拉尺长 $l$ 和 $d_A$，用线交会法交出点 1′。$d_A$ 用下式计算，即

$$\left.\begin{aligned}\gamma_A &= \beta_A - 180^\circ \\ d_A &= 2l\sin\frac{\gamma_A}{2}\end{aligned}\right\} \tag{5-4}$$

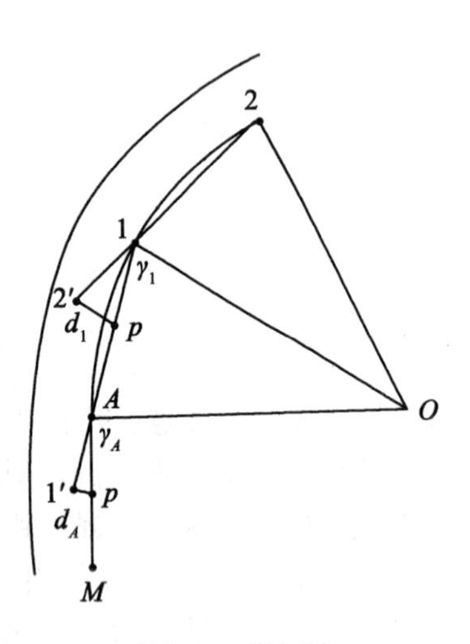

图 5.12　卷尺法

将点 1′标定在顶板上，则 1′—$A$ 即为 $A$—1 弦的方向。待掘进到 1 点后，可按弦长标设出 1 点，再按上述方法标设出弦 1—2 的方向，依此类推。此法标设所取的弦不宜太长，一般只用于标设次要巷道。

3. 合适弦长的确定和施工大样图的绘制

a. 合适弦长的确定

曲线巷道的合适弦长取决于曲率半径和巷道的净宽 $D$。如图 5.13 所示，只要弦长 $AB$ 的中点至中心弧线的距离 $S$ 略小于巷道净宽 $D$ 的一半，弦的两端便能通视，此弦的长度就合适。$S=D/2$ 时为最大弦长。合适弦长按下式计算：

$$l=2\sqrt{R^2-(R-S)^2}=2\sqrt{2RS-S^2} \tag{5-5}$$

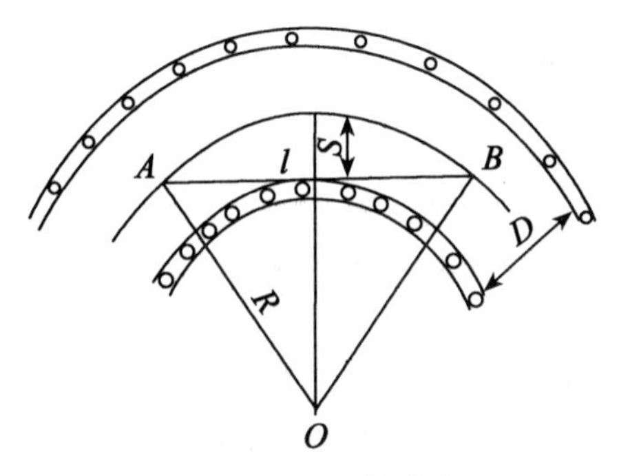


图 5.13　弦长的确定

b.  施工大样图的绘制

为了指导巷道掘进施工，测量人员应绘出曲线巷道 1∶50 或 1∶100 的施工大样图，图上将绘出巷道两帮与弦线的位置，并量出弦线到两帮的边距，标注于图上相应位置，亦称边距图。

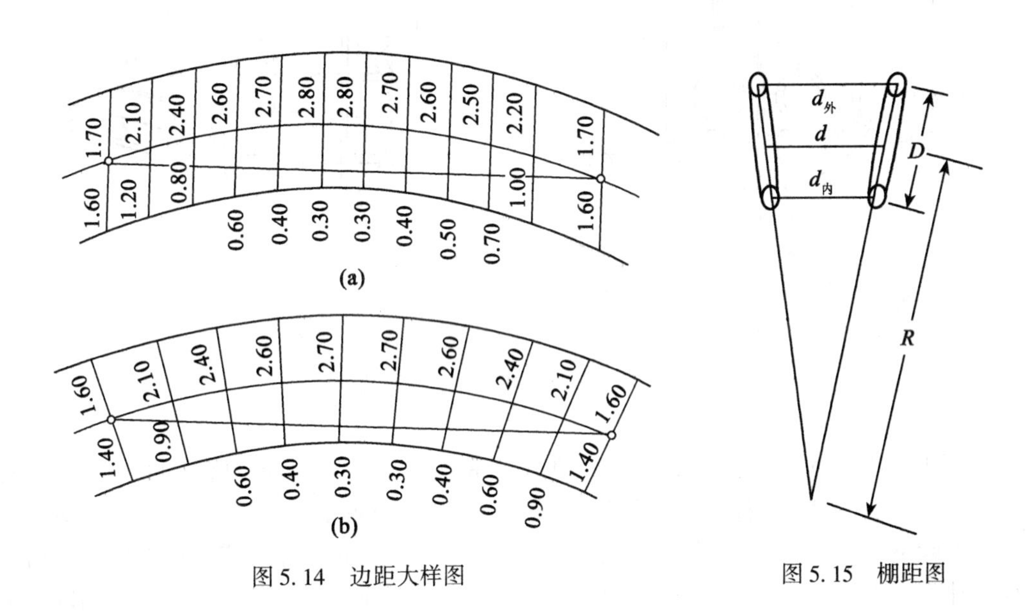


图 5.14　边距大样图

图 5.15　棚距图

一般情况下，边距按垂直于弦线的方向丈量，如图 5.14(a)所示。在采用金属支架、水泥支架支护的巷道中，也可按半径方向量出边距，如图 5.14(b)所示。这时还要给出内外帮的棚距 $d_内$ 和 $d_外$，使棚子按设计架设在曲线半径方向上，如图 5.15 所示。内、外棚距可按下式计算：

$$\left.\begin{aligned} d_{内} &= d - \frac{d \times D}{2R} \\ d_{外} &= d + \frac{d \times D}{2R} \end{aligned}\right\} \tag{5-6}$$

式中：$d$——设计的棚间距离。

### 5.2.6 竖直巷道中线的标定

竖直巷道的中线投影在水平面上，就是竖井水平断面的圆心。竖井施工不论是从上向下掘进，还是从下向上掘进，一般都是用在竖井中心挂一根垂球线的办法，来指示竖井的掘进方向。所不同的是，从上向掘进与从下向上掘进二者固定中心垂球线的方式有所差异。

如果巷道是从上向下掘进，一般只需在井筒的上方横梁上安装定点板(固定的或者临时的)，定点板上刻有一小缺口，即井筒中心的位置。在需要中线指向时，从定点板上的小缺口处下放垂球线用以确定工作面上井筒中心的位置，用后，将垂球线收上去，避免其影响掘进施工。如图 5.16 所示。

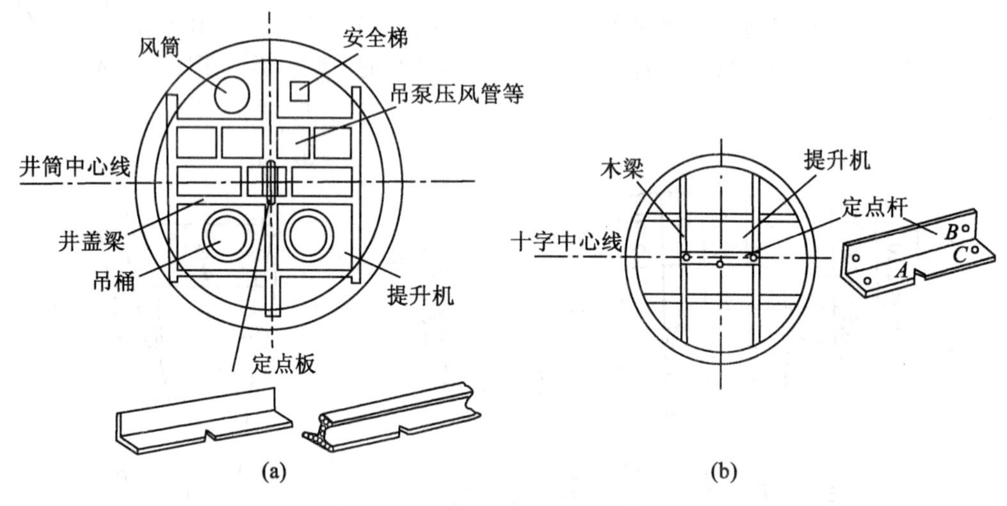


图 5.16 竖井中线定点板的安装

若竖井是从下向上掘进，如图 5.17 所示，先在下部巷道中标出竖井的井中位置 $A$，并在巷道底板上牢固埋设标志，在井筒的帮壁上相对地设置 1、2、3、4 点，其相对点连线的交点就是井中位置 $A$，以作检查用。在井筒向上掘进的过程中，需用中线时，可由工作面上挂下一垂球线对正下部巷道中的井中标志 $A$，此时垂球线就是井中位置，用以指示竖井的向上掘进。

### 5.2.7 碹岔中线的标定

两条不同方向的平巷相交连接处称为“碹岔”，它的断面是变化的，并和曲线巷道相连接。在这些连接交叉处，由于巷道的变化多，对巷道的规格要求比较严格，其中线标定工作比单一巷道就要复杂一些。图 5.18 为某碹岔设计平面图，图中 $EN$ 为直线巷道，另一条巷道 $MB$ 通过弯道与它相交；$O$ 点称为道岔中心(岔心)，它是直巷轨道中心与弯曲巷道中线的交点；$O'$点为碹岔的起点，巷道断面从这里开始变化；3 点为道岔终点，也是弯

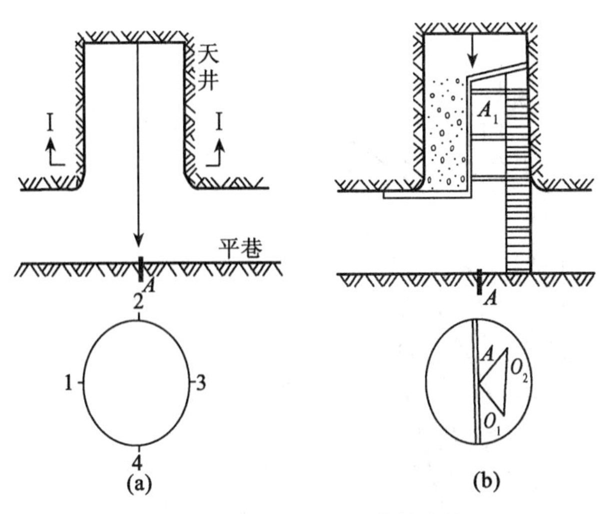


图 5.17 向上掘进竖井的中线

道起点；$O''$为柱墩处(又称牛鼻子)，巷道从这里分为两条；$a$、$b$ 为道岔中心到碹岔起点和道岔终点的距离。

如图 5.18 所示，该设计图中，圆曲线的中心角 $\alpha=90°$，半径 $R=12\text{m}$，道岔的辙岔角 $\gamma=18°55'30''$，从直巷到柱墩所对的中心角 $\theta=37°49'30''$，其余的巷道规格尺寸在图上均有标注。

碹岔处巷道中线的标定方法及步骤如下。

1. 检查设计图纸

首先，要对设计图纸进行详细、全面的阅读。检查各种数据是否齐全，所注尺寸与图上位置、长度是否一致，验算 $\theta$ 角是否正确。为此，先求算曲线中心到直巷轨道中线间的距离 $H$，从图上可以看出：

$$H=R\cos\gamma+b\sin\gamma=12\times\cos 18°55'30''+3.706\times\sin 18°55'30''=12.553\text{m}$$

$$\theta=\arccos\frac{H-d_2-0.5}{R+d_3}=\arccos\frac{12.553-1.350-0.500}{12+1.550}=37°49'30''$$

验算结果说明设计数据是正确的。

2. 计算标定数据

图 5.18 中 $\alpha$ 角较大，可将曲线分为三段，即将圆心角 $\alpha$ 分为 $\theta$ 角和两个 $\alpha'=\frac{\alpha-\theta}{2}$角。另外因为碹岔处巷道较宽，为了标定的方便，可将 1—2 弦线延长到 $P$ 点，将 $P$ 点作为安置仪器的转点可直接与 2 点通视，比用 $O$、1 两点简化了标设工作。标定数据计算如下。

(1)弦 1—2 和弦 2—$B$ 所对圆心角。

$$\alpha'=\frac{\alpha-\theta}{2}=\frac{90°-37°49'30''}{2}=26°05'15''$$

(2)弦 1—2 和弦 2—$B$ 的长度。

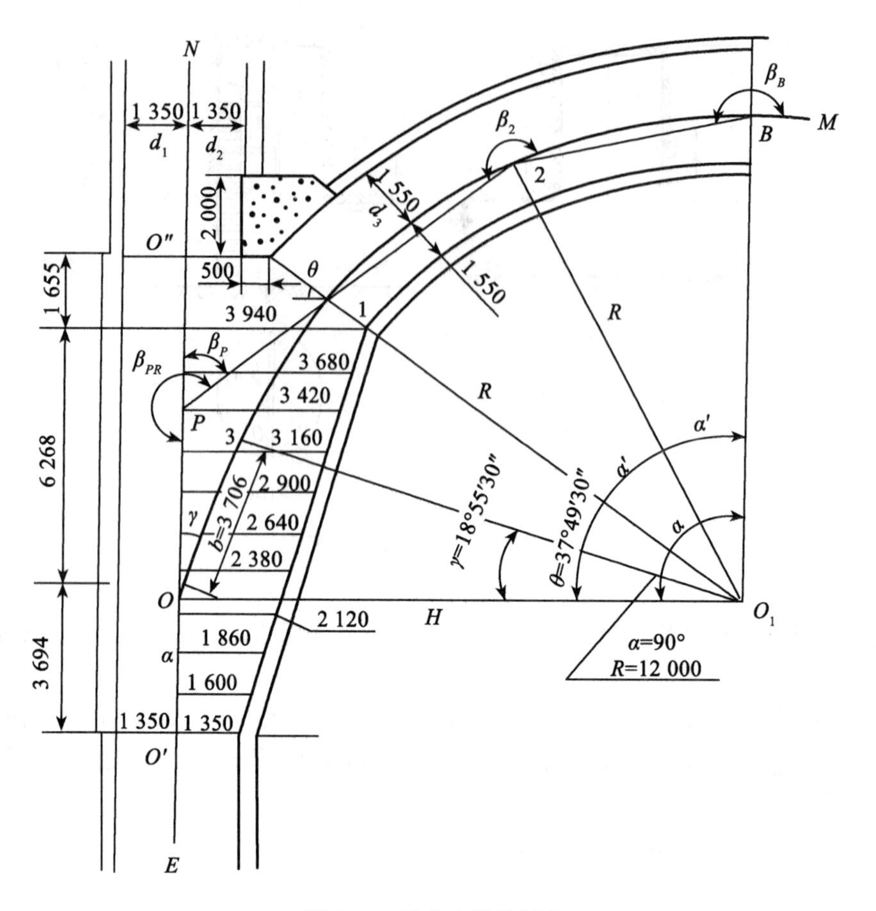


图 5.18　硐岔中线的标定

$$l=2R\sin\frac{\alpha'}{2}=2\times12\sin 13°02'37.5''=5.417\text{m}$$

(3) $P$ 点至有关点的距离。

$$\beta_P=\theta+\frac{\alpha'}{2}=37°49'30''+13°02'37.5''=50°52'07.5''$$

$$l_{P1}=(d_2+0.500+d_3\cos\theta)\cos\beta_P=3.963\text{m}$$

$$l_{PO''}=l_{P1}\cos\beta_P+d_3\sin\theta=3.452\text{m}$$

$$l_{PO}=l_{OO''}-l_{PO''}=4.471\text{m}$$

$$l_{PO'}=l_{PO}+l_{OO'}=8.165\text{m}$$

(4) 各转点处的指向角。

$$\beta_{P左}=180°+\beta_P=230°52'07.5''$$

$$\beta_2=180°+\alpha'=206°05'15''$$

$$\beta_B=180°+\frac{\alpha'}{2}=193°02'37.5''$$

3. 实地标定

当巷道从 $E$ 掘进到 $O'$后，巷道断面开始增大，根据设计中 $EO'$、$OO'$的长度和求出的 $l_{PO}$，可在实地标出 $P$ 点。在 $P$ 点安置经纬仪，后视 $E$ 点，顺时针方向转出 $\beta_{P左}$角，可标出 $P1$ 方向，掘进施工人员可以根据 $P$ 点向后量 $PO$ 距离定出道岔中心 $O$ 点的位置，并铺设道岔。根据 $P1$ 方向掘进巷道的曲线部分。直线巷道掘过 $O'$点后，可根据 $PO''$的长度确定 $O''$点，并定出柱墩位置。

## 5.3 巷道腰线的标定

所谓巷道腰线，就是指示巷道坡度的方向线。巷道腰线体现了巷道的坡度(或倾角)。井下任何巷道因为运输、排水和其他技术上的要求，都具有一定的坡度(或倾角)。故在巷道掘进过程中，必须给出巷道的腰线，便于掘进人员对巷道的施工。巷道腰线是沿巷道的一帮或两帮设置的一条线，在一个矿井一般统一设置为离巷道底板(或轨面)高 1m 或 1.5m。为了巷道腰线的使用、恢复和延长的需要，除了腰线外，还要在腰线上设置腰线点，腰线点也和导线点一样，一般是成组设置的，每组腰线点不得少于 3 个点，点间距以不小于 2m 为宜。腰线点也可每隔 30 ~ 40m 设置一个。最前面的一个腰线点离掘进工作面的距离一般应不超过 30 ~ 40m。

主要运输巷道的腰线应用水准仪、经纬仪、连通管水准器标定，次要巷道腰线也可用悬挂半圆仪标定。急倾斜巷道腰线应尽量用矿用经纬仪标定，如短距离内也可用悬挂半圆仪等标定。

### 5.3.1 水平巷道腰线的标定

在矿山，通常将倾角小于 8°的巷道称为水平巷道。在主要平巷中一般用水准仪标定腰线，在次要的水平巷道中可以用半圆仪标定腰线。

1. 用水准仪标定腰线

在图 5.19 中，巷道中已有一组腰线点 1、2、3，需要在前端新设一组腰线点 4、5、6，点 3 到点 4 的水平距离为 $l_{3-4}$，巷道的设计坡度为 $i$，则腰线上 3、4 两点间的高差为

$$h_{3-4}=H_4-H_3=l_{3-4}\times i \tag{5-7}$$

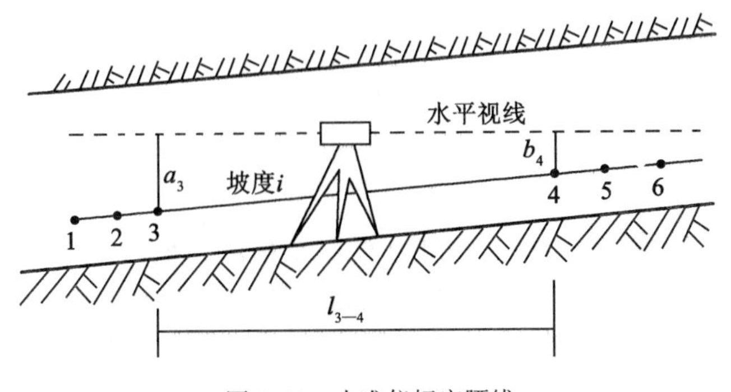


图 5.19 水准仪标定腰线

水平巷道腰线标定步骤如下：

(1)检查原有腰线点。将水准仪安置在两组腰线点的中间，依次照准腰线点1、2、3上所立的小钢尺(代替水准尺)并读数，再计算各点间的高差，用以判断腰线点是否移动。当确认可靠后，记下3点上的读数 $a_3$。

(2)标定新的腰线点。丈量腰线点3至拟标腰线点4之间的水平距离 $l_{3-4}$，按式(5-7)计算3、4点间的高差 $h_{3-4}$及在点4处水准仪视线与腰线点4之间的高度差(小钢尺上的读数)$b_4$，即

$$b_4 = a_3 + h_{3-4} = a_3 + l_{3-4} \times i \tag{5-8}$$

在用式(5-8)计算 $b_4$ 时，$a_3$ 在视线以上时为正，在视线以下时为负；坡度 $i$ 以上坡为正，下坡为负；计算后，水准仪前视点4处，以视线为准。根据 $b$ 值标出腰线点4的位置。若 $b_4$ 为正，腰线点4在视线以上，若 $b_4$ 为负，则腰线点4在视线以下。

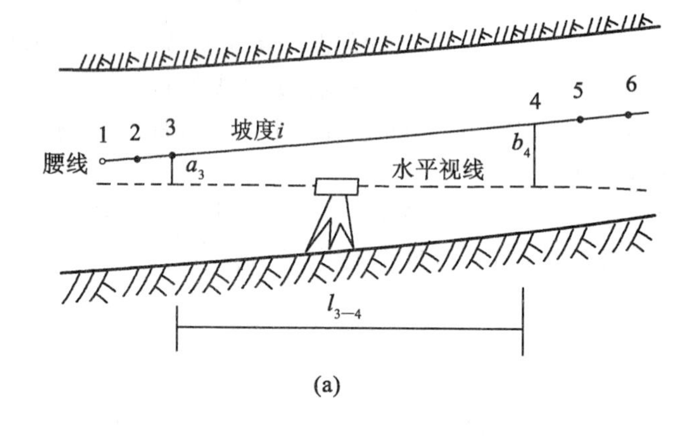

(a)

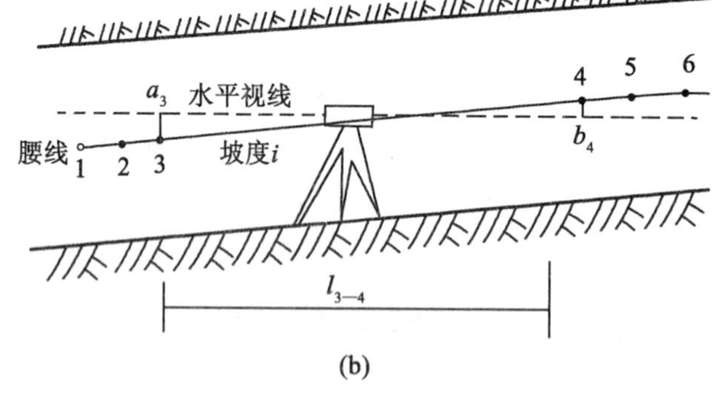

(b)

图5.20 腰线和水准仪视线的关系

算出 $b_4$ 后，水准仪前视4点处，立上小钢尺并上下移动，使水准仪视线刚好读到 $b_4$，则小钢尺零点高度位置就是腰线点4的位置(或在帮壁上作视线记号，再根据 $b_4$ 的正负垂直向下或向上量距离 $b_4$ 确定出腰线点4)。最后，将腰线点4标出并固定之。注意，在岩巷帮壁上设点时先要打孔，钉木楔，再在木楔上做出点位标志，这时就需先在腰线点位置

上方 15cm 或 20cm 处先作记号，等木楔钉好后，再将腰线点的标志在木楔上定出。

标设腰线点 5、6 时的计算和操作同点 4 的标定方法一样。

在实际的腰线标定中，因仪器安置高度的不同，以及巷道的坡度有正有负，可能会出现多种情况。

如图 5.20 所示。图中(a)为水准仪视线比腰线低；(b)为视线一端比腰线高，另一端比腰线低。针对这两种情况，下面用实际数据来说明 $b_4$ 的计算和 4 点的标出：

在图 5.20(a)中，$a_3$ 在视线以上，设其值为 $a_3=0.252\text{m}$，$l_{3-4}=30\text{m}$，$i=+3‰$，则

$$b_4=a_3+h_{3-4}=a_3+l_{3-4}\times i=0.252+30\times\frac{3}{1000}=+0.342\text{m}$$

说明 $b_4$ 点应在视线之上 0.342m 处。

在图 5.20(b)中，$a_3$ 在视线以下，设其值为 $a_3=-0.054\text{m}$，$l_{3-4}=30\text{m}$，$i=+3‰$，则

$$b_4=a_3+h_{3-4}=a_3+l_{3-4}\times i=-0.054+30\times\frac{3}{1000}=+0.036\text{m}$$

说明 $b_4$ 点应在视线之上 0.036m 处。

上面仅以坡度为正时的巷道来说明用水准仪标定腰线的三种情况，若坡度为负时，又可能会出现另外的情况，但无论何种情况，均可应用式(5-8)并遵照其规则计算 $b_4$，再同法标定出新的腰线点。当新一组腰线点标出后，要在两组腰线点间拉线并用石灰水画出腰线。

2. 用半圆仪标定腰线

在平巷中用半圆仪标定腰线时，先利用半圆仪给出水平线，按巷道坡度和距离计算新标腰线点与原腰线点间的高差后，再根据水平线和高差标出新的腰线点。如图 5.21 所示，在原有腰线点 3 系线绳，挂上半圆仪拉向拟标腰线点处，当半圆仪读数为零时，线绳的另一端即定出与腰线点 3 同高的点 4′，量取距离 $l_{3-4}$，按式(5-7)计算高差 $h_{3-4}$，用小钢尺从 4′向上量取 $h_{3-4}$ 即可定出新的腰线点 4。

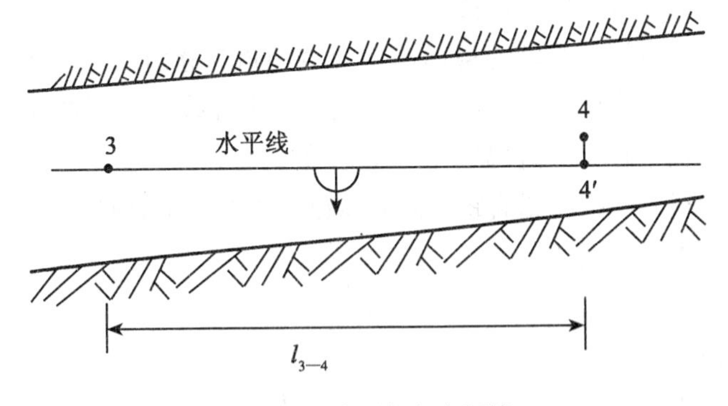


图 5.21　半圆仪标定腰线

此外，用一个连通管也可同法进行平巷腰线的标定。操作时将连通管按在图 5.21 中

的3号上，另一端拉到4号点附近，当连通管中的水面高度在3号点时，即可得到4′。其操作方式与用半圆仪法基本相同，在此不作多叙。

### 5.3.2 倾斜巷道腰线的标定

在倾斜巷道中，一般采用经纬仪标定腰线，而且是和标定中线的同时进行。用经纬仪标定腰线的方法较多，下面介绍几种常用的标定腰线的方法。

1. 经纬仪带半圆仪利用中线点标腰线法

此法的特点是在新标中线点上挂的垂球线上做出腰线点的标志，同时量取腰线标志到中线点的垂直距离，以便在需要时，随时根据中线点和相应的距离恢复腰线点。如图5.22所示，标定方法如下：

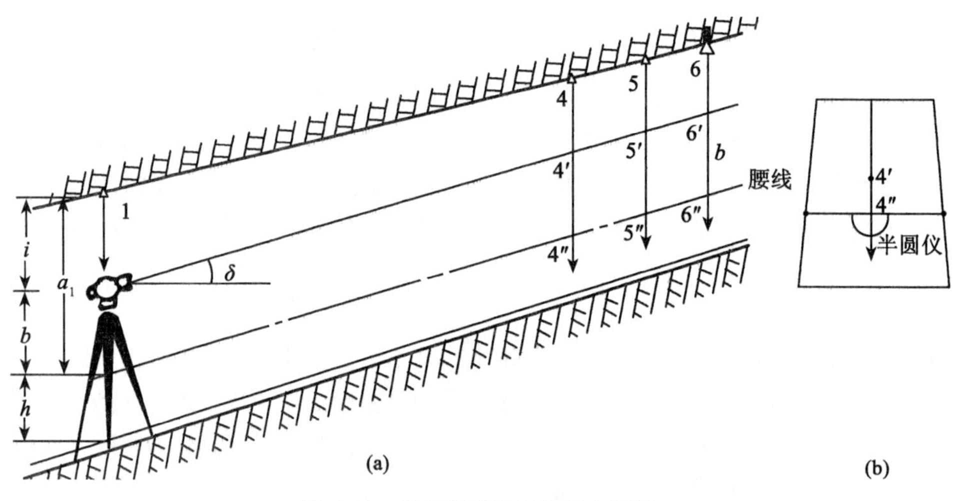


图5.22 经纬仪带半圆仪标定腰线

(1)在原中线点1安置仪器，量仪器高 $i$。

(2)置经纬仪于盘左镜位，转动望远镜使视线倾角为巷道设计倾角(根据竖盘读数来确定)，然后瞄准新标中线点4、5、6的垂球线，在垂球线上的视线位置4′、5′、6′别上小钉(大头针)作记号。再用经纬仪盘右位置测其倾角，作为检查。

(3)计算仪器视线到腰线的铅直距离。若从已知中线点1到腰线的铅直距离为 $a_1$，则从仪器视线到腰线点的铅直距离 $b$ 为

$$b=a_1-i \tag{5-9}$$

式中：$i$——为仪器高。

注意：从中线点向下量的仪器高 $i$ 和 $a_1$ 值取负号。计算出的 $b$ 值为正时，腰线在视线之上；$b$ 值为负时，腰线在视线之下。

(4)由4、5、6垂球线上的记号4′、5′、6′分别向下量取 $b$ 值，得到4″、5″、6″即为所求腰线点。

(5)分别从4″、5″、6″垂直于巷道中线拉水平线(用半圆仪衡量线的水平与否)到巷道两帮上(如图5.22(b)),即得三个腰线点在帮上的位置,并将其固定。

⑥用线绳连接帮壁上4″、5″、6″的三个腰线点,用石灰水或油漆沿线绳画出腰线。量出中线点4、5、6至垂球线上记号4″、5″、6″的距离,供恢复腰线点用,同时也为标定下一组腰线点留资料。

利用此法标定腰线点,要注意半圆仪的拉绳一定要水平,同时尽量要垂直于巷道中线。

2. 伪倾角标腰线法

伪倾角法是一种在倾斜巷道标定腰线的常用方法。其特点是,能直接在巷道的两帮上准确地标出腰线点的位置。其操作简单,精度可靠。

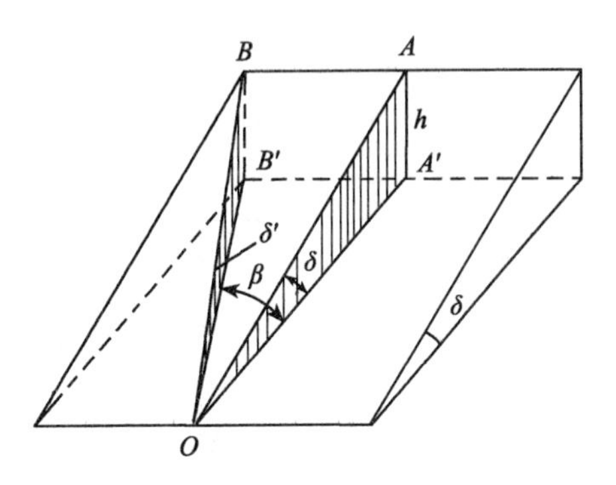

图5.23　真、伪倾角的关系

在图5.23中,$OA$ 为倾斜巷道中线方向的腰线,倾角为 $\delta$,称为真倾角,$B$ 点为拟标定在巷道帮壁上的腰线点,$OB$ 的倾角为 $\delta'$,称为伪倾角。可以看出,虽然 $A$、$B$ 两点同高,但 $\delta'$ 永远小于 $\delta$。设 $\beta$ 为两个面之间的水平夹角,则

$$\tan\delta=\frac{h}{OA'}\qquad \tan\delta'=\frac{h}{OB'}\qquad \cos\beta=\frac{OA'}{OB'}$$

所以

$$\tan\delta'=\tan\delta\times\cos\beta \tag{5-10}$$

为了把腰线点标定在斜巷的帮壁上,当经纬仪安置在巷道中间时,就只有用伪倾角 $\delta'$ 才能准确标出腰线点的位置,但我们只知道斜巷的设计倾角(真倾角),因此,就需要实测出 $\beta$ 角,并根据式(5-10)或 $\delta'=\arctan(\cos\beta\times\tan\delta)$ 计算出伪倾角 $\delta'$ 的值,再按 $\delta'$ 角在斜巷帮壁上标定出腰线点。这就是伪倾角法标定腰线的原理。

伪倾角 $\delta'$ 一般不在现场计算,因为计算器不防爆。所以通常采用先在地面编制伪倾角计算表,如表5.1所示。在井下斜巷中标定腰线时,直接查表即可。

表 5.1　　巷道倾角 $\delta=25°$ 时的伪倾角表

| 水平角 | 伪倾角 | 水平角 | 伪倾角 | 水平角 | 伪倾角 |
|---|---|---|---|---|---|
| 1 00 00 | 24 59 48 | 4 10 00 | 24 56 31 | 7 10 00 | 24 49 42 |
| 1 10 00 | 24 59 44 | 4 20 00 | 24 56 14 | 7 20 00 | 24 49 13 |
| 1 20 00 | 24 59 39 | 4 30 00 | 24 55 56 | 7 30 00 | 24 48 43 |
| 1 30 00 | 24 59 33 | 4 40 00 | 24 55 38 | 7 40 00 | 24 48 13 |
| 1 40 00 | 24 59 27 | 4 50 00 | 24 55 19 | 7 50 00 | 24 47 42 |
| 1 50 00 | 24 59 20 | 5 00 00 | 24 54 59 | 8 00 00 | 24 47 10 |
| 2 00 00 | 24 59 12 | 5 10 00 | 24 54 39 | 8 10 00 | 24 46 37 |
| 2 10 00 | 24 59 04 | 5 20 00 | 24 54 18 | 8 20 00 | 24 46 04 |
| 2 20 00 | 24 58 54 | 5 30 00 | 24 53 56 | 8 30 00 | 24 45 31 |
| 2 30 00 | 24 58 45 | 5 40 00 | 24 53 34 | 8 40 00 | 24 44 56 |
| 2 40 00 | 24 58 34 | 5 50 00 | 24 53 11 | 8 50 00 | 24 44 21 |
| 2 50 00 | 24 58 23 | 6 00 00 | 24 52 47 | 9 00 00 | 24 43 45 |
| 3 00 00 | 24 58 12 | 6 10 00 | 24 52 22 | 9 10 00 | 24 43 09 |
| 3 10 00 | 24 57 59 | 6 20 00 | 24 51 57 | 9 20 00 | 24 42 32 |
| 3 20 00 | 24 57 46 | 6 30 00 | 24 51 32 | 9 30 00 | 24 41 54 |
| 3 30 00 | 24 57 33 | 6 40 00 | 24 51 05 | 9 40 00 | 24 41 15 |
| 3 40 00 | 24 57 18 | 6 50 00 | 24 50 38 | 9 50 00 | 24 40 36 |
| 3 50 00 | 24 57 03 | 7 00 00 | 24 50 10 | 10 00 00 | 24 39 57 |
| 4 00 00 | 24 56 47 | | | | |

如图 5.24 所示，已知中线点 $A$、$B$、$C$ 及腰线点 1，欲标设腰线点 2，实地标定步骤如下：

(1)在 $B$ 点安置经纬仪，后视中线点 $A$ 并将水平度盘读数调到零，再照准原腰线点 1，测出水平角 $\beta_1$，并保持水平度盘读数不变(照准部不动)；

(2)根据巷道的设计倾角 $\delta$ 和水平角 $\beta_1$，按式(5-10)算出 $B$—1 方向的伪倾角 $\delta_1'$；

(3)将经纬仪竖盘对准伪倾角 $\delta_1'$，根据视线位置(可能高于或低于腰线点 1)在帮壁上作记号 1′，用小钢尺量出 1′至腰线点 1 的垂距 $b$；

(4)瞄准中线点 $C$，水平度盘置零，松开照准部，瞄准斜巷帮壁拟设腰线点处，测水平角 $\beta_2$，并保持照准部不动；

(5)根据巷道设计倾角 $\delta$ 和刚测出的水平角 $\beta_2$，按式(5-10)计算出伪倾角 $\delta_2'$；

(6)将经纬仪竖盘位置对准伪倾角 $\delta_2'$，在帮壁上标出一记号，并用小钢卷尺由该记号向下量垂距 $b$ 值，便得到腰线点 2 的位置。同法标定腰线点 3。

(7)用测绳连接帮壁上 1、2、3 三个腰线点，用石灰水或油漆沿测绳画出腰线。

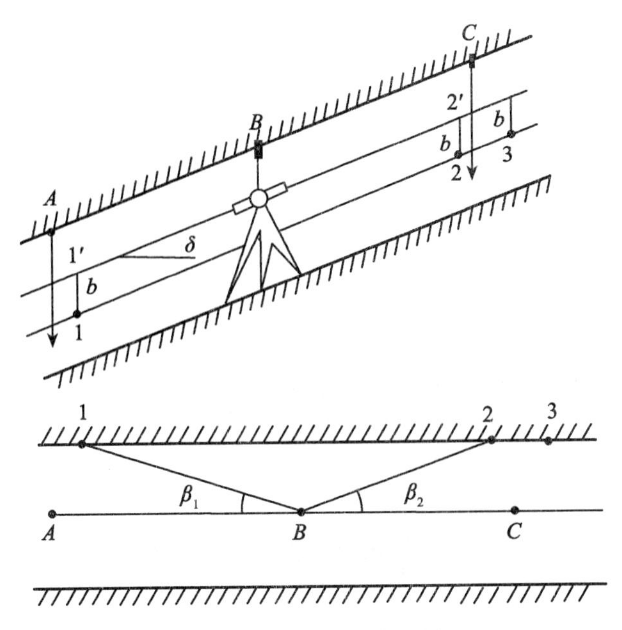


图 5.24　伪倾角法标腰线

在以上步骤当中，前三个步骤为了求出 $b$ 值，后四步才是标定新的腰线点。

在一些矿井，测量人员采用的方式有所不同：将图 5.24 中的中线点 $B$ 进行检查校正，使其准确地处于中线上，将腰线的高度传递到 $B$ 点的垂球线上，用小钢卷尺量出顶板上的 $B$ 点到腰线位置的高差值，俗称“腰高”。当在 $B$ 点安置仪器标定图中的 2、3 等腰线点时，只需要量出仪器高，再比较腰高和仪器高之间的差值，再根据差值在前视腰线处上下量，取即完成标定。

3. 其他方法标定斜巷腰线

以上介绍的是标定斜巷腰线的伪倾角法。事实上，用经纬仪标定斜巷腰线还有以下几种方法，也可以酌情采用。

(1)靠近巷道帮壁标定腰线。将经纬仪安置在倾斜巷道帮壁，用真倾角 $\delta$ 标定腰线，此时，由于经纬仪靠近巷道帮壁，因此 $\beta$ 角非常小，可以近视地用真倾角代替伪倾角。

(2)用加高差改正数的方法标定腰线。采用这种方法时，不必求出伪倾角，而是直接用真倾角在帮上标定，然后加入一高差改正数，从而得到腰线点位置。计算高差改正数时，可用倾角 $\delta$、夹角 $\beta$、仪器至腰线点的距离 $L$ 三个参数计算(公式：$\Delta h = L\times\tan\beta\times\tan\left(\dfrac{\beta}{2}\right)\times\tan\delta$)，也可以用倾角 $\delta$、巷道中线至帮的宽度 $K$、仪器至腰线点的距离 $L$ 三个参数计算$\left(公式：\Delta h=\dfrac{\sin\delta\times K^2}{2L\,(\cos\delta)^2}\right)$。采用加改正数法标定腰线时，改正数表可以在地面计算好，在井下标定时只需根据仪器到待标定点的距离查询改正数即可，不必带计算器到井下。

### 5.3.3 平巷与斜巷连接处腰线的标定

平巷与斜巷连接处，是坡度发生变化的地方，一般称为“变坡点”、“起坡点”，为了使平巷很自然地过渡到斜巷，就在对这里的腰线进行相应的调整。

如图5.25所示，巷道由水平巷道转为倾角为$\delta$的倾斜巷道，$A$点为起坡点，即巷道在竖直面的转折点，该点由设计中给出，设平巷腰线到巷道轨面(或底板)距离为$c$，如果斜巷腰线到轨面的法线距离也保持为$c$，则腰线在起坡点处要抬高$\Delta l$，其值为

$$\Delta l = c \times \sec\delta - c = c(\sec\delta - 1) \tag{5-11}$$

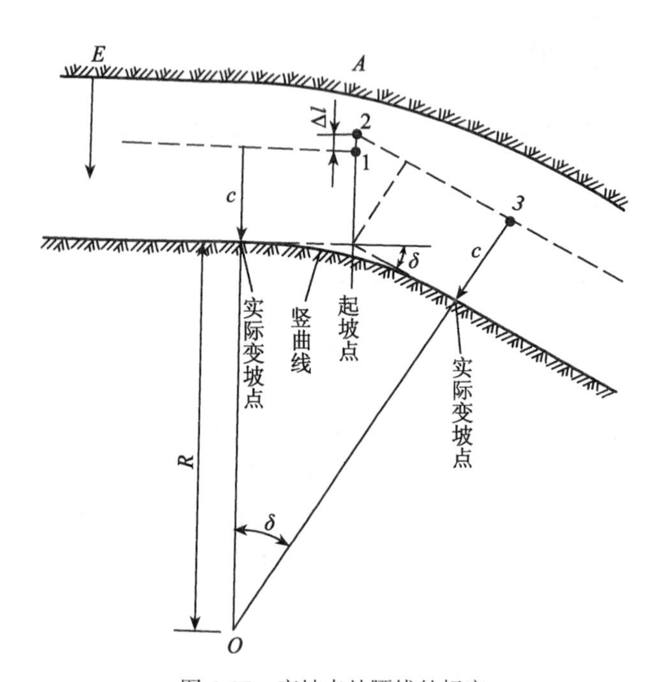


图5.25 变坡点处腰线的标定

实地标定时，首先根据起坡点$A$和平巷中的导线点$E$的相对位置，沿中线方向将$A$点标设到巷道的顶板上；在$A$点垂直于巷道中线的两帮上标出平巷的腰线点1；从腰线点1向上垂直量取根据式(5-11)计算出的$\Delta l$，定出斜巷的起始腰线点2；在倾斜巷道实际变坡处的帮壁上标出腰线点3；连接腰线点2、3画出倾斜巷道的腰线。

在水平巷道和倾斜巷道连接处，为了使其巷道从平巷自然地过渡到倾斜巷道，设计时便将该段巷道设计成竖曲线，它通常是竖直面内的圆曲线，其半径由设计者根据巷道用途给出。竖曲线的长度可根据半径和倾斜巷道倾角计算得出，巷道掘进时，因竖曲线半径不大，常不标设竖曲线，一般由施工人员根据实际变坡点和竖曲线的长度，对这一段巷道进行适当处理即可。

## 5.4 激光指向仪及其应用

### 5.4.1 激光指向仪的结构与用途

井下巷道快速掘进时，中腰线的标定频率就会增大，所以在一些大型矿山井下的长直巷道中，采用激光指向仪来指示巷道掘进方向已经十分普遍。激光指向仪能够发出的一根可见光束，在巷道掘进工作面形成一圆形的光斑，代替巷道的中、腰线指示巷道的掘进方向，使用起来十分方便。它和巷道中腰线的标定和使用比较起来，具有：标定占用巷道时间短、巷道中线和腰线一次给定、指示掘进距离长(可达600m)、射出的光束直观便于使用等优点。

激光指向仪的型号很多，其结构一般由激光器、微型电源、光学系统、调焦系统、调节结构等组成。矿山井下所使用的激光指向仪应为防爆型号，有效指向距离600m左右，其光斑直径小于40mm。

### 5.4.2 激光指向仪的检查、安置与使用

1. 激光指向仪的检查

激光指向仪在下井安装以前应对其进行以下方面的检查：

(1)观察通电后发光情况是否良好。光斑应均匀，不偏离望远镜出口中心；

(2)电器正常，无特别响声。根据说明书的要求将电压调节在工作范围应无异常情况出现，如闪光、熄光等；

(3)各动作机构、制动机构是否有效，转动部分是否灵活，螺栓连接是否牢固等。

如检查中发现问题要及时处理，直到合乎要求方能下井安装。

2. 激光指向仪的安装与调节

激光指向仪是安装在巷道顶板的中心线上，离掘进工作面的距离应不小于说明书规定的距离，一般应不小于70m。激光指向仪是通过锚杆固定在巷道顶上的，如图5.26所示。激光指向仪的安置与光束调节如图5.27所示。

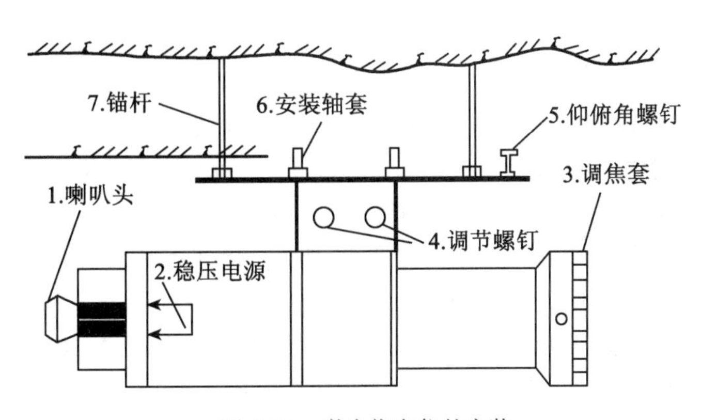


图5.26 激光指向仪的安装

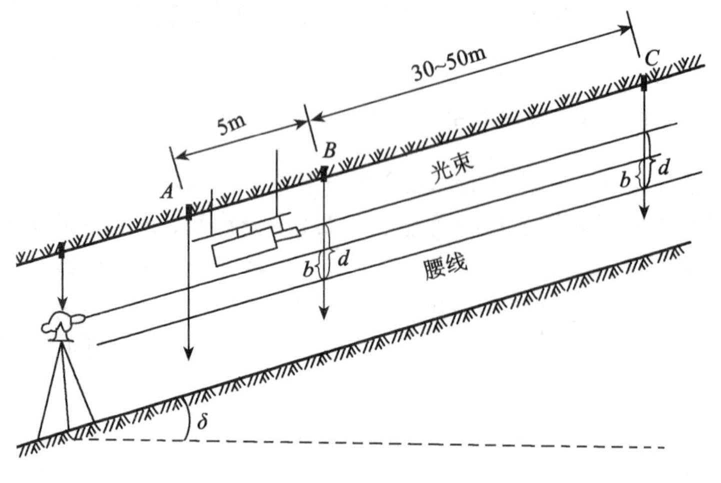


图 5.27　激光指向仪光束调节

(1)用经纬仪在巷道中标设一组(至少三个)中线点，点间距以大于 30m 为宜，在中线点所挂球线上标出腰线的位置；

(2)在安置激光指向仪的巷道顶板上按一定的尺寸固定 4 根锚杆，再将带有长孔的角钢安在锚杆上；

(3)将激光指向仪的悬挂装置用螺栓与角钢相连，根据仪器前后的中线移动仪器，使之处于中线方向上，然后将螺栓固定紧；

(4)接通电源，激光束射出。通过水平调节螺旋使光斑中心对准前方 $B$、$C$ 两根中线，再上下调整光束，直至光斑中心至两垂球线上腰线标志的垂距 $d$ 相同时为止。这时，激光指向仪发出的红色光束就是与腰线平行的一条巷道中线。然后锁紧仪器；

(5)调整光斑调节器，调节光斑的大小，以保证光斑清晰稳定。

激光指向仪每次使用，打开电源，用后要及关闭电源(有的激光电源中加有延时开关电路，指向仪在开启后十几分钟自行关闭)。每次使用前要检查激光光束，使其正确地指示巷道掘进的方向。

### 5.4.3　激光指向仪的养护

(1)激光指向仪应设专人管理，定期检查，注意日常的养护。

(2)仪器在使用中出现故障，要及时维修，但要注意必须先停电后方可拆卸仪器。

(3)仪器使用中要随时注意接地线的牢固接地。

(4)通电源时，要注意电源电压应与仪器铭牌上的标注一致，否则，仪器将不能正常工作，甚至损毁仪器。

(5)仪器出厂前，光斑都作了远距离检校，不要随便拆卸镜筒以免影响使用效果。

(6)定期清除光学镜片上的灰尘，并对调节机构及时涂润滑、防腐剂。

(7)仪器不用时，应保存在干燥、通风良好无腐蚀的环境中，必须时定期通电防腐。

## 5.5 采区及回采工作面测量

在一个采区内，从掘进巷道开始，到回采结束为止，所进行的全部测量工作，称为采区测量。采区测量工作内容有：采区联系测量、次要巷道测量、回采工作面测量和各种碎部测量等。

采区测量工作是生产矿井的日常测量工作，作业时可能与采掘生产工作(如爆破、装载、运输等)相矛盾，因此测量人员应注意人身和仪器的安全，努力提高测量操作技术，加快测量操作速度，缩短测量时间。

### 5.5.1 采区联系测量

采区联系测量的目的，就是通过竖直巷道和急倾斜巷道与主要巷道向采区内传递方向、坐标和高程。采区联系测量的特点是：控制范围小、精度要求低、测量条件差，并且一般是从下面的巷道向上面的巷道或采场传递的。因此，在保证必要精度的前提下，可以采用简易的联系测量方法进行。《煤矿测量规程》规定采区内定向测量的测角、量边按采区控制导线的要求进行，两次定向的结果之差不得超过14′。分水平(即分阶段)依次逐级定向时，同一水平两次定向测量结果之差不得超过$\frac{14'}{\sqrt{n}}$($n$为中间定向水平个数)。采区内通过竖直巷道导入高程，应用钢尺法进行，两次导入的高程之差不得大于5cm。下面将几种简易联系测量的方法作以介绍。

1. 通过竖直巷道的采区联系测量

与矿井联系测量一样，若在定向的上、下水平间有两个竖直巷道相通，可采用低精度陀螺经纬仪定向或两井定向(测角、量边可按采区控制导线的要求进行)；若只有一个竖直巷道连通，则采用低精度陀螺定向法、三角形连接法、双垂球瞄直法(两根垂球线间距不得小于0.5m)，在无磁性物质影响的矿山，可采用罗盘仪定向。

当竖直巷道断面不规则或弯曲，无法同时挂下两根相距0.5m以上垂球线时，可采用单垂球切线法。

如图5.28所示，在竖直巷道内挂一根垂球线$O'O$，自上平巷中$C'$点拉细线绳$C'MNP$，令其各段均与$O'O$垂球线相切，则$C'$、$M$、$N$、$P$、$O$、$O'$各点均在同一竖直面内。最后在下平巷内$PO$的延长线上选一点$C$，因而$C'O'$边的方位角与$CO$边的方位角相同。分别在$C$点和$C'$点安置经纬仪，测量$\angle DCO$与$\angle D'C'O'$，再在$D$点测连接角，并丈量$DC$、$CO$、$C'O'$、$C'D'$的距离。这样，就可将方位和坐标从下水平传递至上水平。为了提高精度，$O'O$垂球线务必铅直，切线段数要尽量少，并切于$O'O$线的同一侧。

在传递高程时，可将上、下平巷的经纬仪视线置于水平面位置瞄准垂球线，在垂球线上各作一个标记，用钢尺丈量两标记之间的长度，同时丈量两台经纬仪的仪器高，即可算出$C$点与$C'$点的高差，进而求得$C'$点的高程。

2. 通过急倾斜巷道的采区联系测量

通过急倾斜巷道进行采区定向测量，一般使用矿用经纬仪或测角仪测量导线，如悬挂式经纬仪、轻便型经纬仪或带有目镜棱镜，偏心望远镜等附件的经纬仪，都适用于倾角较大的急倾斜巷道测量。

若导线边所通过的巷道成弯曲状，如图 5.29 所示，则可将前视点 $C$ 的垂球线尽可能加长，使视准点尽可能向下，这样就能在 $A$ 点架仪器，前视 $C$ 点测角。完成 $A$ 站的全部观测工作后，可在导线边 $AC$ 的方向上，用仪器标定一临时点 $B$，使过 $A$、$B$、$C$ 三点的垂球线在一条直线上。当仪器搬到 $C$ 站后，则可后视 $B$ 点垂球线，以代替看不到的 $A$ 点垂球线来完成 $C$ 站的全部测量工作。

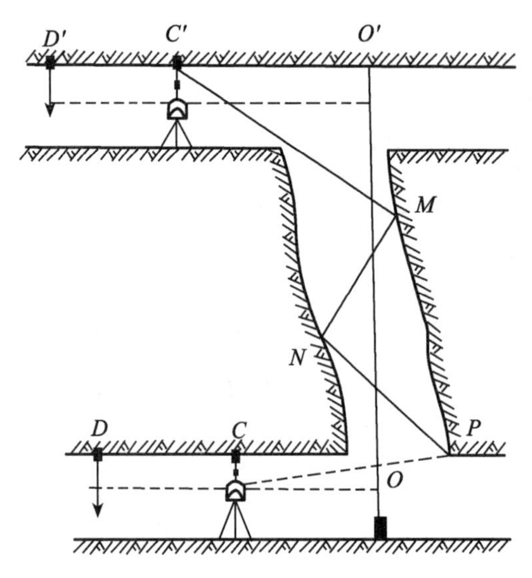


图 5.28　单垂球切线法联系测量

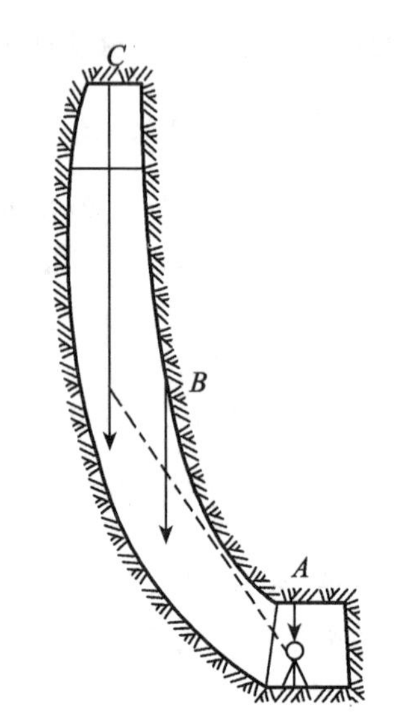


图 5.29　弯曲急斜巷联系测量

当不用上述矿用经纬仪和测角仪时，可采用下述的简易的联系测量方法。

a. 斜线辅助垂球法

如图 5.30 所示，在上、下平巷间用细铅丝或钢丝拉紧一条斜线 $A'B$，在 $A'$点和斜线的适当位置 $A$ 点各挂一个垂球。此时斜线和两垂球线处于同一竖直面内。在上、下平巷的 $C'$点和 $C$ 点安置经纬仪进行连接三角形测量，由于 $ab$ 与 $a'b'$的方位角相同，即可将方位角传递到上平巷。

为了传递坐标和高程，应用半圆仪测 $A'B$ 线的倾角，丈量 $bb'$长度及仪器高。

b. 牵制垂球线法

如图 5.31 所示，在上、下平巷的测站 $A$ 和 $A'$间拉一斜线，并于下平巷中在斜线上 $O'$处挂一垂球 $P$，然后在上平巷拉线绳 $OO''$，把斜线吊起成自由悬挂状态。用安置在 $A$ 点的经纬仪进行观察，移动 $O$ 点的位置，使 $OO''$和 $AO''$重合。此时，$O''$、$O'$、$A'$各点位于同一竖直面内，因此，$O''A$ 和 $A'O'$的方位角相同，据此就可进行上、下平巷的导线连测。为了传递坐标和高程，可丈量斜距 $O'O''$、$A'O'$、$AO''$，同时用半圆仪测量它们的倾角。

### 5.5.2 采区次要巷道测量

采区次要巷道主要包括：急倾斜煤层的上行巷道，工作面开切眼、回采工作面中的出口、回采副巷和采区内的其他巷道等。为了测绘这些巷道的轮廓，应在采区控制导线的基础上，布设碎部导线。碎部导线应尽可能布设成闭合导线。若设支导线，必须有可靠的校核措施。测量碎部导线所使用的仪器，可根据生产的需要选用低精度经纬仪，挂罗盘仪、简易测角仪等。

1. 用低精度经纬仪测量碎部导线

在精度要求不高、工作条件困难的次要巷道中，可使用低精度经纬仪测设碎部导线。水平角可用一次复测观测，倾角用正、倒镜观测，边长用钢尺丈量。导线和三角高程的相对闭合差应分别不大于 1/500 和 1/1000。其测量和计算方法与一般导线测量相同。

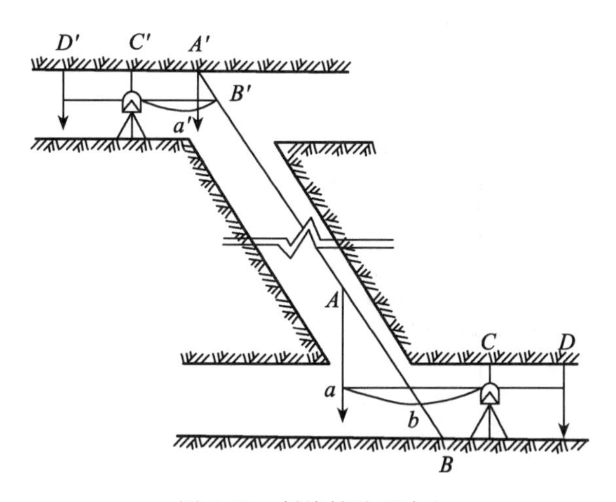

图 5.30 斜线辅助垂球法

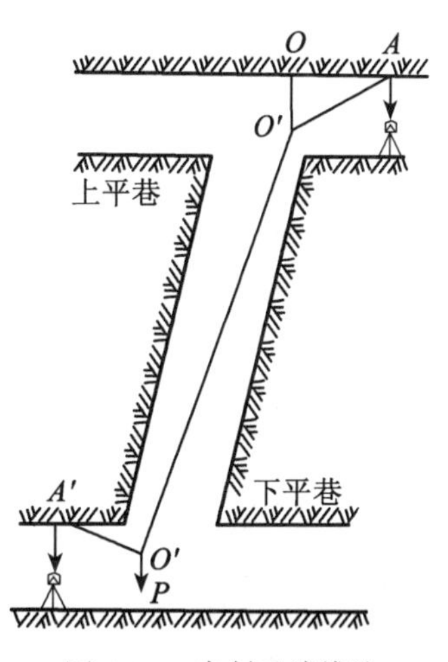

图 5.31 牵制垂球线法

2. 用挂罗盘仪测量碎部导线

在有磁性影响的巷道中不宜采用罗盘仪，多采用小型悬挂经纬仪和普通经纬仪。但在一些小矿井或在磁性影响不大的某些巷道中，仍用挂罗盘仪测量采区碎部导线。按《煤矿测量规程》规定，罗盘碎部导线测量应该符合如下要求：罗盘导线要从采区控制导线点开始，在有条件的情况下都要布设成附(闭)合导线。若布设支导线，则必须有检核。导线最弱点距起始点不宜超过 200m，导线相对闭合差不得超过 1/300。罗盘仪和半圆仪如图 5.32 和图 5.33 所示。

罗盘导线测量的外业步骤：

(1)设点。从已知点开始，按边长不大于 20m 设导线点。导线最弱点距起点距离一般不宜超过 200m。

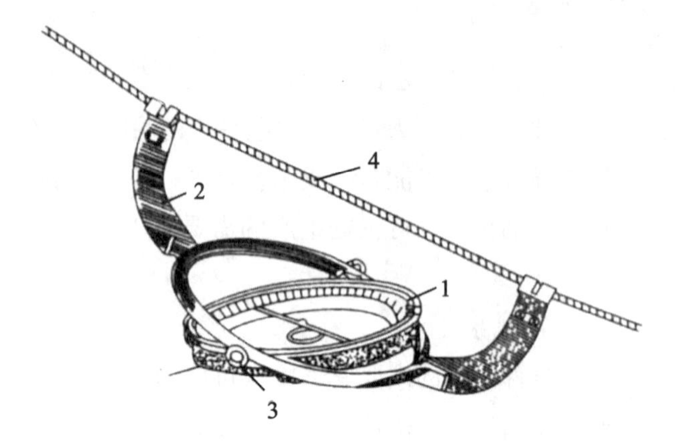


图 5.32　悬挂罗盘仪

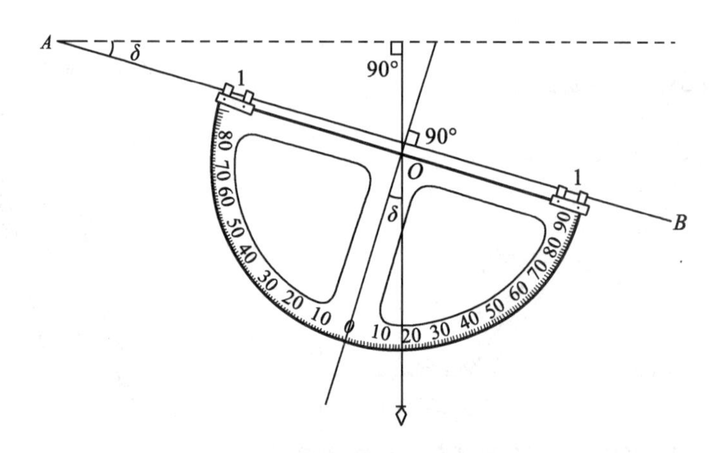


图 5.33　悬挂半圆仪

(2)挂绳。用测绳挂在两相邻导线点上拉紧。

(3)测倾角。用半圆仪分别挂在导线边长 1/3 和 2/3 处，用正、反两个位置测量倾角，并取平均数作为导线边的倾角。

(4)测磁方位角。用挂罗盘仪挂在导线边的两端，各测一次磁方位角，两次之差不得大于 2°，并取平均值作为导线边的磁方位角。

(5)量边。用皮尺丈量导线边斜长，读至 cm，往返丈量相对精度不得小于 1/200。

罗盘导线的外业记录如表 5.2 所示。内业计算时，导线边长必须根据倾角改算成平距，磁方位角应加入磁偏角改算成坐标方位角(子午线收敛角较小时，可以忽略)，这样才能进行坐标高程计算，然后用坐标展绘矿图。当然，也可用计算所得平距和坐标方位角直接展图。

罗盘导线相对闭合差不得大于 1/200，高程闭合差不得超过 1/300。

表 5.2　　**挂罗盘仪导线记录手簿**

工作地点：　　　　　　观测者：　　　　　　记录者：

日　　期：　　　　　　仪　器：　　　　　　磁偏角：$-6°00'$

| 起至点 | 斜长（m） | 倾角 | 平均倾角 | 磁方位角 | 平均磁方位角 | 坐标方位角 | 水平边长（m） | 高差（m） | 高程（m） | 测点号 | 备注和草图 |
|---|---|---|---|---|---|---|---|---|---|---|---|
| | | | | | | | | | −538.56 | B | C 上平巷 5 4 3 2 |
| B—1 | 5.80 | +5°20′<br>+5°30′ | 5°25′ | +52°00′<br>+54°00′ | 53°00′ | 47°00′ | 5.77 | +0.55 | −538.01 | 1 | |
| 1—2 | 18.66 | +17°40′<br>+18°00′ | 17°50′ | +47°00′<br>+47°00′ | 47°00′ | 41°00′ | 17.76 | +5.71 | −532.30 | 2 | |
| | | | | | | | | | | | |

需说明的是：①在井下适当地方选择一条已知坐标方位角为 $\alpha_{坐}$ 的经纬仪导线边（或在地面亦可），用挂罗盘仪多次测量它的磁方位角，取其平均数为 $\alpha_{磁}$，则该挂罗盘仪的磁偏角为 $\Delta=\alpha_{坐}-\alpha_{磁}$。②罗盘导线时计算与普通导线的计算方法基本相同，只不过精度较低罢了。

*3. 有磁性物质影响巷道中的罗盘仪导线测量*

为了消除磁性物质对各边磁方位角的影响，可采用罗盘仪测量导线边水平角的方法。其原理是：磁性物质对各导线边磁方位角的影响是相同的，而用相邻两条边的磁方位角相减后，其水平角就消除了磁性物质的影响，再用水平角计算导线边的坐标方位角就不受磁性物质的影响了。用该法进行测量，除测量各边的磁方位角以及计算各边的坐标方位角略有区别外，其他和前面的方法是相同的。

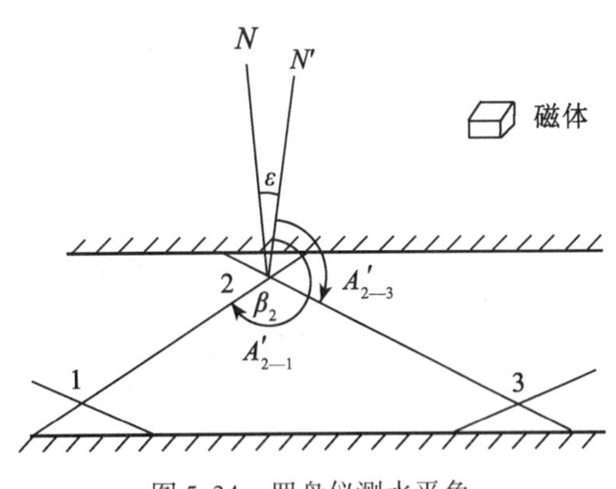


图 5.34　罗盘仪测水平角

如图 5.34 所示，欲测 2 点处的水平角 $\beta_2$，先在 2—1 边上测磁方位角 $\alpha_{磁2—1}$，即将罗盘 0°端对着 1 点方向，测 2—3 边的磁方位角 $\alpha_{磁2—3}$ 时，将罗盘 0°端对着 3 点方向。则 $\beta_2=\alpha_{磁2—1}-\alpha_{磁2—3}$。计算各导线边的方位角的方法则和经纬仪导线一样。

4. 巷道填绘

为使设计部门、生产技术部门掌握巷道施工进度，测量人员应根据巷道的施工进度，及时测量，及时填图。巷道填图是根据测量成果填绘的，填图时间与掘进速度有关，一般要求5～7天填绘一次。

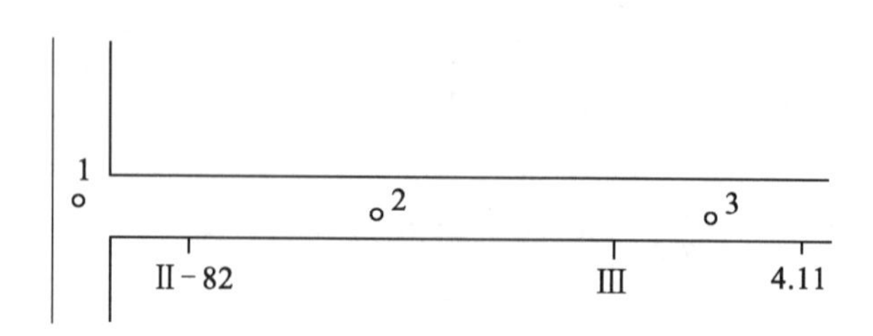


图5.35　掘进巷道填绘

每月底必须填图。每次填图要注记日期，如图5.35所示，1、2、3为导线点，Ⅱ-82、Ⅲ为2005年2月底至3月底的掘进长度，4.11为4月11日的掘进位置。

5. 巷道碎部测量

详细地测绘巷道的轮廓和形状称为巷道碎部测量。在规则的巷道中，若测点设在巷道中线上，一般不进行碎部测量，只需按照巷道的底板设计尺寸就能将巷道的轮廓和形状绘出。若绘图比例尺小于1∶2000的巷道图，也不需要进行碎部测量。所以，碎部测量的主要对象，是不规则的大比例尺轮廓形状图。对它的测量，一般在导线点上与各级经纬仪导线或罗盘仪导线测量同时进行。只要是巷道的转折点都要进行测量。根据情况的不同，测量方法可采用支距法、极坐标法和距离交会法。

如图5.36所示为支距法进行巷道碎部测量，该方法和巷道平面测量中的方法一样，在此不再赘述。

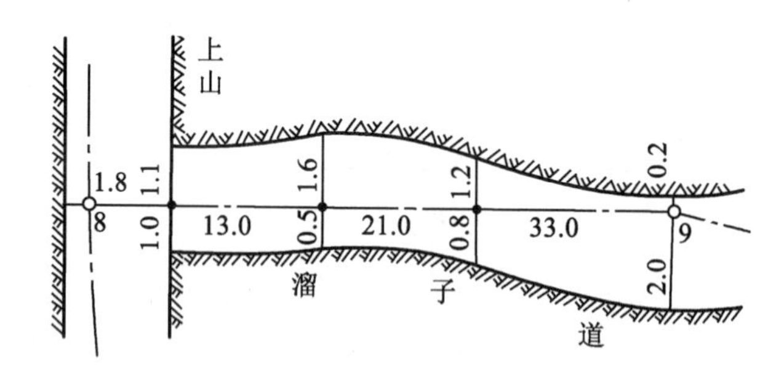


图5.36　支距法碎部测量

如图5.37所示为用极坐标法测量井下的管子道，角度用经纬仪测量，距离用皮尺或钢尺丈量。碎部点必须统一编号、记录和绘制草图。

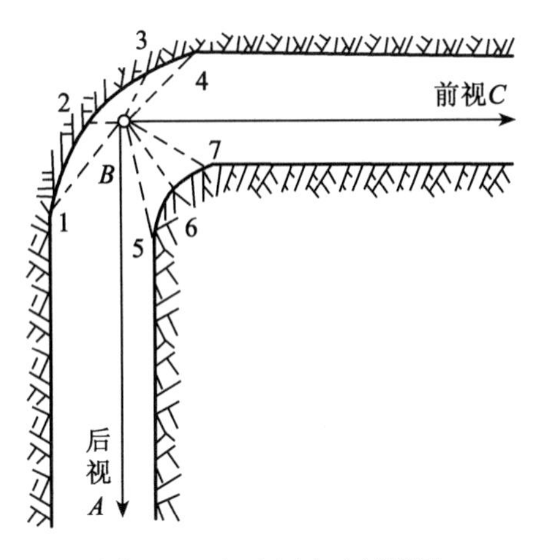


图 5. 37　极坐标法碎部测量

图 5. 38 为用距离交会法测量上山口处的巷道 1/200 比例尺轮廓形状图，图中 $A$、$B$ 为导线点。测量方法是：将钢尺或皮尺的零端拉向需要测量的碎部点 3，另一端拉向导线点 $A$，读出水平距离为 2. 4m，然后，尺零端不动，另一端拉向导线点 $B$，测出水平距离为 3. 6m。记录人员将两次测的距离记入草图中的相应方向线上。其余碎部点依同法测量。内业时先以 1/200 的比例尺绘出导线点 $A$、$B$ 位置，再分别以 $A$、$B$ 点为圆心，以 $A$—3、$B$—3 为半径画弧，两弧相交点即为所测的巷道轮廓点 3。其余各点同法绘制。利用此法操作简单，但要注意交会角不宜过大或过小，否则交点精度较低。

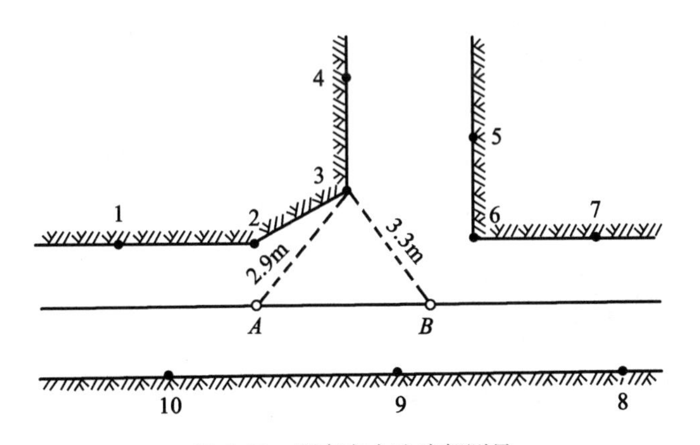


图 5. 38　距离交会法碎部测量

### 5. 5. 3　回采工作面测量

回采工作面的回采进度和巷道掘进一样，必须按规定进行测量填图。一般 5 ~ 7 天测量一次，月底测量一次，停采测量一次。主要依据采区巷道掘进时测设的导线点进行测量。由于在掘进时测设的导线到安装回采期间巷道受压，导线点可能有移动，但这对于回采工作面测量影响不大。因为回采工作面测量一般不用经纬仪测量，用罗盘仪和支距法测量就可满足生产需要。

1. 回采工作面测量的内容

按《煤矿测量规程》规定，回采工作面测量的内容有：工作面线、充填线、煤柱位置和大小、煤厚和采高等。测量的次数应能满足生产和回采率计算的要求，至少须测出工作面月末位置。全部测量的数据均记录在手簿中，并绘好草图。

2. 回采线的测量方法

回采线的测量方法是根据回采工作面线的形状而定的。当用长壁式机采或炮采时，只要回采线规则，能成直线，则丈量工作面上、下端点到巷道内导线点的距离即可。如图5. 39(a)所示，当测量五月末工作面线的位置时，下端丈量 *A*—4 的距离，上端丈量 *B*—9 的距离就能确定回采线 *AB* 的位置。当测量 6 月 15 日回采线的位置时，下端丈量 3—*C* 的距离，上端丈量 10—*D* 的距离即可。当留设上山护巷煤柱，停采线弯曲时，如图 5. 39(b)所示，要测量停采线的位置、形状。可以从下端导线点 *A* 开始用罗盘仪导线测至上端点 *M*，中间可用支距法测量。

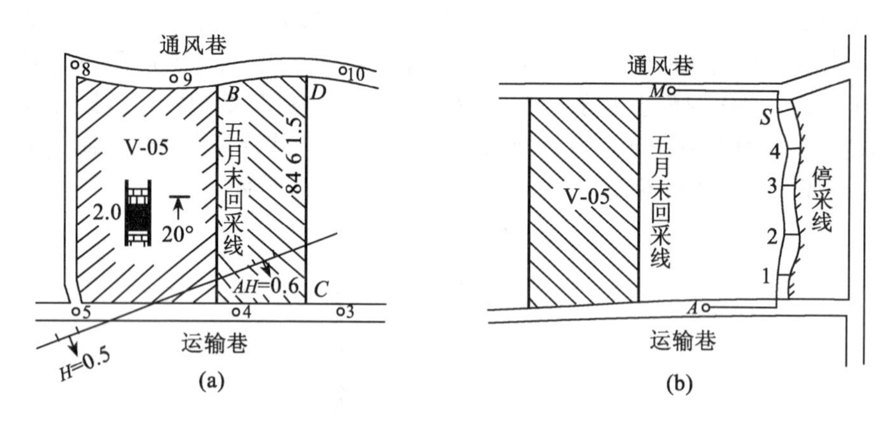


图 5. 39　回采工作面测量

3. 回采工作面的填图注记

如图 5. 39(a)所示，回采工作面在图上的注记，主要有煤厚、倾角(可根据地质资料)、回采线的时间等。如 V-05 表示 2005 年 5 月份的采空范围。

## ◎ 复习思考题

1. 什么是巷道中线？标定巷道中线前应做哪些准备工作？标定巷道开切口中线的方法有哪几种？

2. 怎样标定和延长直线巷道的中线？它与井下平面测量的关系如何？说明用经纬仪标定巷道边线的方法？

3. 怎样用弦线法标定曲线巷道的中线？

4. 图5.40中导线边方位角 $\alpha_{54}=355°30'$，新巷中线设计方位角 $\alpha_{AB}=85°30'$，平距 $D_{4A}=30\text{m}$，$D_{AB}=40\text{m}$，$D_{BD}=8\text{m}$，$D_{DE}=50\text{m}$，巷道净宽 $D=4\text{m}$，边距 $c=0.8\text{m}$，磁偏角 $\Delta=-8°30'$，试按数据说明：

(1)用罗盘仪标定开切口方向的方法；

(2)用经纬仪标定中线点 $B$ 的方法；

(3)用经纬仪标定边线点 $D$、$E$ 及其延线的方法。

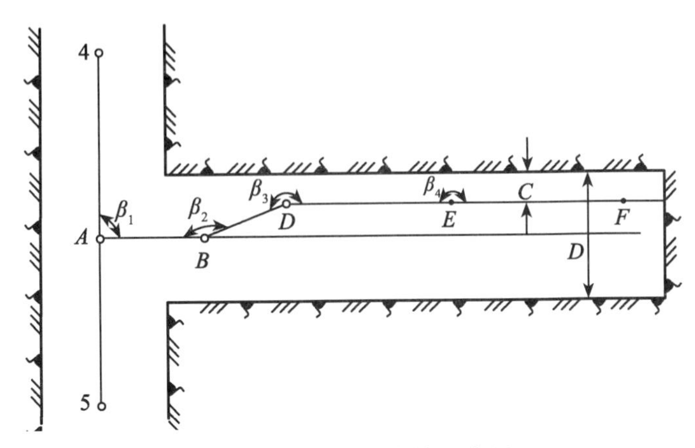


图5.40　巷道中线标定示意图

5. 有一段曲线巷道，转向角 $\alpha=105°$，巷道中线的曲率半径 $R=20\text{m}$，巷道净宽 $D=3.5\text{m}$，棚距为1m，试计算弯道标定数据并绘边距图(曲线巷道向左转弯)。

6. 什么是巷道腰线？在平巷中给腰线有哪几种方法？它与井下高程控制测量的关系如何？叙述各种方法的操作步骤及要点。

7. 在倾斜巷道中标定腰线有哪几种方法？说明用经纬仪标定时，各种方法的优、缺点及操作步骤。

8. 激光指向仪可否用来标定中线和腰线，你如何理解？

9. 叙述激光指向仪的安置步骤。

10. 图5.41中，水准点 $A$ 的高程 $H_A=-54.5\text{m}$，水准仪在后视水准尺 $A$ 上的读数 $a=1.5\text{m}$，新巷起点 $O$ 的轨面高程 $H_O=-54.3\text{m}$，坡度 $i=-3‰$，距离 $l_1=40\text{m}$，$l_2=30\text{m}$，腰线距轨面垂高1m。

①计算腰线点1、2的高程 $H_1$、$H_2$ 及其与视线的垂直距离 $b_1$、$b_2$；

②简述标定腰线点1、2的方法。

11. 什么叫采区测量？它包括哪些内容？

12. 采区联系测量有哪几种方法？简述其操作过程？

13. 采区次要巷道测量有哪几种方法？简述罗盘仪导线的施测步骤。

14. 什么叫次要巷道碎部测量，有些什么方法？

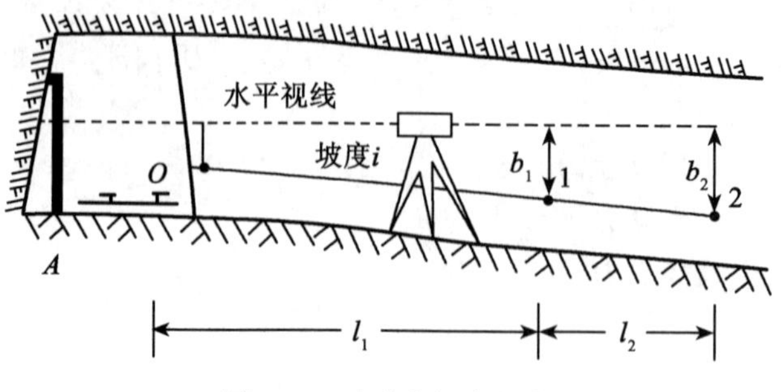


图 5.41　水准仪标定腰线

# 第6章 贯通测量

【教学目标】

通过本章的学习，学生能够了解贯通的概念、贯通的分类、完成一个贯通工程的步骤和注意事项；掌握贯通要素的计算方法；知道在实施贯通测量的过程中，为了确保贯通的精度和正确性，需要注意的问题；懂得在贯通实施以后，如何测量贯通偏差的大小、如何测量贯通导线等的闭合差、如何进行贯通中、腰线偏差的调整等。

## 6.1 贯通测量概述

### 6.1.1 巷道贯通和贯通测量

当采用两个或多个相向或同向掘进的工作面掘进同一巷道时，为了使掘进巷道按照设计要求在预定地点正确接通而进行的测量工作，称为贯通测量。采用贯通方式多头掘进同一巷道，可以加快施工进度，是加快矿井建设的重要技术措施，所以在矿井建设与采矿生产过程中经常采用。在铁路、公路、水利、国防等建设工程中也常采用。

巷道贯通可能出现下述三种情况：

(1)两个工作面相向掘进，叫做相向贯通，如图6.1(a)所示；

(2)两个工作面同向掘进，叫做同向贯通，如图6.1(b)所示；

(3)从巷道的一端向另一端的指定地点掘进，叫做单向贯通，如图6.1(c)所示。

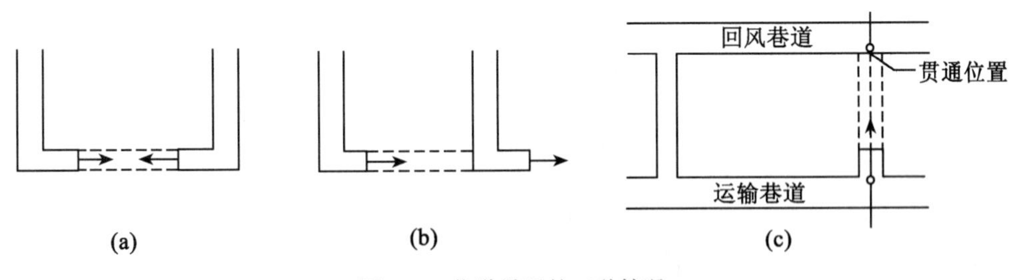


图6.1 巷道贯通的三种情况

巷道贯通时，矿山测量人员的任务是要保证各掘进工作面均沿着设计位置与方向掘进，使贯通后接合处的偏差不超过规定限度，对采矿生产不造成严重影响。如果因为贯通测量过程中发生错误而未能贯通，或贯通后接合处的偏差值超限，都将影响井巷质量，甚至造成井巷报废、人员伤亡等严重后果，在经济上和时间上给国家造成很大损失。因此，要求矿山测量人员必须一丝不苟，严肃认真地对待贯通测量工作。工作中应当遵循下列原则：

(1)要在确定测量方案和测量方法时，保证贯通所必需的精度，既不因精度过低而使巷道不能正确贯通，也不盲目追求过高精度而增加测量工作量和成本。

(2)对所完成的每一步每一项测量工作都应当有客观独立的检查校核，尤其要杜绝粗差。

贯通测量的基本方法是测出待贯通巷道两端导线点的平面坐标和高程，通过计算求得巷道中线的坐标方位角和巷道腰线的坡度，此坐标方位角和坡度应与原设计相符，差值在容许范围之内，同时计算出巷道两端点处的指向角，利用上述数据在巷道两端分别标定出巷道中线和腰线，指示巷道按照设计的同一方向和同一坡度分头掘进，直到贯通相遇点处相互正确接通。

### 6.1.2 贯通测量的种类和容许偏差

井巷贯通一般分为一井内巷道贯通、两井之间的巷道贯通和立井贯通三种类型(见图6.2)。

贯通巷道接合处的偏差值，可能发生在三个方向上：

(1)水平面内沿巷道中线方向上的长度偏差，这种偏差只对贯通在距离上有影响，而对巷道质量没有影响；

(2)水平面内垂直于巷道中线的左、右偏差 $\Delta x'$(见图6.3)；

(3)竖直面内垂直于巷道腰线的上、下偏差 $\Delta h$(见图6.4)。

后两种偏差 $\Delta x'$ 和 $\Delta h$ 对于巷道质量有直接影响，所以又称为贯通重要方向的偏差。

对于立井贯通来说，影响贯通质量的是平面位置偏差，即在水平面内上、下两段待贯通的井筒中心线之间的偏差(见图6.5)。

井巷贯通的容许偏差值，由矿(井)技术负责人和测量负责人根据井巷的用途、类型及性质等不同条件研究决定。以上三种类型井巷贯通的容许偏差参考值见表6.1。

表6.1 **井巷贯通的容许偏差**

<table>
<tr><th rowspan="2">贯通种类</th><th rowspan="2" colspan="2">贯通巷道名称及特点</th><th colspan="2">在贯通面上的容许偏差(m)</th></tr>
<tr><th>两中线之间</th><th>两腰线之间</th></tr>
<tr><td>第一类</td><td colspan="2">一井内贯通巷道</td><td>0.3</td><td>0.2</td></tr>
<tr><td>第二类</td><td colspan="2">两井之间贯通巷道</td><td>0.5</td><td>0.2</td></tr>
<tr><td rowspan="3">第三类</td><td rowspan="3">立井贯通</td><td>先用小断面开凿，贯通之后再刷大至设计全断面</td><td>0.5</td><td>—</td></tr>
<tr><td>用全断面开凿并同时砌筑永久井壁</td><td>0.1</td><td>—</td></tr>
<tr><td>全断面掘砌，并在被保护岩柱之前预先安装罐梁罐道</td><td>0.02～0.03</td><td>—</td></tr>
</table>

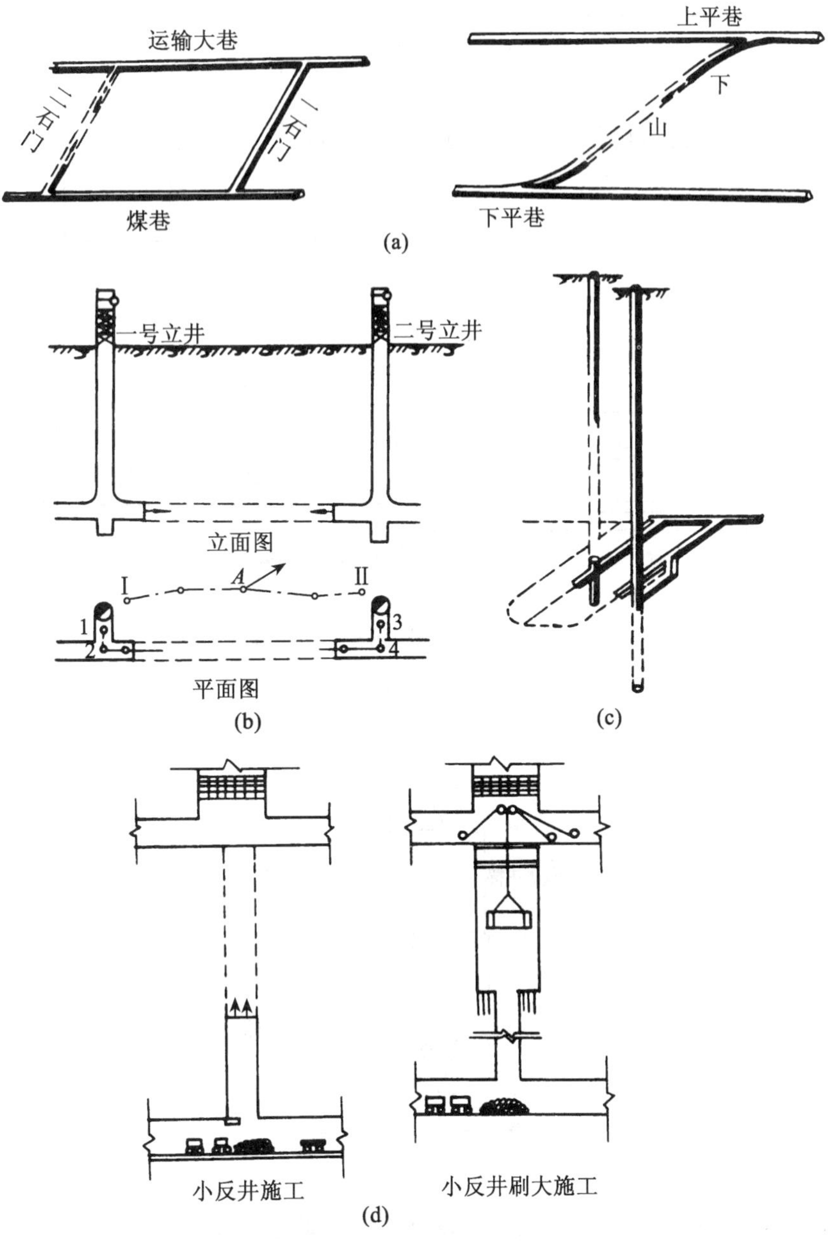


(a)一井内的平巷和斜巷贯通　(b)两井间的巷道贯通

(c)立井贯通　(d)利用小断面反井延深立井贯通

图6.2　井巷贯通的几种类型

### 6.1.3　贯通测量工作的步骤

要正确地完成一个贯通测量工程，需要做大量的工作。由于贯通工程涉及矿山的安

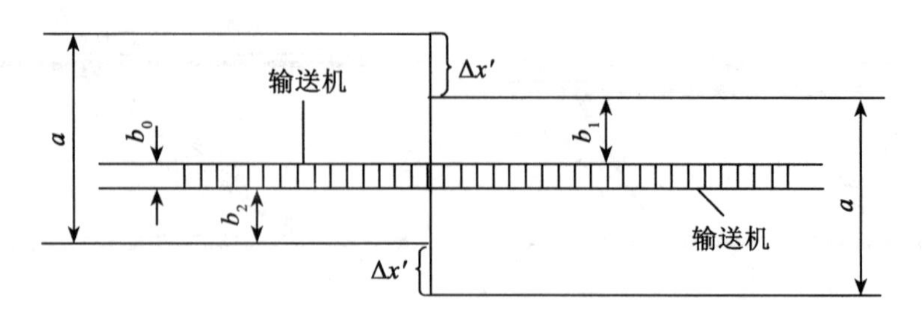


图 6.3　输送机巷道的容许偏差 $\Delta x'$

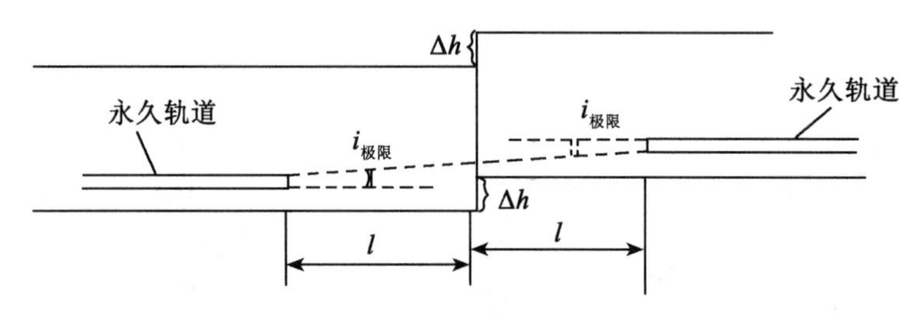


图 6.4　贯通的腰线容许偏差 $\Delta h$

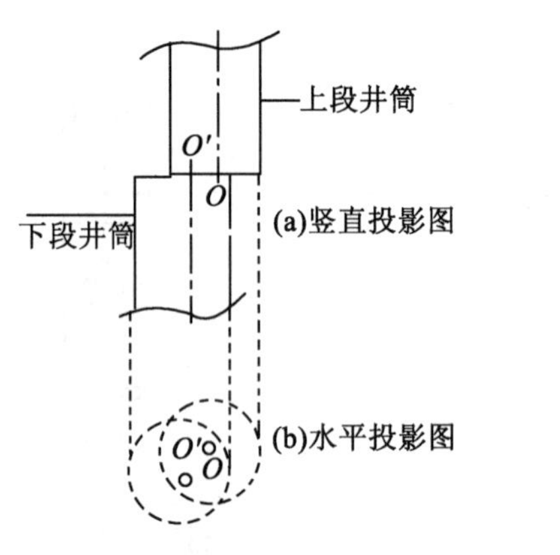


图 6.5　立井贯通偏差

全、巷道的工程质量等，因此一定要认真做好每一个环节的工作。

贯通测量的主要工作步骤如下：

(1)调查了解贯通巷道的实际情况，根据贯通的容许偏差，选择合理的测量方案与测量方法。对重要的贯通工程，要编制贯通测量设计书，进行贯通测量误差预计，以验证所选择的测量方案、测量仪器和方法的合理性。

(2)依据选定的测量方案和方法，进行施测和计算，每一施测和计算环节，均须有独立可靠的检核，并要将施测的实际测量精度与原设计书中要求的精度进行比较。若发现实测精度低于设计中所要求的精度时，应当分析其原因，采取提高实测精度的相应措施，进行重测。

(3)根据有关数据计算贯通巷道的标定几何要素，并实地标定巷道的中线和腰线。

(4)根据掘进巷道的需要，及时延长巷道的中线和腰线，定期进行检查测量和填图，并按照测量结果及时调整中线和腰线。贯通测量导线的最后几个(不少于3个)测站点必须牢固埋设。最后一次标定贯通方向时，两个相向工作面之间的距离不得小于50m。当两个掘进工作面之间的距离在岩巷中剩下15～20m、煤巷中剩下20～30m时(快速掘进时应于贯通前两天)，测量负责人应以书面形式报告矿(井)技术负责人以及安全检查和施工区、队等有关部门。

(5)巷道贯通之后，应立即测量出实际的贯通偏差值，并将两端的导线连接起来，计算各项闭合差。此外，还应对最后一段巷道的中腰线进行调整。

(6)重大贯通工程完成后，应对测量工作进行精度分析与评定，写出总结。

## 6.2 一井内巷道贯通测量

所谓一井之内的巷道贯通，指的是在一个矿井内各水平、各采区及各阶段之间或之内的巷道贯通。凡是由井下一条起算边开始，能够敷设井下导线到达贯通巷道两端的，均属于一井内的巷道贯道。不论何种贯通，均需事先求算出贯通巷道中心线的坐标方位角、腰线的倾角(坡度)和贯通距离等，这些统称为贯通测量几何要素，即标定巷道中腰线所需的数据，其求解方法随巷道特点、用途及其对贯通的精度要求而异。这类贯通只需进行井下的平面控制测量和高程控制测量，不必进行地面测量和矿井联系测量。

### 6.2.1 采区内次要巷道的贯通测量

一般采区内次要巷道贯通距离较短，要求精度较低，可用图解法求其贯通测量几何要素，如图6.6所示。巷道贯通方向，在设计图上是用贯通巷道的中心线来表示的，测量人员只要在大比例尺设计图上把巷道的设计中心线 $AB$ 用三角板平行移到附近的纵、横坐标网格线上，然后用量角器直接量取纵坐标($x$)线与巷道设计中心线之间的夹角，即可求得贯通巷道中心线的坐标方位角(图6.6中所示为30°)。

贯通巷道的坡度(倾角)与斜长，可用三棱尺和量角器在剖面图上直接量取，如图6.7所示，贯通巷道斜长 $L=50.8\text{m}$，倾角 $\delta=11°20'$。

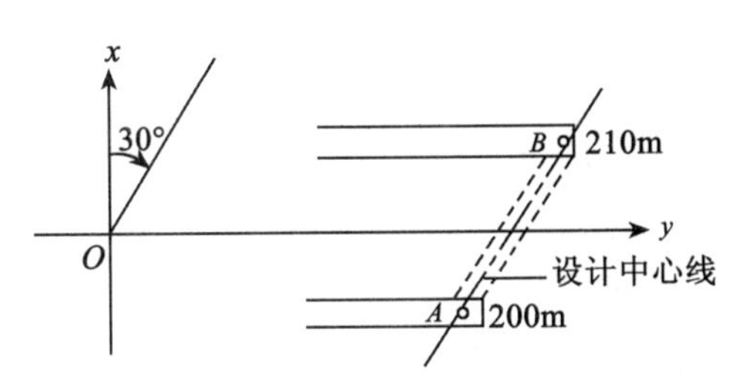

图6.6 图解法求巷道中线坐标方位角

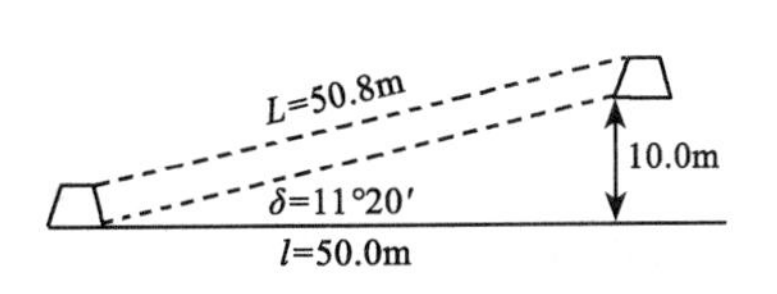

图6.7 图解法求巷道坡度与斜长

### 6.2.2 在两个已知点间贯通平巷和斜巷

假设要在主巷的 $A$ 点与副巷的 $B$ 点之间贯通二石门，即图 6.8 中虚线所表示的巷道，其测量和计算工作如下：

(1)根据设计，从井下某一条导线边开始，测设经纬仪导线到待贯通巷道的两端，并进行井下高程测量，然后计算出 $CA$、$DB$ 两条导线边的坐标方位角 $\alpha_{CA}$ 和 $\alpha_{DB}$，以及 $A$、$B$ 两点的坐标及高程。

(2)计算标定数据。

①贯通巷道中心线 $AB$ 的坐标方位角 $\alpha_{AB}$ 为

$$\alpha_{AB}=\arctan\frac{y_B-y_A}{x_B-x_A} \tag{6-1}$$

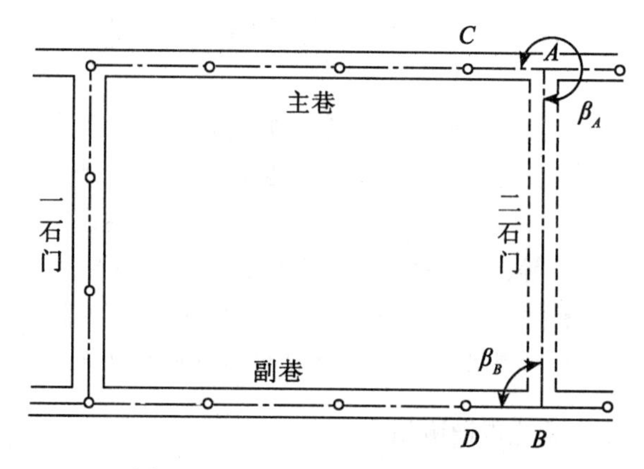


图 6.8 两个已知点之间贯通平巷

②计算 $AB$ 边的水平长度 $l_{AB}$ 为

$$l_{AB}=\frac{y_B-y_A}{\sin\alpha_{AB}}=\frac{x_B-x_A}{\cos\alpha_{AB}}=\sqrt{(x_B-x_A)^2+(y_B-y_A)^2} \tag{6-2}$$

③计算指向角 $\beta_A$ 和 $\beta_B$。由于经纬仪水平度盘的刻度均沿顺时针方向增加，所以在计算 $A$ 点和 $B$ 点的指向角时，也要按顺时针方向计算，即

$$\left.\begin{aligned}\beta_A&=\angle CAB=\alpha_{AB}-\alpha_{AC}\\ \beta_B&=\angle DAB=\alpha_{BA}-\alpha_{BD}\end{aligned}\right\} \tag{6-3}$$

④计算贯通巷道的坡度 $i$ 为

$$i=\tan\delta_{AB}=\frac{H_B-H_A}{l_{AB}} \tag{6-4}$$

式中：$H_A$、$H_B$——$A$ 点和 $B$ 点处巷道底板或轨面的高程。

⑤计算贯通巷道的斜长(实际贯通长度) $L_{AB}$ 为

$$L_{AB}=\frac{l_{AB}}{\cos\delta_{AB}}=\frac{H_B-H_A}{\sin\delta_{AB}}=\sqrt{(H_B-H_A)^2+l_{AB}^2} \tag{6-5}$$

(3)计算示例。

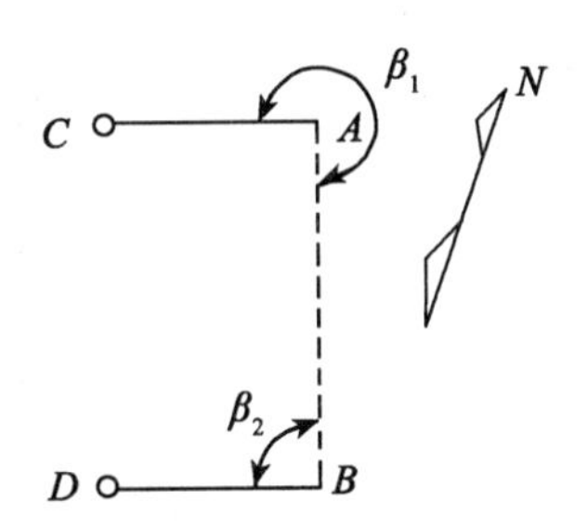


图 6.9　两个已知点之间贯通计算

图 6.9 中的 $B$ 点坐标为(395157.435，78325.314)，$A$ 点坐标为(395293.580，78284.723)，$\alpha_{AC}=261°45'32''$，$\alpha_{BD}=259°23'43''$，则

$\alpha_{AB}=163°23'54''$，$l_{AB平}=142.067\text{m}$。

$\beta_A=\alpha_{AB}-\alpha_{AC}=163°23'54''-261°45'32''+360=261°38'22''$。

$\beta_B=\alpha_{BA}-\alpha_{BD}=343°23'54''-259°23'43''=84°00'11''$。

如果上述贯通巷道是在导向层(如煤层)中掘进的，则只需要标定中线即可。如果不是沿导向层(比如岩石巷道)，则还需要知道 $A$、$B$ 两点的高程，计算高差、斜距(按式(6-5)计算)以及倾角(按式(6-4)计算)，以作为标定腰线和下达贯通通知书之用。

### 6.2.3　贯通巷道开切位置的确定

如图 6.10 所示，将在上平巷与下平巷之间贯通二号下山，该下山在下平巷中的开切地点 $A$ 以及二号下山中心线的坐标方位角 $\alpha_{AP}$ 均已给出。要求在上平巷中确定开切点 $P$ 的位置，以便在 $P$ 点标定出二号下山的中腰线，向下掘进并进行贯通。

为此，需在上、下平巷之间经一号下山敷设经纬仪导线，并进行高程测量，以求得 $A$、$B$、$C$、$D$ 各点的平面坐标和高程。设点时，$A$ 点应设在二号下山的中心线上，设置 $C$、$D$ 点应使 $CD$ 边能与二号下山的中心线相交，其交点 $P$ 即为欲确定的二号下山上端的开切点。

1. 计算公式

这类贯通几何要素求解的关键是求出 $P$ 点坐标和平距 $l_{CP}$ 及 $l_{DP}$，而 $P$ 点是两条直线的交点，为了求得 $P$ 点的平面坐标 $x_P$ 及 $y_P$，可列出两条直线的方程式：

$$\begin{cases} y_P-y_A=(x_P-x_A)\tan\alpha_{AP} \\ y_P-y_C=(x_P-x_C)\tan\alpha_{CP}=(x_P-x_C)\tan\alpha_{CD} \end{cases}$$

解此联立方程式，可得 $P$ 点平面坐标：

$$\begin{cases} x_P=\dfrac{x_C\tan\alpha_{CD}-x_A\tan\alpha_{AP}-y_C+y_A}{\tan\alpha_{CD}-\tan\alpha_{AP}} \\ y_P=\dfrac{y_A\tan\alpha_{CD}-y_C\tan\alpha_{AP}+\tan\alpha_{CD}\tan\alpha_{AP}(x_C-x_A)}{\tan\alpha_{CD}-\tan\alpha_{AP}} \end{cases} \tag{6-6}$$

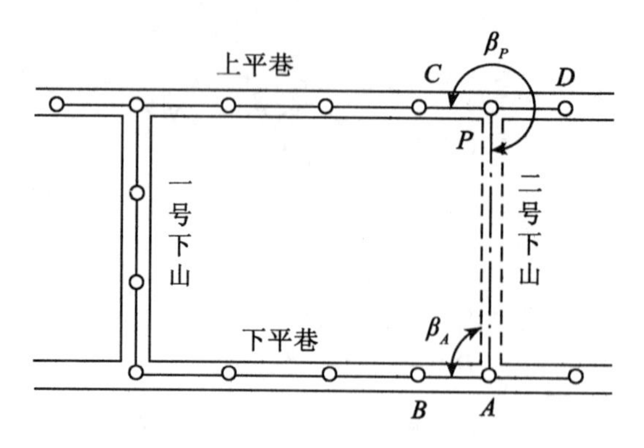

图 6.10　贯通巷道开切位置的确定

计算水平距离 $l_{CP}$ 及 $l_{AP}$：

$$l_{CP}=\frac{y_P-y_C}{\sin\alpha_{CD}}=\frac{x_P-x_C}{\cos\alpha_{CD}}=\sqrt{(x_P-x_C)^2+(y_P-y_C)^2} \tag{6-7}$$

$$l_{AP}=\frac{y_P-y_A}{\sin\alpha_{AP}}=\frac{x_P-x_A}{\cos\alpha_{AP}}=\sqrt{(x_P-x_A)^2+(y_P-y_A)^2} \tag{6-8}$$

为了检核，可再求算 $D$ 点到 $P$ 点的平距 $l_{DP}$，并检查 $l_{CP}+l_{DP}=l_{CD}$，有了 $l_{CP}$ 和 $l_{DP}$ 即可在上平巷中标定出二号下山的开切点 $P$。

在实际工作中，代入大量数据来解算联立方程式是比较繁琐的，因此，一般多采用解三角形法来计算平距 $l_{CP}$ 和 $l_{DP}$。如图 6.11 所示，首先根据 $A$ 和 $C$ 两点的坐标反算 $AC$ 的长度 $l_{AC}$ 和坐标方位角 $\alpha_{AC}$，再根据 $\triangle APC$ 三条边的坐标方位角计算出三个内角 $\beta'_A$、$\beta'_P$ 和 $\beta_C$ 之值，最后按下式计算：

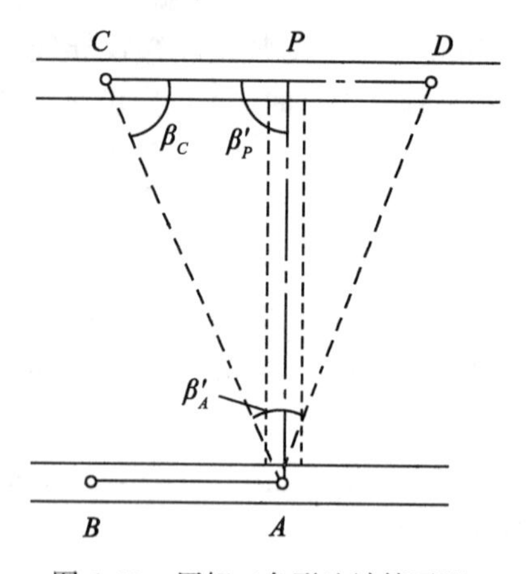

图 6.11　用解三角形法计算平距

$$l_{CP}=l_{AC}\frac{\sin\beta'_A}{\sin\beta'_P},\quad l_{AP}=l_{AC}\frac{\sin\beta_C}{\sin\beta'_P} \tag{6-9}$$

同理，可计算出$\triangle APD$中的$l_{AP}$和$l_{DP}$以作为检核。

此外，也可导出由$A$、$C$(或$D$)两点的坐标及$AP$、$CP$(即$CD$)的坐标方位角直接计算$l_{AP}$和$l_{CP}$(或$l_{DP}$)的公式，即

$$l_{CP}=\frac{\sin\alpha_{AP}(x_C-x_A)-\cos\alpha_{AP}(y_C-y_A)}{\sin(\alpha_{CD}-\alpha_{AP})} \tag{6-10}$$

$$l_{AP}=\frac{\sin\alpha_{CD}(x_C-x_A)-\cos\alpha_{CD}(y_C-y_A)}{\sin(\alpha_{CD}-\alpha_{AP})} \tag{6-11}$$

最后，计算指向角$\beta$(见图6.11)：

$$\left.\begin{aligned}\beta_A&=\angle BAP=\alpha_{AP}-\alpha_{AB}\\ \beta_P&=\angle CPA=\alpha_{PA}-\alpha_{DC}\end{aligned}\right\} \tag{6-12}$$

2. 在$A$、$B$、$C$三已知点间按给定方位角贯通$P$点的计算实例

如图6.12所示，已知$A(1431.944, 5255.486)$、$C(1577.664, 5162.642)$、$\alpha_{CP}=\alpha_{CD}=49°33'20''$、$\alpha_{AP}=330°00'00''$，则按下式计算

$$l_{AP}=\frac{(x_C-x_A)\sin\alpha_{CP}-(y_C-y_A)\cos\alpha_{CP}}{\sin(\alpha_{CP}-\alpha_{AP})} \tag{6-13}$$

$$l_{CP}=\frac{(x_C-x_A)\sin\alpha_{AP}-(y_C-y_A)\cos\alpha_{AP}}{\sin(\alpha_{CD}-\alpha_{AP})} \tag{6-14}$$

得：$l_{AP}=174.010\text{m}$、$l_{CP}=7.672\text{m}$。

同样，在实际计算时，还要求得$A$点和$P$点之间的高差，计算倾角、坡度、斜距等要素。

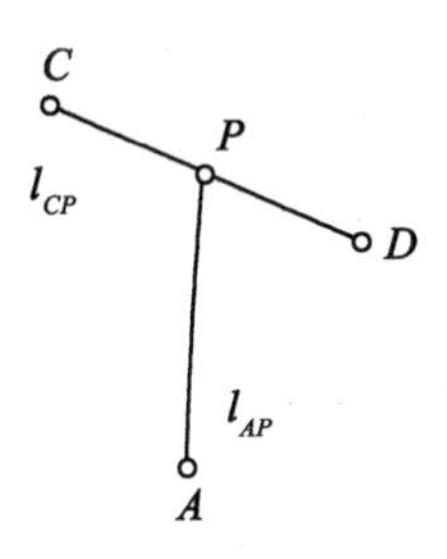


图6.12　在$A$、$B$、$C$三已知点间按给定方位角贯通$P$点

### 6.2.4　带有一个弯道的巷道贯通

在实际工作中，待贯通的巷道有时较复杂，既有坡度的变化，又常常有弯道(井下通常是圆曲线巷道)，而贯通相遇点有时也可能就碰巧在弯道或其附近处。这时，贯通测量标定的数据计算就要复杂一些。下面通过一个实例来说明解算过程。

图6.13所示为采区上山与采区大巷的贯通中各巷道之间的关系。设计要求采区上山

(倾角 $\delta=12°$)向上掘进到采区大巷水平(-120m)后，继续沿原采区上山方向掘进石门(坡度 $i=0‰$)，石门与采区大巷之间尚需通过一段半径 $R=12$m 的圆曲线弯道才能贯通。

通过在已掘进的采区上山和采区大巷中的经纬仪导线测量和高程测量，求得测点坐标如下：

采区大巷一端：$x_8=9734.529$m，$y_8=7732.511$m，$\alpha_{7-8}=3°46'57''$

$H_8=-121.931$m(测点 8 位于巷道中心线的顶板上，高出轨面 2.613m，即轨面标高为-124.544m)。

采区上山一端：$x_{21}=9879.227$m，$y_{21}=7917.675$m，$\alpha_{20-21}=236°17'03''$。

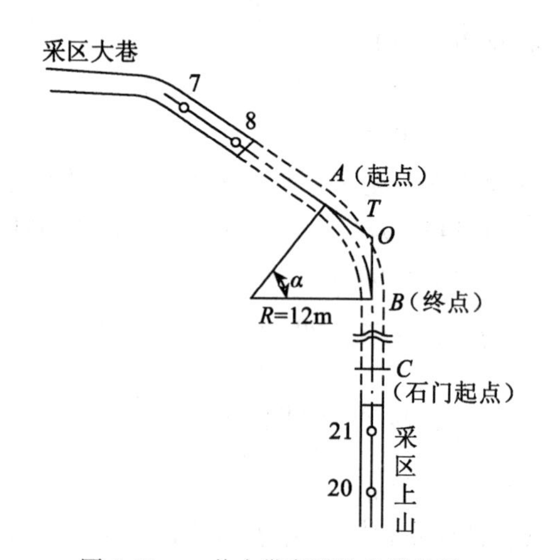


图 6.13　一井内带弯道的巷道贯通

从 $H_{21}=-129.439$m(测点 21 位于采区上山中心线的巷道顶板上，高出腰线点 1.240m，腰线点距轨面法线高 1m)。解算步骤如下：

(1)计算圆曲线弯道的转角和切线长 $T$。

$\alpha=\alpha_{21-20}-\alpha_{7-8}=56°17'03''-3°46'57''=52°30'06''$

$T=R\tan\dfrac{\alpha}{2}=12\times\tan(52°30'06''/2)=5.918\text{m}$

(2)计算采区上山自点 21 号到石门起点 $C$ 的剩余长度 $l_{21-C}$。为此，应先求出测点 8 处轨面与点 21 处轨面的高差 $h$。

$H_{8轨}=-121.931-2.613=-124.544(\text{m})$

$H_{21轨}=-129.439-1.240-1/\cos12°=131.701(\text{m})$

$h=-124.544-(-131.701)=7.157(\text{m})$

则采区上山的剩余长度(点 21 到 $C$ 的平距)：

$l_{21-C}=h/\tan\delta=7.157/\tan12°=33.671(\text{m})$

(3)求石门自 $C$ 点到圆曲线终点 $B$ 的距离 $l_{CB}$ 及采区大巷自点 8 到圆曲线起点 $A$ 的距离 $l_{8A}$。

$l_{CB}=l_{21-O}-l_{21-C}-T=220.849-33.671-5.918=181.260(\text{m})$

$l_{8A}=l_{8-O}-T=22.159-5.918=16.241(\text{m})$

$l_{8-O}$及$l_{21-O}$按公式(6-13)和(6-14)计算。

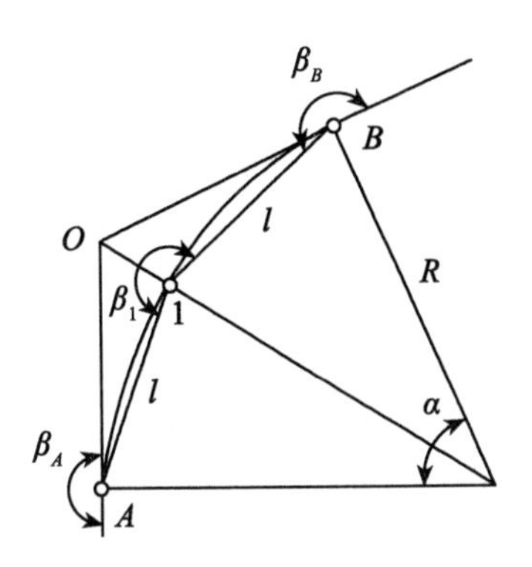


图 6.14　弯道曲线计算图

(4)计算弯道圆曲线的长和转角，如图 6.14 所示。设短弦个数 $n=2$，则

$$\text{弦长}\,l=2R\sin\left(\frac{\alpha}{2n}\right)=2\times12\times\sin\left(\frac{52°30'06''}{2\times2}\right)=5.450(\text{m})$$

$$\text{转角}\,\beta_A=\beta_B=180°+\frac{\alpha}{2n}=193°07'32''$$

$$\beta_1=180°+\frac{\alpha}{n}=206°15'03''$$

(5)计算整个设计导线，使坐标闭(附)合，以检查计算的正确性，见表 6.2。

表 6.2　**坐标计算表**

| 站点号 | | 水平角 | | | 方位角象限角 | | | cosα sinα | 水平边长 $l$(m) | 坐标增量 | | 坐标 | | 测站编号 |
|---|---|---|---|---|---|---|---|---|---|---|---|---|---|---|
| 仪器站 | 觇准点 | ° | ′ | ″ | ° | ′ | ″ | | | Δ$x$(m) | Δ$y$(m) | $x$(m) | $y$(m) | |
| | | | | | | | | | | | | 9 374.529 | 7 732.511 | 8 |
| | | | | | 3 | 46 | 57 | | | | | | | |
| 8 | *A* | 180 | 00 | 00 | 3 | 46 | 57 | 0.997 822<br>0.065 969 | 16.241 | 16.206 | 1.071 | 9 750.736 | 7 733.582 | *A* |
| *A* | 1 | 198 | 07 | 32 | 16 | 54 | 29 | 0.956 772<br>0.290 836 | 5.450 | 5.214 | 1.585 | 9 755.949 | 7 735.167 | 1 |
| 1 | *B* | 206 | 15 | 03 | 43 | 09 | 32 | 0.729 459<br>0.684 024 | 5.450 | 3.976 | 2.728 | 9 758.925 | 7 738.405 | *B* |
| *B* | *C* | 193 | 07 | 31 | 56 | 17 | 03 | 0.555 074<br>0.831 801 | 181.260 | 100.613 | 150.772 | 9 860.538 | 7 889.667 | *C* |
| *C* | 21 | 180 | 00 | 00 | 56 | 17 | 03 | 0.555 074<br>0.831 801 | 33.671 | 18.690 | 28.008 | 9 879.228 | 7 917.675 | 21 |

## 6.3　两井间巷道贯通测量

两井间的巷道贯通，是指在巷道贯通前不能由井下的一条起算边向贯通巷道的两端敷设井下导线的贯通。其贯通路线要经过地面，一般要通过两个以上的井口。这类贯通与一井之内的贯通有较大的不同，主要需考虑采用同一坐标高程系统，要顾及到地面控制网的误差对贯通的影响。由于这类贯通的特点是两井都要进行联系测量，并且在两井之间要进行地面测量，而联系测量的误差都较大，测量路线较长，所以积累的误差较大。必须采用更精确的测量方法和更严格的检查措施来保证正确贯通。

下面以某矿中央回风上山的贯通实例来说明如何进行这类贯通测量工作。

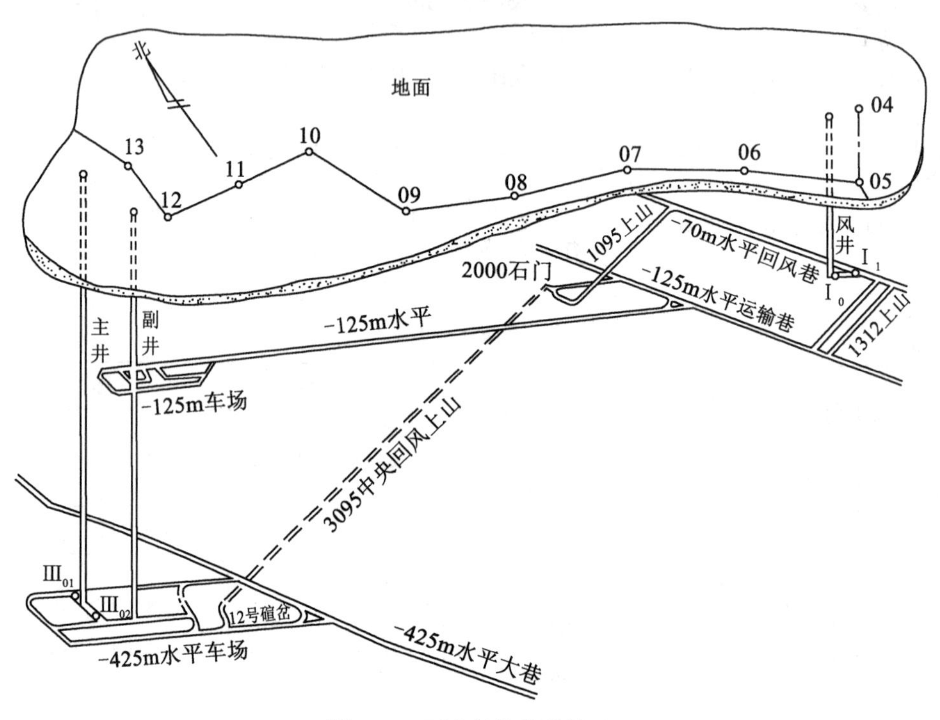


图 6.15　两井间的巷道贯通

图 6.15 为某矿中央回风上山贯通的立体示意图。该矿用立井开拓，主、副井在-425m水平开掘井底车场和水平大巷。风井在-70m 水平开掘回风巷。中央回风上山位于矿井的中部，采用相向掘进的方式施工，甲掘进队由-425m 水平井底车场 12 号碹岔绕道起，按一定的倾角向上掘进。同时，乙掘进队由-125m 水平的 2000 石门处向下掘进。

从井巷布置情况来看，有两个方案可供选择。

第一个方案是，由主、副井向-425m 水平进行立井的联系测量，测得-425m井底车场内的$\text{Ⅲ}_{01}$—$\text{Ⅲ}_{02}$这条起始边的坐标方位角、$\text{Ⅲ}_{02}$点的坐标和高程，并从该起始边测量导线和水准路线到中央回风上山的起坡点处。地面布设导线和水准线路连接主、副井和风井，由风井向-70m 水平进行一井定向和导入高程测量。从传递到风井-70m 水平的$\text{Ⅰ}_{01}$—$\text{Ⅰ}_{02}$起始边向 2000 石门布设导线和高程路线到中央回风上山的上端。

第二个方案是，由主、副井的-125m 水平向-425m 水平进行立井的联系测量，测得-425m井底车场内的$\text{Ⅲ}_{01}$—$\text{Ⅲ}_{02}$这条起始边的坐标方位角、$\text{Ⅲ}_{02}$点的坐标和高程，并从该起始边测量导线和水准路线到中央回风上山的起坡点处。-125m 水平则由该水平在主、副井处的车场测量导线和水准路线，沿-125m 水平巷道测量到-125m 水平运输巷，再从2000 石门布设导线和高程路线到中央回风上山的上端。

两个方案各有利弊，由于-125m 水平巷道较窄，巷道变形较大，测量条件较差，会引起较大的贯通测量误差，所以最终选择了第一方案。其施测具体方法如下：

### 6.3.1 两井间的地面连测

两井间的地面连测可以采用导线、独立三角锁或在原有矿区三角网中插点等方式，也可以采用 GPS 定位。因为地面比较平坦，故地面采用导线连测。先在主、副井附近建立近井点 12 号点，在风井附近建立近井点 05 号点，再在 12 号点与 05 号点之间测设导线，并附合到附近的三角点上，作为检核。

地面高程测量采用的方式是在两井之间进行四等水准测量，求出近井点 12 号点和 5 号点的高程。

地面测量一般需独立进行两次，取平均值进行计算。

### 6.3.2 矿井联系测量

主、副井和风井的联系测量既可以采用陀螺定向的方式，也可以采用几何定向的方式。由于该矿没有陀螺仪，故采用几何定向的方法。主、副井的联系测量采用两井定向方法，求出井下起始边$\mathrm{III}_{01}$—$\mathrm{III}_{02}$的坐标方位角和井下起始点$\mathrm{III}_{02}$的坐标。风井的联系测量采用一井定向法，求出井下起始边$\mathrm{I}_{01}$—$\mathrm{I}_{02}$的坐标方位角和井下起始点$\mathrm{I}_{01}$的坐标。

主、副井和风井均采用长钢丝法导入高程，将面 12 号和 05 点的高程传递到井下的起始点上。

矿井联系测量工作均需独立进行两次，取平均值进行计算。

### 6.3.3 井下导线和高程测量

从-425m 水平井底车场的井下起始边$\mathrm{III}_{01}$—$\mathrm{III}_{02}$开始，敷设导线到中央回风下山的下口；再从风井井底的井下起始边$\mathrm{I}_{01}$—$\mathrm{I}_{02}$开始敷设导线到中央回风上山的上口。如果条件允许，导线应尽可能布设成闭合环形作为检核。

高程测量在平巷中采用水准测量；斜巷中采用三角高程测量，分别测出中央回风上山的上口及下口处腰线点的高程。

井下导线测量和高程测量一般都要独立测量两次以上，并符合《煤矿测量规程》的规定要求。

### 6.3.4 解算贯通巷道的方位角和坡度，并实地标定

根据中央回风上山的上口及下口处的导线点(导线点位于巷道的中线上)坐标及腰线点高程，反算出上山的方位角和倾角，并与原巷道的设计值进行对比，当差值在容许范围之内时，则分别在中央回风上山的上口及下口处实地标定中线和腰线，以供两个掘进队相向掘进。在中央回风上山的掘进过程中，应经常检查和调整掘进的方向和坡度，直至正确贯通。

## 6.4 立井贯通测量

最常见的立井贯通有两种情况，一种是从地面和井下相向开凿的立井贯通；另一种是延深立井时的贯通。现分别介绍。

### 6.4.1 从地面和井下相向开凿的立井贯通

图6.16为一立井贯通的平面图和立面图。在距离主、副井较远的地方要开凿三号立井，并采用相向掘进的方式。一掘进队从地面向下开凿；另一掘进队沿主、副井的下部车场、运输大巷、向三号井方向掘进，掘进完三号立井的井底车场后，在井底车场中标定出三号井筒的中心位置，由此向上以小断面开凿反井。当与上部贯通后，再按设计的全断面刷大成井。当然也可以按全断面相向贯通，但这样对贯通提出更高的精度要求，增大测量工作的难度。

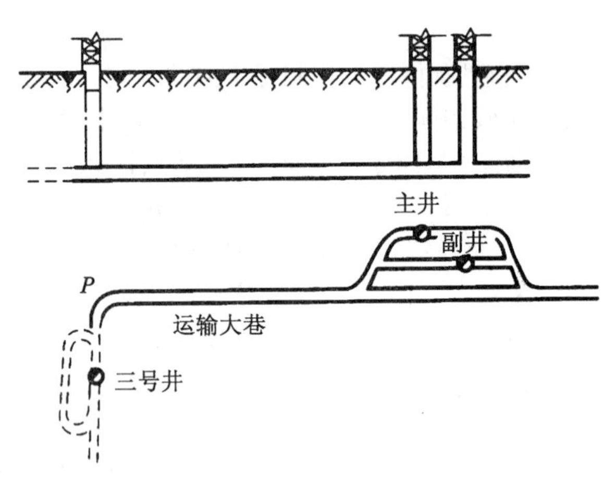


图6.16　立井相向贯通

该贯通测量的工作内容大致如下：

(1)进行地面连测，建立主、副井和三号井的近井点。地面连测方案可根据两井间的距离和本矿现有仪器设备条件而定。

(2)以三号井的近井点为依据，根据设计坐标实地标定出井筒中心的位置，指示掘进人员从地面向下施工。

(3)从主、副井进行联系测量，测定井底车场内井下导线起始边的坐标方位角和起始点的坐标。

(4)在井下沿运输大巷测设导线，直到三号井井底车场出口 $P$ 点。

(5)根据三号井的井底车场设计的巷道布置图，计算由 $P$ 点标定三号井中心位置的标定要素，并标定出三号井的中心位置。牢固地埋设好井中标桩及井筒十字中线基本标桩，此后便可开始向上以小断面开凿井。

一般说来，在立井贯通中，高程测量的误差对贯通的影响很小，最后可根据井底的高程推算立井的深度。当三号立井的上、下两端井筒剩余 20m 左右时，要下达贯通通知书，停止一端的掘进工作，并采取相应的安全措施。

### 6.4.2 延深立井时的贯通

图 6.17 为一立井贯通的立面图。一号井原来已掘进到一水平，现在要延深到二水平。由于一水平已通过大下山到达二水平，故决定采用贯通方式延深，即上端由一水平掘进辅助下山，到达一号井井底下方，并留设井底岩柱(通常高 6～8m)，标定出井筒中心 $O_2$，指示井筒由上向下开凿；同时，在二水平开掘进底车场，标定出一号井井筒中心 $O_3$，指示井筒由下向上开凿。当立井井筒上、下两端贯通后，再去掉岩柱，从而使一号井由一水平延深到二水平。

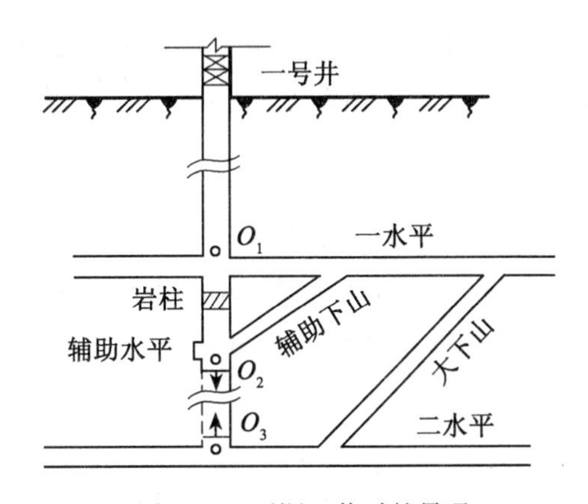


图 6.17　延深立井时的贯通

该立井贯通的主要测量工作包括以下内容：

(1)在一水平测定出一号井井筒底部在该水平的实际中心 $O_1$ 点的坐标，而不是地面井中的坐标，更不能采用原井筒设计中心坐标(因为设计值与实测值有较小的差别)作为贯通依据。

(2)从一水平井底车场中的起始导线边开始，沿大巷道和大下山测设导线到二水平，一直到一号井井筒的下方，并在二水平标定出井筒中心 $O_3$ 的位置，指示井筒由下向上掘进。

(3)从一水平井底车场中的起始导线边开始，沿大巷和辅助下山测设导线到达一号井岩柱下方，并标定出井筒中心 $O_2$ 点的位置，指示井筒由上向下掘进。辅助下山一般较短，且倾角较大，导线边很短，所以必须十分注意仪器的对中，以保证导线测量的精度。

(4)一号井筒延深部分的上、下两端相向掘进只剩下 10～15m 时，要下达贯通通知书，停止一端掘进作业，并采取相应的安全措施。上、下两端贯通后，再去掉岩柱，最终使一号井由一水平延深到二水平。

## 6.5 贯通后实际偏差的测定及中腰线的调整

煤矿井下巷道贯通后的实际偏差测定是一项较为重要的工作。它对巷道贯通工程意义重大：

(1)对巷道或井筒贯通的结果作出最后的评定；

(2)用贯通后的实测数据来检查测量工作的成果，并验证贯通测量误差预计的正确程度，从而丰富贯通测量的理论和经验；

(3)通过贯通后的连测，可使两端原来没有闭合或附合条件的井下测量控制网形成闭合图形，从而有了可靠的检核，可进行平差和精度评定，为以后的巷道施工测量打基础；

(4)实测数据可作为巷道中腰线最后调整的依据。

所以《煤矿测量规程》规定：井巷贯通后，应在贯通点处测量贯通实际偏差值，并将两端导线、高程连接起来，计算各项闭合差。重要贯通的测量完成后，还应进行精度分析，并作出总结。总结要连同设计书和全部内、外业资料一起存档保存。

### 6.5.1 贯通后实际偏差的测定

1. 平巷、斜巷贯通时水平面内偏差的测定

(1)如图6.18所示，用经纬仪把两端巷道的中线都延长到贯通结合面上，量出两中线之间的距离 $d$，其大小就是贯通在水平面内的偏差。

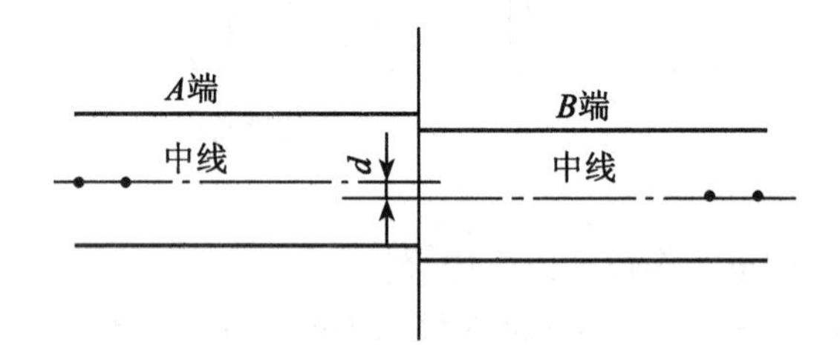


图6.18 贯通中线偏差测定

(2)将巷道两端的导线进行连测，求出闭合边的坐标方位角的差值和坐标闭合差，这些差值也反映了贯通平面测量的精度。

2. 平、斜巷贯通时竖直面内偏差的测定

(1)用水准仪测出或用小钢尺直接量出两端腰线在贯通接合面的高差，其大小就是贯通在竖直面内的实际偏差。

(2)用水准测量或经纬仪三角高程测量的方式连测两端巷道中的已知高程控制点(水准点或经纬仪导线点)，求出高程闭合差，它反映了贯通高程测量的精度。

3. 立井贯通后井中实际偏差的测定

(1)立井贯通后，可由地面上或由上水平的井筒中心处挂垂球线到下水平，直接丈量出井筒中心之间的偏差值，即为立井贯通的实际偏差值。有时也可测绘出贯通接合处上、

下两段井筒的横断面图，从图上量出两中心之间的距离，就是立井贯通的实际偏差。

(2)立井贯通后，应进行定向测量，重新测定下水平的井下导线边的坐标方位角和标定下水平井中位置用的导线点的坐标，并计算与原坐标的差值 $\Delta X$ 和 $\Delta Y$，以及导线点的实际点位偏差 $\Delta=\sqrt{\Delta X^2+\Delta Y^2}$，它的数值大小可以用来表示立井贯通测量的精度。

### 6.5.2 贯通后巷道中腰线的调整

测定巷道贯通后的实际偏差后，还需对中腰线进行调整，以方便巷道内的后续安装施工(如铺设轨道、皮带等)。

1. 中线的调整

巷道贯通后，如果实际偏差在容许的范围之内，对于运输巷道等主要巷道，可将距贯通相遇点一定距离处的两端中线点，如图 6.19 中的 $A$ 点和 $B$ 点相连，以新的中线 $A$—1′—2′—4′—3′—$B$ 代替原来两端的中线 $A$—1—2 和 $B$—3—4，并以此指导砌最后一段永久支护及铺设永久轨道。

对次要巷道只需将最后几架棚子加以调整即可。

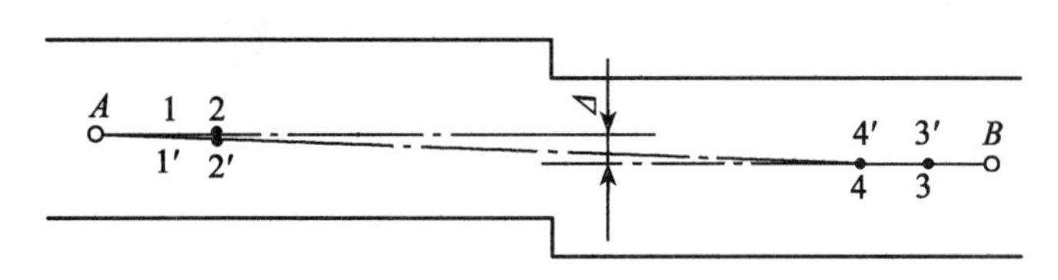


图 6.19 贯通后中线的调整

2. 腰线的调整

如果贯通后实际的高程偏差很小，则可以按实测高差和距离计算出最后一段巷道的坡度，并重新标定出新的腰线。

在平巷中，如果贯通的高程偏差较大时，可以适当延长调整坡度的距离。如图 6.20 所示，实测贯通高程偏差(腰线偏差)为 60mm，由贯通相遇点向两端各后退 30m，与该处的原有腰线点相连接，则得调整后的腰线，其坡度由原设计的 4‰变为 3‰。如果由 $K$ 点向两端只后退 15m，则调整后的腰线坡度由原设计的 4‰变为 2‰。而在斜巷中，通常对腰线的调整要求不十分严格，可由掘进人员自行掌握。

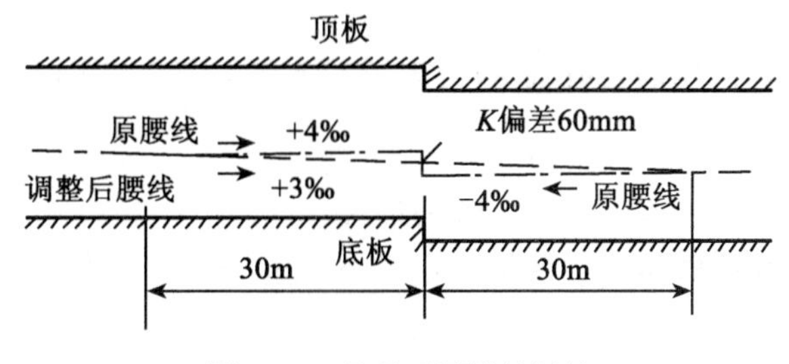


图 6.20 贯通后腰线的调整

## 6.6 导线边归化到投影水平面和高斯投影面的改正问题

对于一些特大型重要贯通，应根据矿区在投影带内所处的位置、近井网的情况、矿井地面与井下巷道的高差等情况，考虑加入井下导线边长归化到投影水准面的改正 $\Delta L_M$ 和投影到高斯—克吕格投影面的改正 $\Delta L_G$。而地面导线一般在平差计算时都已归化到投影水准面和高斯投影面上，投影后的边长已经产生变形。如图 6.21 所示。如果井下导线边长不作相应的归化改正，就会使井上、井下的长度关系不一致，从而可能使两井之间的大型贯通产生较大的偏差。下面对这两项改正做进一步讨论。

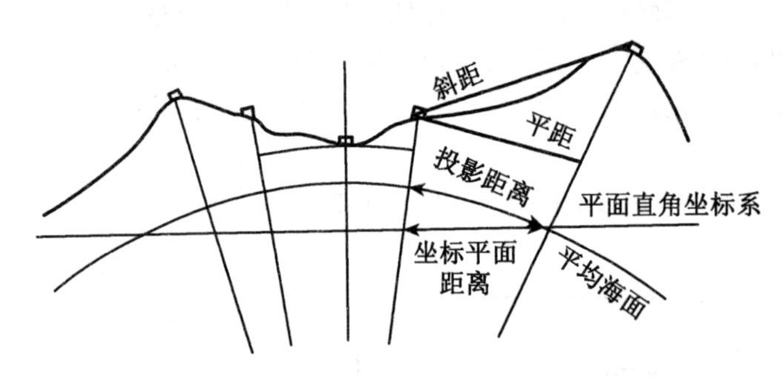


图 6.21 井下导线边长投影改正

### 6.6.1 两项改正数的综合改正计算方法

我们知道，导线边长归化到投影水准面的改正数为：$\Delta L_M=-\frac{H_m}{R}l$，边长投影到高斯投影面的改正为

$$\Delta L_G=+\frac{y_m^2}{2R^2}l$$

两项改正数的综合影响为

$$\Delta L_{GM}=\left(\frac{y_m^2}{2R^2}-\frac{H_m}{R}\right)l=(K_1-K_2)l=Kl$$

式中：$K_1$——边长归化到高斯投影面的改正数，$K_1=\frac{y_m^2}{2R^2}$，在同一矿井中可视为一个常数；

$K_2$——边长归化到高斯投影面的改正数，$K_2=-\frac{H_m}{R}$，在同一矿井中可视为一个常数；

$K$——两项改正的综合影响系数，$K=K_1-K_2$。

综合影响系数 $K$ 可根据导线边两端点的平均高程 $H_m$ 和平均横坐标 $y_m$ 来进行计算。例如井下导线边水平长度为 60m，则 $l=60\text{m}$，$H_m=+385\text{m}=0.385\text{km}$，$y_m=126\text{km}$，$R=$

6371km,则 $K=\frac{126^2}{2\times6371^2}-\frac{0.385}{6371}=0.000135$($K$ 值无单位)，此即为两项改正的综合影响系数。$K$ 与边长相乘，则得边长的最终改正数：

$$\Delta L_{GM}=Kl=0.000135\times60\text{m}=0.0081\text{m}=8.1\text{mm}。$$

### 6.6.2　两项改正对贯通的影响及其改正计算方法

上述的两项改正数对贯通的影响应视具体情况而定。有时影响相当大，有时影响则可以忽略不计。现分析如下：

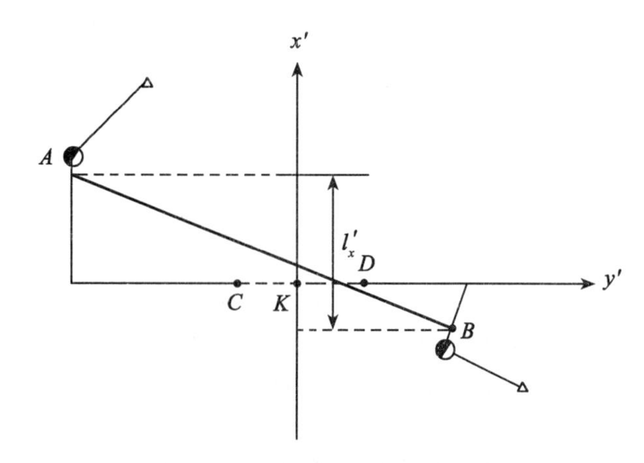


图 6.22　两项改正对贯通的影响

当在两井之间贯通平巷时，两项改正数对贯通相遇点 $K$ 在水平重要方向(与巷道中线相垂直的 $X'$轴方向)的影响，与贯通图形有关。如图 6.22 所示，$A$、$B$ 为两竖井在井下某水平的导线起始点，现欲贯通 $C$、$D$ 段的巷道，则 $X'$轴方向为该贯通的水平重要方向。如果按前述公式计算的两项改正的综合影响系数为 $K$，则井下导线的综合改正数为

$$\Delta L_{X'}=Kl_{x'} \tag{6-15}$$

式中：$l_{x'}$——井下两条贯通导线的起始点 $A$ 和 $B$ 连线在 $X'$轴方向上的投影长度，其值可以直接在图上量取。

例如，当井下导线边的平均高程为 $H_m=-400\text{m}$，导线的平均横坐标 $y_m=120\text{km}$，$l_{x'}=1200\text{m}$ 时，可以计算出

$$K=\frac{120^2}{2\times6371^2}-\frac{-0.400}{6371}=0.00024$$

则

$$\Delta L_{X'}=Kl_{x'}=0.00024\times1200=0.288\text{m}。$$

可见，在这种情况下，两项改正数对贯通的影响是很大的，已接近贯通的允许误差，所以必须加以改正。从前面的计算可以看出，当两条贯通导线的起始点 $A$、$B$ 连线与贯通的水平重要方向 $X'$轴方向平行时，其影响是最大的。

当立井贯通时，两项改正的综合改正数为

$$\Delta L = Kl \tag{6-16}$$

式中：$l$——井下贯通导线的起始点与贯通中心线连线的长度，其值可以直接在图上量取。

一般说来，若估算所得的改正数值大于贯通容许误差的1/3～1/5时，井下导线边长必须进行上述两项改正。

## ◎ 习　　题

1. 什么叫贯通？它有哪几种类型？贯通测量工作有何特点？
2. 贯通测量的步骤是什么？
3. 贯通测量中应当注意的事项有哪些？
4. 贯通的几何要素有哪些？它们有什么作用？
5. 一井之内的贯通与两井之间的贯通各需要考虑哪些因素？
6. 贯通后的中线偏差如何调整？
7. 贯通后的腰线偏差如何调整？
8. 请写出两项改正数的计算公式。
9. 如图6.9所示，现要在 $B$、$A$ 之间贯通一煤巷，其已知数据如下：$B$ 点坐标为(95160.008，38918.363，50.844)，$A$ 点坐标为(95285.172，38279.293，92.007)，$\alpha_{AC} = 255°47'30''$，$\alpha_{BD} = 228°58'19''$，请计算贯通巷道 $BA$ 的平距、坐标方位角、斜距、$A$ 点和 $B$ 点的转角等贯通标定要素。
10. 在图6.9中，如果知道以下数据：$B$ 点坐标为(95160.008，38918.363，50.844)，$\alpha_{AC} = 255°47'30''$，$\alpha_{BD} = 228°58'19''$，已知贯通巷道 $BA$ 的方位角为335°，估算得到 $A$ 点(待定点)的高程为92.000，请计算 $A$ 点的坐标、$BA$ 的平距、$CA$ 的平距、$CA$ 的斜距、$A$ 点和 $B$ 点的转角。

# 第7章　矿井定向的精度分析

**【教学目标】**

学习本章，要了解一井定向中垂球线投点和投向误差的来源以及减小投点误差的措施，掌握两井定向地面连接误差和井下连接误差，能够进行误差计算；掌握陀螺定向的原理，会进行陀螺定向的精度评定和导线平差。

## 7.1　一井定向的误差

### 7.1.1　用垂球线投点和投向的误差

根据《煤矿测量规程》要求，一井两次独立定向所算得的井下定向边的方位角之差，不应超过2′，则一次定向的允许误差是$\frac{2'}{\sqrt{2}}$。若采用两倍中误差作为允许误差，测一次定向的中误差为

$$M_{a_0}=\pm\frac{2'}{2\sqrt{2}}=\pm 42''$$

此误差由三部分组成：①井上的连接误差$m_上$；②投向误差$\theta$；③井下的连接误差$m_下$。故

$$M_{a_0}=\pm\sqrt{m_上^2+\theta^2+m_下^2} \tag{7-1}$$

一般情况下，一井定向的投向误差和连接误差大致相等。即$m_上^2+m_下^2\approx\theta^2$，则投向误差应大于下列数值：

$$\theta\leqslant\frac{M_{a_0}}{\sqrt{2}}\leqslant\pm\frac{42''}{2\sqrt{2}}\leqslant\pm 30'' \tag{7-2}$$

若井上与井下的连接误差相等时，则

$$m_上=m_下\leqslant\pm\frac{30''}{\sqrt{2}}\leqslant 21'' \tag{7-3}$$

下面根据上述精度要求，对用垂球线投点的投点误差、投向误差、一井定向的误差加以分析。

用垂球线投点的误差来源及估算方法。在井筒中用垂球线投点的误差的主要来源：

(1)气流对垂球线和垂球的作用；

(2)滴水对垂球线的影响；

(3)钢丝的弹性作用；

(4)垂球线的摆动面和标尺面不平行；

(5)垂球线的附生摆动。

下面分别就上述各因素加以讨论。

a. 气流对垂球线和垂球的作用

井筒中气流对垂球线的影响是十分复杂的，但又是一个很重要的问题。国内外一些矿山测量人员用实验观测的方法进行了不少研究工作。综合分析观测结果可得出如下结论：

(1)井筒中气流所引起的垂球线偏斜是投点误差的最主要来源，也是一井定向的最主要误差来源。

(2)井筒中气流对垂球线的作用主要发生在马头门处(见图7.1)，如对垂球线加防风套筒，可大大减少风流的影响。

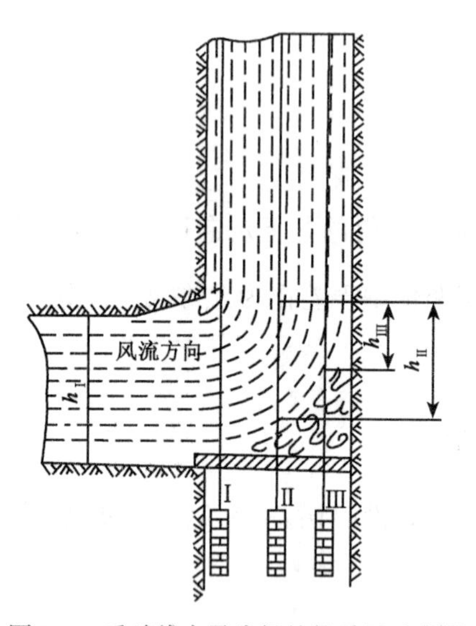


图7.1　垂球线在马头门处的受压示意图

(3)当井深为300～600m时，投点误差不超过1.5～2mm。

投点误差$e$可用下式进行计算：

$$e=\frac{phH}{Q} \tag{7-4}$$

式中：$p$——钢丝单位长度所受的侧压力；

$h$——马头门的高度；

$H$——井深；

$Q$——垂球的重量。

垂球线因受气流的影响所产生的偏斜值与垂球重量成反比，而与井深成正比。

b. 井筒内滴水对垂球线的影响

井筒内的滴水、涌水或水管的漏水，将打击垂球线和垂球，破坏其均匀摆动的状态，但这些现象不可能用数学公式来表达。因此，在选择垂球线的悬挂位置时，应注意滴水的影响，并将垂球放入大水桶中稳定。

c. 钢丝的弹性作用

钢丝弹性的影响表现在两个方面。一方面当缠在绞筒上的钢丝放入井内时，钢丝仍在企图保持原来的环状。这样就使钢丝上各点偏离了其中心位置。为此，应采用直径大于250mm的绞车、细的钢丝和适当的垂重，以减少其影响。

另一方面是当钢丝自滑轮经定点板放入井筒时，因定点板的中心不是恰好与滑轮槽位于同一铅直线上，故定点板与滑轮间这一段钢丝将成倾斜状态。由于钢丝的弹性，当经过定点板后，钢丝仍将有一小段斜向的位置，往下才逐渐被垂重拉直。为避免这种影响，应在定点板下方钢丝已完全铅直的部分进行地面连接测量。在布置滑轮与定点板时，应使两者间的一段倾斜线与铅垂线的交角$\beta$尽可能小，同时两定点板应尽可能布置在两垂球线的连线方向上，以减少它对投向的影响(见图7.2)。

d. 垂球线的摆动面与标尺面不平行

如图7.3所示。当从经纬仪 $C$ 对垂球线的摆动极边位置 $L$ 和 $R$ 进行多次观测，在标尺 $MN$ 上读取一系列读数 $l$ 和 $r$，然后取其平均值求得标尺上的读数时，则垂球线的摆动方向 $LR$ 与标尺面 $MN$ 平行和不平行时引起的差距 $aa_0$ 为

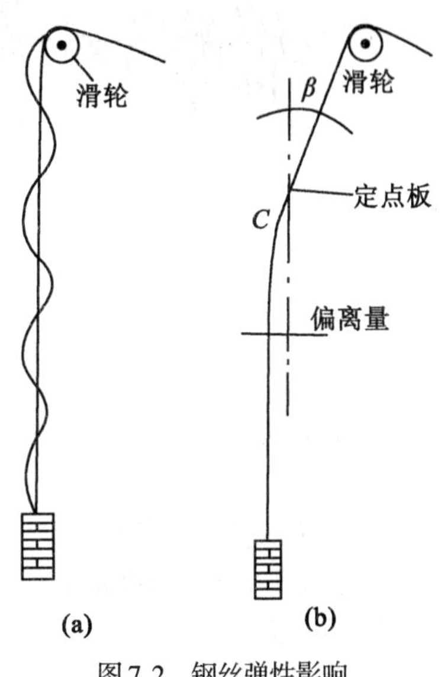

图7.2 钢丝弹性影响

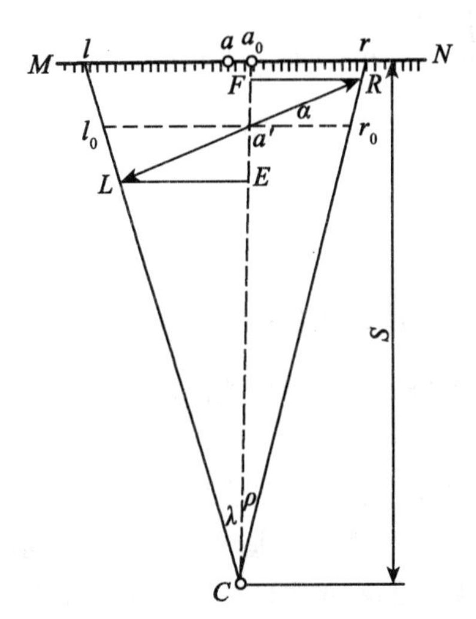

图7.3 垂球线摆动与标尺不平行的误差

$$aa_0 = \frac{\omega_2 \sin 2\partial}{8S} \tag{7-5}$$

式中：$\omega$——垂球线的摆幅(即 $LR$)；

$S$——经纬仪至标尺的距离；

$\alpha$——垂球线摆动方向与标尺间的夹角。

e. 垂球线的附生摆动

在理想的条件下，井筒内垂球线的摆动，应像钟摆一样具有均匀而逐渐衰减的摆动。但由大量的实际观测资料发现，垂球线各相邻摆幅的平均中点位置的连线，并没有成为一条直线，而是向左右偏移的曲线。这说明有一系列的其他摆动附加在主要摆动上，而影响了主要摆动的摆幅。

当垂球有了附生摆动后，按标尺读数所求得的平均位置，就不等于其真正的稳定位置，从而产生了投点误差。经研究发现产生附生摆动的主要原因为：

(1)井筒内气流变化的影响；

(2)井筒内滴水的打击；

(3)气流对钢丝的摩擦作用；

(4)地面垂球线固定点的振动；

(5)钢丝的弹性。

将垂球浸入稳定液中后，垂球线的浮生摆动可大幅度减小，如图7.4(a)所示。

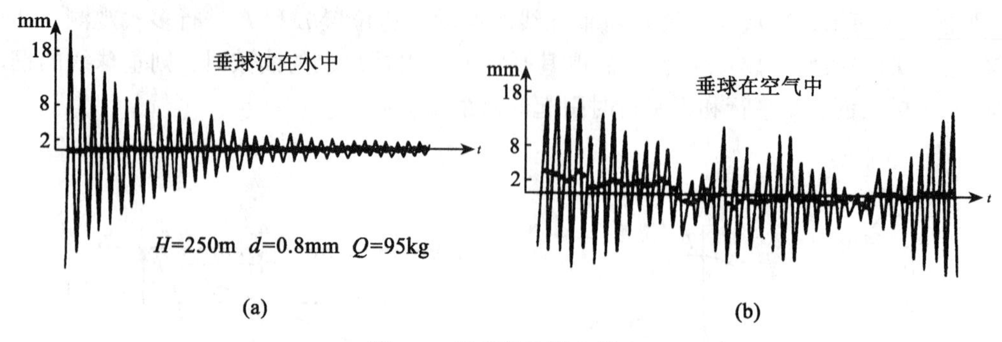


图 7.4　垂球线的附生摆动

### 7.1.2　减少投点误差的措施

(1)尽量增大两垂球线间的距离，并选择合理的垂球线位置；

(2)尽量减小马头门处气流对垂球线的影响；

(3)采用小直径、高强度的钢丝，加大垂球重量，并将垂球浸入稳定液中；

(4)摆动观测时，垂球线摆动的方向尽量和标尺面平行但不宜超过 100mm；

(5)减小滴水对垂球线及垂球的影响，在大水桶上加挡水盖。

### 7.1.3　用垂球线投向的误差

通过一个立井的几何定向测量，是通过两根垂球线将地面方向引到井下定向水平的。由于垂球线的偏斜，便引起了两垂球线的方向的误差，即投向误差，以 $\theta$ 表示。$\theta$ 值的大小直接与投点误差 $e$ 的大小及其方向有关(见图 7.5)

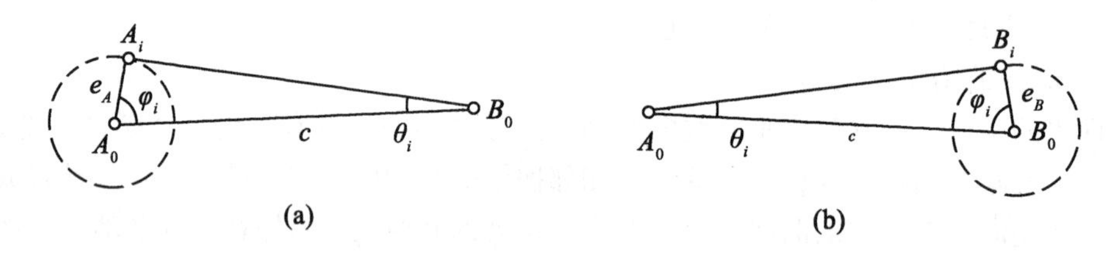


图 7.5　垂球线的投向误差

$A_0$、$H_0$—垂球线在地面上的位置　$A_i$、$B_i$—垂球线在定向水平上偏斜后的某一位置

$e_A$、$e_B$—$A_0$ 和 $B_0$ 在定向水平上的投点线误差　$\varphi_i$—垂球线的偏斜方向与两垂球线方向的夹角

$\theta_i$—垂球线在某一偏斜情况下所引起的投向误差　$c$—两垂球线之间的距离

利用公式可以得到

$$Q''_A = \pm\rho''\frac{e_A}{c\sqrt{2}} \qquad Q''_B = \pm\rho''\frac{e_B}{c\sqrt{2}}$$

若两根垂球线的投点条件相同，即认为 $e_A=e_B=e$，则总的投向误差为

$$\theta''=\sqrt{\theta_A^2+\theta_B^2}=\pm\frac{\rho''}{c}\sqrt{\frac{e_A^2+e_B^2}{2}}=\pm\frac{e}{c}\rho'' \tag{7-6}$$

### 7.1.4 连接三角形最有利的形状

用三角形连接法进行连接的一井定向测量，由图 7.6 可知，井下导线起始边 $C'D'$ 的方位角 $\alpha_{C'D'}$ 可用下式计算：

$$\alpha_{C'D'}=\alpha_{DC}+\varphi-\alpha+\beta'+\varphi'\pm4\times180^\circ$$

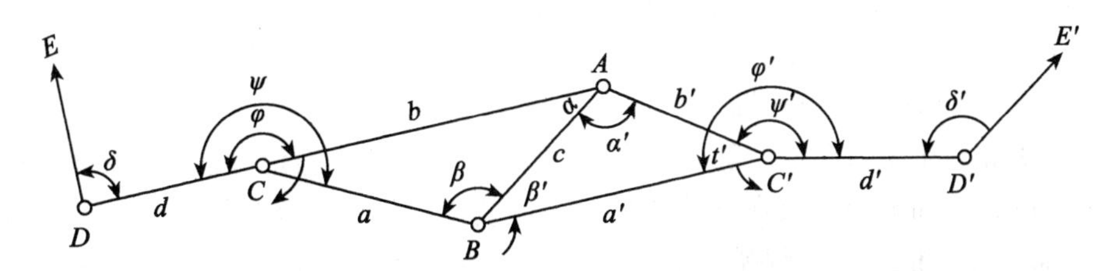


图 7.6 连接三角形示意图

方位角 $\alpha_{C'D'}$ 的误差，就是定向误差，以 $m_{C'D'}$ 表示。它除了包括计算中的所用到的各角度的误差外，还有投向误差 $\theta$。因此总的定向误差为

$$m_{\alpha_{C'D'}}^2=m_{\alpha_{CD}}^2+m_\varphi^2+m_\partial^2+m_\beta^2+m_\phi^2+\theta^2 \tag{7-7}$$

如果将上式分为井上和井下连接误差及投向误差三部分，则又可写成

$$M_{\alpha_0}^2=m_{\alpha_{C'D'}}^2=m_{上}^2+\theta^2+m_{下}^2 \tag{7-8}$$

式中：

$$m_{上}^2=m_{\alpha_{CD}}^2+m_\varphi^2+m_\phi^2 \tag{7-9}$$

$$m_{下}^2=m_{\beta'}^2+m_{\varphi'}^2 \tag{7-10}$$

下面分别对这些误差进行分析。

计算中所用到的垂球线处的角度 $\alpha$，在延伸三角形中使用正弦公式算得的，即

$$\sin\alpha=\frac{a}{c}\sin\gamma$$

角度 $\alpha$ 为测量值 $a$、$c$ 和 $\gamma$ 的函数，故误差公式为

$$m_\alpha^2=\left(\frac{\partial\alpha}{\partial a}\right)^2m_a^2\rho^2+\left(\frac{\partial\alpha}{\partial c}\right)^2m_c^2\rho^2+\left(\frac{\partial\alpha}{\partial\gamma}\right)^2m_\gamma^2 \tag{7-11}$$

将式(7-11)中各偏导数值代入并进行整理后，则可得

$$m_\alpha=\pm\sqrt{\rho^2\tan^2\alpha\left(\frac{m_a^2}{a^2}+\frac{m_c^2}{c^2}-\frac{m_\gamma^2}{\rho^2}\right)+\frac{a^2}{c^2\cos^2\alpha}m_\gamma^2} \tag{7-12}$$

对 $\beta$ 角同样可得

$$m_\beta=\pm\sqrt{\rho^2\tan^2\beta\left(\frac{m_b^2}{b^2}+\frac{m_c^2}{c^2}-\frac{m_\gamma^2}{\rho^2}\right)+\frac{b^2}{c^2\cos^2\beta}m_\gamma^2} \tag{7-13}$$

对井下定向水平的连接三角形，也可得到同样的公式。

由式(7-12)和式(7-13)看出，当 $\alpha\approx0°$，$\beta\approx180°$时，则各测量差对于垂球线处角度的精度影响最小，因为此时

$$\tan\alpha\approx0，\tan\beta\approx0，\cos\alpha\approx1，\cos\beta\approx-1$$

故式(7-12)和式(7-13)可变成：

$$\begin{aligned} m''_\alpha &= \pm\frac{a}{c}m''_\gamma \\ m''_\beta &= \pm\frac{b}{c}m''_\gamma \end{aligned} \tag{7-14}$$

当 $\alpha<2°$，$\beta>178°$时，角度的误差即可用上式计算。

分析上述误差公式可得如下结论：

(1)连接三角形最有利的形状为锐角不大于2°的延伸三角形。

(2)计算角 $\alpha$ 和 $\beta$ 的误差，随测量角 $\gamma$ 的误差($m_\gamma$ 只含测角方法误差)增大而增大，随比值 $a/c$ 的减小而减小。故在连接测量时，应使连接点 $C$ 和 $C'$尽可能靠近最近的垂球线，并精确地测量角度 $\gamma$。《煤矿测量规程》规定 $a/c$(或 $b/c$)的值应尽量小一些。

(3)两垂球线间的距离 $c$ 越大，则计算角的误差越小。

(4)在延伸三角形时，量边误差对定向精度的影响较小。

### 7.1.5 连接角的误差对连接精度的影响

在图7.7中，$A$ 和 $B$ 为垂球线，$CD$ 为地面连接边。由上述讨论可知，布置连接三角形时，要求连接点 $C$ 适当地靠近垂球线，那么，在这种短边的情况下，测连接角 $\varphi$ 的误差对连接精度，即方位角 $\alpha_{AB}$的影响如何呢？这是必须讨论的问题。

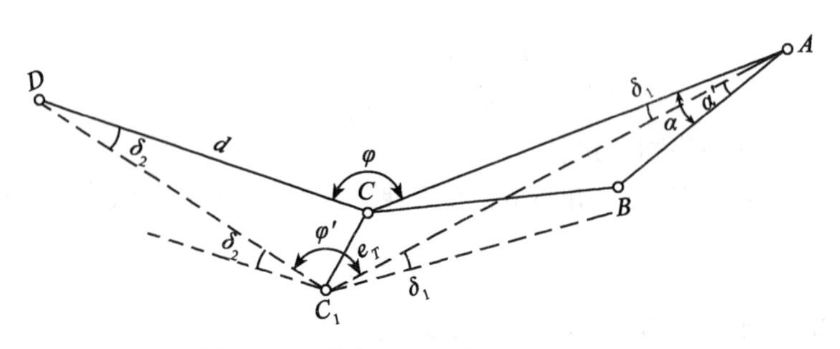


图7.7　经纬仪在连接点上的对中误差

首先，讨论经纬仪在连接点 $C$ 上的对中误差对连接精度的影响。

假设经纬仪在连接点 $C$ 上的对中有线量误差 $e_T$而对中在 $C_1$点上，则连接边就成了 $C_1D$。

因为在定向时，连接三角形的各测量元素($\gamma$ 角和 $a$、$b$、$c$ 边)都是根据经纬仪中心来测得的，所以仪器在 $C$ 点的对中误差对连接三角形的解算没有影响，而只是对垂球线的方位角 $\alpha_{AB}$的确定有影响。当经纬仪对中无误差时，则

$$\alpha_{AB}=\alpha_{DC}+\varphi-\alpha\pm2\times180°$$

当经纬仪有对中误差时，则

$$\alpha'_{AB}=\alpha_{DC}+\varphi'-\alpha'\pm2\times180°$$

由此而引起的确定方位角 $\alpha_{AB}$ 的误差为

$$\Delta=\alpha_{AB}-\alpha'_{AB}=\Phi-\Phi'-\alpha+\alpha'$$

由图9.7可知：

$$\Delta=\delta_2+\delta_1-\delta_1=\delta_2$$

故经纬仪对中不正确对 $\alpha_{AB}$ 的影响为 $\delta_2$。由相关公式可得中误差为

$$m_{\alpha_T}=\rho\frac{e_T}{\sqrt{2}d} \tag{7-15}$$

由上式可知，连接边 $d$ 越长，则此项误差就越小，它与 $CA$ 的长短无关。

其次，在连接测量时，还要考虑到 $D$ 点上的觇标对中误差 $m_{e_D}$，即

$$m_{e_D}=\pm\rho\frac{e_D}{\sqrt{2}d}$$

因此，在 $c$ 点测连接角 $\varphi$ 的误差，对连接精度的影响为 $m_\varphi$ 即

$$m_\varphi=\pm\sqrt{m_i^2+\left(\frac{e_T}{\sqrt{2}d}\right)^2\rho^2+\left(\frac{e_D}{\sqrt{2}d}\right)^2\rho^2} \tag{7-16}$$

式中：$m_i$——测量方法误差。

当 $e_T=e_D=e_1$ 时，则

$$m_\varphi=\pm\sqrt{m_i^2+\frac{e_1^2}{d^2}\rho^2} \tag{7-17}$$

由此可知，欲减少测量连接角的误差影响，主要应使连接边 $d$ 尽可能长些，并提高仪器及觇标的对中精度。《煤矿测量规程》要求 $d$ 尽量大于20m。

上述公式对估算井下连接测量 $\varphi$ 的误差也同样适用。

### 7.1.6 三角形连接法连接时一井定向的总误差

根据式(7-7)得定向总误差为

$$M_{\alpha_0}=m_{\alpha_{CD'}}=\pm\sqrt{m_{\alpha_{DC}}^2+m_\varphi^2+m_\beta^2+m_\phi^2+\theta^2}$$

式中各项误差的计算方法汇集如下：

$m_\varphi$ 和 $m_{\varphi'}$ 一样可用式(7-17)计算，即

$$m_\varphi=\pm\sqrt{m_i^2+\frac{e_1^2}{d^2}\rho^2}$$

投向误差 $\theta$ 可按式(7-6)计算，即

$$\theta''=\pm\frac{e}{c}\rho''$$

$m_\alpha$（或 $m_{\beta'}$）在 $\alpha<2°$，$\beta>178°$ 的延伸三角形中可用式(7-14)计算，即

$$m''_\alpha=\frac{a}{c}m''\gamma \qquad m''_\beta=\frac{b}{c}m''\gamma$$

由于连接边的方位角 $\alpha_{DC}$ 是由地面近井点设导线测出的，故 $m_{\alpha_{DC}}$ 可按支导线的误差累积公式计算，即

$$m_{\alpha_{DC}}=\pm m_{\beta}\sqrt{n}$$

式中：$m_{\beta}$——地面近井导线的测角中误差；

$n$——近井导线的角数。

## 7.2 两井定向的误差

两井定向也和一井定向一样，是由投点、井上连接和井下连接三个部分组成的。因此，井下连接导线某一边方位角的总误差为

$$M_{\alpha_0}=\pm\sqrt{m_{上}^2+\theta^2+m_{下}^2} \tag{7-18}$$

式中：$\theta$ 为投向误差，同样可按式(7-6)计算。但此时因两垂球线间的距离 $c$ 加大，投向误差对定向精度的影响就不像一井定向那样起主要作用了。

《煤矿测量规程》规定，两井两次独立定向所算得的井下定向边的方位角之差，不应超过±1′。则一次定向的中误差为

$$M_{\alpha_0}=\pm\frac{60''}{2\sqrt{2}}=\pm21.2''$$

若忽略投向误差 $\theta$，认为井上、下连接误差大致相同，则

$$m_{上}=m_{下}=\pm\frac{21''.2}{\sqrt{2}}=\pm15''$$

下面分别研究井上、下连接误差 $m_{上}$ 和 $m_{下}$ 的估算方法。

### 7.2.1 地面连接误差

两井定向时，井下连接导线某一边的方位角是按下式计算的：

$$\alpha_l=a_{AB}-\alpha'_{AB}+\alpha'_i \tag{7-19}$$

式中：$\alpha_{AB}$——两垂球线的连线在地面坐标系统中的方位角；

$\alpha'_{AB}$——两垂球线的连线在井下假定坐标系统中的方位角；

$\alpha'_i$——该边在假定坐标系统中的假定方位角。

式(7-19)中仅方位角 $m_{\alpha}$ 与地面连接有关，故地面连接误差 $m_{上}=m_{\alpha_{AB}}$。

两井定向的地面连接，根据两井距离的远近，可以采取两种不同的方案，现分述其连接误差如下。

(1)由一个近井点向两垂球线敷设连接方案的误差。

如图 7.8 所示，地面连接误差包括由近井点 $T$ 到结点Ⅱ和由结点Ⅱ到两垂球线 $A$、$B$ 所设两部分导线的误差。为了研究方便起见，假定一坐标系统：$AB$ 为 $y$ 轴，垂直于 $AB$ 的方向线为 $x$ 轴。则

$$m_{上}=m_{\alpha_{AB}}\pm\sqrt{\frac{\rho^2}{c^2}(m_{x_A}^2+m_{x_B}^2)+nm_{\beta}^2} \tag{7-20}$$

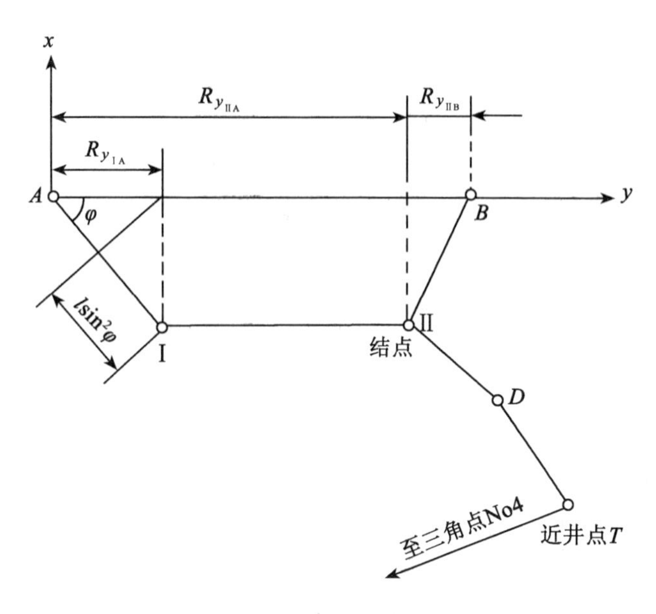


图 7.8　一个近井点的两井定向地面连接

式中：$c$——两垂球线间的距离；

$m_{x_A}$——由结点到垂球线 $A$ 间所测设的支导线误差所引起的 $A$ 点在 $x$ 轴方向上的位置误差；

$m_{x_B}$——由结点到垂球线 $B$ 间所测设的支导线误差所引起的 $B$ 点在 $x$ 轴方向上的位置误差；

$n$——由近井点到结点间的导线测角数；

$m_\beta$——由近井点到结点间导线的测角误差。

式中：

$$m_{x_A} = \pm\sqrt{m_{x_{A_\beta}}^2 + m_{x_{A_l}}^2}$$

$$m_{x_b} = \pm\sqrt{m_{x_{B_\beta}}^2 + m_{x_{b_l}}^2}$$

上式中

$$m_{x_{A_\beta}} = \pm\frac{m_\theta}{\rho}\sqrt{\sum_1^A R_{y_A}^2} \qquad m_{x_{A_l}} = \pm\sqrt{\sum_1^A m_l^2\sin^2\varphi}$$

$$m_{x_B} = \pm\frac{m_\theta}{\rho}\sqrt{\sum_1^B R_{y_B}^2} \qquad m_{x_{B_l}} = \pm\sqrt{\sum_1^B m_1^2\sin^2\varphi}$$

式中：$R_{y_A}$——由结点到垂球线 $A$ 间的导线上各点到 $A$ 的距离在 $AB$ 线上的投影；

$R_{y_B}$——由结点到垂球线 $B$ 间的导线上各点到 $B$ 的距离在 $AB$ 线上的投影；

$\varphi$——导线各边与 $AB$ 连线间的夹角。

在这种情况下，量边的系统误差对方位角 $m_{AB}$ 没有影响。故量边误差对 $A$、$B$ 点位的影响可用下式计算：

$$m_{x_{A_l}} = \pm a\sqrt{\sum_{1}^{A} l\sin^2\varphi} \qquad m_{x_{B_l}} = \pm a\sqrt{\sum_{1}^{B} l\sin^2\varphi}$$

式中：$a$——量边的偶然误差影响系数；

$l$——导线边长。

(2)分别由两个近井点向相应的两垂球线连接方案的误差。

如图7.9所示，同样假定$AB$为$y$轴，垂直于$AB$的方向为$x$轴。则方位角$m_{AB}$的误差用下式计算：

$$m_{上} = m_{x_{AB}} = \pm\frac{\rho}{c}\sqrt{m_{x_A}^2 + m_{x_B}^2} \tag{7-21}$$

其中

$$m_{x_A}^2 = m_{x_{a_{01}}}^2 + m_{x_5}^2 + \frac{1}{\rho^2}\sum_{S}^{A} m_\beta^2 R_{y_A}^2 + \sum_{S}^{A} m_l^2 \sin^2\varphi$$

$$m_{x_B}^2 = m_{x_{a_{01}}}^2 + m_{x_T}^2 + \frac{1}{\rho^2}\sum_{T}^{B} m_\beta^2 R_{y_B}^2 + \sum_{T}^{B} m_l^2 \sin^2\varphi$$

式中：$m_{x_{\alpha c1}}$，$m_{x_{c2}}$——近井点$S$和$T$处的起始方位角中误差所引起的$A$、$B$垂球线在$x$轴上的误差；

$m_{x_s}$，$m_{x_T}$——近井点$S$和$T$的$x$坐标误差，可按相对点位误差椭圆来求算。

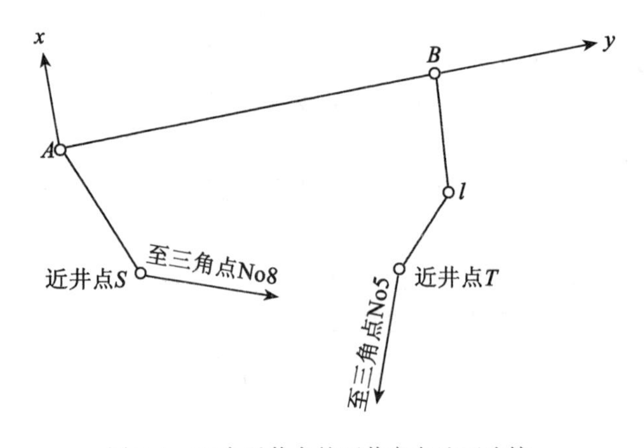


图7.9　两个近井点的两井定向地面连接

### 7.2.2　井下连接误差

图7.10为井下连接导线图，共测了$n-1$个角和$n$条边。井下连接误差是由井下导线的测角误差$m_\beta$和量边误差$m_l$所引起的，即

$$m_{下}^2 = m_{a_1}^2 = m_{\alpha_\beta}^2 + m_{\alpha_l}^2 \tag{7-22}$$

式中：$m_{\alpha_\beta}$，$m_{\alpha_l}$——测角和量边误差所引起的井下导线某边的方位角误差。

a. 由井下导线测角误差所引起的连接误差

$$m_{\alpha_\beta}^2 = \left(\frac{\partial\alpha}{\partial\beta_1}\right)^2 m_{\beta_1}^2 + \left(\frac{\partial\alpha}{\partial\beta_2}\right)^2 m_{\beta_2}^2 + \cdots + \left(\frac{\partial\alpha}{\partial\beta_{n-1}}\right)^2 m_{\beta_{n-1}}^2 \tag{7-23}$$

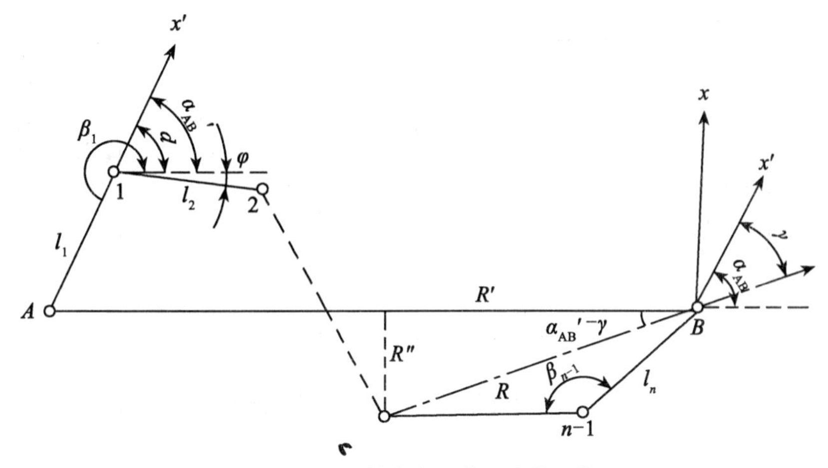


图 7.10　两井定向的井下连接导线

由式(7-19)对井下导线的角度取偏导数，得

$$\frac{\partial\alpha}{\partial\beta}=\frac{\partial\alpha_{AB}}{\partial\beta}-\frac{\partial\alpha'_{AB}}{\partial\beta}+\frac{\partial\alpha'}{\partial\beta}$$

因为方位角 $m_{AB}$是由地面连接测量算得的，与井下测量无关，故$\frac{\partial\alpha_{AB}}{\partial\beta}=0$。因此，上式可写为

$$\frac{\partial\alpha}{\partial\beta}=\frac{\partial\alpha'}{\partial\beta}-\frac{\partial\alpha'_{AB}}{\partial\beta}\tag{7-24}$$

由于井下导线各边的假定方位角 $\alpha'$是由不同的角度 $\beta$ 算得的，因此对不同的边来说，其$\frac{\partial\alpha'}{\partial\beta}$之值也不同。

将 $\alpha'_i$ 及 $\alpha'_{AB}$对 $\beta$ 的偏导数值代入上式，然后再代入式(7-23)，即可求得不同边的方位角误差。经简化，即可得出由井下导线测角误差所引起的不同边的连接误差计算公式：

$$\begin{aligned}
m^2_{\alpha_{2\beta}}&=\frac{m^2_\beta}{c^2}\left(R'^2_{1A}+\sum_2^{n-1}R'^2_{iB}\right)\\
m^2_{\alpha_{3\beta}}&=\frac{m^2_\beta}{c^2}\left(\sum_1^{2}R'^2_{iA}+\sum_3^{n-1}R'^2_{iB}\right)\\
m^2_{\alpha_{i\beta}}&=\frac{m^2_\beta}{c^2}\left(\sum_1^{i-1}R'^2_{iA}+\sum_1^{n-1}R'^2_{iB}\right)
\end{aligned}\tag{7-25}$$

式中：$R'_{iA}$(见图 7.11)为由导线点 1，2，3，…，$(i-1)$到垂球线 $A$ 的距离在 $AB$ 连线上的投影；而 $R'_{iB}$则为由导线点 $i$，$i+1$，…，$(n-1)$到垂球线 $B$ 的距离在 $AB$ 连接上的投影。

b. 由井下导线量边误差所引起的连接误差

$$m^2_{\alpha_l}=\left(\frac{\partial\alpha}{\partial l_1}\right)^2\rho^2m^2_{l_1}+\left(\frac{\partial\alpha}{\partial l_2}\right)^2\rho^2m^2_{l_2}+\cdots+\left(\frac{\partial\alpha}{\partial l_n}\right)\rho^2m^2_{l_n}\tag{7-26}$$

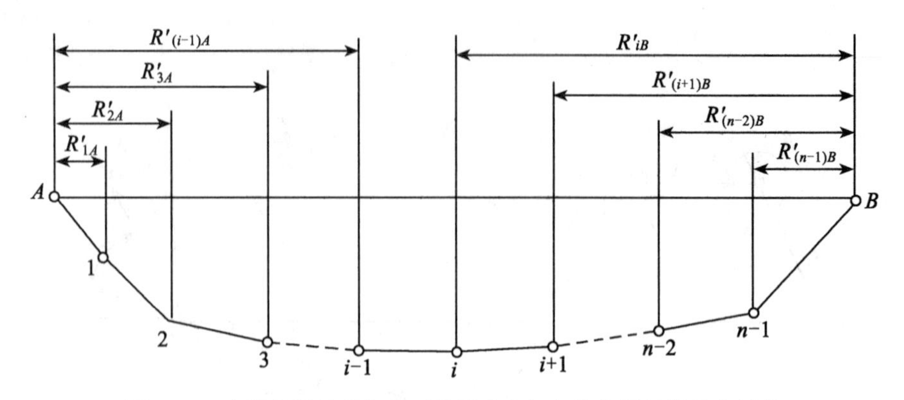


图 7.11　由测角误差引起井下导线边坐标方位角误差的简化计算

因
$$\alpha=\alpha_{AB}-\alpha'_{AB}+\alpha'$$
则
$$\frac{\partial\alpha}{\partial l}=\frac{\partial\alpha_{AB}}{\partial l}-\frac{\partial\alpha'_{AB}}{\partial l}+\frac{\partial\alpha'}{\partial l}$$

由于 $\alpha_{AB}$ 及 $\alpha'$ 均与井下量边无关，因此

$$\frac{\partial\alpha}{\partial l}=-\frac{\partial\alpha'_{AB}}{\partial l}$$

求算偏导数，并将各偏导数代入式(7-26)中，得

$$m_{\alpha_l}^2=\frac{\rho^2}{c^2}(\sin^2\varphi_1 m_{l_1}^2+\sin^2\varphi_2 m_{l_2}^2+\cdots+\sin^2\varphi_n m_{l_n}^2)=\frac{\rho^2}{c^2}\sum_1^n\sin^2\varphi_1 m_{l_1}^2$$

考虑到量边中包括系统误差和偶然误差的影响，而量边的系统误差对方位角没有影响，因此，用钢尺量边时，上式可写成：

$$m_{\alpha_l}^2=\frac{\rho^2\alpha^2}{c^2}\sum_1^n\sin^2\varphi_1$$
$$m_{\alpha_l}=\rho\ \frac{\alpha}{c}\sqrt{\sum_1^n l_1\sin^2\varphi_1}\tag{7-27}$$

式(7-27)即为计算井下导线量边误差而引起的任一边方位角的误差公式。式中 $\varphi_i$ 为井下导线各边与 $AB$ 连线的夹角。

c. 由井下导线测角量边误差所引起的各边的连接总误差

(1)第二边的井下连接误差。

$$m_{\alpha_2}=\pm\sqrt{m_{\alpha_{2\beta}}^2+m_{\alpha_l}^2}\tag{7-28}$$

(2)其他各边可类推。第 $i$ 边则为：

$$m_{\alpha_1}=\pm\sqrt{m_{\alpha_{1\beta}}^2+m_{\alpha_l}^2}\tag{7-29}$$

### 7.2.3　井上下两垂球线间距离的容许差值

在两井定向中，两垂球线之间的距离是由坐标反算得来的。据地面连接所算得的距离

$c$ 同井下连接按假定坐标系统所算得的距离 $c'$ 加上改正数 $\frac{H}{R}c$ 后，在理论上应该相等。但由于投点误差和井上下连接误差的影响，两者不可能相等，其差值为

$$f_c = c - \left(c' + \frac{H}{R}c\right)$$

但考虑到投点误差的影响很小，可忽略不计，故可把 $f_c$ 看做是井上、下连接误差所引起的。将连接导线看做始点为 $A$、终点为 $B$ 的支导线，按《煤矿测量规程》要求，取二倍中误差作为容许误差，则得

$$f_c \leqslant \Delta c = 2\sqrt{\frac{1}{\rho^2}\sum_A^B m_{\beta_1}^2 R_{x_1}^2 + \sum_A^B m_{l_1}^2 \cos^2\varphi_2} \tag{7-30}$$

式中：$m_{\beta_i}$——导线测角中误差；

$R_{x_i}$——井下、地面(不包括近井点到结点)的连接导线各点到 $AB$ 连线的垂直距离；

$m_{l_i}$、$\varphi_i$——井下、地面(不包括近井点到结点)的连接导线各边的量边误差及各边与 $AB$ 边线的夹角；

$H$——井筒深度；

$R$——地球平均曲率半径。

关于两井定向的平差，即差值 $f_c$ 的分配问题，通常用近似平差法解决。

## 7.3 陀螺定向的误差

### 7.3.1 陀螺定向的精度评定

陀螺经纬仪的定向精度主要以陀螺方位角一次测定中误差 $m_T$ 和一次定向中误差 $m_\alpha$ 表示。

a. 陀螺方位角一次测定中误差

在待定边进行陀螺定向前，陀螺仪需在地面已知坐标方位角边上测定仪器常数 $\Delta$。按《煤矿测量规程》的规定，前后共需测 4 ~6 次，这样就可按白塞尔公式计算陀螺方位角一次测定中误差，即仪器常数一次测定中误差为

$$m_\Delta = m_T = \pm\sqrt{\frac{[vv]}{n_\Delta - 1}} \tag{7-31}$$

式中：$v_i$——仪器常数的平均值与各次仪器常数的差值；

$n_\Delta$——测定仪器常数的次数。

则测定仪器常数平均值的中误差为

$$m_{\Delta平} = m_{T平} = \pm\frac{m_T}{\sqrt{n_\Delta}} \tag{7-32}$$

b. 一次定向中误差

井下陀螺定向边的坐标方位角为

$$\alpha = \alpha'_T + \Delta_平 - \gamma$$

式中：$\alpha'_T$——井下陀螺定向边的陀螺方位角；

$\Delta_{平}$——仪器常数平均值；

$\gamma$——井下陀螺定向边仪器安置点的子午线收敛角。

所以一次定向中误差可按下式计算：

$$m_\alpha = \pm\sqrt{m_{\Delta平}^2 + m'^2_{T平} + m_\gamma^2} \tag{7-33}$$

式中：$m_{\Delta平}$——仪器常数平均值中误差；

$m'_{T平}$——待定变陀螺方位角平均值中误差；

$m_\gamma$——确定子午线收敛角的中误差；

因确定子午线收敛角的误差 $m_\gamma$ 较小，可忽略不计，故上式可写为

$$m_\alpha = \pm\sqrt{m_{\Delta平}^2 + \mathrm{m}'^2_{T平}} \tag{7-34}$$

当按《煤矿测量规程》要求，陀螺经纬仪定向的观测顺序按 3(测前地面测定仪器常数次数)，2(井下测定定向边陀螺方位角次数)，3(测后地面测定仪器常数次数)操作时，此时因井下只有一条定向边或定向边极少，且观测陀螺方位角的次数又少(2 次)，则井下陀螺方位角一次测定中误差可采用近似的方法计算。因地面井下都采用同一台仪器，使用同一种观测方法，一般都由同一观测者操作，则可认为井上下一次测定陀螺方位角的条件大致相同，所以可取 $m'_T = m_\Delta$。此时一次定向中误差为

$$m_\alpha = \pm\sqrt{m_{\Delta平}^2 + m'^2_{T平}} = \pm\sqrt{\frac{m_\Delta^2}{6} + \frac{m_\Delta^2}{2}} = \pm 0.816 m_\Delta \tag{7-35}$$

当井下的定向边有多条，或用同一台仪器在不同的矿井下进行多条边的定向时，则可按双次观测列来求算井下陀螺方位角一次测定中误差，即

$$m'_T = \pm\sqrt{\frac{[dd]}{2n}} \tag{7-36}$$

式中：$d$——同一边两次测定陀螺方位角之差；

$n$——差值的个数，即定向边的个数。

这时的井下陀螺方位角平均值中误差为

$$m'T_{平} = \pm\frac{m'_T}{\sqrt{2}} \tag{7-37}$$

再按式(7-34)求算一次定向中误差。

### 7.3.2 陀螺定向一次测定方位角的中误差分析

如前所述，陀螺经纬仪的测量精度，以陀螺方位角一次测定中误差表示。不同的定向方法，其误差来源也有差异。这里仅以目前国内外最常用的跟踪逆转点法和中天法为例作一分析。其中所用的一些数据，是根据具体的仪器试验分析所得的，有一定的局限性，只能作为参考。但对掌握误差分析方法而言，这一点却是无关紧要的。

1. 跟踪逆转点法定向时的误差分析

以 JT15 型陀螺经纬仪为例来进行探讨。按跟踪逆转点法进行陀螺定向时，主要误差来源有：①经纬仪测定方向的误差；②上架式陀螺仪与经纬仪的连接误差；③悬挂带零位

变动误差；④灵敏部摆动平衡位置的变动误差；⑤外界条件，如风流、气温及震动等因素的影响。

根据对 JT15 型陀螺经纬仪的测试结果，对上述因素作如下分析。

a. 经纬仪测定方向的误差

一条测线一次观测的程序为：仪器在测站对中整平；测前以一测回测定测线方向值；以 5 个连续跟踪逆转点在度盘上的读数确定陀螺北方向值；测后以一测回测定测线方向值。这样，此项误差包括：

(1)对中误差。

一般陀螺定向边都较长，当测线边长 $d=50\text{m}$ 时，取 $e_T=e_c=0.8\text{mm}$，则觇标对中误差 $m_{e_c}$ 和仪器对中误差 $m_{e_T}$ 为

$$m_{e_c}=m_{e_T}=\pm\rho\frac{e_T}{\sqrt{2}d}=2\times10^5\frac{0.8}{\sqrt{2}\times50\times10^3}=\pm2.26''$$

(2)测线一测回的测量方法中误差。

$$m_i=\pm0.6''$$

测前测后两测回的平均值中误差

$$m_{i_{平}}=\pm\frac{6''}{\sqrt{2}}=\pm4.2''$$

(3)由 5 个逆转点观测确定陀螺北方向的误差。

逆转点观测误差包括跟踪瞄准误差 $m_v$ 和读数误差 $m_0$。

$$m_v=\pm\frac{30''}{V}=\pm\frac{30''}{7.5}=\pm4''$$

$$m_0=\pm0.05t=\pm0.05\times60=\pm3''$$

故逆转点观测误差为

$$m_c=\pm\sqrt{m_v^2+m_0^2}=\pm\sqrt{4^2+3^2}=\pm5''$$

由 5 个逆转点读数计算平均值的公式为

$$N_0=\frac{1}{12}(u_1+3u_2+4u_3+3u_4+u_5)$$

则相应的误差为

$$m_{N_0}=\pm\sqrt{\frac{1+9+16+1}{144}}\times m_c=\pm\frac{m_c}{2}=2.5''$$

故经纬仪测定方向的误差为

$$\begin{aligned}m_H&=\pm\sqrt{m_{e_C}^2+m_{e_T}^2+m_{i_{平}}^2+m_{N_0}^2}\\&=\pm\sqrt{2.26^2+2.26^2+4.24^2+2.5^2}\\&=\pm5.9''\end{aligned}$$

b. 上架式陀螺仪与经纬仪的连接误差

陀螺仪与经纬仪靠固定在照准部上的过渡支架来连接。每次定向都要把陀螺仪安置在经纬仪支架上，这样由于每次拆装连接而造成的方向误差，根据用 WILDT3 经纬仪对三台

仪器多次的实际测试，求得其连接中误差 $m_E<\pm2''$，$m_E$ 取$\pm2''$。

c. 悬挂带零位变动误差

悬挂带对陀螺摆动系统的指向起阻碍作用，在实际观测时采用跟踪的方法可以消除悬挂带扭力的大部分影响。悬挂带材料的力学性质的优劣、陀螺运转造成的温升、外界气候的变化以及摆动系统的机械锁紧和释放等因素的影响，均会引起零位变位。根据对三台陀螺经纬仪的167次测试结果，求得悬挂带零位变动中误差 $m_\alpha=\pm4''$。

d. 灵敏部摆动平衡位置的变动误差

影响摆动平衡位置变动的主要因素是：电源电压频率的变化引起角动量的变化，灵敏部内部温度的变化引起重心位移以及由于温升造成悬挂带和导流丝的形变等因素，都会造成平衡位置的变动。由此而造成的误差多呈系统性，按JT15陀螺经纬仪灵敏部结构形式进行的98次试验，摆动平衡位置的最大离散度为$12''\sim16''$，中误差 $m_b=\pm6''$。

e. 外界条件，如风流、气温及震动等影响

这些条件的影响程度较为复杂，无法精确地一一测试，可取 $m_{外}=\pm5''$。

所以，测线陀螺方位角一次测定中误差为

$$
\begin{aligned}
m_T &= \pm\sqrt{m_H^2+m_E^2+m_a^2+m_b^2+m_{外}^2}\\
&= \pm\sqrt{5.9^2+2^2+4^2+6^2+5^2}\\
&= \pm10.7''
\end{aligned}
$$

误差分析的结果说明，JT15陀螺经纬仪的设计精度是合理可行的。

2. 中天法定向时的误差分析

以WILD GAK1-T2型陀螺经纬仪为例进行分析探讨。用中天法定向时的主要误差来源有：①经纬仪测定测线方向的误差；②陀螺仪与经纬仪的连接误差；③悬挂带零位变动误差和摆动平衡位置的变动误差；④中天时间的测定误差和摆幅的读数误差；⑤外界条件的影响。

上述误差中与逆转点法定向时相同的部分，这里就不再重复分析。

a. 经纬仪测定方向的误差

(1)对中误差。

当定向边边长 $d=50$m 时，仪器及觇标的对中误差由上面分析得

$$m_{e_c}=m_{e_T}=\pm2.26''$$

(2)测线前后两测回的平均值中误差。

$$m_{i_{平}}=\pm\frac{2''}{\sqrt{2}}=\pm1.41''$$

则
$$m_H=\pm\sqrt{m_{e_c}^2+m_{e_T}^2+m_{i_{平}}^2}=\pm\sqrt{2.26^2+2.26^2+1.41^2}=\pm3.49''$$

b. 陀螺仪与经纬仪的连接误差

取 $m_E=\pm2''$。

c. 悬挂带零位变动误差和摆动平衡位置的变动误差

悬挂带零位变动误差将综合考虑于零位改正中，摆动平衡位置的变动误差 $m_b=\pm6''$。

d. 中天时间的测定误差和摆幅的读数误差

$$N_T = N' + \Delta N = N' + ca\Delta t$$

如考虑到零位改正，则

$$N_T = N' + ca\Delta t - \lambda mh \tag{7-38}$$

因式(7-38)中 $N'$和 $\lambda$ 的测量误差影响较小，一般可忽略不计。考虑到 $\Delta N = ca\Delta t$,

$$m_{N_T}^2 = \frac{\Delta N^2}{c^2} m_c^2 + \frac{\Delta N^2}{a^2} + (ca)^2 m_{\Delta t}^2 + (\lambda m)^2 m_k^2 \tag{7-39}$$

根据 GAK1-T2 在室内和平顶山矿务局定向测试的成果分析得

(1)5 次测定 $c$ 值的结果为：2.967，2.982，2.958，2.982，2.998，取其平均值得

$$c = \frac{2''.977}{\text{格}} \cdot \text{s}, \qquad m_c = \pm 0''.015/\text{格} \cdot \text{s}$$

(2)取 $a=10$ 格，读取 $a$ 时一般可估读到分划尺格值的 1/10(极限值)，则其中误差为

$$m_a = \pm \frac{0.1}{2} = \pm 0.05(\text{格})$$

对井上、下 44 个陀螺方位角零位观测值进行了统计分析(零位置取测前测后的值)球的 $m_A = \pm 0.045$ 格；

$\lambda$ 的实际测定值为 $\lambda = 0.241$

GAK1 的分划板格值 $m = 600''$；

中天法测量陀螺方位角，通畅测量 5 个中天时间，可计算 3 个 $\Delta t$：

$$\Delta t_1 = (t_3 - t_2) - (t_2 - t_1) = t_1 - 2t_2 + t_3$$

$$\Delta t_2 = (t_3 - t_2) - (t_4 - t_3) = -t_2 + 2t_3 - t_4$$

$$\Delta t = \frac{1}{3}(\Delta t_1 + \Delta t_2 + \Delta t_3) = \frac{1}{3}(t_1 - 3t_2 + 4t_3 - 3t_4 + t_5)$$

故

$$m_{\Delta t} = \pm \sqrt{\frac{1+9+16+9+1}{9}} \times m_t = \pm 2m_t$$

根据室内 4h 内测定彼此不相关的不跟踪摆动周期共 45 个所求得的平均值 $T_{2\text{平}} = 388.34\text{s}$，用白塞尔公式求算得 $m_{T_2} = \pm 0.137\text{s}$；$T_2 = t_{i+1} - t_i$，故

$$m_t = \frac{m_{T_2}}{\sqrt{2}} = \pm 0.097\text{s}$$

则

$$m_{\Delta t} = 2m_t = \pm 0.19\text{s}$$

$N_T$的测定误差 $m_{N_t}$ 随 $\Delta N$ 的增加而增大，根据实际资料分析：近似陀螺北偏离陀北的 $\Delta N$ 值小于 5′为宜。取 $\Delta N = 5'$。将上述有关数值代入式(7-39)，得

$$m_{N_T}^2 = \frac{300^2}{2.977^2} \times 0.015^2 + \frac{300^2}{10^2} \times 0.05^2 + (2.977 \times 10)^2 \times 0.19^2 + (0.241 \times 600)^2 \times 0.045^2 = 78.519$$

则

$$m_{N_T} = \pm 8.86''$$

所以，测线陀螺方位角一次测定中误差为

$$\begin{aligned} m_T &= \pm \sqrt{m_H^2 + m_E^2 + m_b^2 + m_{N_T}^2 + m_{\text{外}}^2} \\ &= \pm \sqrt{3.49^2 + 2^2 + 6^2 + 8.68^2 + 5^2} \\ &= \pm 12.5'' \end{aligned}$$

### 7.3.3 陀螺定向导线的平差

由于目前陀螺经纬仪的定向精度在±15″～±60″之间，所以陀螺定向边不能完全作为坚强边来控制±7″和±15″基本导线（±15″陀螺可控制±15″导线），因而陀螺定向边应和导线边一起作联合平差。下面介绍两种类型的陀螺仪定向导线的平差方法。

1. 具有两条陀螺定向边导线的平差

图9.12中的$AB$及$CD$边为陀螺定向边，其坐标方位角分别为$\alpha_1$与$\alpha_2$，平差步骤如下：

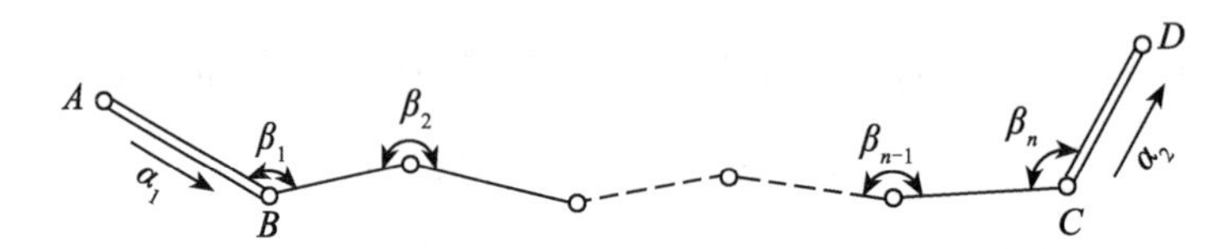


图7.12　具有两条陀螺定向边导线的平差示意图

(1)求算陀螺定向边$AB$与$CD$的定向中误差$m_{\alpha_1}$与$m_{\alpha_2}$及导线测角中误差$m_\beta$。

$m_{\alpha_1}$与$m_{\alpha_2}$可按式(7-36)、(7-37)求算，$m_\beta$或按导线的实际情况来求，或按闭合导线的闭合要求，或按双次观测列求得。

(2)按条件观测平差，列出角改正数条件方程式。

如图7.12所示，导线的角闭合差为

$$\alpha_1-\alpha_2+\beta_1+\cdots+\beta_n-n\,180°=W$$

改正数条件方程式为　$v_{\alpha_1}-v_{\alpha_2}+v_{\beta_1}+v_{\beta_2}+\cdots+v\beta_n+W=0$

式中：$v_{\alpha_1}$，$v_{\alpha_2}$——分别为陀螺定向边坐标方位角$\alpha_1$、$\alpha_2$的改正数；

$v_{\beta_1}$，$v_{\beta_2}$，…，$v_{\beta_n}$——导线中角度$\beta_1$、$\beta_2$、$\beta_3$的改正数；

$n$——导线中角度个数。

(3)确定定向边方位角和角度的权。

当等精度观测时，取导线的测角中误差$m_\beta$为单位权中误差$\mu_0$即$p_\beta=1\left(因为\ p=\dfrac{u^2}{m_\beta^2}\right)$，则定向边方位角的权为

$$p_{\alpha_1}=\frac{m_{\beta^2}}{m_{\alpha_1}^2}\qquad p_{\alpha_2}=\frac{m_{\beta^2}}{m_{\alpha_2}^2}\tag{7-40}$$

权倒数为

$$q_1=\frac{1}{p_{\alpha_1}}\qquad q_2=\frac{1}{p_{\alpha_2}}\tag{7-41}$$

(4)组成法方程式。

$$NK+W=0$$

式中：

$$N=n+q_1+q_2\tag{7-42}$$

解法方程式得

$$K=-\frac{W}{N}\tag{7-43}$$

(5)计算各改正数。

导线各角度的改正数为

$$v_{\beta_1}=v_{\beta_2}=\cdots=K \tag{7-44}$$

定向边 $AB$ 的方位角 $\alpha_1$ 的改正数为

$$v_{\alpha_1}=q_1k \tag{7-45}$$

定向边 $CD$ 的方位角 $\alpha_2$ 的改正数为

$$v_{\alpha_2}=-q_2k \tag{7-46}$$

将各观测值加入所求得的相应的改正数 $v$，就可得到各方位角和导线角的最或是值。

2. 具有三条陀螺定向边导线的平差

如图 7.13 所示，$AB$、$CB$、$EF$ 为陀螺定向边，其相应的坐标方位角为 $\alpha_1$，$\alpha_2$，$\alpha_3$，这时可将整个导线分为两部分，即导线Ⅰ和导线Ⅱ。平差步骤如下：

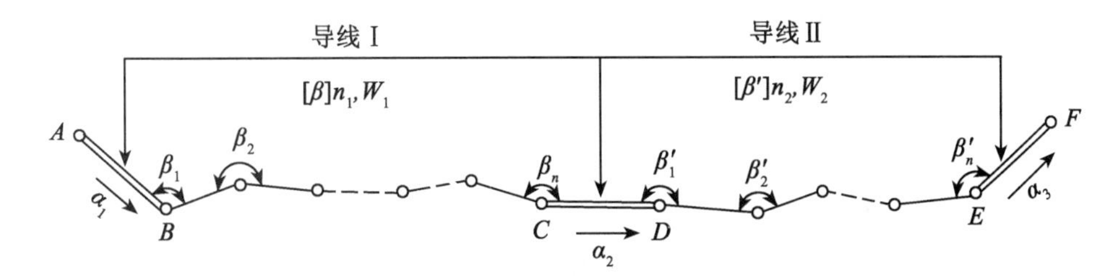


图 7.13 具有三条陀螺定向边导线的平差图

(1)求定向边定向中误差及测角中误差。

陀螺定向边 $AB$、$CD$、$EF$ 的定向中误差 $m_{\alpha_1}$，$m_{\alpha_2}$，$m_{\alpha_3}$及导线测角中误差 $m_\beta$(等精度观测时)的计算方法同前。

(2)按条件观测平差列出角改正数条件方程式。

导线Ⅰ、Ⅱ的角闭合差为

$$\alpha_1-\alpha_2+\beta_1+\beta_2+\cdots+\beta_n-n_1 180^\circ=W_1$$

$$\alpha_2-\alpha_3+\beta'_1+\beta'_2+\cdots+\beta'_n-n_2 180^\circ=W_2$$

改正数条件方程式为

$$v_{\alpha_1}-v_{\alpha_2}+v_{\beta_1}+v_{\beta_2}+\cdots+v_{\beta_n}+W_1=0$$

$$v_{\alpha_2}-v_{\alpha_3}+v_{\beta_1}+v_{\beta_2}+\cdots+v_{\beta_n}+W_2=0$$

式中：$v_{\alpha_1}$，$v_{\alpha_2}$，$v_{\alpha_3}$——陀螺定向边坐标方位角 $\alpha_1$，$\alpha_2$，$\alpha_3$ 的改正数；

$v_{\beta_1}$，$v_{\beta_2}$，…，$v_{\beta_n}$——导线Ⅰ中角度 $\beta_1$，$\beta_2$，…，$\beta_n$ 的改正数；

$v_{\beta'_1}$，$v_{\beta'_2}$，…，$v_{\beta'_n}$——导线Ⅱ中角度 $\beta'_1$，$\beta'_2$，…，$\beta'_n$ 的改正数；

$n_1$、$n_2$——分别为导线Ⅰ、Ⅱ中角度的个数。

(3)确定定向边方位角和角度的权。

当导线等精度观测时，取导线的测角中误差 $m_\beta$为单位权中误差，即 $p_\beta=1$，则定向边坐标方位角的权为

$$p_{\alpha_1}=\frac{m\beta^2}{m_{\alpha_1}^2} \qquad p_{\alpha_2}=\frac{m\beta^2}{m_{\alpha_2}^2} \qquad p_3=\frac{m_\beta^2}{m_{\alpha_3}^2} \tag{7-47}$$

权倒数为：

$$q_1=\frac{1}{p_{\alpha_1}} \qquad q_2=\frac{1}{p_{\alpha_2}} \qquad q_3=\frac{1}{p_{\alpha_3}} \tag{7-48}$$

(4)组成法方程式。

$$N_1K_1-q_2K_2+W_1=0$$
$$-q_2K_1+N_2K_2+W_2=0$$

式中：

$$N_1=n_1+q_1+q_2$$
$$N_2=n_2+q_2+q_3 \tag{7-49}$$

解法方程式，求得

$$K_1=\frac{q_2W_2+N_2W_1}{q_2^2-N_1N_2} \qquad K_2=\frac{q_2W_1+N_1W_2}{q_2^2-N_1N_2} \tag{7-50}$$

(5)计算各改正数导线Ⅰ各角度的改正数。

$$v_\beta=v_{\beta_1}=v_{\beta_2}=\cdots=v_{\beta_n}=K_1 \tag{7-51}$$

导线Ⅱ各角度的改正数为

$$v'_\beta=v'_{\beta_1}=v'_{\beta_2}=\cdots=v'_{\beta_n}=K_2 \tag{7-52}$$

陀螺定向边方位角的改正数为

$$v_{\alpha_1}=q_1K=q_1v_\beta$$
$$v_{\alpha_2}=q_2(K_2-K_1)=q_2(v'_\beta-v_\beta) \tag{7-53}$$
$$v_{\alpha_3}=-q_3k_2=-q_3v'_\beta$$

(6)计算各观测值的最或是值。

设为定向边方位角的最或是值，$\beta^0_{1,2}$，…，$n$，$\beta'^0_{1,2}$，…，$n$ 分别为导线Ⅰ、Ⅱ各角度的最或是值$[\beta]^0$、$[\beta']^0$ 为导线Ⅰ、Ⅱ角度最或是值之和，则有

$$\alpha_1^0=\alpha_1+v_{\alpha_1}; \qquad \alpha_2^0=\alpha_2+v_{\alpha_2}; \qquad \alpha_3^0=\alpha_3+v_{\alpha_3}$$
$$\beta^0_{1,2,\cdots,n}=\beta_{1,2,\cdots,n}+v_\beta; \qquad \beta'^0_{1,2,\cdots,n}=\beta'_{1,2,\cdots,n}+v'_\phi$$
$$[\beta]^0=[\beta]+n_1v_\beta; \qquad [\beta']^0=[\beta']+n_2v'_\beta$$

具有多个陀螺定向边导线的平差仍可按上述原则进行，只不过多列几个法方程式。

## ◎ 复习思考题

1. 简述用垂球线投点的误差来源及估算方法。
2. 简述减少投点误差的措施。
3. 怎样选择最有利的“连接三角形”？采用三角形连接法定向时，应进行哪些测量和计算？精度要求如何？
4. 简述两井定性的误差来源及其各自的计算公式。
5. 中天法定向时的主要误差来源是什么？
6. 跟踪逆转点发和中天法两种定向方法各有何优缺点？

# 第8章　井下导线测量的精度分析

【教学目标】

本章对井下测角量边误差来源、影响规律以及提高测角量边精度的相应措施进行分析；同时也对各种导线的精度进行分析。使学习者从理论上掌握井下导线的点位误差和坐标方位角误差与测角误差和量边误差之间的内在联系，从而帮助矿山测量人员深入地认识井下导线测量的精度，这有助于在矿山测量过程中，选择最为合理和经济的测量仪器与方法，把握井下导线测量操作中的重点。

## 8.1　井下测量水平角的误差

### 8.1.1　井下测量水平角的误差来源

井下用经纬仪测角也和地面一样，不可避免地存在着以下几种主要误差来源：

(1)由于所使用的仪器不完善而产生的误差，通常称为仪器误差；

(2)由于瞄准和读数不正确所引起的误差，因为瞄准和读数随测角方法不同而不同，故称之为测角方法误差；

(3)由于觇标和仪器的中心与测点中心没有在同一铅垂线上所产生的觇标对中误差和仪器对中误差。

此外，由于外界环境条件，如井下湿度、温度、矿尘量、照明度等因素，也会给测角带来误差。但由于井下条件较为稳定，不像地面那样受季节，天气的变化影响，在短暂的测角时刻内可以认为是基本稳定的，故不考虑。下面，仅就上述三个主要误差来源及其对测角的影响进行分析讨论。

### 8.1.2　仪器误差对井下测量水平角的影响

仪器误差是由于仪器各部件加工制造的公差及装配校准不完善、仪器结构的几何关系不正确和仪器的稳定性不良所引起的。目前生产的经纬仪，其公差与稳定性对井下测角来说影响很小，可忽略不计；其结构的几何关系的正确性虽在出厂时给予了保证，但在运输和使用过程中可能发生变化，从而破坏了它的正确性。因此，这里要对其进行分析讨论，以便在井下使用中采取相应措施来减少或消除其影响。

在仪器的几何关系中，“三轴”的相互关系是最为重要的，如图8.1所示。三轴之间的正确关系是：视准轴应垂直于水平轴(横轴)，水平轴应垂直于竖轴(纵轴)，竖轴应居于铅直位置。否则，将相应地产生视准轴误差(视轴差$C$)、水平轴倾斜误差$i$和竖轴倾斜

误差 $v$，总称为“三轴误差”。关于三轴误差的问题，在测量仪器学、控制测量学等课程中讨论，这里仅结合井下条件来研究三轴误差对于测量水平角的影响。

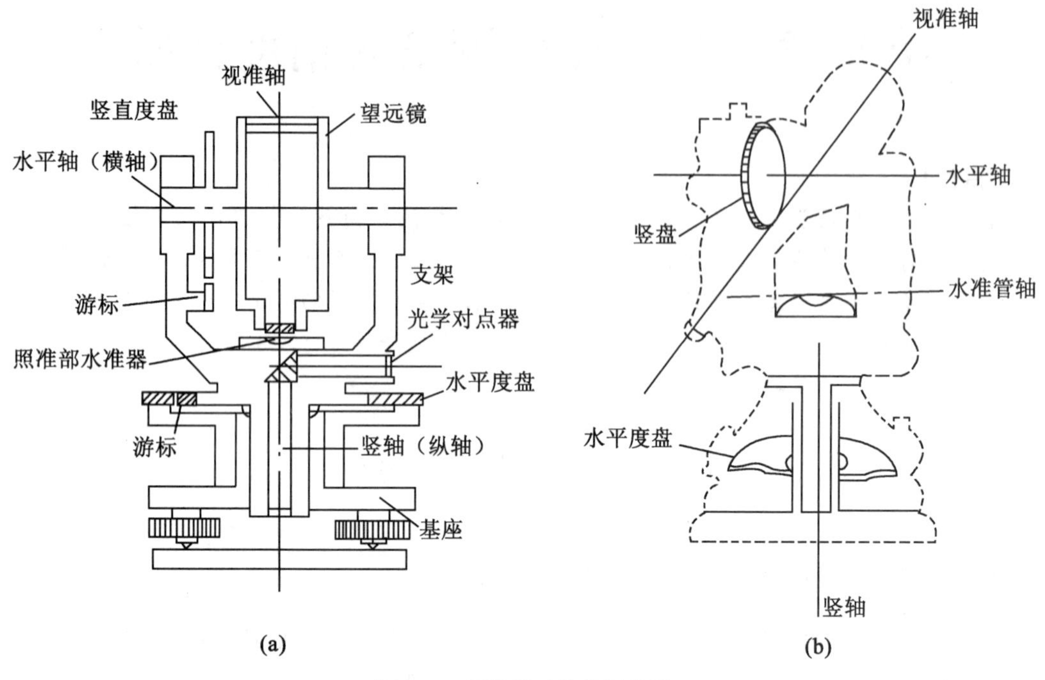


图 8.1　经纬仪三轴几何关系

1. 视轴差的影响

视轴差 $C$ 对于用一个镜位所观测的水平方向值的影响 $\Delta C$ 的计算公式为

$$\Delta C=\frac{C}{\cos\delta} \tag{8-1}$$

由上式可知，$\Delta C$ 值的大小除与 $C$ 有关外，还与观测方向的倾角 $\delta$ 有关。当视线接近水平时，$\delta\approx0°$，$\cos\delta\approx1$。此时，对同一目标正倒镜观测读数之差（$L-R\pm180°$）称之为 $2C$ 值。取正倒镜观测的平均值 $\frac{L-R\pm180°}{2}$ 可消除视轴差 $C$ 的影响。

测量水平角时，视轴误差对于半测回（即只用正镜或只用倒镜）角值的影响按下式计算：

$$\Delta\beta_C=C\left(\frac{1}{\cos\delta_2}-\frac{1}{\cos\delta_1}\right) \tag{8-2}$$

式中：$\delta_2$ 和 $\delta_1$ 为前后视点的倾角。

由上式可知，在平巷或倾角大致相同的斜巷中测角时，$\Delta\beta_C$ 值很小；在平巷与斜巷相交处测角时，随着斜巷倾角的增大，$\Delta\beta_C$ 值增大。

在观测过程中，常用 $2C$ 来检定仪器的稳定性和观测的质量，对于 DJ2 级和 DJ6 级经纬仪，要求其在一测回中半测回间互差分别不得超过 20″和 40″，其实质就是要求 $2C$ 的变化范围分别不得超过20″和40″。

为了使$C$值保持不变。在井下导线测量中应尽量使相邻导线边长大致相等，避免特长边与特短边相邻，以免在观测过程中调焦望远镜而引起$C$值变化。

2. 水平轴倾斜误差$i$的影响

水平轴不与竖轴垂直的误差，称为水平轴倾斜误差。它是由于水平轴两端支架不等高和轴径不同等原因引起的。水平轴倾斜对于用一个镜位所观测的水平方向值的影响$\Delta i$为

$$\Delta i = i\tan\delta \tag{8-3}$$

式中：$i$——水平轴倾斜误差，即水平轴的倾角；

$\delta$——观测方向的倾角。

由上式可知，$\Delta i$随$\delta$值的增大而增大，而在水平巷道中，$\Delta i \approx 0°$，$\delta \approx 0°$，即无影响。

测量水平角时，水平轴倾斜误差对半测回角值的影响可按下式计算：

$$\Delta\beta_i = i(\tan\delta_2 - \tan\delta_1) \tag{8-4}$$

由上式可知，在平巷中或前后视倾角相同（前后视均为仰角或均为俯角，且大小相等）时，$\Delta\beta_i$很小；但在同一斜巷中，前后视的倾角一为仰角一为俯角，$\Delta\beta_i$随斜巷倾角$\delta$的增大而增大，并为单方向影响值的两倍。

3. 竖轴倾斜误差

竖轴与铅垂线间的夹角称为竖轴倾斜误差。它是由于竖轴整置不正确（如水准管轴线不与竖轴垂直）、照准部旋转不正确以及外界因素影响（仪器脚架下沉，风流吹动仪器）等原因所引起的。竖轴倾斜误差对于用一个镜位所观测的水平方向值的影响为

$$\Delta v = v\cos\theta\tan\delta \tag{8-5}$$

测量水平角时，竖轴倾斜误差对于半测回角值的影响可按下式计算：

$$\Delta\beta_v = v(\cos\theta_2\tan\delta_2 - \cos\theta_1\tan\theta_1) \tag{8-6}$$

由上式可知，在平巷中或直伸的斜巷中测角时，$\Delta\beta_v$很小；而在千斜巷相交处$\Delta\beta_v$最大。

值得注意的是：竖轴倾斜误差的影响，不能通过正、倒镜观测取平均值来消除。因此，仪器应当精确整平。当进行重要贯通测量时，应根据需要加入这项改正数。现以观测某一目标为例说明测定竖轴倾斜和计算其改正数的方法。

（1）为了在观测过程中便于读记水准管两端读数，需对刻画线旁没有数字注记的水准管贴上分划注记，如图8.2所示。

（2）盘左照准该目标，在读取水平度盘和竖盘读数之后，读取照准部水准管气泡左端读数和右端读数。如图8.2(a)所示，$左_{盘左}=9.1$，$右_{盘左}=18.9$。

（3）观测完其余方向后，纵转望远镜，盘右再照准该目标，在读取水平度盘和竖盘读数后，再一次读取水准管气泡左端和右端读数，如图8.2(b)所示，$右_{盘右}=21.1$，$左_{盘右}=11.2$。

（4）按下式计算该目标方向平均值的竖轴倾斜改正数$\Delta v$。

$$\Delta v = \{左_{盘右} + 右_{盘右} - 左_{盘左} - 右_{盘左}\}\frac{\tau}{4}\tan\delta \tag{8-7}$$

式中：$\tau$——水准管格值。

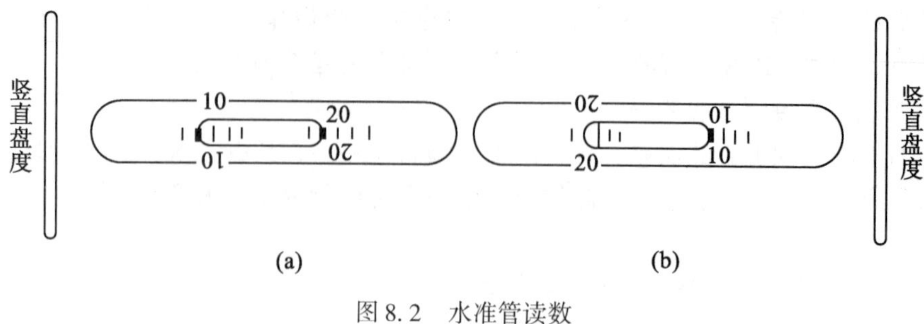


图 8.2　水准管读数

### 8.1.3　测角方法误差

测角方法误差 $m_i$ 是由于瞄准误差和读数误差引起的，但它又与测角方法有关。

1. 瞄准误差 $m_v$

用经纬仪望远镜的十字丝瞄准觇标中心时，由于人眼视力的临界角、望远镜的放大倍数、十字丝的结构、觇标的形状、颜色及其照明状况、视线长度以及空气透明度等诸多因素的影响，而产生了瞄准误差。确定瞄准误差 $m_v$ 的方法有以下两种。

(1)以人眼的最小视角(临界视角) $a_{min}$ 为依据来确定 $m_v$。

最小视角就是人用肉眼所能区分开的两个方向之间的最小角度。经研究证明，最小视角 $\alpha_{min}$ 随不同人在 50″～124″变化。当用放大率为 $V$ 倍的望远镜瞄准觇标时，人眼的鉴别能力也可提高 $V$ 倍，即最小视角可比人眼的原最小视角缩小 $V$ 倍。取中误差为极限误差的 $\frac{1}{2}$，用望远镜观测时，人眼的瞄准中误差为

$$m_v = \pm\frac{\alpha_{min}}{2V} = \pm\frac{30''}{V} \sim \frac{60''}{V} \tag{8-8}$$

(2)以人眼确定十字丝纵丝与垂球线重合或相对称的精度来确定。

目前经纬仪十字丝的纵丝大多是单丝或单双丝相结合(一半双丝一半单丝)，如图 8.3 所示。而井下测角所用的觇标多为垂球线。如果瞄准时是用十字丝的单纵丝与垂球线重合，可以望远镜的物镜中心所看到的纵丝宽度所成角量的一半作为瞄准误差，即

$$m_v = \pm\frac{1}{2}\frac{b}{f}\rho'' \tag{8-9}$$

式中：$b$——单纵丝的宽度；

$f$——望远镜的焦距。

如果瞄准时是将垂球线夹在双纵丝的中央，如图 8.4 所示，只有当宽度 $ab$ 和 $bc$ 之比大于 2∶1 时，人眼才能觉察出垂球线 $b$ 未处在双纵丝口和 $c$ 的正中央。由此可知，$b$ 距离正中央的极限误差为

$$\Delta v = \frac{d}{2} - \frac{2}{3}d = -\frac{1}{6}d$$

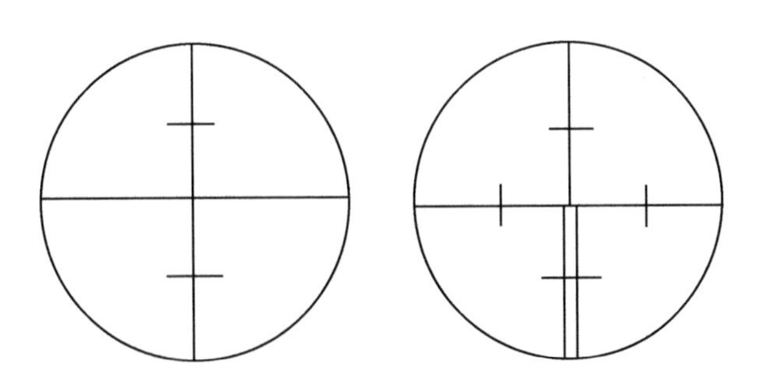

图 8.3　十字丝单纵丝与双纵丝

及
$$\Delta v=\frac{d}{2}-\frac{d}{3}=\frac{1}{6}d$$

取极限误差 $\Delta v$ 的一半作为瞄准中误差 $m_v$，则

$$m_v=\pm\frac{d}{12} \tag{8-10}$$

式中：$d$ 为双纵丝所夹的角值。其大小可以用以下方法来测定。在距离经纬仪 $Z$ 处水平放置一带毫米刻画的三棱尺，用望远镜在三棱尺上读取双纵丝之间的距离 $n$，则

$$d=\frac{n}{l}\rho'' \tag{8-11}$$

2. 读数误差 $m_\sigma$

光学经纬仪最常见的读数设备为显微带尺和光学测微器，现分别讨论其读数误差。

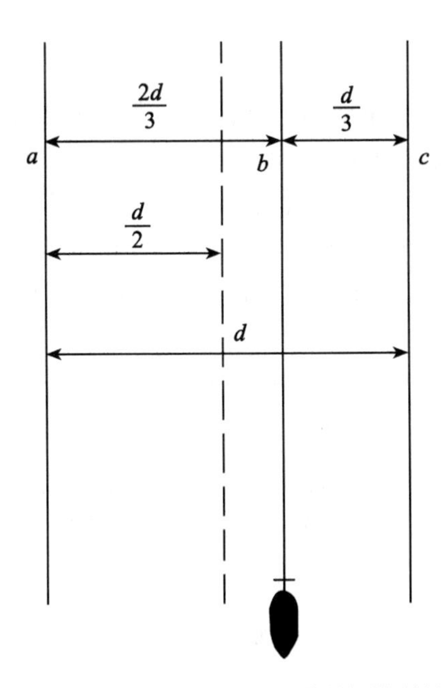


图 8.4　垂球线将双纵丝平分的极限误差

a. 显微带尺的读数误差

由于结构和制造条件上的限制，显微带尺的读数精度不可能很高，因此它目前仅用于中等精度的光学经纬仪，即 J6 级、J15 级的仪器上。我国西北光学仪器厂出品的经Ⅱ型、南京华东光学仪器厂的华光 I 型、杭州红旗光学仪器厂的 CJH-1 型等光学经纬仪，都采用这种读数设备，如图 8. 5(a)所示。

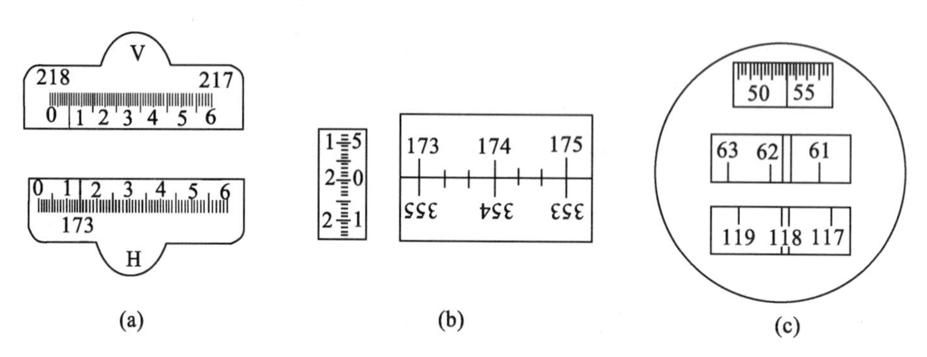


图 8. 5　光学经纬仪的读数方法

(a)显搬带尺读数窗；(b)光学测微器读数窗(重合法)；(c)光学捌徽器读数窗(平分法)

显微带尺的读数方法是利用度盘分划线的影像在带尺上的位置进行估读的，一般可估读到带尺最小格值 $f$ 的十分之一，故其极限误差约为 10，则读数中误差 $m_\sigma$ 为

$$m_\sigma = \frac{1}{2} \times \frac{t}{10} = \pm 0.05t \tag{8-12}$$

式中：$t$ 为显微带尺的最小格值。例如经Ⅱ型等光学经纬仪的 $t=1''$，则其读数误差为 $m_\sigma = \pm 3''$。

b. 光学测微器的读数误差

用光学测微器读数时，包括下面两个过程：首先是使度盘的对径分划线重合(称为重合法，见图 8. 5(b))或使度盘分划线平分双指标线(称为平分法，见图 8. 5(c))以读取整数部分；其次是在测微盘或测微尺上读取小数部分。我国苏光 JGJ2 和瑞士威尔特 $T_2$ 经纬仪是利用重合法读取整数的，北光 DJ6-1(红旗Ⅱ型)和 $T_1$ 等经纬仪是利用平分法读取整数的。设读取整数部分的误差为 $m_\tau$，读取小数部分的误差为 $m_t$，则总的读数误差为

$$m_\sigma = \pm\sqrt{m_\tau^2 + m_t^2}$$

式中：$m_t$ 的确定方法与前述显微带尺相同，即 $m_t = \pm 0.05t$，这里 $t$ 是测微盘或测微尺的最小刻画值，故下面主要讨论 $m_\tau$ 的确定方法。

由于在读数时不论是使分划线重合还是平分，都是用眼睛通过读数显微镜来判断的。因此，重合或平分的准确性取决于人眼对分划线重合或平分的最小鉴别角 $P_m$，而经读数显微镜放大后的实际鉴别角 $\delta$ 为

$$\delta = \frac{P_m}{u}$$

式中：$u$——读数显微镜的放大率。

由图 8.6 可以看出，$\delta$ 值在度盘上的相应线量值(弧长)为

$$S=\frac{250\delta}{\rho}=\frac{250P_m}{u\rho}$$

式中：250 为人眼的明视距离，单位 mm。

度盘弧长 $S_5$ 所对应的角度 $\alpha$ 为

$$\alpha=\frac{S}{r}\rho=\frac{250P_m}{ru}$$

式中：$r$——度盘的半径。

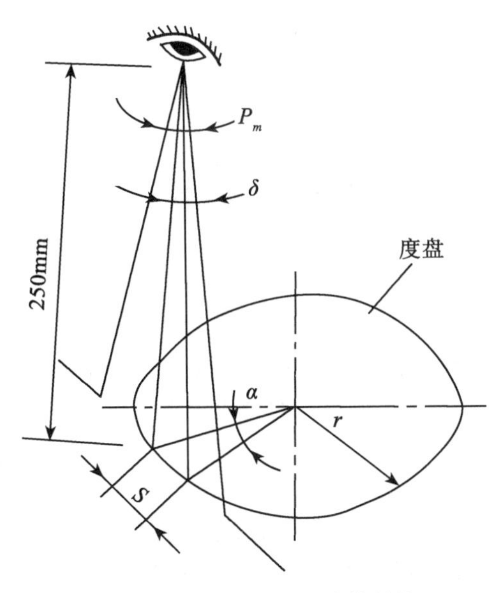


图 8.6　光学测微器的读数误差

若取两倍中误差作为极限误差，则

$$m_r=\pm\frac{125P_m}{ru} \tag{8-13}$$

若无法得到度盘半径 $r$ 及显微镜放大倍数 $u$ 等数值时，则可用度盘的最小格值 $D$ 和此格子在显微镜中的可见宽度(视宽度)$L$ 来计算，$L$ 可用带毫米刻画的尺子估计测定。$L=tl$，$l$ 为度盘一格的实际宽度。则

$$D=\frac{l}{r}\rho=\frac{L}{ru}\rho$$

$$ru=\frac{L}{D}\rho$$

将 $r$、$u$ 值代入式(8-13)，得

$$m_\tau=\pm\frac{125P_mD}{L\rho} \tag{8-14}$$

在上面各式中的 $P_m$ 值，不论是重合法还是平分法的仪器均可取 $P_m\approx10''$，故最后得

光学测微器的读数误差为

$$\left\{\begin{array}{l}m_{\sigma}=\pm\sqrt{\left(\frac{1250}{ru}\right)^{2}+(0.05t)^{2}}\\m_{\sigma}=\pm\sqrt{\left(\frac{1250D}{L\rho}\right)+(0.05t)^{2}}\end{array}\right.\tag{8-15}$$

c. 用试验法求光学经纬仪的读数误差

上面是从理论上分析得出两种读数设备的读数误差公式。但是，为了检验上述分析的正确性，更重要的是能针对所使用的每一台仪器求得它的较切合实际的读数误差。一般可采用下述简便的试验方法：

(1)在度盘的某一位置重复读取九个读数为一组，则一次读数的中误差为

$$m_{vi}=\pm\sqrt{\frac{[vv]}{n-1}}$$

式中：$v$——$i$ 组的算术平均值与组内每次读数之差。

(2)接上述方法在度盘和测微器的不同位置读取读数。设共在Ⅳ个不同位置读取了Ⅳ组读数，则该仪器的一次读数中误差为

$$m_{\sigma}=\pm\sqrt{\frac{[m_{vi}^{2}]}{n}}=\pm\sqrt{\frac{[vv]}{N(n-1)}}$$

此外，也可按度盘和测微器的不同位置，在每个位置上取两次读数，计算两次读数之差值 $d_i$，设共有 $n$ 个，然后按双次观测到的公式求得该仪器一次读数中误差为

$$m_{\sigma}=\pm\sqrt{\frac{[dd]}{2n}}$$

现将我国各矿山常用的光学经纬仪按上述理论公式估算和用试验法测定的数值列于表 8.1 中，以供参考。由表 8.1 中可以看出，试验法所求得的读数误差值，一般与理论估算值相近。有个别仪器相差较大，这主要是由于试验时条件较好，同时也与用于试验的仪器的质量有关。但总体来说，理论公式基本上是正确的，可以用来估算各种光学经纬仪的读数误差。

表 8.1 **我国各矿山常用光学经纬仪的读数误差值**

| 仪器名称 | 苏光 JGJ2 | 北光红Ⅱ | 蔡司 Theo | | | 威尔特 | | | 克恩 $DKM_1$ | 卜司卡尼亚 TK 型 |
|---|---|---|---|---|---|---|---|---|---|---|
| | | | 010 | 030 | 2 | $T_3$ | $T_2$ | $T_1$ | | |
| 实测值 | 0″.58 | 2″.9 | 0″.72 | 3″.6 | 0″.77 | 0″.36 | 0″.75 | 4″.0 | 5″.3 | 5″.3 |
| 估算值 | 0″.83 | 3″.1 | 0″.68 | 3″.0 | 0″.82 | 0″.48 | 0″.82 | 4″.4 | 5″.1 | 5″.1 |

3. 测角方法的误差 $m_i$

下面主要讨论测回法测角时的测角方法误差。

当用 $n$ 个测回测角时，其最终角值 $\beta$ 是 $n$ 个测回的平均值，即

$$\beta=\frac{[b_{左}-a_{左}+b_{右}-a_{右}]}{2n}\tag{8-16}$$

式中：$a_{左}$、$a_{右}$——瞄准后视点 $A$ 时，盘左与盘右的读数；

$b_{左}$、$b_{右}$——瞄准前视点 $B$ 时，盘左与盘右的读数。

每次瞄准和读数的误差 $m_v$ 和 $m_\sigma$ 均对最终角值 $\beta$ 有影响，故一个镜位观测一个方向时的瞄准误差与读数误差的综合影响为

$$m^2 = m_v^2 + m_\sigma^2$$

根据式(8-16)和误差传播规律可知，由瞄准误差和读数误差所引起的测角误差为

$$m_i^2 = \frac{1}{4n^2}[\, m^2 + m^2 + m^2 + m^2 \,]_1^n = \frac{m^2}{n} = \frac{m_v^2 + m_\sigma^2}{n}$$

最后可得测回法测角时，测角方法误差 $m_i$ 为

$$m_i = \pm\sqrt{\frac{m_v^2 + m_\sigma^2}{n}} \tag{8-17}$$

几种常用仪器用一个测回测角时，测角方法误差值见表 8.2，当测回数 $n$ 大于 1 时，测角方法误差值为表中所列 $m_i$ 值的$\frac{1}{\sqrt{n}}$倍。

表 8.2　　几种常用仪器测角方法误差　　单位：s

| 仪器名称 | $m_v$ | $m_\sigma$ | | $m_i$ |
|---|---|---|---|---|
| | 井下 | 估算 | 实测 | |
| 苏光 JGJ2 | 3.30 | 0.58 | 0.83 | 3.40 |
| 北光红Ⅱ | 3.60 | 3.10 | 2.90 | 4.80 |
| 蔡司 Theo 010 | 3.20 | 0.68 | 0.72 | 3.30 |
| 蔡司 Theo 030 | 4.00 | 3.00 | 3.60 | 5.10 |
| 蔡司 Theo 2 | 3.20 | 0.82 | 0.77 | 3.40 |
| 威尔特 $T_2$ | 3.60 | 0.82 | 0.75 | 3.70 |
| 威尔特 $T_1$ | 3.60 | 4.40 | 3.50 | 5.70 |

### 8.1.4　觇标及仪器的对中误差

1. 觇标对中误差

觇标中心与测点标志中心不在同一铅垂线上所引起的测角误差简称为觇标对中误差。

在图 8.7 中，欲测角度 $\beta = \angle ACB$，设觇标 $B$ 与仪器 $C$ 均无对中误差，仅由于觇标没有与测点中心 $A$ 重合而偏离到 $A_1$，故使所测得的角值变为 $\beta_1$，真误差 $\delta_A = \beta_1 - \beta$，$e_A = \overline{AA_1}$ 称为对中线量误差。在 $\triangle ACA_1$ 中，因为 $e_A$ 很小，所以 $b' = \overline{CA_1} \approx b = \overline{CA}$ 按正弦公式得

$$\sin\delta A = \frac{e_A}{b}\sin\phi_A$$

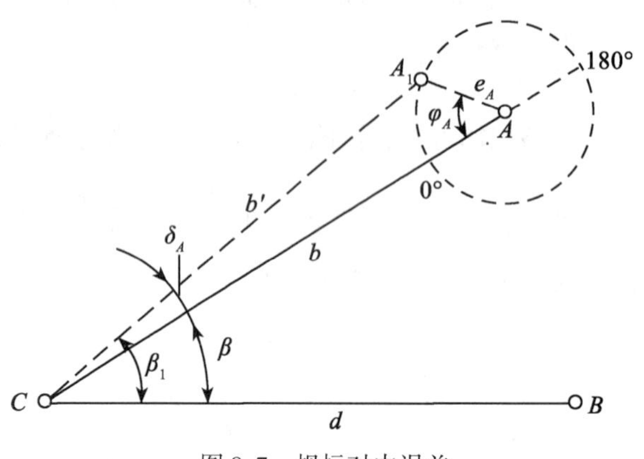


图 8.7　觇标对中误差

由于 $\delta A$ 很小，故可将上式简化为

$$\delta_A = \frac{e_A\rho''}{b}\sin\varphi_A \tag{8-18}$$

由式(8-18)可以看出，$\delta_A$ 的大小除与 $e_A$ 和 $b$ 的大小有关外，还与所处的方向，即 $\varphi_A$ 之大小有关。

由于 $A_1$ 可以处在以 $A$ 为圆心、以 $e_A$ 为半径的圆周上的任意位置处(图 8.7 中的虚线所绘小圆上)，也就是 $\varphi_A$ 可以在 0～360°之间变化。因此，可按式(8-18)之真误差 $\delta_A$ 求得其中误差为

$$m_{\tau_A}^2 = \frac{[\delta_A\delta_A]}{n} = \frac{e_A^2\rho^2}{nb^2}[\sin\varphi_A] \tag{8-19}$$

式中：$n = \frac{360°}{d\varphi_A} = \frac{2\pi}{d\varphi_A}$

将 $n$ 值代入式(8-19)，并用积分符号代替求和符号后，可得

$$m_{\tau_A}^2 = \frac{e_A^2\rho^2}{2\pi b^2}\int_0^{2\pi}\sin^2\varphi_A d\varphi_A = \frac{e_A^2\rho^2}{2b^2}$$

$$m_{\tau_A}^2 = \pm\frac{e_A\rho}{\sqrt{2}b} \tag{8-20}$$

同理可求得由于觇标 $B$ 偏心所引起的测角误差为

$$m_{\tau_B} = \pm\frac{e_B\rho}{\sqrt{2}a} \tag{8-21}$$

由(8-20)和(8-21)两式可以看出：觇标对中误差与对中线量误差 $e_A$ 和 $e_B$ 成正比，与所测角度的两边长 $a$ 和 $b$ 成反比，与角度 $\beta$ 本身的大小无关。

2. 仪器对中误差

由于仪器中心与测站点标志中心不重合所引起的测角误差，简称为仪器对中误差。

在图 8.8 中，设两觇标 $A$ 与 $B$ 均无对中误差，而仪器中心设置在偏离测点中心 $C$ 点一段微小距离 $e_T$ 的 $C_1$ 点，$e_t=\overline{CC_1}$ 称为仪器对中的线量误差。显然，在 $C_1$ 点上所测角 $\beta'$ 不是欲测角的真值 $\beta$，而产生真误差 $\delta e_T=\beta-\beta'$。过 $C_1$ 点作 $C_1A' /\!/ CA$，作 $C_1B' /\!/ CB$，便可得到 $\beta+C_A=\phi'+C_B$，故真误差 $\delta e_T=\beta-\beta'=C_B-C_A$。

同样可写出由真误差 $\delta e_T$ 求中误差 $m_{e_T}$ 的公式为

$$m_{e_T}^2=\frac{[\delta_{e_T}\delta_{e_T}]}{n}=\frac{[(C_B-C_A)^2]}{n} \tag{8-22}$$

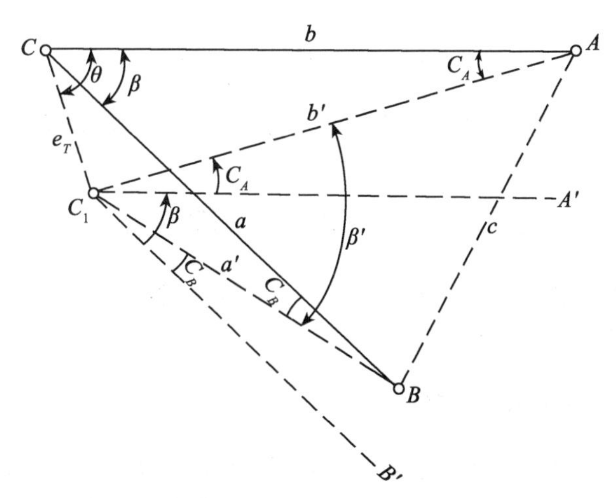


图 8.8 仪器中误差

在 $\triangle ACC_1$ 中，$b'=\overline{C_1A}\approx b=\overline{CA}$，且 $e_T=\overline{CC_1}$ 很小，故有

$$C_A=\rho\ \frac{e_T}{b}\sin\theta$$

同样，在 $\triangle BCC_1$ 中有

$$C_B=\rho\ \frac{e_T}{a}\sin(\theta-\beta)$$

故得

$$(C_B=C_A)^2=\rho^2e_T^2\left\{\frac{\sin^2(\theta-\beta)}{a^2}+\frac{\sin^2\theta}{b^2}-\frac{2\sin\theta\sin(\theta-\beta)}{ab}\right\}$$

将上式及 $n=\dfrac{2\pi}{\mathrm{d}\theta}$ 代入式(8-22)中，并引入积分符号后得

$$m_{e_T}^2=\frac{e_T^2\rho^2}{2\pi}\left\{\frac{1}{a^2}\int_0^{2\pi}\sin^2(\theta-\beta)\mathrm{d}\theta+\frac{1}{b^2}\int_0^{2\pi}\sin^2\theta\mathrm{d}\theta-\frac{2\cdot}{\mathrm{ab}}\int_0^{2\pi}\sin(\theta-\beta)\sin\theta\mathrm{d}\theta\right\}$$

$$=\frac{e_\Gamma^2\rho^2}{2a^2b^2}(a^2+b^2-2ab\cos\beta)=\frac{e_T^2\rho^2c^2}{2a^2b^2}$$

$$m_{e_T}=\pm\frac{e_Tc\rho}{\sqrt{2}\,ab} \tag{8-23}$$

由式(8-23)可知：

(1)仪器对中误差 $m_{e_T}$ 与其线量对中误差 $e_T$ 成正比，与所测角的两边 $a$、$b$ 长度成反比；

(2)仪器对中误差 $m_{e_T}$ 与所测角 $\beta$ 的大小有关，在所测角 $\beta$ 为0～180°时，$m_{e_T}$ 随角度 $\beta$ 的增大而增大，当 β 增至180°时，$m_{e_T}$ 为最大。

3. 总对中误差

因为觇标及仪器的对中误差均为独立的偶然误差，故总对中误差应为

$$m_e^2 = m_{e_A}^2 - m_{e_B}^2 + m_{e_T}^2$$

或

$$m_e = \pm\frac{\rho}{\sqrt{2}}\sqrt{\frac{e_A^2}{b^2}+\frac{e_B^2}{a^2}+\frac{c^2 e_T^2}{a^2 b^2}} \tag{8-24}$$

通常在井下测角时，前后视觇标及其对中方法均相同，故可取 $e_A = e_B = e_C$，以此代入上式得

$$m_e = \pm\frac{\rho}{\sqrt{2}\,ab}\sqrt{e_C^2(a^2+b^2)+e_T^2(a^2+b^2-2ab\cos\beta)} \tag{8-25}$$

众所周知，在井下巷遭中测量水平角时，一般边长较短而角度近于180°，因此由于对中不精确所引起的误差可达到相当大的数值。

### 8.1.5 井下测水平角总中误差

从以上对井下测水平角的各种主要误差来源所作的分析可以看出：由于仪器不完善所引起的测角误差(仪器误差)，一般可以用适当的观测方法加以消除或减少到最低限度。至于外界条件的影响，除应采取相应的有效措施外，目前尚难以用数学公式加以估算，且相对于上述主要误差来源而言也是很小的。因此也可不予考虑，这样一来，井下测量水平角的总中误差便是由测角方法误差和对中误差构成，即

$$\begin{aligned} m_\beta &= \pm\sqrt{m_t^2+m_e^2} \\ &= \pm\sqrt{m_t^2+\frac{\rho^2}{2a^2b^2}\{e_C^2(a^2+b^2)+e_T^2(a^2+b^2-2ab\cos\beta)\}} \end{aligned} \tag{8-26}$$

从以上理论分析可知，井下测量水平角时，对中误差是测角误差的主要来源，而且对中误差的大小与所测角度的两边长度成反比。为了进一步通过实测资料验证这一理论分析结论，下面以某矿井下基本控制导线同一测站两次测角资料共240站为例，按角的短边以20m为间隔分组，分别按式(8-26)计算各组的测角中误差 $m_\beta$ 列入表8.3中。

从表中可以看出，当边长小于50m时，由于对中误差的影响，测角中误差达±8″以上；而当边长大于50m时，测角中误差在±6″左右，变化甚小，说明此时对中误差已不起主导作用了，这与前面分析的结论完全吻合，进一步说明当导线边长较短时(如在井下弯曲巷道中)，必须十分注意仪器和觇标的对中，否则，即使采用精密经纬仪、电子经纬仪和全站仪，也不会获得理想的测角精度。

表 8.3　　不同边长时的测角中误差值

| 按短边长度分组(m) | | 10～29 | 30～49 | 50～69 | 70～89 | 90～110 |
|---|---|---|---|---|---|---|
| 平均长度(m) | 21.56 | 42.06 | 58.53 | 80.32 | 96.65 | 96.65 |
| | 53.46 | 77.18 | 86.59 | 102.15 | 124.54 | 124.54 |
| 每组测站数 | | 65 | 79 | 31 | 27 | 38 |
| 每组一次测角误差 | | 12.4″ | 8.1″ | 6.6″ | 6.2″ | 5.8″ |

### 8.1.6　求井下实际测角误差及各误差要素的方法

前面在理论分析的基础上，得到了估算井下测角误差的公式，并且阐明了在实际测量中，应该注意的问题。但也应当指出：这些估算公式只考虑了主要误差来源，还有一些因素没有考虑在内，因此用来估算井下测角误差，肯定会与客观实际有出入，需经实践检验与补充完善。此外，公式中的 $e_A$、$e_B$、$e_T$、$m_0$、$m_v$ 等误差基本要素，尚需从实际测角资料中或通过专门试验求得。同时还要考虑由于各矿的具体条件不同，虽用同一种仪器和相同的测角方法，其测角误差也不可能完全一样。为了符合各矿井的具体实际条件，应对各矿井的实测资料进行分析，求出测角误差值，这样做一方面能评定所完成的测量工作的精度，另一方面又可为将来测量方法的设计和精度预计提供可靠的依据，并且为修订有关测量规程积累宝贵的资料。

1. 根据实际测角资料求测角中误差 $m_\beta$ 及其要素的方法

(1)根据多个闭合导线的角闭合差 $f_\beta$ 求测角中误差 $m_\beta$。

设某矿用同精度的仪器及相同的测角方法观测了 $N$ 条闭合导线，各条闭合导线的角度个数分别为 $n_1$，$n_2$，…，$n_N$，其相应的角闭合差分别为 $f_{\beta_1}$，$f_{\beta_2}$，…，$f_{\beta_N}$。因为 $f_{\beta_i}$ 是内角和的真误差。各个角度又是等精度独立观测值，各个 $f_{\beta_i}$ 的权相应为 $P=\frac{1}{n_1}$，$P=\frac{1}{n_2}$，… $P=\frac{1}{n_N}$。故测角中误差 $m_\beta$ 为

$$m_\beta=\pm\sqrt{\frac{[Pf_\beta f_\beta]}{N}}=\pm\sqrt{\frac{\left[\frac{f_\beta f_\beta}{n}\right]}{N}} \tag{8-27}$$

若为 $N$ 条复测支导线，其最终坐标方位角之差相应为 $\Delta\alpha_i$，则测角中误差 $m_\beta$ 可按下式求得

$$m_\beta=\pm\sqrt{\frac{\left[\frac{\Delta\alpha\Delta\alpha}{n_1+n_2}\right]}{N}} \tag{8-28}$$

式中：$n_1$，$n_2$——支导线往测和返测角度个数。

根据偶然误差的性质及其传播规律，上述导线条数 $N$ 愈多，则求得的测角中误差值 $m_\beta$ 愈能反映实际情况，也就愈加可靠。通常用式(8-27)或式(8-28)求测角中误差 $m_\beta$ 时，

$N$ 应大于 8～10。也可将本矿区各矿井同精度观测的多条闭合导线及复测支导线联合求出其测角中误差，作为各矿井测量设计及贯通测量精度预计的参考。

为了掌握具体的计算方法，下面以某矿井下 9 条 15″级闭合导线及复测支导线为例，将各条导线的测站数 $n$ 及角闭合差 $f_\beta$ 列入表 8.4 中，求得其测角中误差 $m_\beta=\pm 9''.7$。满足了 15″级导线的精度要求。

表 8.4　　**按井下多个闭合(复测)导线计算测角误差表**

| 序号 | 导线名称 | 平均边长(m) | 测站数 | 角闭合差 $f''_\beta$ |
|---|---|---|---|---|
| 1 | 330m 水平 3 号井附近闭合导线 | 40.1 | 11 | +111 |
| 2 | 430m 水平主副井贯通闭合导线 | 36.5 | 19 | −51 |
| 3 | 430m 斜井定向闭合导线 | 49.8 | 13 | −45 |
| 4 | 180～210m 水平闭合导线 | 43.8 | 62 | +112 |
| 5 | 180m 水平西部闭合导线 | 55.7 | 43 | +33 |
| 6 | 330m 水平 2 号井至东三石门闭合导线 | 41.6 | 54 | +58 |
| 7 | 330m 水平东三至东四石门闭合导线 | 40.0 | 26 | −12 |
| 8 | 330m 水平东四至东六石门闭合导线 | 27.1 | 51 | −33 |
| 9 | 430m 水平东运道复测支导线 | 81.8 | 24 | +50 |
| | | | | $\left[\frac{f_\beta^2}{n}\right]=850$ |

注：①测角误差计算：$m_\beta=\pm\sqrt{\frac{\frac{f_\beta f_\beta}{n}}{N}}\quad\sqrt{\frac{850}{9}}=\pm 9''.7$；

②复测支导线的 $n=n_1+n_2$。

(2)根据多个双次观测值(双次观测列)求测角中误差。

设有多个独立的等精度的双次观测角度值，可根据两次观测值的差数，依下式求一状观测的测角中误差：

$$m_\beta=\pm\sqrt{\frac{[dd]}{2n}} \tag{8-29}$$

式中：$d$——同一角度两次独立观测值之差；

$n$——差值 $d$ 的个数。

当 $[d]\neq 0$ 时，则说明有系统误差存在，应在差值 $d$ 中消去系统误差的影响，即

$$d'_i=d-\frac{[d]}{n}$$

$$\begin{cases} m_\beta=\pm\sqrt{\dfrac{[d'd']}{2(n-1)}} \\ m_\beta=\pm\sqrt{\dfrac{[dd]-\dfrac{[d]^2}{n}}{2(n-1)}} \end{cases} \tag{8-30}$$

某些矿常常采用一次对中两次测角，或一次对中测左角和右角的观测法，根据这种双次观测列求得的 $d$ 中，不包含对中误差的影响，而只是测角方法误差：

$$m_i=\pm\sqrt{\frac{[dd]}{2n}}$$

或

$$m_i=\pm\sqrt{\frac{[d'd']}{2(n-1)}}$$

式中：$d$——同一角度一次对中两次观测值之差，著观测左右角时，则 $d=\beta_{左}+\beta_{右}-360°$；

$d'$——当存在系统误差，即 $[d]\neq 0$ 时，$d_i'=d_i-\frac{[d]}{n}$。

表 8.5 中所列为根据 100 个双次观测值 $d$ 求水平角测角中误差 $m_\beta$ 的算例。由于 $[d]=3$ 很小，可以认为无系统误差，可用式(8-29)求测角中误差 $m_\beta$。

表 8.5　**由双次观测列求测角中误差 $m_\beta$**

| 序号 | 第一次角值<br>° ′ ″ | 第二次角值<br>° ′ ″ | $d_i$<br>″ | $d_id_i$ | $m_\beta$ 的计算 |
|---|---|---|---|---|---|
| 1 | 186 30 25 | 186 30 20 | +5 | 25 | $m_\beta=\sqrt{\frac{[d_id_i]}{2n}}$<br>$=\sqrt{\frac{5202}{2\times 100}}$<br>$=\pm 5''.1$ |
| 2 | 179 26 51 | 179 26 5 | −3 | 9 | |
| 3 | 88 20 10 | 88 20 16 | −6 | 36 | |
| ⋮ | ⋮ | ⋮ | ⋮ | ⋮ | |
| 99 | 163 25 43 | 163 25 35 | +8 | 64 | |
| 100 | 253 07 16 | 253 07 19 | −3 | 9 | |
| $\sum$ | | | +3 | 5202 | |

2. 用试验法求测角中误差 $m_\beta$ 及其要素的方法

在井下有代表性的地点和条件下，设置一个两边相等的角度，然后用本矿所惯用的测量仪器及方法，作以下三组观测。

(1)经纬仪和前后视点的觇标(垂球线)均不动，重复观测此角 $n$ 次，按下式求测角中误差 $m_{\beta_1}$：

$$m_{\beta_1}=\pm\sqrt{\frac{[vv]}{n-1}}$$

式中：$v_i$——该角各次观测值与 $n$ 次算术平均值之差 $v_i=\beta_i-\frac{[\beta]}{n}$。

由于在观测过程中经纬仪及觇标均未动，显然 $m_{\beta_i}=m_i$，即测角方法误差。

(2)每测角一次后将一个觇标(例如觇标 $A$)重新对中，另一觇标及经纬仪均不动，如此重复观测 $n$ 次，仍可按白塞尔公式求得测角中误差 $m_{\beta_i}$：

$$m_{\beta_i}=\pm\sqrt{\frac{[vv]}{n-1}}$$

此时，$m_{\beta_i}$中包含了测角方法误差及一个觇标的对中误差，即

$$m_{\beta_i}^2=m_i^2+m_{t_A}^2$$

将第一组求得之 $m_{\beta_i}=m_i$ 代入上式可得

$$m_{e_A}=\pm\sqrt{m_{\beta_i}^2-m_{\beta_j}^2}$$

按式(8-20)可求得觇标 $A$ 的对中线量误差 $e_A$ 为

$$e_A=\pm\frac{b\sqrt{2}}{\rho''}m_{e_A}$$

(3)每测角一次后，两觇标 $A$ 与 $B$ 均不动，仅将经纬仪重新对中整平，同样观测 $n$ 次，仍按白塞尔公式求得 $m_{\beta_{\rm II}}$，则 $m_{\beta_{\rm II}}$ 中包含了测角方法误差 $m_i$ 和仪器对中误差 $m_{e_T}$，故

$$m_{e_T}=\pm\sqrt{m_{\beta_{\rm II}}^2-m_{\beta_{\rm I}}^2}$$

将 $a=b$ 代入式(8-23)，并简化后，可得仪器对中的线量误差为

$$e_T=\frac{\alpha}{\sqrt{2}\sin\left(\dfrac{\beta}{2}\right)}\frac{m_{eT}}{\rho}$$

此外，还可以采取直接观测的方法求对中线量误差 $e_C$ 和 $e_T$ 值。在井下选择有代表性的地点，按照本矿所采用的经纬仪对中和觇标对中方法将经纬仪和觇标多次重新对中，每次对中后用另外两架视线 90°正交的经纬仪同时观测经纬仪中心或觇标中心与测点标志中心的偏离线量值，便可求出对中线量误差 $e_T$ 及 $e_C$ 值。

最后应该指出：在同一矿井中，用上述各方法所求得的测角中误差 $m_\beta$ 值常有出入，一般是按试验法求得的 $m_\beta$ 值偏小。这是因为试验法所选择的巷道条件往往较好，能够细致地进行试验，不受外界环境条件(如过往矿车与行人，巷道中滴水与风流等)的干扰，并且在同一地点进行观测，对环境也较为熟悉，这样所求得的测角中误差 $m_\beta$ 值自然会小一些。另外，由双次观测值的差值 $d$ 或复测支导线的最终边坐标方位角之差 $\Delta\alpha$ 来求测角中误差 $m_\beta$ 时，由于系统误差的相互抵消而在 $d$ 或 $\Delta\alpha$ 中得不到充分反映，所以求得的测角中误差 $m_\beta$ 也偏小。而按多条闭合导线的角度闭合差 $f_\beta$ 所求得的测角中误差 $m_\beta$ 值，能比较全面地反映各种因素的影响，因此是比较可靠的。

根据井下试验与实际观测资料求得各种对中方法的线量误差为：

垂球对中　1. 2 ~ 1. 5mm

光学对中　0. 8 ~ 1. 0mm

强制归心　0. 5 ~ 0. 8mm

## 8.2　井下测量垂直角的误差

### 8.2.1　测量垂直角的误差

测量垂直角(倾角)的误差同测量水平角的误差一样，也包括仪器误差、测量方法误差和对中误差三部分。但是，仪器误差和对中误差对垂直角的影响很小，故不必考虑。校

正后剩余的竖盘始读数可用正、倒镜两个镜位观测来消除。因此，测量垂直角误差的主要来源是测量方法误差。用测回法正倒镜观测某个方向求其垂直角时，要用望远镜十字丝的水平中丝瞄准垂球线上的标记或者瞄准觇标中心，使竖盘水准管气泡严格居中后再读取竖盘读数。因此，用 $n$ 个测回观测垂直角的误差 $m_\delta$ 为

$$m_\delta = \pm\sqrt{\frac{m_v^2+m_\sigma^2+m_\tau^2}{2n}} \tag{8-31}$$

式中：$m_v$——瞄准误差；

$m_\sigma$——读数误差，其估算方法同前；

$m_\tau$——竖盘水准管气泡居中误差，一般水准器可取 $m_\tau=\pm(0.1\sim0.15)\tau$（$\tau$ 为水准管分划值），符合水准器可取 $m_\tau=\pm(0.07\sim0.1)\tau$；对竖盘采用自动安平补偿器的 J2 级经纬仪，可取 $m_\tau=\pm2''$，J6 级经纬仪可取 $m_\tau=\pm3''$。

### 8.2.2 观测井下导线边的垂直角的必要精度的确定

观测井下导线边的垂直角的主要目的有两个：一个是为了将倾斜导线边长化算为水平投影边长；另一个是为了在斜巷中用三角高程方法求相邻导线点之间的高差。因此，在考虑观测井下导线边的垂直角的必要精度时，应兼顾以上两个方面的精度要求。

1. 化算水平边长对测倾角的要求

在下面分析井下导线边长的容许误差时，得出测量倾角 $\delta$ 的容许误差 $m_\delta$，应满足式(8-46)的要求，即

$$m_\delta<\frac{10''}{\sin\delta}$$

由上式可知，倾角 $\delta$ 愈大时，测量倾角的误差应愈小，而在平巷中，对测倾角的精度要求不高。

2. 计算三角高程对测倾角的要求

用三角高程方法测定导线边两端点之间的高差的计算公式为

$$h=L\sin\delta+i-v$$

由误差传播律可写出高差 $h$ 的中误差为

$$m_h^2=m_L^2\sin^2\delta+L^2\cos^2\delta\frac{m_\delta^2}{\rho^2}+m_\tau^2+m_v^2$$

式中：$L$——导线边斜长；

$\delta$——导线边倾角；

$i$、$v$——仪器高和觇标高。

上式中的第二项即为测倾角的误差对高差 $h$ 的影响，即

$$m_{h_\delta}=L\cos\delta\frac{m_\delta}{\rho}$$

$$或\frac{m_{h_\delta}}{L}=\cos\delta\frac{m_\delta}{\rho}$$

按《煤矿测量规程》的规定，相邻两点往返测高差的互差 $d$ 不应大于 10mm+0.3$L$mm（$L$

为导线水平边长，以 m 为单位）。设 $L=50\text{m}$，$\delta=40°$（井下倾斜巷道的倾角一般不会大于 40°），则 $d_{容}=10+0.3\times50\times\cos40°=21.5(\text{mm})$，往测或返测的高差中误差 $m_h\leqslant\pm\frac{d_{容}}{2\sqrt{2}}=\pm7.6\text{mm}$，高差相对中误差为

$$\frac{m_h}{L}=\frac{7.6}{50\times10^3}=\frac{1}{6580}$$

考虑到 $m_h$ 是由四项误差（$m_\delta$、$m_L$、$m_i$、$m_v$）引起的，则由 $m_\delta$ 所引起的高差相对误差为

$$\frac{m_{h_\delta}}{L}<\frac{1}{13200}$$

由此得

$$\frac{m_\delta}{\rho}\cos\delta<\frac{1}{13200}$$

或

$$\delta<\frac{15''}{\cos\delta} \tag{8-32}$$

由上式可以看出：倾角愈小时，$\delta$ 应当测得愈精确。但在平巷中，一般均采用水准测量而不采用三角高程测量，所以上述结论对平巷来说，没有多大实际意义，面斜巷中必须采用三角高程测量时，对于测量倾角的精度要求相对来说较低。

3. 观测垂直角的合理精度要求

由以上分析可知，上面两项对测量垂直角的精度要求恰好相反。在平巷中，可直接丈量水平边长和进行几何水准测量，所以对测量倾角的要求不高；而在斜巷中，应按照化算水平边长的精度要求来确定测量垂直角的精度，所以《煤矿测量规程》中，对在倾斜巷道中测量导线边长时，观测垂直角的精度提出了要求，见表 8.6。

表 8.6　**观测垂直角的精度要求**

| 观测方法 | DJ2 经纬仪 | | | DJ6 经纬仪 | | |
|---|---|---|---|---|---|---|
| | 测回数 | 垂直角互差 | 指标差互差 | 测回数 | 垂直角互差 | 指标差互差 |
| 对向观测(中丝法) | 1 | | | 2 | 25″ | 25″ |
| 单向观测(中丝法) | 2 | 15″ | 15″ | 3 | 25″ | 25″ |

## 8.3 井下钢尺量边和光电测距的误差

### 8.3.1 井下钢尺量边时的误差来源

井下用钢尺悬空丈量导线边长时，会产生一系列不可避免的误差，这些误差的主要来源

有：

(1)钢尺的尺长误差；

(2)测定钢尺温度的误差；

(3)确定钢尺拉力的误差；

(4)测定钢尺松垂距的误差；

(5)定线误差；

(6)测量边长倾角的误差；

(7)测点投到钢尺上的误差；

(8)读取钢尺读数的误差；

(9)风流的影响。

上述各种误差对于边长的影响按其性质可以分为三类。

1. 系统误差

最主要和最典型的量边系统误差是钢尺的尺长误差。钢尺在使用前及使用过程中应定期进行比长检定，但在此长检定过程中也有误差。其大小及符号都是偶然性的，但当用此钢尺量边并按比长结果对所量边长加入比长改正数时，比长的误差就是一个固定的常数，对边长的影响持同一符号(永为正或永为负)，其大小与边长成正比，也就是说，它转化为系统误差。此外，测定钢尺松垂距的误差对量边的影响也是系统性的。温度计和拉力计的零位误差也属于系统误差。

2. 偶然误差

这类误差对量边的影响是偶然性的，即这类误差的大小及符号均不定。例如，测点投到钢尺上的误差、对钢尺施加拉力的误差、读数误差、测定边长倾角的误差等。但是，当巷道中的温度变化虽不大，却总是比标准温度高些或低些而又不加温度改正时，这种影响便是系统性的。

3. 其符号是系统性的，而其大小是偶然性的

定线误差和风流将钢尺吹得弯曲都会使所测边长大于真正边长，因此它们对量边的影响其符号是系统性的，但其大小却随定线的精度和风流的大小而变化，因而是偶然性的。

由上述分析可知，各种误差来源所引起的量边误差的大小及性质，主要取决于测量的条件及方法，并不是固定不变的。而且由于偶然误差与系统误差在观测中经常是同时产生的，并在一定条件下相互转化，所以要严格地划分哪些误差属于哪一类就较为困难。因此，在下面的量边误差分析中，应当以辩证的观点，综合考虑其影响。

### 8.3.2 量边误差的积累

由上可知，量边误差按其性质可分为系统误差、偶然误差及大小为偶然而符号为系统的三类，后者实质上也属于系统误差。下面对量边偶然误差及系统误差的积累规律分别加以研究。

1. 量边偶然误差的积累

设 $L$ 为所量的导线边长，以长度为 $l$ 的钢尺丈量了 $n$ 段，即

$$L=l+l+\cdots+l(\text{共 } n \text{ 个})$$

若每段丈量的偶然误差均为 $m_{L_\Delta}$，则按偶然误差传播律可得出量边偶然中误差为

$$m_{L_{偶}}=\pm\sqrt{m_{L_\Delta}^2+m_{L_\Delta}^2+\cdots+m_{L_\Delta}^2}=\pm m_{L_\Delta}\sqrt{n}$$

将 $n=\dfrac{L}{l}$ 代入上式得

$$m_{L_{偶}}=\pm m_{L_\Delta}\sqrt{\frac{L}{l}}=\pm\frac{m_{L_\Delta}}{\sqrt{l}}\sqrt{L}$$

令 $a=\dfrac{m_{L_\Delta}}{\sqrt{l}}$，则最后得

$$m_{L_{偶}}=\pm a\sqrt{L} \tag{8-33}$$

或

$$\frac{m_{L_{偶}}}{L}=\frac{a\sqrt{L}}{L}=\frac{a}{\sqrt{L}} \tag{8-34}$$

当 $L=1\text{m}$ 即单位长度时，则 $m_{L_{偶}}=a$，所以 $a$ 是由于偶然误差所引起的单位长度的量边中误差，通称为偶然误差影响系数。显然，当 $m_{L_{偶}}$ 及 $L$ 均以 m 为单位时，$a$ 的单位为 $\sqrt{m}$ 即 $m^{\frac{1}{2}}$。由以上两式得出；

(1)由偶然误差引起的量边误差与边长的平方根成正比；

(2)量边的偶然误差与边长之比(即偶然误差引起的量边相对误差)，随边长的增加而减小。

2. 量边系统误差的积累

设 $m_{l_\lambda}$ 为每尺段丈量的系统误差，$m_{L_{系}}$ 为所丈量边长的系统误差，则

$$m_{L_{系}}=m_{l_\lambda}+m_{l_\lambda}+\cdots+m_{l_\lambda}=nm_{l_\lambda}$$

即

$$m_{L_{系}}=\frac{L}{l}m_{l_\lambda}=\frac{m_{l_\lambda}}{l}L$$

令 $b=\dfrac{m_{l_\lambda}}{l}$，$b$ 为单位长度的系统误差，通称为系统误差影响系数。则

$$m_{L_{系}}=bL \tag{8-35}$$

从而

$$\frac{m_{L_{系}}}{L}=b \tag{8-36}$$

由上两式可知，系统误差对量边的影响与边长成正比，而系统误差所引起的量边相对误差与边长 $L$ 无关，在一定条件下为常数，即系统误差影响系数 $b$。

3. 量边的总中误差

按照误差传播律，可知偶然误差与系统误差综合影响所引起的量边总中误差为

$$M_L=\pm\sqrt{m_{L_{偶}}^2+m_{L_{系}}^2}=\pm\sqrt{a^2L+b^2L^2} \tag{8-37}$$

### 8.3.3 量边误差估计公式中 *a*、*b* 系数的确定方法

系数 $a$、$b$ 可以用分析实际量边资料的方法或实验的方法求得。

1. 按实测资料求 $a$、$b$ 系数

按实测资料求 $a$、$b$，可以按多个不同边的双次观测列来求。设两次独立丈量或往返丈量同一边长的差值为 $d$，则

$$d_i = L_{i_1} - L_{i_2}$$

应当指出的是，同一边长两次丈量时的条件往往基本相同(采用同一条钢尺和相同的量边方法)，量边系统误差对于 $L_{t_1}$ 及 $L_{t2}$ 的影响也基本相同，从而使在计算 $d_i = L_{t_1} - L_{t_2}$ 时，系统误差的影响大部分互相抵消，$d_i$ 中只能反映出部分系统误差的剩余影响，则其剩余系统误差影响系数 $b$ 为

$$b = \frac{[d]}{[L]} \tag{8-38}$$

若 $b = \frac{[d]}{[L]} \approx 0$，则说明没有剩余系统误差或其影响很小，则往返测丈量边长平均值的偶然误差影响系数为

$$a = \pm \frac{1}{\sqrt{2}} \sqrt{\frac{\left[\frac{dd}{L}\right]}{2n}} \tag{8-39}$$

若 $b = \frac{[d]}{[L]} \neq 0$，则应当从每个差值 $d_i$ 中减去剩余系统误差的影响 $bL_i$，然后得到偶然误差影响的部分。即

$$d_i' = d_i - bL_i \tag{8-40}$$

再按下式计算往返丈量边长平均值的偶然误差影响系数 $a$ 为

$$a = \pm \frac{1}{\sqrt{2}} \sqrt{\frac{\left[\frac{d'd'}{L}\right]}{2(n-1)}} = \pm \frac{1}{2} \sqrt{\frac{\left[\frac{d'd'}{L}\right]}{n-1}} \tag{8-41}$$

为简化计算，将式(8-40)平方并求和后得

$$\left[\frac{d'd'}{L}\right] = \left[\frac{dd}{L}\right] - 2b[d] + b^2[L] = \left[\frac{dd}{L}\right] - 2b + b\frac{[d]}{[L]}[L] = \left[\frac{dd}{L}\right] - b[d] \tag{8-42}$$

将式(8-42)代入式(8-41)得

$$a = \pm \frac{1}{2} \sqrt{\frac{\left[\frac{dd}{L}\right] - b[d]}{n-1}} \tag{8-43}$$

表 8.7 中所列为按普通钢尺往返测边长互差求偶然误差系数 $a$ 的实例。

2. 用实验方法求 $a$、$b$ 系数

在井下选择 $N$ 条不同长度和不同条件的导线边。先用高精度的方法丈量(如采用铟瓦基线尺和轴杆架和拉力架精密丈量)，因其丈量误差很小，故可认为量得的是边长的真值 $L_{0_i}$，然后用矿上通常采用的量边方法按规程规定丈量这些边长，得其长度为 $L_i$，则丈量的真误差为

$$\Delta_t = L_{0_i} - L_i \qquad (i = 1, 2, \cdots, N)$$

表 8.7　　按普通钢尺往返测边长互差求偶然误差

| 尺号 | 往测值 $L_{往}$(m) | 返测值 $L_{返}$(m) | 互差 $d_i$(mm) | $b'L$ | $d'_i$ | $d'_i d'_i$ | $\frac{d'_i d'_i}{L_i}$ |
|---|---|---|---|---|---|---|---|
| 1 | 30.0493 | 30.0510 | −1.7 | −0.06 | −1.64 | +2.6896 | 0.0897 |
| 2 | 29.9234 | 29.9225 | +0.9 | −0.06 | +0.96 | +0.9216 | 0.0307 |
| 3 | 29.9532 | 29.9522 | +1.0 | −0.06 | +1.06 | +1.1236 | 0.0375 |
| 4 | 30.0048 | 30.0066 | −1.8 | −0.06 | −1.74 | +3.0276 | 0.1009 |
| 5 | 30.0750 | 30.0733 | +1.7 | −0.06 | +1.76 | +3.0976 | 0.1033 |
| 6 | 29.9453 | 29.9468 | −1.5 | −0.06 | −1.44 | +2.0736 | 0.0691 |
| 7 | 29.9139 | 29.9124 | +1.5 | −0.06 | +1.56 | +2.4336 | 0.0811 |
| 8 | 29.9358 | 29.9339 | +1.9 | −0.06 | +1.96 | +3.8416 | 0.1281 |
| 9 | 30.0134 | 30.0151 | −1.7 | −0.06 | −1.64 | +2.6896 | 0.0897 |
| 10 | 30.0389 | 30.0369 | +2.0 | −0.06 | +2.06 | +4.2436 | 0.1415 |
| 11 | 59.9975 | 59.9950 | +2.5 | −0.12 | +2.62 | +6.8644 | 0.1144 |
| 12 | 59.9646 | 59.9620 | +2.6 | −0.12 | +2.72 | +7.3984 | 0.1233 |
| 13 | 59.9839 | 59.9862 | −2.3 | −0.12 | −2.18 | +4.7524 | 0.0792 |
| 14 | 60.0656 | 60.0632 | +2.4 | −0.12 | +2.52 | +6.3504 | 0.1058 |
| 15 | 60.0867 | 60.0895 | −2.8 | −0.12 | −2.68 | +7.1824 | 0.1197 |
| 16 | 59.9726 | 59.9752 | −2.6 | −0.12 | −2.48 | +6.1504 | 0.1025 |
| 17 | 59.8985 | 59.8964 | +2.1 | −0.12 | +2.22 | +4.9284 | 0.0821 |
| 18 | 59.9123 | 59.9139 | −1.6 | −0.12 | −1.48 | +2.1904 | 0.0365 |
| 19 | 60.0237 | 60.0262 | −2.5 | −0.12 | −2.38 | +5.6644 | 0.0944 |
| 20 | 60.0464 | 60.0444 | +2.0 | −0.12 | +2.12 | +4.4944 | 0.0749 |
| 21 | 89.9898 | 89.9926 | −2.8 | −0.18 | −2.62 | +6.8644 | 0.0763 |
| 22 | 89.9020 | 89.8989 | +3.1 | −0.18 | +3.28 | +10.7584 | 0.1195 |
| 23 | 89.9248 | 89.9278 | −3.0 | −0.18 | −2.82 | +7.9524 | 0.0881 |
| 24 | 90.0539 | 90.0559 | −2.0 | −0.18 | −1.82 | +3.3124 | 0.0368 |
| 25 | 90.0776 | 90.0805 | −2.9 | −0.18 | −2.72 | +7.3984 | 0.0822 |
| 26 | 89.9921 | 89.9887 | +3.4 | −0.18 | +3.58 | +12.8164 | 0.1424 |
| 27 | 119.9719 | 119.9684 | +3.5 | −0.24 | +3.74 | +13.9876 | 0.1166 |
| 28 | 119.8920 | 119.8952 | −3.2 | −0.24 | −2.96 | +8.7616 | 0.730 |
| 29 | 119.9111 | 119.9075 | +3.6 | −0.24 | +3.84 | +14.7456 | 0.1229 |
| 30 | 120.0194 | 120.0228 | −3.1 | −0.24 | −3.16 | +9.9856 | 0.0832 |
| 31 | 120.0401 | 120.0431 | −3.0 | −0.24 | −2.76 | +7.6176 | 0.0635 |

计算：

$\sum d_i = -4.6 \qquad \sum \frac{d'_i d'_i}{L_i} = 2.8092$

往返测边长平均值的总长=2039.5815m

$b' = \frac{[d]}{[L]} = \frac{-4.6}{2039581.5} = -0.000002$

往返测边长平均值的偶然误差系数 $a = \pm\frac{1}{\sqrt{2}}\sqrt{\frac{\left[\frac{d'_i d'_i}{L_i}\right]}{2(n-1)}} = \pm\frac{1}{\sqrt{2}}\sqrt{\frac{2.8092}{60}} = \pm 0.15\text{mm/m}^{\frac{1}{2}}$

即 $a = \pm 0.00015$

将 $N$ 条边长按照长度间隔为5m或10m分成 $k$ 组，例如，以5m为间隔分组时：

0 ~ 5m　　为第1组，其中有 $n_1$ 条边；

5 ~ 10m　　为第2组，其中有 $n_2$ 条边；

…………

$(k-1)5 \sim k5$m　　为第 $k$ 组，其中有 $n_k$ 条边。

$$N=n_1+n_2+\cdots+n_k$$

然后用下式求每组的平均边长 $L_j(j=1, 2, 3, \cdots, k)$ 的一次丈量中误差为

$$m_1=\pm\sqrt{\frac{[\Delta\Delta]_1}{n_1}},\ m_2=\pm\sqrt{\frac{[\Delta\Delta]_2}{n_2}},\ \cdots,\ m_k=\pm\sqrt{\frac{[\Delta\Delta]_k}{n_k}}$$

按间接平差原理，将 $m_j$ 视为观测值，它是未知数 $x=a^2$ 和 $y=b^2$ 的函数，并取各组的边数 $n_j$，或 $\frac{n_j}{c}$（$c$ 为任意正整数）为该组的权 $P_j$，可列出 $k$ 个误差方程式为

$$\begin{cases} a^2L_1+b^2L_2-m_{L_1}^2=V_1 & \text{权为 } P_1 \\ a^2L_2+b^2L_2-m_{L_2}^2=V_2 & \text{权为 } P_2 \\ \cdots\cdots & \\ a^2L_k+b^2L_k^2-m_{L_k}^2=V_k & \text{权为 } P_k \end{cases}$$

令 $a^2=x$，$b^2=y$，并代入上式，组成两个法方程式为

$$\begin{aligned} &[PL^2]x+[PL^3]y-[PLm_L^2]=0 \\ &[PL^3]x+[PL^4]y-[PL^2m_L^2]=0 \end{aligned} \tag{8-44}$$

答解法方程式，求得 $x$、$y$ 值后，便可得

$$a=\sqrt{x},\ b=\sqrt{y}$$

表8.8所列为用上述实验法求 $a$、$b$ 系数的实测数据。将其分为4组，并计算各组的 $m_L$，列入表8.9。将表8.9及式(8-43)组成误差方程式为

$$\begin{aligned} 30a^2+30b^2-3.38&=0 \\ 60a^2+60^2b^2-8.26&=0 \\ 90a^2+90^2b^2-9.30&=0 \\ 120a^2+120^2b^2-23.77&=0 \end{aligned}$$

取 $P_j=\frac{n_j}{1000}$，则按式(8-44)组成的法方程系数见表8.10。

法方程式为：

$$\begin{aligned} 165.6x+15444y-25.254&=0 \\ 15444x+1568160y-2491.2&=0 \end{aligned}$$

答解此法方程式可得

$$x=0.0545 \quad a=\sqrt{x}=0.23\text{mm/m}^{\frac{1}{2}}=0.00023\text{m}^{\frac{1}{2}}$$

$$y=0.011 \quad b=\sqrt{y}=0.03\text{mm/m}^{\frac{1}{2}}=0.00003\text{m}^{\frac{1}{2}}$$

表 8.8　　按普通钢尺量边和铟瓦尺量边的边长较差计算系数 ***a***、***b*** 较差 ***d*** 的计算

| 边号 | 普通钢尺测得的边长 $L_i$ (m) | 铟瓦尺测得的边长 $L_{O_i}$ (m) | 较差 $d_i$ (mm) | 边号 | 普通钢尺测得的边长 $L_i$ (m) | 铟瓦尺测得的边长 $L_{O_i}$ (m) | 较差 $d_i$ (mm) |
|---|---|---|---|---|---|---|---|
| 1 | 30.0502 | 30.0499 | +0.3 | 17 | 59.8974 | 59.8945 | +2.9 |
| 2 | 29.9229 | 29.9221 | +0.8 | 18 | 59.9131 | 59.9104 | +2.7 |
| 3 | 29.9527 | 29.9521 | +0.6 | 19 | 60.0249 | 60.0216 | +3.3 |
| 4 | 30.0057 | 30.0042 | +1.5 | 20 | 60.0454 | 60.0417 | +3.7 |
| 5 | 30.0741 | 30.0725 | +1.6 | 21 | 89.9912 | 89.9878 | +3.4 |
| 6 | 29.9460 | 29.9445 | +1.5 | 22 | 89.9004 | 89.8977 | +2.7 |
| 7 | 29.9131 | 29.9096 | +3.5 | 23 | 89.9263 | 89.9234 | +2.9 |
| 8 | 29.9349 | 29.9325 | +2.4 | 24 | 90.0549 | 90.0525 | +2.4 |
| 9 | 30.0142 | 30.0130 | +1.2 | 25 | 90.0791 | 90.0751 | +4.0 |
| 10 | 30.0379 | 30.0354 | +2.5 | 26 | 89.9904 | 89.9878 | +2.6 |
| 11 | 59.9962 | 59.9944 | +1.8 | 27 | 119.9701 | 119.9656 | +4.5 |
| 12 | 59.9633 | 59.9595 | +3.8 | 28 | 119.8936 | 119.8889 | +4.7 |
| 13 | 59.9851 | 59.9824 | +2.7 | 29 | 119.9093 | 119.9048 | +4.5 |
| 14 | 60.0644 | 60.0629 | +1.5 | 30 | 120.0211 | 120.0160 | +5.1 |
| 15 | 60.0881 | 60.0853 | +2.8 | 31 | 120.0416 | 120.0361 | +5.5 |
| 16 | 59.9739 | 59.9712 | +2.7 | 总和 | 2039.5815 | 2039.4954 | +86.1 |

表 8.9　　各组平均边长与其中误差计算表

| 第　一　组 | | | | 第　二　组 | | | |
|---|---|---|---|---|---|---|---|
| 普通 | 铟瓦 | 较差 $d$ | $dd$ | 普通 | 铟瓦 | 较差 $d$ | $dd$ |
| 30.0502 | 30.0499 | +0.3 | 0.09 | 59.9962 | 59.9944 | +1.8 | 3.24 |
| 29.9229 | 29.9221 | +0.8 | 0.64 | 59.9633 | 59.9595 | +3.8 | 14.44 |
| 29.9572 | 29.9521 | +0.6 | 0.36 | 59.9851 | 59.9824 | +2.7 | 7.29 |
| 30.0057 | 30.0042 | +1.5 | 2.25 | 60.0644 | 60.0629 | +1.5 | 2.25 |
| 30.0741 | 30.0725 | +1.6 | 2.56 | 60.0881 | 60.0853 | +2.8 | 7.84 |
| 29.9460 | 29.9445 | +1.5 | 2.25 | 59.9739 | 59.9712 | +2.7 | 7.29 |
| 29.9131 | 29.9096 | +3.5 | 12.25 | 59.8974 | 59.8945 | +2.9 | 8.41 |
| 29.9349 | 29.9325 | +2.4 | 5.76 | 59.9131 | 59.9104 | +2.7 | 7.29 |
| 30.0142 | 30.0130 | +1.2 | 1.44 | 60.0249 | 60.0216 | +3.3 | 10.89 |
| 30.0379 | 30.0354 | +2.5 | 6.25 | 60.0454 | 60.0417 | +3.7 | 13.69 |

续表

| 第三组 | | | | 第四组 | | | |
|---|---|---|---|---|---|---|---|
| 普通 | 钢瓦 | 较差 $d$ | $dd$ | 普通 | 钢瓦 | 较差 $d$ | $dd$ |
| 89.9912 | 89.9878 | +3.4 | 11.56 | 119.9701 | 119.9656 | +4.5 | 20.25 |
| 89.9004 | 89.8977 | +2.7 | 7.29 | 119.9836 | 119.8889 | +4.7 | 22.09 |
| 89.9263 | 89.9234 | +2.9 | 8.41 | 119.9093 | 119.9048 | +4.5 | 20.25 |
| 90.0549 | 90.0525 | +2.4 | 5.76 | 120.0211 | 120.0160 | +5.1 | 26.01 |
| 90.0791 | 90.0751 | +4.0 | 15.00 | 120.0416 | 120.0361 | +5.5 | 30.25 |
| 89.9904 | 89.9878 | +2.6 | 6.76 | | | | |
| $L_1=30.0$<br>$n_1=10$<br>$[dd]=33.85$<br>$m_{L_1^2}=\frac{[dd]}{n_1}=3.38$ | | $L_2=60.0$<br>$n_2=10$<br>$[dd]=82.63$<br>$m_{L_2^2}=\frac{[dd]}{n_2}=8.26$ | | $L_3=90.0$<br>$n_3=6$<br>$[dd]=55.78$<br>$m_{L_3}=\frac{[dd]}{n_3}=9.30$ | | $L_4=120.0$<br>$n_4=5$<br>$[dd]=118.85$<br>$m_{L_4}=\frac{[dd]}{n_4}=23.77$ | |

表 8.10 **法方程式系数组成表**

| 分组号 | $L$ | $L^2$ | $L^3$ | $L^4$ | $P$ | $PL$ | $PL^2$ | $PL^3$ | $PL^4$ | $-m_L^2$ | $-PLm_L^2$ | $-PL^2m_L^2$ |
|---|---|---|---|---|---|---|---|---|---|---|---|---|
| 1 | 30 | 900 | 27000 | 810000 | 0.010 | 0.30 | 9.0 | 270 | 8100 | -3.38 | -1.014 | -30.42 |
| 2 | 60 | 3600 | 216000 | 12960000 | 0.010 | 0.60 | 36.0 | 2160 | 129600 | -8.26 | -4.956 | -297.36 |
| 3 | 90 | 8100 | 729000 | 65610000 | 0.006 | 0.54 | 48.0 | 4374 | 393660 | -9.30 | -5.022 | -451.98 |
| 4 | 120 | 14400 | 1728000 | 207360000 | 0.005 | 0.60 | 72.0 | 8640 | 1036800 | -23.77 | -14.262 | -1711.44 |
| $\sum$ | | | | | | | 165.6 | 15444 | 1568160 | | -25.254 | -2491.20 |

3. 误差系数 $a$、$b$ 的数值

根据我国现场实际资料，参照有关规定，建议采用表 8.11 中所列的钢尺量边误差系数 $a$、$b$ 值。

表 8.11 **井下钢尺量边误差系数值**

| 导线等级 | 巷道倾角 $\delta<15°$ | | 巷道倾角 $\delta<15°$ | |
|---|---|---|---|---|
| | $a$ | $b$ | $a$ | $b$ |
| 基本控制 | 0.0003～0.0005 | 0.00003～0.00005 | 0.0015 | 0.0001 |
| 采区控制 | 0.0008 | 0.0001 | 0.0021 | 0.0002 |

4. 各种误差对量边影响的估算及容许值的确定方法

为分析简便起见，当研究某一误差来源对量边的影响时，假定其他来源均无影响，只集中考虑这一个误差来源，最后再综合研究所有误差来源的影响。

前面在讨论井下用钢尺量边时的误差来源时，曾提到9种主要误差来源。为了使井下导线的量边误差不超过一定的范围以保证导线的必要精度，需要对前述9种误差规定一个极限，即容许值，设用$m_{L_i}(i=1, 2, \cdots, 9)$来表示9种误差来源所引起的量边中误差，并设各种误差来源对量边误差的影响相等(等影响原则)，则所量边长工的中误差$M_L$应为

$$M_L=\pm\sqrt{m_{L_1}^2+m_{L_2}^2+\cdots+m_{L_9}^2}=3m_L$$

根据式(8-37)$M_L=\pm\sqrt{a^2L+b^2L^2}$，并取$a=0.0001$，$b=0.00005$。导线平均边长$L=50\mathrm{m}$，可得$M_L=\pm4.3\mathrm{mm}$，容许误差为中误差的2倍，即$M_{L容}=2M_L=\pm8.6\mathrm{mm}$。$\frac{M_{L容}}{L}=\frac{0.0086}{50}\approx\frac{1}{6000}$，因此，9项误差来源中每个来源所引起的量边容许相对误差为

$$\frac{m_{L容}}{L}=\frac{M_{L容}}{L}\frac{1}{\sqrt{9}}\approx\frac{1}{2000} \tag{8-45}$$

下面分别研究各项误差的容许值。

1. 尺长误差及其容许值

设用长度为$L_R$的钢尺丈量边长$L$，其尺长改正数为

$$\Delta L_k=\frac{\Delta_k}{L_R}L$$

则由尺长误差$m_k$所引起的量边误羞$m_{L_k}$为

$$m_{L_k}=\frac{L}{L_R}m_k \qquad \frac{m_k}{L_R}=\frac{m_{L_k}}{L}$$

对照式(8-45)可看出，尺长误差所引起的量边误差的相对容许值应为

$$\frac{m_{k容}}{L_R}=\frac{1}{20000}$$

这就是说，钢尺比长检定的精度应不低于$\frac{1}{20000}$，达到这个精度是不困难的。

2. 测定温度$t$的误差及其容许值

量边的温度改正是按下式计算的：

$$\Delta L_t=L\alpha(t-t_0)$$

若以$m_t$表示测定温度$t$的误差，则由它引起的量边误差为

$$m_{L_t}=L\alpha m_t$$

对照式(8-45)可得

$$m_{t容}=\frac{L}{20000}\frac{1}{L\alpha}=\pm4℃$$

由此可知，测量温度的容许误差为±4℃。

3. 测定拉力的误差及其容许值

由计算拉力改正的公式以及计算垂曲改正的公式可知，当所加拉力 $p$ 一有误差 $m_p$ 时，将引起这两项改正数产生误差，从而引起量边误差。

拉力改正为
$$\Delta L_p = \frac{(p - p_0)}{EF} L$$

故
$$m_{L_p}^{\mathrm{I}} = \frac{L}{EF} m_p$$

垂曲改正为
$$\Delta L_f = -\frac{q^2}{24} \frac{L^3}{p^2}$$

故
$$m_{L_p}^{\mathrm{I}} = \frac{q^2 L^3}{12 p^3} m_p$$

两项误差 $m_{L_p}^{\mathrm{I}}$ 及 $m_{L_p}^{\mathrm{II}}$ 具有相同符号，则

$$m_{L_p} = \left( \frac{L}{EF} + \frac{q^2 L^3}{12 p^3} \right) m_p$$

对照式(8-45)可得

$$m_{p容} = \frac{L}{20000\left( \frac{L}{EF} + \frac{q^2 L^3}{12 p^3} \right)} = \frac{1}{20000\left( \frac{1}{EF} + \frac{q^2 L^2}{12 p^3} \right)}$$

设 $L = 50\text{m}$，$q = 0.165\text{N/m}$，$F = 0.023\text{cm}^2$，$p = 98.067\text{N}$，将其代入上式得

$$m_{p容} = \pm 6.3\text{N}$$

此值较小，因此量边时要用拉力计较精确地对钢尺拖以标准拉力。

4. 测定松垂距 $f$ 的误差度其容许值

按实际测定的松垂距 $f$ 计算垂曲改正的公式为

$$\Delta L_f = -\frac{8 f^2}{3L}$$

若测定松垂距 $f$ 的误差为 $m_f$，则由此引起垂曲改正的误差为

$$m_{L_f} = \frac{16 f}{3L} m_f$$

对照式(8-45)由上式可得

$$m_{f容} = \frac{L}{20000} \times \frac{3L}{16 f} = \frac{L^2}{1.07 \times 10^5 f}$$

设用某一钢尺量测 50m 长的导线边，$f = 0.546\text{m}$ 代入上式得

$$m_{f容} = \pm 42\text{mm}$$

由此可知测定 $f$ 的精度要求并不十分高。

5. 定线误差及其容许值

在图 8.9 中，$\overline{AB}$是欲丈量的边长，由于大于尺长而分为三段。由于定线误差 $m_e$ 而使中间的 1、2 点均偏离了$\overline{AB}$连线，使实际所丈量的边长为折线 $A12B$ 而非直线$\overline{AB}$。显然所量边长总是比真正的边长大。

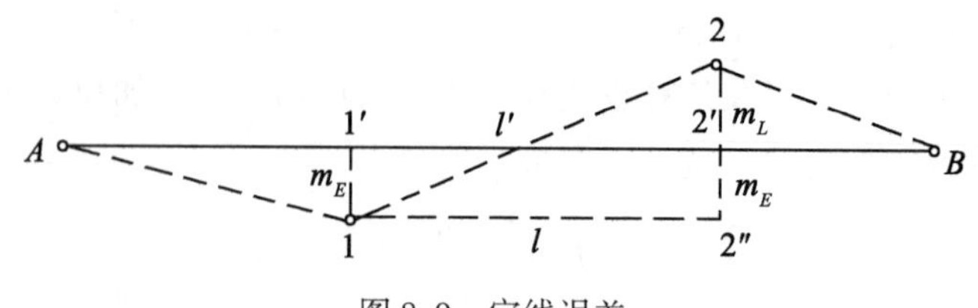


图 8.9　定线误差

图 8.9 中所示中间点 1 和 2 分别位于$\overline{AB}$连线的不同侧，这是最不利的情况，因为这时中间一段$\overline{12}=l'$与其对应的真长$\overline{1'2'}=l$相差最大。由$\triangle 122''$可看出

$$l=\sqrt{(l')^2-(2m_E)^2}$$

将上式按二项式展开，并仅取前两项得

$$l=l'\left\{1-\frac{1}{2}\left(\frac{2m_E}{l'}\right)^2\right\}=l'-\frac{2m_E^2}{l'}$$

因此，由定线误差 $m_\circ$ 所引起的量边误差为

$$m_{l_E}=l'-l=\frac{2m_E^2}{l'}$$

将上式对照式(8-45)可得

$$m_{E_{容}}=\sqrt{\frac{l}{20000}\times\frac{l}{2}}=\pm 0.005l$$

当 $l=50$m 时，$m_{l_{容}}=\pm 0.25$m，当 $l=30$m 时，$m_{l_{容}}=\pm 0.15$m。

然后我们再来研究一个端点未在测边$\overline{AB}$连线上的第一段 $A1$ 相第三段 $2B$ 的情况。以第三段 $2B$ 为例，同上法可推得

$$m_{i_E}=\frac{m_E^2}{2l_{余}}$$

$$m_{E_{容}}=\pm 0.01l_{余}$$

当余长 $l_{余}$ 为 10m 时，$m_{E_{容}}=\pm 0.1$m；当余长 $l_{余}$ 为 20m 时，$m_{E_{容}}=\pm 0.2$m。

综上分析可知，分段长度愈小时，定线的容许误差愈小。所以《煤矿测量规程》中规定：分段丈量边长时，最小尺段长度不得小于 10m。而当分段长度较大时，对定线的精度要求就相应较低。

6. 测倾角的误差及其容许值

由倾斜边长 $L$ 化算为平距 $l$ 时，采用的公式为

$$l=L\cos\delta$$

若测量倾角 $\delta$ 的误差为 $m_\delta$，则由它引起的平距 $f$ 的误差为

$$m_{l_\delta}=\frac{L\sin\delta}{\rho''}m''_\delta$$

对照式(8-45)可得

$$m_{\delta_{容}}=\pm\frac{L}{20000}\times\frac{\rho''}{L\sin\delta}=\pm\frac{10''}{\sin\delta} \tag{8-46}$$

由上式可以看出，倾角 $\delta$ 愈大时，对测量倾角的精度要求愈高。《煤矿测量规程》中对在倾斜巷道中测量导线边长时，观测倾角的精度要求见表 8-6，这里不再重复。

7. 投点的误差及其容许值

利用垂球线将测点中心投到钢尺上的误差来源有：

(1)垂球线与测点标志孔的中心不重合，当测点标志孔的直径较大时，形状不规则，而垂球线较细时，这项误差可达 0.5mm 或更大；

(2)曲风流引起的垂球线偏斜和摆动；

(3)钢尺碰到垂球线而引起的偏斜或摆动。

此外，如果量边时，钢尺的一端对着经纬仪的横轴外端中心读数或对着望远镜镜上中心读数，则经纬仪对中误差以及横轴外端中心或镜上中心偏离测点标志中心所在的铅垂线也属于投点误差。因为钢尺两端均需投点，故由投点误差 $m_E$ 所引起的丈量一段边长 $L$ 的量边误差为

$$m_{L_E}=m_E\sqrt{2}$$

对照式(8-45)可得

$$m_{E_{容}}\leqslant\frac{L}{20000\sqrt{2}}$$

用 50m 的钢尺丈量 50m 的边长时，$m_{E_{容}}=\pm1.8$mm，而丈量 30m 的边长时，$m_{E_{容}}=\pm1.1$mm。所以在丈量较短的边长(或较短的分段长)时，应十分注意精确投点。为此，可以采用长钢尺，加重垂球重量，采取挡风措施或用光学投点器等。此外，还可以通过往、返丈量边长以抵消风流对垂球线投点的影响，图 8.10(a)所示为往测时风流对量边的影响，图 8.10(b)为返测时的影响，当在丈量边长时风流及仪器高均不变时，取往返测平均值可最大限度地消除风流引起的垂球线偏斜影响。当然，在这种情况下，往返测边长的较差中却包含了两倍垂球线偏斜 $\Delta l$。

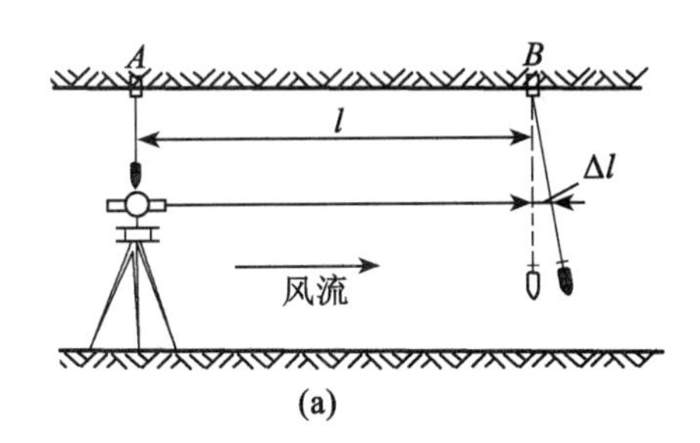


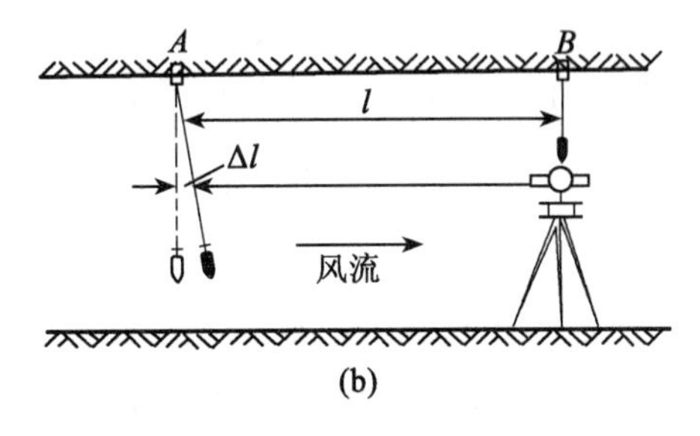


图 8.10 风流对量边的影响

8. 读数误差及其容许值

读数时，钢尺一端对准整厘米或整分米分划线，另一端估读小数，这种读数误差碥是偶然性的，其对丈量一段边长的影响为

$$m_{L_\sigma}=\pm m_\sigma\sqrt{\frac{2L}{kl}}$$

式中：$k$——读数次数，一般 $k=3$；

$L$——边长；

$l$——钢尺长。

则参照式(8-45)可得

$$m_{\sigma容}=\frac{L}{20000}\sqrt{\frac{3}{2}}=\frac{L}{16400}$$

当 $L=50\text{m}$ 时，$m_{E容}=\pm3\text{mm}$；$L=30\text{m}$ 时，$m_{E容}=\pm1.8\text{mm}$。

9. 风流的影响

风流除使垂球线偏斜而产生投点误差外，还将使钢尺抖动或呈波状曲线形，从而使量得的边长大于真长。其大小与风流强弱有关，但其符号却是系统性的。减小风流影响的措施已在上面讨论投点误差时提到过，这里不再重复，此外，还可以采取适当加大拉力的方法尽量将钢尺拉直。

最后应当指出：

(1)以上分析大部分是以尺长和边长都是50m为基础的，而实际上并不完全是这样。一般来说，边长愈短，则要求丈量时的精度愈高，否则就难以保证其相对误差小于规定的限值；

(2)在确定各种误差来源的容许值时，采用了等影响原则，这种原则可使所讨论的问题得以简化，但只能帮助我们大致得出一个数值范围，绝不能机械地去理解和运用。例如，对有的误差容许值(如测量拉力的容许误差等)，较难达到，而有些项目(如测定温度 $f$ 和松垂距，等)，则又很容易达到。为此，必须统筹兼顾，使之能相互补偿，以最终达到息的量边精度要求。此外，对引起量边系统误差的尺长、定线等误差以及测定松垂距，的容许误差值，应当从严掌握。

### 8.3.4 光电测距仪测边的误差

1. 光电测距误差的主要来源

短程红外测距仪大都采用相位测距，所测距离是用下式计算的：

$$D=\frac{c_0}{2nf}\left(N+\frac{\Delta\phi}{2\pi}\right)+K \tag{8-47}$$

式中：$c_0$——真空中光速；

$n$——大气的群折射率；

$f$——调制频率，即单位时间内正弦波变化的次数；

$N$——整周期个数，零或正整数；

$\Delta\phi$——不足整周期的相位尾数；

$K$——剩余加常数。

式(8-47)中各要素与边长 $D$ 的中误差 $M_D$ 之间的关系式可写成：

$$M_D^2=\left\{\left(\frac{m_{c_3}}{c_0}\right)^2+\left(\frac{m_n}{n}\right)^2+\left(\frac{m_f}{f}\right)^2\right\}D^2+\left(\frac{\lambda}{4\pi}\right)^2 m\varphi^2+m_K^2 \tag{8-48}$$

由式(8-48)可以看出，测距中误差 $M_D$ 由两部分组成：一部分是与被测距离 $D$ 成正比的误差，即上式等号右边前三项误差；另一部分是与被测距离 $D$ 无关的误差，即上式等号右边的后两项误差。但还应当看到，在实际测距过程中还存在测距仪对中误差 $m_\tau$、反射镜对中误差 $m_C$ 以及周期误差 $m_E$。因此，用光电测距仪测距的误差通常用固定误差(与边长大小无关的随机性偶然误差)$A$ 和比例误差 $B$(与边长大小成比例的随机性系统误差)来表示，即

$$M_D=\pm(A+BD) \tag{8-49}$$

2. 光电测距的误差分析

a. 比例误差

(1)真空中光速值 $c_0$ 的测定误差 $m_{c_0}$。

国际大地测量与地球物理学会于 1995 年建议的真空中光速值为 $c_0=299792458\pm1.2\text{m/s}$，则 $\frac{m_{t_0}}{c_0}=\frac{1.2}{299792458}\approx\pm0.4\times10^{-8}$，即每千米的 $m_C$ 约为±0.004mm，故可忽略不计。

(2)大气折射率的误差 $m_n$。

大气折射率的误差将使光波在大气中的传播速度发生变化，从而影响测尺长度，引起测距误差。$m_n$ 主要是由气象参数(气压声、温度和水蒸气压 $P$)的测定误差；在测线的一端或两端测定的气象参数不能完全代表整个测线上的平均气象参数，从而带来的代表性误差；大气折射率计算公式本身的误差三个来源组成的。

对于载波长为 0.6328μm 的氦氖气体激光测距仪，其在实际气象条件下的大气折射率 $n$ 按下式计算：

$$n=1+\frac{300.23\times10^{-6}}{1+\alpha t}\frac{p}{760}-\frac{0.055\times10^{-6}}{1+\alpha t}e$$

对上式取全微分得

$$d_n=\left[-\frac{300.23\times10^{-6}}{(1+\alpha t)^2}\frac{p}{760}+\frac{0.055\times10^{-6}}{(1+\alpha t)^2}e\right]\alpha\mathrm{d}t+\left[\frac{300.23\times10^{-6}}{(1+\alpha t)760}\right]\mathrm{d}p-\left(\frac{0.055\times10^{-6}}{1+\alpha t}\right)\mathrm{d}e$$

若取一般气象条件：$p=760\text{mmHg}=101050\text{Pa}$，$t=20℃$，$e=10\text{mmHg}=1330\text{Pa}$ 及空气膨胀系数 $\alpha=0.003661$ 代入上式得

$$d_n=-0.95\times10^{-6}\mathrm{d}t+0.37\times10^{-6}\mathrm{d}p-0.05\times10^{-6}\mathrm{d}e$$

设求定折射率 $n$ 的精度与测距的精度相适应，即 $10^{-6}$(百万分之一)，由上式不难看出，各气象参数测定的必要精度为

$$m_t=\pm1℃,\quad m_p=\pm2.7\text{mmHg}=\pm359.1\text{Pa}$$

$$m_e=\pm20\text{mmHg}=\pm2660\text{Pa}$$

同时，还可以从上式看出：各气象参数的误差对折射率的影响，以 $t$ 为最大，$p$ 次之，$e$ 最小，它们之间的比例约为 19∶7.4∶1。

上面所分析的结果对于其他载波长的测距仪也是适用的。对于井下来说，由于 $t$、$p$ 和 $e$ 等参数较稳定，因此，主要应注意气象参数的测定精度，至于气象代表性误差则是次要的，折射率本身的计算公式误差很小，可以忽略不计。

(3)频率误差 $m_f$。

光电测距仪的频率误差主要是指精测频率误差。频率误差是由频率校准误差和频率漂

移误差所构成，前者取决于测定频率的准确度，后者取决于频率的稳定度。当用高于$10^{-7}$的高精度频率计来校准测距仪的频率$f$时，频率校准误差可忽略不计。因此，频率的误差$m_f$主要是由晶体振荡器不够稳定而使频率$f$漂移所造成的。由频率的相对误差所引起的测距的相对误差为

$$\frac{m_{D_f}}{D}=\frac{m_f}{f}$$

值得指出的是：目前中短程光电测距仪加常数$C$和乘常数$R$的检定，大多采用六段基线比较法在长度不同的野外基线上进行。但是，许多不同型号测距仪在同一条检定基线上不同时间所做的大量检定结果，却产生某些问题。

①不同时间的检定结果不完全一致，甚至若对同一时间的检定数据取不同的基线段组合，所得的仪器“常数”也不同，且乘常数$R$的数值可能很大($10\times10^{-6}\sim30\times10^{-6}$)。例如，同样的两台测距仪在同一基线上多次检定所得的$R$值可能变化很大，分别是$17\times10^{-6}$($-14\sim+3$>和$11\times10^{-6}$($-8\sim+3$)。

②由六段基线比较法检定所得$R$值与用精确测定测距仪调制频率所获得的$R$值相差可能很大，有的达到$30\times10^{-6}$。

由上述问题可以看出，获得乘常数$R$用以对所测距离加入改正的较好方法是测定测距仪的精测调制频率，并且最好是在测距的同时测定其频率。

b. 固定误差

(1)仪器加常数的测定误差$m_K$。

在仪器出厂之前，对每台测距仪都进行了精确的测定，对短程测距仪，大都采用预置加常数的方法加以消除。这也就是说，所观测的每条边都加入了加常数的改正，因此加常数的测定误差对每条边都是系统误差，所以应当尽量提高测定仪器加常数的精度。短程红外测距仪的加常数虽已预置，但由于仪器老化、震动等原因，可能使加常数发生变化，因而应定期检测。若加常数值超过允许范围，应重新预置或对所测距离加入改正数。

(2)棱镜常数$C_0$的测定误差。

普通的平面镜只能反射测距仪发出的光，但不能将光返回到测距仪中去，反射棱镜则不同，即使是数千米长的距离，或者入射光线不完全与反射棱镜表面垂直，仍能将测距光返回到测距仪中去。反射棱镜的构造见图8.11，它的形状如同将立方体切去的一个角(三面正交)。

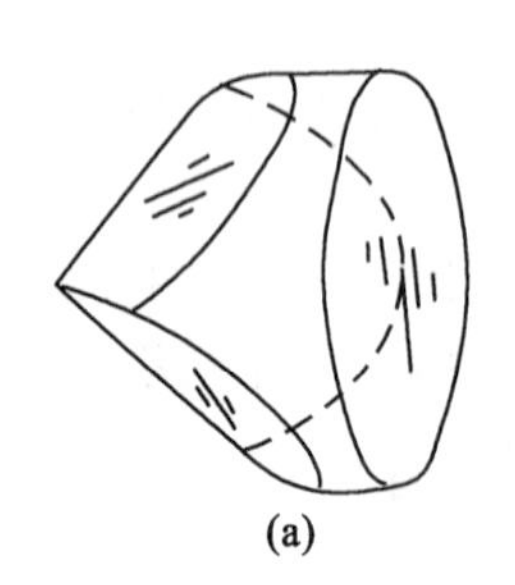
(a)

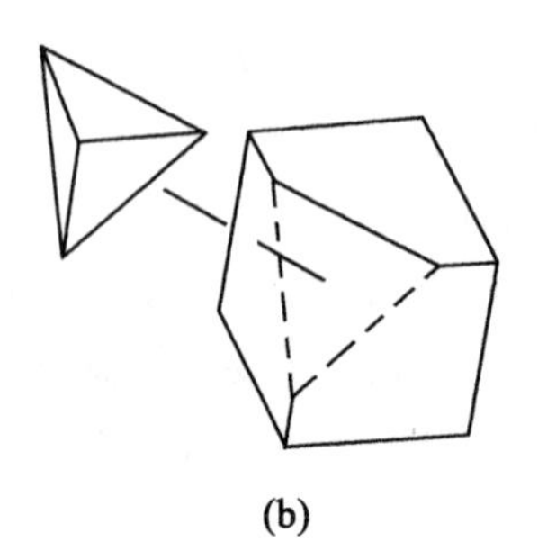
(b)

图8.11 反射棱镜

如图 8.12 所示，从斜方向射入反射棱镜的测距光，也能沿与射入方向相平行的方向反射回去，△$ABC$ 是棱镜断面，它是∠$C$ 为 90°的直角三角形。入射光 $P_1$ 和反射光 $P_2$ 与反射面的交点为 $M$ 和 $N$。同时，$ML$ 和 $NL$ 是反射点 $M$ 和 $N$ 处的法线，这样，$MC$ 与 $LN$ 相平行，且 $LM$ 与 $NC$ 也平行，即

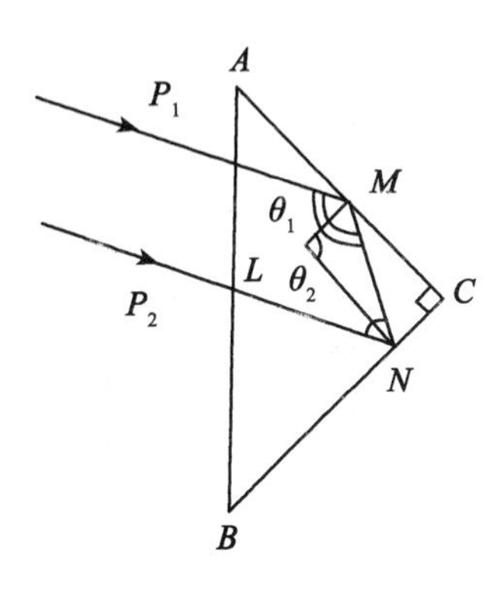


图 8.12　反射棱镜 I 作原理

$$\angle CMN = \angle LNP_2 = \angle AMP_1 = \theta_2$$

由于光在玻璃内部的折射率约为 1.5～1.6，而在空气中的折射率约为 1，因此光在玻璃内部的传播速度比在空气中慢，增加的行进时间使测距仪所显示的距离也比实际的距离要大，由此，棱镜常数取决于玻璃的折射率和反射棱镜的大小，它恒为负值，一般变动在-28mm 到-71mm 之间(参阅表 8.12)。

表 8.12　**反射棱镜常数举例**

| 仪器厂 | $a$/mm | $b$/mm | 面积/cm² | $n$ | $c_0$/mm |
|---|---|---|---|---|---|
| 瑞典 AGA | 40 | 34 | 33 | 1.57 | -28.8 |
| 瑞士 WILD | 60 | 23 | 50 | 1.57 | -71.2 |

此外，反射棱镜的顶点 $A$(见图 8.13)并不一定位于通过测点中心的铅垂线 $BB'$ 上，这是产生棱镜常数的第二个原因。

在图 8.13 中，假定在棱镜内的所有光束的光程长都相等，则 $PQRS = CAC$。在棱镜内的光程长为 $\overline{CA} = na$，而几何光程长为 $b = \overline{CB}$($B$ 位于通过测点中心标志的铅垂线上)，因此测距光程常数的改正数 $C_0$ 为

$$C_0 = b - na \tag{8-50}$$

这里应当进一步说明，反射棱镜常数并非常数，随着光束入射角 $\theta_2$ 的增大(参阅图 8.12)，在棱镜内部的光程也会增大，而增长的改正数也是负值。其计算公式如下：

斜距的改正数
$$\Delta C_S = -\frac{na}{3}\left(\frac{1}{\cos i} - \frac{n}{n^2 - \sin^2 i}\right) \tag{8-51}$$

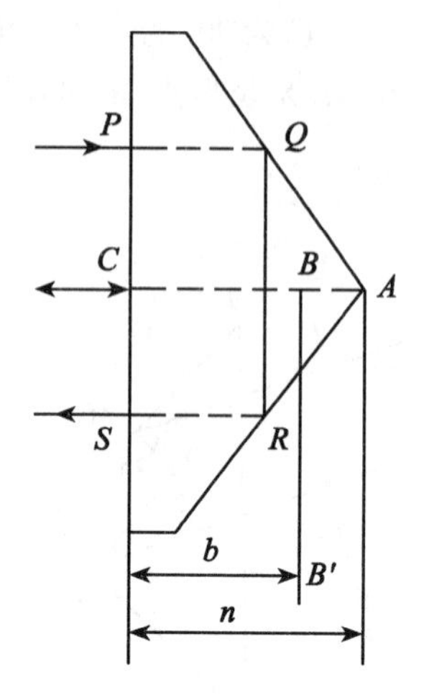

图 8.13　棱镜常数示意图

平距的改正数
$$\Delta C_H=-\frac{na}{3}\left(1-\frac{n\cos i}{n^2-\sin^2 i}\right) \tag{8-52}$$

式中：$i$——入射角。

将 $n=1.57$，$a=73.25\text{mm}$ 的数值代入式(8-51)和(8-52)中，对不同的入射角 $i$，得到的 $\Delta C_S$ 和 $\Delta C_H$ 如表 8.13 所示。从表 8.13 可知，测距时应当尽量使反射棱镜的前表面垂直于入射光束。

表 8.13　　**计算结果表**

| $i$ | 10° | 20° | 30° | 40° |
|---|---|---|---|---|
| $\Delta C_S$/mm | -0.6 | -2.6 | -6.6 | -13.9 |
| $\Delta C_H$/mm | -0.6 | -2.5 | -5.7 | -10.6 |

由以上分析讨论可知，测距仪在测距之前，必须确认反射棱镜的棱镜常数与原先输入测距仪的棱镜常数是否相符。

3. 光电测距边长的精度评定

a. 对向观测边长时的精度评定

(1) $n$ 次测量(往测或返测)的观测值中误差，用下式计算

$$m_0=\pm\sqrt{\frac{[dd]}{2n}}$$

(2) 对向观测值的平均值中误差，用下式计算

$$M_D=\frac{m_0}{\sqrt{2}}=\pm\frac{1}{2}\sqrt{\frac{[dd]}{n}}$$

式中：$d$——化算至同一高程面的每对水平距离之差；

$n$——所有差数的个数。

(3)边长相对中误差

$$\frac{M_D}{D}=\frac{1}{\frac{D}{M_D}}$$

式中：$D$——测距边的水平距离平均值。

b. 单向观测边长的精度评定

根据测距误差来源的大小估算测距精度。测距中误差的公式采用经验公式的形式(式8-49)

$$M_D=\pm(A+BD)$$

式中：$A$——固定误差，mm；

$B$——比例系数，mm/km。

$$A=\sqrt{m_1^2+m_2^2+2m_3^2+m_4^2} \tag{8-53}$$

$$B=\sqrt{m_5^2+m_6^2+m_7^2+m_8^2+m_9^2} \tag{8-54}$$

式中：$m_1$——加常数测定误差，由加常数测定中获得。

$m_2$——周期误差测定中误差。

$m_3$——对中误差，当采用光学对中器，且仪器高在2m以内时，取值为±1.5mm。

$m_4$——每条边观测结果的算术平均值的中误差，用下式计算：

$$m_4=\pm\sqrt{\frac{[vv]}{n(n-1)}}$$

式中：$v$——每次读数与所有读数中数之差；$n$为读数的总次数。

$m_5$——乘常数测定误差，由乘常数测定中获得。

$m_6$——折射率计算公式误差，取值为$0.2\times10^{-6}$。

$m_7$——气象代表性误差，这项误差在井下光电测距时很小。

$m_8$——斜距改平误差，当用垂直角$a$归算时，计算公式为

$$m_8=\frac{\sin\delta}{\rho}m_\delta$$

$m_9$——精测频率测定中误差。

## 8.4 井下支导线的误差

### 8.4.1 支导线终点的位置误差

1. 由测角量边误差所引起的支导线终点的位置误差

在前面导线测量及测角量边的误差分析中可以看出，由于测角和量边误差的积累，必然会使导线点的位置产生误差，下面就对这一问题进行分析讨论。

在图8.14所示的任意形状的支导线中，其终点$K$的坐标为

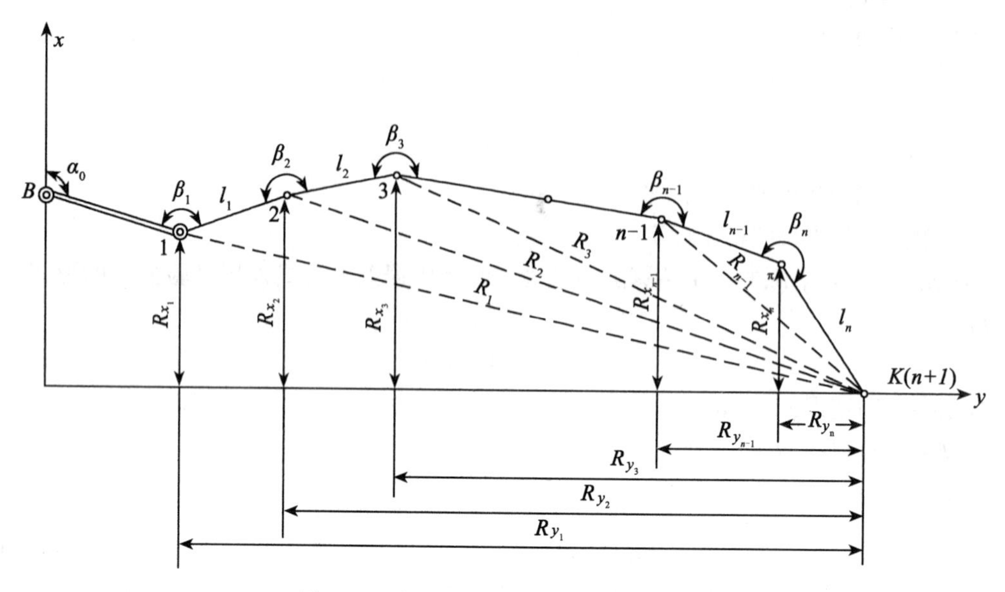


图 8.14　支导线位置误差中的 $Rx$、$Ry$ 值

$$\begin{cases} x_K = x_1 + l_1\cos\alpha_1 + l_2\cos\alpha_2 + \cdots + l_n\cos\alpha_n \\ y_K = y_1 + l_1\sin\alpha_1 + l_2\sin\alpha_2 + \cdots + l_n\sin\alpha_n \end{cases} \tag{8-55}$$

而导线任一边 $l_J$ 的坐标方位角是所测角度 $\beta_i$ 的函数，即

$$\alpha_j = \alpha_0 + \sum_i^j \beta_i \pm j180° \tag{8-56}$$

式中：$\beta_1$，$\beta_2$，…，$\beta_n$——所测导线各左角；

$l_1$，$l_2$，…，$l_n$——所量导线各边水平边长；

$\alpha_1$，$\alpha_2$，…，$\alpha_n$——导线各边的坐标方位角；

$\alpha_0$——起始坚强边($B$)的坐标方位角；

$x_1$，$y_1$——起始坚强点 1 的平面坐标。

还引用了下列符号以便对照：

$m_{\beta_1}$，$m_{\beta_2}$，…，$m_{\beta_n}$——导线各角的测角中误差；

$m_{l_1}$，$m_{l_2}$，…，$m_{l_n}$——导线各边的量边中误差。

导线终点 $K$ 的坐标是所有角度及边长的函数，根据偶然误差传播律，可得终点 $K$ 的坐标误差：

$$M_{x_K}^2 = \left(\frac{\partial x_K}{\partial\beta_1}\right)^2 \frac{m_{\beta_1}^2}{\rho^2} + \left(\frac{\partial x_K}{\partial\beta_2}\right)^2 \frac{m_{\beta_2}^2}{\rho^2} + \cdots + \left(\frac{\partial x_K}{\partial\beta_n}\right)^2 \frac{m_{\beta_{n1}}^2}{\rho^2} + \left(\frac{\partial x_K}{\partial l_1}\right)^2 m_{l_1}^2 + \left(\frac{\partial x_K}{\partial l_2}\right)^2 m_{l_2}^2 + \cdots + \left(\frac{\partial x_K}{\partial l_n}\right)^2 m_{l_n}^2$$

$$M_{y_K}^2 = \left(\frac{\partial y_K}{\partial\beta_1}\right)^2 \frac{m_{\beta_1}^2}{\rho^2} + \left(\frac{\partial y_K}{\partial\beta_2}\right)^2 \frac{m_{\beta_2}^2}{\rho^2} + \cdots + \left(\frac{\partial y_K}{\partial\beta_n}\right)^2 \frac{m_{\beta_{n1}}^2}{\rho^2} + \left(\frac{\partial y_K}{\partial l_1}\right)^2 m_{l_1}^2 + \left(\frac{\partial y_K}{\partial l_2}\right)^2 m_{l_2}^2 + \cdots + \left(\frac{\partial y_K}{\partial l_n}\right)^2 m_{l_n}^2$$

将上两式简写为

$$
\begin{cases}
M_{x_K}^2 = \dfrac{1}{\rho^2}\sum_1^n \left(\dfrac{\partial x_K}{\partial \beta_i}\right)^2 m_{\beta_i}^2 + \sum_1^n \left(\dfrac{\partial x_K}{\partial l_i}\right)^2 m_{l_i}^2 \\
M_{y_K}^2 = \dfrac{1}{\rho^2}\sum_1^n \left(\dfrac{\partial y_K}{\partial \beta_i}\right)^2 m_{\beta_i}^2 + \sum_1^n \left(\dfrac{\partial y_K}{\partial l_i}\right)^2 m_{l_i}^2
\end{cases} \tag{8-57}
$$

不难看出，上两式中等号右边第一项为测角误差 $m_\beta$ 所引起的导线终点 $K$ 的坐标误差，第二项为量边误差 $m_l$，所引起的终点 $K$ 的坐标误差。故令

$$
\begin{cases}
M_{x_\beta}^2 = \dfrac{1}{\rho^2}\sum_1^n \left(\dfrac{\partial x_K}{\partial \beta_i}\right)^2 m_{\beta_i}^2 \\
M_{x_l}^2 = \sum_1^n \left(\dfrac{\partial x_K}{\partial l_i}\right)^2 m_{l_i}^2
\end{cases} \tag{8-58}
$$

及

$$
\begin{cases}
M_{y_\beta}^2 = \dfrac{1}{\rho^2}\sum_1^n \left(\dfrac{\partial y_K}{\partial \beta_i}\right)^2 m_{\beta_i}^2 \\
M_{y_l}^2 = \sum_1^n \left(\dfrac{\partial y_K}{\partial l_i}\right)^2 m_{l_i}^2
\end{cases} \tag{8-59}
$$

则式(8-57)可进一步简写成

$$
\begin{cases}
M_{x_K}^2 = M_{x_\beta}^2 + M_{x_l}^2 \\
M_{y_K}^2 = M_{y_\beta}^2 + M_{y_l}^2
\end{cases} \tag{8-60}
$$

下面分别求出由测角误差和量边误差所引起的导线终点的坐标误差。

a. 由测角误差所引起的导线终点的坐标误差

由以上各式可以看出，在由测角误差所引起的导线终点的坐标误差估算公式中，$\rho = 206265''$是已知常数，而 $m_\beta$ 可用本章第一节中分析的方法求得，只有偏导数项待求。为此，对式(8-55)的第一式取偏导数：

$$
\begin{cases}
\dfrac{\partial x_K}{\partial \beta_1} = -\left(l_1 \sin\alpha_1 \dfrac{\partial \alpha_1}{\partial \beta_1} + l_2 \sin\alpha_2 \dfrac{\partial \alpha_2}{\partial \beta_1} + \cdots + l_n \sin\alpha_n \dfrac{\partial \alpha_n}{\partial \beta_1}\right) \\
\dfrac{\partial x_K}{\partial \beta_2} = -\left(l_1 \sin\alpha_1 \dfrac{\partial \alpha_1}{\partial \beta_2} + l_2 \sin\alpha_2 \dfrac{\partial \alpha_2}{\partial \beta_2} + \cdots + l_n \sin\alpha_n \dfrac{\partial \alpha_n}{\partial \beta_2}\right) \\
\cdots\cdots\cdots\cdots \\
\dfrac{\partial x_K}{\partial \beta_N} = -\left(l_1 \sin\alpha_1 \dfrac{\partial \alpha_1}{\partial \beta_n} + l_2 \sin\alpha_2 \dfrac{\partial \alpha_2}{\partial \beta_n} + \cdots + l_n \sin\alpha_n \dfrac{\partial \alpha_n}{\partial \beta_n}\right)
\end{cases} \tag{8-61}
$$

由式(8-56)知

$$
\begin{aligned}
&\alpha_1 = \alpha_0 + \beta_1 \pm 180^\circ \\
&\alpha_2 = \alpha_0 + \beta_1 + \beta_2 \pm 2\times 180^\circ \\
&\cdots\cdots\cdots\cdots \\
&\alpha_1 = \alpha_0 + \beta_1 + \beta_2 + \cdots + \beta_n \pm n180^\circ
\end{aligned}
$$

故得

$$\frac{\partial\alpha_1}{\partial\beta_1}=\frac{\partial\alpha_2}{\partial\beta_1}=\cdots=\frac{\partial\alpha_n}{\partial\beta_1}=1$$

$$\frac{\partial\alpha_1}{\partial\beta_2}=0,\ \frac{\partial\alpha_2}{\partial\beta_2}=\frac{\partial\alpha_2}{\partial\beta_2}=\cdots=\frac{\partial\alpha_2}{\partial\beta_2}=1$$

$$\frac{\partial\alpha_1}{\partial\beta_3}=\frac{\partial\alpha_2}{\partial\beta_3}=0,\ \frac{\partial\alpha_3}{\partial\beta_3}=\frac{\partial\alpha_4}{\partial\beta_3}=\cdots=\frac{\partial\alpha_n}{\partial\beta_3}=1$$

…………

$$\frac{\partial\alpha_1}{\partial\beta_n}=\frac{\partial\alpha_2}{\partial\beta_n}=\cdots=\frac{\partial\alpha_{n-1}}{\partial\beta_n}=0,\ \frac{\partial\alpha_n}{\partial\beta_n}=1$$

将上式各值代入式(8-61)中，得

$$\frac{\partial x_K}{\partial\beta_1}=-(l_1\sin\alpha_1+l_2\sin\alpha_2+\cdots+l_n\sin\alpha_n)$$

$$\frac{\partial x_K}{\partial\beta_2}=-(l_2\sin\alpha_2+l_3\sin\alpha_3+\cdots+l_n\sin\alpha_n)$$

…………

$$\frac{\partial x_K}{\partial\beta_n}=-l_n\sin\alpha_n$$

亦即

$$\begin{cases}\dfrac{\partial x_K}{\partial\beta_1}=-(\Delta y_1+\Delta y_2+\cdots+\Delta y_n)=-(y_K-y_1)\\ \dfrac{\partial x_K}{\partial\beta_2}=-(\Delta y_2+\Delta y_3+\cdots+\Delta y_n)=-(y_K-y_2)\\ \cdots\\ \dfrac{\partial x_K}{\partial\beta_n}=-\Delta y_n=-(y_K-y_n)\end{cases}\tag{8-62}$$

由式(8-62)可以看出，导线终点的 $x$ 坐标对所测角度的偏导数值，等于导线终点 $K$ 与所测角度顶点的 $y$ 坐标差，也就是终点 $K$ 与所测角度顶点的连线 $R$ 在 $y$ 轴上的投影长 $R_y$，即

$$\begin{cases}\dfrac{\partial x_K}{\partial\beta_1}=-R_1\sin\gamma_1=-R_{y_1}\\ \dfrac{\partial x_K}{\partial\beta_2}=-R_2\sin\gamma_2=-R_{y_2}\\ \cdots\\ \dfrac{\partial x_K}{\partial\beta_n}=-R_n\sin\gamma_n=-R_{y_n}\end{cases}\tag{8-63}$$

式中：$R_i$——导线各点 $i$ 与终点 $K$ 的连线长度；

$\gamma_i$——导线各点 $i$ 与终点 $X$ 的连线 $R_i$ 的坐标方位角。

将式(8-63)代入式(8-58)中的第一式得

$$M_{x_\beta}^2 = \frac{1}{\rho^2}\sum_1^n R_{y_i}^2 m_{\beta_i}^2 \tag{8-64}$$

同理得

$$M_{y_\beta}^2 = \frac{1}{\rho^2}\sum_1^n R_{x_i}^2 m_{\beta_i}^2 \tag{8-65}$$

式中：$R_{x_i}$——导线终点 $K$ 与各导线点 $i$ 的连线在 $x$ 轴上的投影长。

b. 由量边误差所引起的导线终点的坐标误差

同样，是求偏导数值的问题，也就是式(8-55)对导线各边边长 $l_i$ 求偏导的问题。因为 $\frac{\partial x_K}{\partial l_1}=\cos\alpha_1$，$\frac{\partial x_K}{\partial l_2}=\cos\alpha_2$，$\cdots$，$\frac{\partial x_K}{\partial l_n}=\cos\alpha_n$，则式(8-58)中的第二式为

$$\begin{cases} M_{x_l}^2 = \sum_1^n \cos^2\alpha_i m_{l_t}^2 \\ M_{y_l}^2 = \sum_1^n \sin^2\alpha_i m_{l_t}^2 \end{cases} \tag{8-66}$$

对于光电测距导线来说，上式中的 $m_{l_t}$ 可用式(8-49)来估算；而对于钢尺量距导线而言，由于钢尺量边常有系统误差存在，因此需要进一步分析量边偶然误差与系统误差对于终点 $K$ 的坐标的影响。

(1)量边偶然误差的影响。

由式(8-37)知量边总中误差为

$$m_{l_i}^2 = a^2 l_i + b^2 l_i^2$$

当无明显的系统误差时，即 $b=0$，则

$$m_{l_i}^2 = a^2 l_i$$

故式(8-66)为

$$\begin{cases} M_{x_i}^2 = a^2 \sum_1^n l_i \cos^2\alpha_i \\ M_{y_i}^2 = a^2 \sum_1^n l_i \sin^2\alpha_i \end{cases} \tag{8-67}$$

(2)量边系统误差的影响。

当量边存在明显的系统误差时，由于它对边长的影响是单方面的，即使所有边长均按相同比例伸长或缩短，而使整个支导线像用缩放仪缩放那样有规律地变形。

如图 8.15 所示，$ABCDE$ 为一正确导线，假设在这条导线中没有其他误差的影响，只考虑量边系统误差的影响，而且假设所有边长均按相同比例伸长，从而使导线变成 $AB'C'D'E'$，不难看出，它与正确导线的形状相似，因而导线各点的位置都从原来的正确位置，沿着该点与起始点 $A$ 的连线方向移动了一段距离，其大小为相应连线的长度乘以系统误差影响系数 $b$。即

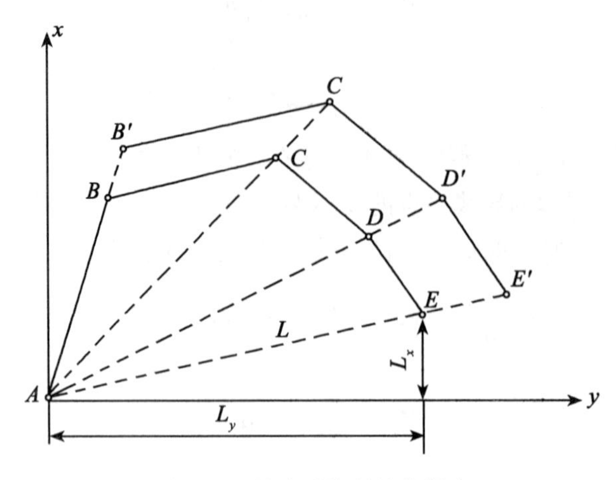


图 8.15　量边系统误差的影响

$$BB' = b \times AB$$
$$CC' = b \times AC$$
$$DD' = b \times AD$$
$$EE' = b \times AE$$

由此可见，由量边系统误差所引起的支导线终点的位置误差为

$$EE' = b \times AE = bL \tag{8-68}$$

式中：$L$ 为导线始点与终点的连线(叫做闭合线)的长度。由图 8.15 可看出，对终点坐标 $x$ 和 $y$ 所产生的误差，分别为 $bL_x$ 和 $bL_y$，$L_x$ 和 $L_y$ 分别为闭合线 $L$ 在 $x$ 轴和 $y$ 轴上的投影长。

(3)由测角量边误差所引起的支导线终点的位置误差。

将上面所得到的结果代入式(8-60)中，对于光电测距导线，最后得到

$$\begin{cases} M_{x_K}^2 = \dfrac{1}{\rho^2}\sum_1^n R_{y_i}^2 m_{\beta_i}^2 + \sum_1^n \cos^2\alpha_i m_{l_i}^2 \\ M_{y_K}^2 = \dfrac{1}{\rho^2}\sum_1^n R_{x_i}^2 m_{\beta_i}^2 + \sum_1^n \sin^2\alpha_i m_{l_i}^2 \end{cases} \tag{8-69}$$

$K$ 点的点位误差为

$$M_K^2 = \frac{1}{\rho^2}\sum_1^n R_i^2 m_{\beta_i}^2 + \sum_1^n m_{l_i}^2$$

对于钢尺量距导线，最后得到

$$\begin{cases} M_{x_K}^2 = \dfrac{1}{\rho^2}\sum_1^n R_{y_i}^2 m_{x_i}^2 + a^2\sum_1^n l_i \cos^2\alpha_i + b^2 L_x^2 \\ M_{y_K}^2 = \dfrac{1}{\rho^2}\sum_1^n R_{x_i}^2 m_{x_i}^2 + a^2\sum_1^n l_i \cos^2\alpha_i + b^2 L_y^2 \end{cases}$$

$K$ 点的点位误差为

$$M_K^2 = \frac{1}{\rho^2}\sum_1^n R_i^2 m_{\beta_i}^2 + a^2 \sum l_i + b^2 L^2$$

当测角精度相等时，即 $m_{\beta_1} = m_{\beta_2} = \cdots = m_{\beta_n} = m_\beta$，则上式可写成

$$\begin{cases} M_{x_K}^2 = \dfrac{m_\beta^2}{\rho^2}\displaystyle\sum_1^n R_{y_i}^2 + a^2 \sum_1^n l_i \cos^2\alpha_i + b^2 L_x^2 \\ M_{y_K}^2 = \dfrac{m_\beta^2}{\rho^2}\displaystyle\sum_1^n R_{x_i}^2 + a^2 \sum_1^n l_i \sin^2\alpha_i + b^2 L_y^2 \\ M_{x_K}^2 = \dfrac{m_\beta^2}{\rho^2}\displaystyle\sum R_i^2 + a^2 \sum_1^n l_i + b^2 L^2 \end{cases} \tag{8-71}$$

由式(8-69)和式(8-70)可以看出，导线精度与测角量边的精度、测站数目和导线的形状有关，而测角误差的影响对导线精度起决定性作用。为了提高导线精度，减小导线点点位误差，首先应注意提高测角精度，同时应当适当增大边长，以减小测站个数，有条件时，要尽量将导线布设成闭合图形，因为闭合图形的 $\sum_1^n R_i^2$ 值要比直伸形的 $\sum_1^n R_i^2$ 小，从而使测角误差 $m_\beta$，对点位误差的影响减小。

c. 支导线终点误差公式的几何意义及判断测角和量边粗差所在位置的方法

(1)由式(8-64)及式(8-65)可以看出，如果 $i$ 点的角度 $\beta_i$ 有测角误差 $m_{\beta_i}$，则它会使 $i$ 点以后的各点 $i+1$，$i+2$，$i+3$，…，$n-1$，$K$ 产生点位误差。如图 8.16 所示，$m_{\beta_i}$引起 $i$ 点以后的导线以 $i$ 点为圆心旋转了一个小角度 $m_{\beta_i}$，从而引起 $K$ 点移到 $K'$点。

$$KK' = \frac{m\beta_i}{\rho} R_i$$

由上述对公式$\frac{m_{\beta_i}}{\rho}R_i$ 的几何意义所做的分析可以看出，如果某条闭合(或附合)导线在内业计算时发现很大的角度闭合差(粗差)$f_\beta$，并且由此引起很大的线量闭合差 $f=\sqrt{f_x^2+f_y^2}$，如图 8.17 中的$\overline{11'}$。为了判断究竟是哪个测站测错了角度，我们可以作$f=\overline{11'}$的垂直二等分线，它所指向的点(图 8.17 中的 4 点)，便是最有可能产生测角粗差的测站点。

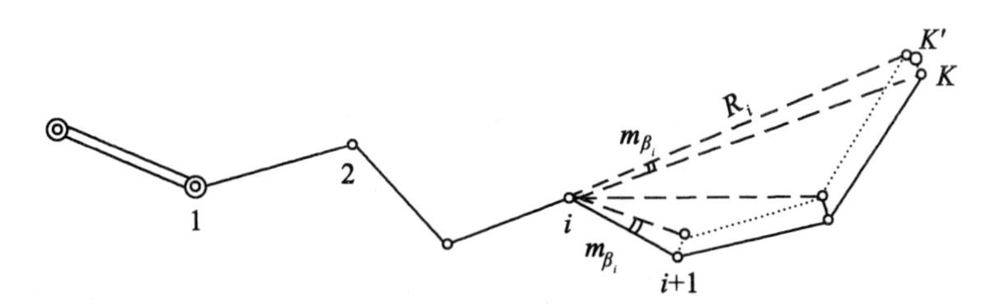


图 8.16 支导线中测角误差的影响

(2)由式(8-66)可以看出，$l_i$ 边如果有量边误差 $m_{l_i}$，则会使 $i+1$ 点及以后的各点均沿

着 $l_i$ 边的方向移动一段小距离 $m_{l_i}$，如图 8.18。

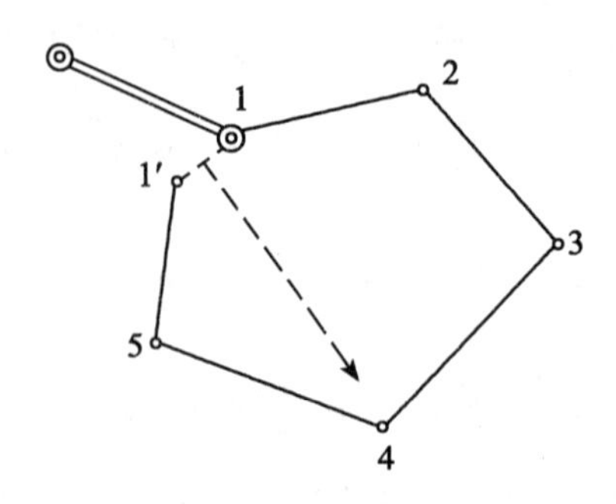

图 8.17　测角粗差的判断

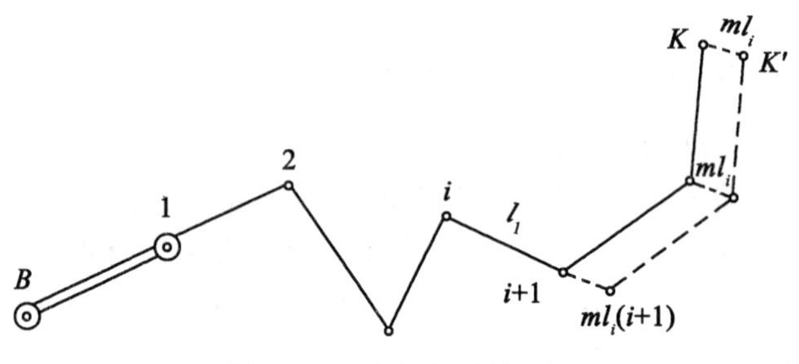

图 8.18　测边误差的影响

由上述分析可知，如果某条闭合(或附合)导线在内业计算时发现 $f_\beta$ 并不超过限差规定，说明测角没有粗差，但线量闭合差 $f=\sqrt{f_x^2+f_y^2}$ 却很大。这时，有理由怀疑量边有粗差，但究竟是哪一条边最有可能出现粗差呢？这时，我们可以计算闭合差，的坐标方位角：

$$\alpha_f=\arctan\left(\frac{f_y}{f_x}\right)$$

然后，再将 $\alpha_f$ 与导线各边的坐标方位角 $\alpha_l$ 相比较。如果某条边的坐标方位角与 $\alpha_f$(或 $\alpha_f\pm180°$)非常接近，则这条边最有可能存在粗差。图 8.19 中，闭合差 $\overline{BB'}=f$ 与 $\overline{23}$ 边平行，则此边最有可能量错了。

2. 由起算边坐标方位角误差和起算点位置误差所引起的支导线终点的位置误差

在上面的讨论中，没有考虑起算数据的误差。实际上，不论是起算边的坐标方位角和起算点的坐标，都是经过许多测量环节才求出的，因此不可避免的都带有误差，尤其是起算边的坐标方位角，当用几何定向时，是从地面通过井筒传递到井下的，因此会有较大的误差，对支导线终点的位置有显著的影响，所以有必要对其进行分析。

设起算边的坐标方位角 $\alpha_0$ 的误差为 $m_{\alpha_0}$，则由它引起的支导线终点的坐标误差，根据式(8-55)应为

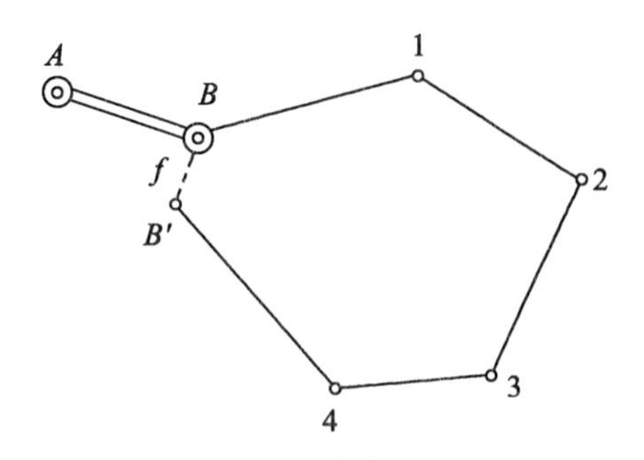


图 8.19　测边粗差的判断

$$M_{x_0K}=\frac{\partial x_K}{\partial \alpha_0}\frac{m_{\alpha_0}}{\rho}$$

$$M_{y_0K}=\frac{\partial y_K}{\partial \alpha_0}\frac{m_{\alpha_0}}{\rho}$$

而

$$\frac{\partial x_K}{\partial \alpha_0}=\frac{\partial x_1}{\partial \alpha_0}-\left(l_1\sin\alpha_1\frac{\partial \alpha_1}{\partial \alpha_0}+l_2\sin\alpha_2\frac{\partial \alpha_2}{\partial \alpha_0}+\cdots+l_n\sin\alpha_n\frac{\partial \alpha_n}{\partial \alpha_0}\right)$$

由式(8-56)可得

$$\frac{\partial \alpha_1}{\partial \alpha_0}=\frac{\partial \alpha_2}{\partial \alpha_0}=\cdots=\frac{\partial \alpha_n}{\partial \alpha_0}=1$$

但

$$\frac{\partial x_1}{\partial \alpha_0}=0$$

因而可得

$$\frac{\partial x_K}{\partial \alpha_0}=-(l_1\sin\alpha_1+l_2\sin\alpha_2+\cdots+l_n\sin\alpha_n)=-(y_k-y_1)=-R_{y_1}$$

同理可得

$$\frac{\partial y_K}{\partial \alpha_0}=x_k-x_1=R_{x_1}$$

故最后得

$$\left.\begin{aligned}M_{x_0K}&=\pm\frac{m_{\alpha_0}}{\rho}R_{y_1}\\M_{y_0K}&=\pm\frac{m_{\alpha_0}}{\rho}R_{x_1}\end{aligned}\right\}\tag{8-72}$$

点位误差

$$M_{0K}=\pm\frac{m_{\alpha_0}}{\rho}R_1$$

实质上，若把 $m_{\alpha_0}$ 当做导线起始点 1 的测角误差 $m_{\beta_1}$，便可由式(8-62)得到上式。因此，起始边坐标方位角 $\alpha_0$ 的误差的影响与起始点 1 的测角误差的影响相同，即与导线的形状和闭合线长度有关。

若考虑起始点 1 的坐标误差 $M_{x_a}$ 与 $M_{y_1}$ 时，则 $m_{\alpha_0}$ 及 $M_{x_1}$ 和 $M_{y_1}$ 的共同影响为

$$M_{x_{0K}}^2 = M_{x_1}^2 + \left(\frac{m_{\alpha_0}}{\rho} R_{y_1}\right)^2$$

$$M_{y_{0K}}^2 = M_{y_1}^2 + \left(\frac{m_{\alpha_0}}{\rho} R_{x_1}\right)^2 \qquad (8\text{-}73)$$

$$M_{oK}^2 = M_1^2 + \left(\frac{m_{\alpha_0}}{\rho} R_1\right)^2$$

显然，导线起算点 1 的坐标误差对各点的影响均相同，即与导线的形状及长度无关。

3. 在某一指定方向上支导线终点的点位误差

在矿井测量工作中，通常需要的不是支导线终点沿 $x$ 轴或 $y$ 轴方向的误差 $M_x$ 和 $M_y$，而是沿某一指定方向上的点位误差。例如，在巷道贯通测量工作中，就需要估算垂直于巷道中线方向(所谓贯通的主要方向) $x'$ 上的相遇误差，而当向采空区掘进巷道时，则沿中线方向(距采空区的距离)便是重要方向。在解决上述这类问题时，由上面所导出的一系列公式可以看出，只需设一个假定坐标系 $x'$ 和 $y'$，使 $x'$ 和 $y'$ 与某指定方向重合，然后求支导线各点在此假定坐标轴 $x'$ 和 $y'$ 方向上的误差，就是所需要的指定方向上的误差。其估算公式仍与式(8-69)或式(8-70)相同，当用光电测距时：

$$M_{x'_K}^2 = \frac{m_\beta^2}{\rho^2}\sum_1^n R_{y'_i}^2 + \sum_1^n m_{l_i}^2 \cos^2 \alpha'_i$$

$$M_{y'_K}^2 = \frac{m_\beta^2}{\rho^2}\sum_1^n R_{x'_i}^2 + \sum_1^n m_{l_i}^2 \sin^2 \alpha'_i$$

当用钢尺量距时：

$$M_{x'_K}^2 = \frac{m_\beta^2}{\rho^2}\sum_1^n R_{y'_i}^2 + a^2 \sum l_i \cos^2 \alpha'_i + b^2 L_{x'}^2$$

$$M_{y'_K}^2 = \frac{m_\beta^2}{\rho^2}\sum_1^n R_{x'_i}^2 + a^2 \sum l_i \sin^2 \alpha'_i + b^2 L_{y'}^2$$

式中：$R_y{}'(R_x{}')$——各导线点与终点 $K$ 连线在 $y'(x')$ 轴上的投影长；

$L_x{}'(L_y{}')$——闭合线 $L$ 在 $x'(y')$ 轴上的投影长。

4. 等边直伸形支导线终点的坐标误差

井下导线是沿巷道布设的，特别是在主要的直线大巷中，各测站的水平角 $\beta_i$ 均近于 180°，并且其边长 $l_i$ 也大致相等，这类导线就近于等边直伸形导线，如图 8.20 所示。根据前述在某一指定方向上估算点位误差的理论，在求这种等边直伸形导线的终点位置误差时，便不必按原始坐标系统进行估算，只要在沿导线直伸方向和垂直于直伸方向估算就可以了。这就简化了估算工作。

设 $t$ 为导线终点 $K$ 沿直伸方向 $x'$ 的误差，简称为“纵向误差”；$u$ 为垂直于导线直伸方向 $y'$ 的误差，简称为“横向误差”，则

$$t = M_{x'_K}$$

$$u = M_{y'_K}$$

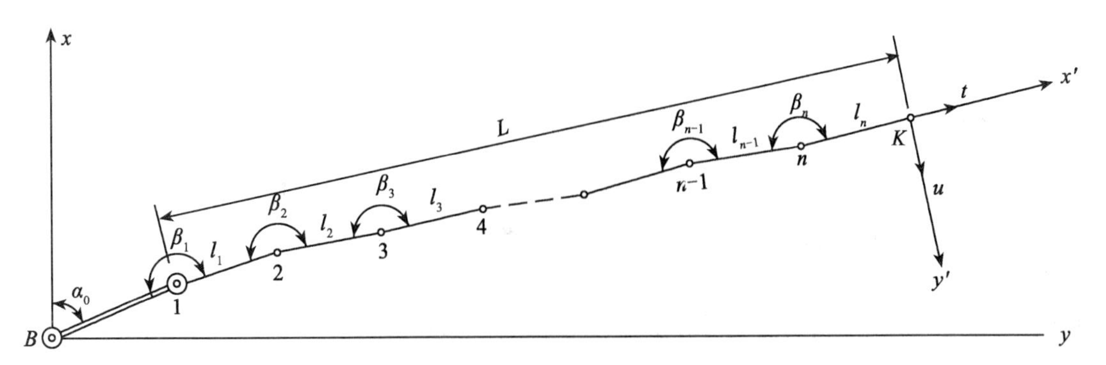


图 8.20　等边直伸形导线

$$t^2=M^2_{x'_\beta}+M^2_{x'_l}=\frac{m^2_\beta}{\rho^2}[R^2_{y'}]+a^2[l\cos^2\alpha']+b^2L^2_{x'}$$

即

$$u^2=M^2_{y'_\beta}+M^2_{y'_l}=\frac{m^2_\beta}{\rho^2}[R^2_{x'}]+a^2[l\sin^2\alpha']+b^2L^2_{y'}$$

由于采用了上述假定坐标系统 $x'$，$y'$，则 $\alpha'_t\approx0$，故 $\cos\alpha'_i\approx1$，$\sin\alpha'_i\approx0$，$R_{y'_i}\approx0$，$L_x{}'\approx L, L_y{}'\approx0$，因此

$$t^2=M^2_{x'_l}=a^2[l]+b^2L^2$$

$$u^2=M^2_{y'_l}=\frac{m^2_\beta}{\rho^2}[R^2_{x'}]$$

由图 8.20 可以看出

$$R_{x'_1}\approx nl$$

$$R_{x'_2}\approx(n-1)l$$

…………

$$R_{x'_{(n-1)}}\approx2l$$

$$R_{x'_n}\approx l$$

故

$$\begin{aligned}[R^2_{x'}]&=n^2l^2+(n-1)^2l^2+\cdots+2^2l^2+l^2\\&=l^2\{n^2+(n-1)^2+\cdots+2^2+1^2\}\\&=l^2\ \frac{n(n+1)(2n+1)}{6}\\&\approx n^2l^2\ \frac{n+1.5}{3}\end{aligned}$$

同时，闭合线 $L\approx nl$，则

$$t=\pm\sqrt{a^2[L]+b^2L^2}=\pm\sqrt{a^2L+b^2L^2}$$

$$u=\frac{m_\beta}{\rho}L\sqrt{\frac{n+1.5}{3}} \tag{8-74}$$

当边很多，即 $n$ 很大时，则

$$u=\frac{m_\beta}{\rho}L\sqrt{\frac{n}{3}} \tag{8-75}$$

由此可知，当导线成直伸形时，测角误差只引起终点的横向误差，而量边误差只引起终点的纵向误差。因此，要减小点的横向误差，就必须提高测角精度和加大边长以减少测点的个数；而要减小终点的纵向误差，则只需提高量边精度。

### 8.4.2 支导线任意点的位置误差

上面所分析的是支导线终点 $k$(即 $n+l$)的位置误差。当需要估算支导线任意点 $C$ 的位置误差时，根据上面的分析推导可知，只要将任意点 $C$ 当做导线终点，然后将始点 1 与 $C$ 点之间的各点与 $C$ 点连线即得到 $R_i$及 $L$ 等要素，便可利用相应的公式进行估算。

### 8.4.3 支导线任意边的坐标方位角误差

任意边 $l_j$ 的坐标方位角 $\alpha_j$ 为

$$\alpha_j=\alpha_0+\sum_1^j\beta_j\ \pm j\times 180^\circ$$

因此，该坐标方位角的中误差为

$$M_{\alpha_j}^2=M_{\alpha_0}^2+\sum_1^j m_{\beta_j}^2$$

当测角精度相同时，则

$$M_{\alpha_j}^2=M_{\alpha_0}^2+j\times m_{\beta_j}^2 \tag{8-76}$$

若不考虑起算边的坐标方位角误差，则 $\alpha_j$ 相对于 $\alpha_0$ 的中误差为

$$M_{\alpha_j}=\pm m_\beta\sqrt{j} \tag{8-77}$$

## 8.5 方向附合导线的误差

单一导线的两端均有坚强方向控制时，称为方向附合导线，如图 8.21 所示，其特点是只有一端有已知坐标点 1，另一端 $n$ 和 $K$ 坐标未知，所以只对角度进行平差。

### 8.5.1 方向附合导线终点的点位误差

方向附合导线经角度平差后，导线点的坐标是水平角平差值和实测边长的函数。依条件观测平差求平差值函数中误差的方法，当不考虑起算数据误差的影响时，方向附合导线终点 $K$ 的点位误差估算公式为

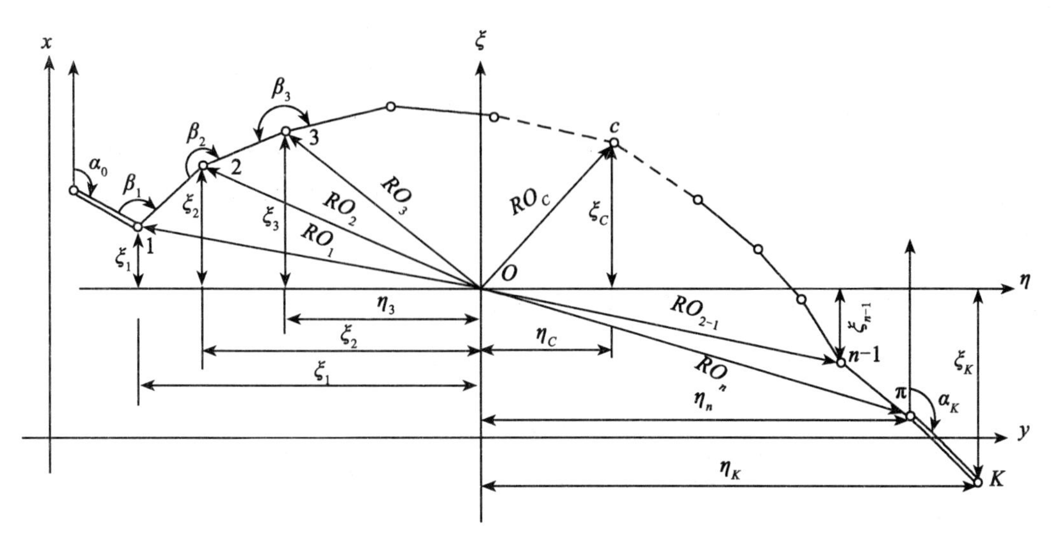


图 8.21　方向附合导线的误差

$$
M_{x_K'}^2=\frac{m_\beta^2}{\rho^2}\left\{[y^2]-\frac{[y]^2}{n+1}\right\}+[m_l^2\cos^2\alpha]
$$

$$
M_{y_K'}^2=\frac{m_\beta^2}{\rho^2}\left\{[x^2]-\frac{[x]^2}{n+1}\right\}+[m_l^2\sin^2\alpha] \tag{8-78}
$$

$$
M_K^2=\frac{m_\beta^2}{\rho^2}\left\{[x^2]+[y^2]-\frac{[x]^2+[y]^2}{n+1}\right\}+[m_l^2]
$$

式中：$x=x_K-x_i$，$y=y_K-y_i$。

如果把坐标原点移到导线各点的平均坐标点(即重心)上(见图 8.22 中的 $O$ 点]，可得导线终点的误差在重心坐标系统中的公式为

$$
M_{x_K'}^2=\frac{m_\beta^2}{\rho^2}[\eta_i^2]+[m_{l_i}^2\cos^2\alpha_i]
$$

$$
M_{y_K'}^2=\frac{m_\beta^2}{\rho^2}[\xi_i^2]+[m_{l_i}^2\sin^2\alpha_i] \tag{8-79}
$$

$$
M_K^2=\frac{m_\beta^2}{\rho^2}[R_{O_i}^2]+[m_{l_i}^2]
$$

当用钢尺量边，$a$、$b$ 误差系数已知时，上式可写为

$$
M_{x_K}^2=\frac{m_\beta^2}{\rho^2}[\eta_i^2]+a^2[l_i\cos^2\alpha_i]+b^2L_x^2
$$

$$
M_{y_K}^2=\frac{m_\beta^2}{\rho^2}[\xi_i^2]+a^2[l_i\sin^2\alpha_i]+b^2L_y^2 \tag{8-80}
$$

$$
M_K^2=\frac{m_\beta^2}{\rho^2}[R_{O_i}^2]+a^2[l_i]+b^2L^2
$$

式中：$\eta_i=y_i-y_0$，$\xi_i=x_i-x_0$，$R_{O_i}^2=\eta_i^2+\xi_i^2$，而 $x_0=\frac{[x_i]}{n+1}$，$y_0=\frac{[y_i]}{n+1}$。

分析上式可知：量边误差的影响与支导线相同；而测角误差的影响比支导线减小了，因为$[R_{O_i}^2]$比$[R_i^2]$小。所以方向附合导线与支导线相比较，提高了终点的点位精度。《煤矿测量规程》中规定在布设井下基本控制导线时，一般每隔 1.5～2.0km 应加测陀螺定向边。对于已建立井下控制网的矿井，在条件允许时，应当用加测陀螺定向边的方法改建井下平面控制同，其道理就在于此。

### 8.5.2 方向附合导线中任意点 $C$ 的点位误差

方向附合导线中任意点 $C$ 的点位误差可按下式估算：

$$
\begin{aligned}
M_{x_C}^2 &= \frac{m_\beta^2}{\rho^2}\left\{\sum_1^{C-1} R_{y_{C_i}}^2 - \frac{\left(\sum_1^{C-1} R_{y_{C_i}}^2\right)^2}{n+1}\right\} + \sum_1^{C-1}(m_{l_i}^2\cos^2\alpha_i) \\
M_{y_C}^2 &= \frac{m_\beta^2}{\rho^2}\left\{\sum_1^{C-1} R_{x_{C_i}}^2 - \frac{\left(\sum_1^{C-1} R_{x_{C_i}}^2\right)^2}{n+1}\right\} + \sum_1^{C-1}(m_{l_i}^2\sin^2\alpha_i) \qquad (8\text{-}81) \\
M_C^2 &= M_{x_C}^2 + M_{y_C}^2
\end{aligned}
$$

式中：$R_{x_{C_i}}$，$R_{y_{C_i}}$——任意点 $C_i$ 与 $C_i$ 点之前的各点曲连线在 $x$、$y$ 轴上的投影长；

$n+1$——方向附合导线的角度总个数。

当用钢尺量边，误差系数 $a$ 和 $b$ 已知时，方向附合导线中任意点 $C$ 的点位误差可按下式估算：

$$
\begin{aligned}
M_{x_C}^2 &= \frac{m_\beta^2}{\rho^2}\left\{\sum_1^{C-1} R_{y_{C_i}}^2 - \frac{\left(\sum_1^{C-1} R_{y_{C_i}}^2\right)^2}{n+1}\right\} + a^2\sum_1^{C-1}(l_i\cos^2\alpha_i) + b^2L_{x_C}^2 \\
M_{y_C}^2 &= \frac{m_\beta^2}{\rho^2}\left\{\sum_1^{C-1} R_{x_{C_i}}^2 - \frac{\left(\sum_1^{C-1} R_{x_{C_i}}^2\right)^2}{n+1}\right\} + a^2\sum_1^{C-1}(l_i\sin^2\alpha_i) + b^2L_{y_C}^2 \qquad (8\text{-}82) \\
M_C^2 &= M_{x_C}^2 + M_{y_C}^2
\end{aligned}
$$

式中：$L_{x_C}$，$L_{y_C}$——$C$ 点与导线起点连线在 $x$ 轴与 $y$ 轴上的投影长。

### 8.5.3 加测陀螺定向边的导线终点误差

若井下导线起算边采用陀螺经纬仪定向，并在支导线中每隔一定距离加测陀螺定向边，共加测了 $N$ 条陀螺定向边，而将整个导线分为 $N$ 段方向附合导线，各段导线的重心分别为 $O_1$，$O_2$，…，$O_N$（参阅图 8.22），则当角度按方向附合导线平差后，同时顾及陀螺定向边本身的误差影响时，导线终点的点位误差估算公式为

$$M_{x_K}^2=\frac{m_\beta^2}{\rho^2}\{[\eta^2]_{\mathrm{I}}+[\eta^2]_{\mathrm{II}}+\cdots+[\eta^2]_n\}+\frac{m_{\alpha_0}^2}{\rho^2}(y_A-y_{O_{\mathrm{I}}})^2+$$
$$\frac{m_{\alpha_{\mathrm{I}}}^2}{\rho^2}(y_{O_{\mathrm{I}}}-y_{O_{\mathrm{II}}})^2+\cdots+\frac{m_{\alpha_N}^2}{\rho^2}(y_K-y_{O_N})^2+\sum m_{l_i}^2\cos^2\alpha_i$$
$$M_{y_K}^2=\frac{m_\beta^2}{\rho^2}\{[\xi^2]_{\mathrm{I}}+[\xi^2]_{\mathrm{II}}+\cdots+[\xi^2]_n\}+\frac{m_{\alpha_0}^2}{\rho^2}(x_A-x_{O_{\mathrm{I}}})^2+ \tag{8-83}$$
$$\frac{m_{\alpha_{\mathrm{I}}}^2}{\rho^2}(x_{O_{\mathrm{I}}}-x_{O_{\mathrm{II}}})^2+\cdots+\frac{m_{\alpha_N}^2}{\rho^2}(x_K-x_{O_N})^2+\sum m_{l_i}^2\sin^2\alpha_i$$
$$M_K^2=M_{x_K}^2+M_{y_K}^2$$

式中：$\eta$，$\xi$——各导线点至本段导线重心 $O$ 的距离在 $y$ 轴和 $x$ 轴上的投影长。

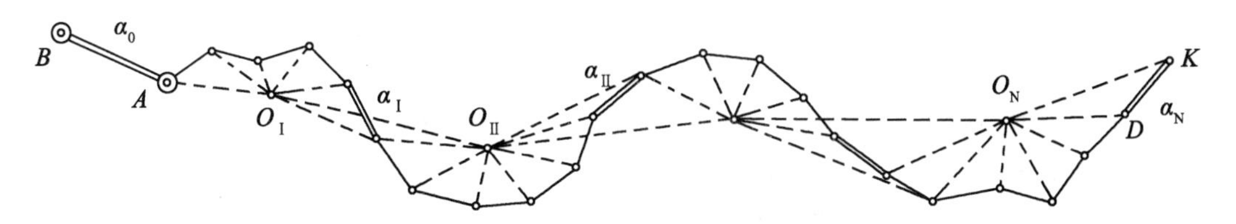


图 8.22　多条陀螺定向边的方向附合导线

### 8.5.4　等边直伸形方向附合导线终点的点位误差

终点 $K$ 沿导线直伸方向的纵向误差与等边直伸形支导线的纵向误差相同，即

$$t=\pm\sqrt{a^2L+b^2L^2} \tag{8-84}$$

终点 $K$ 在垂直于导线直伸方向的横向误差为

$$u=\pm\frac{m_\beta}{\rho}L\sqrt{\frac{(n+1)(n+2)}{12n}}\approx\frac{m_\beta}{\rho}L\sqrt{\frac{n}{12}} \tag{8-85}$$

比较式(8-75)与式(8-85)可知，等边直伸形方向附合导线经角度平差后的终点横向误差比支导线的小了一半。

### 8.5.5　方向附合导线任意边的坐标方位角误差

方向附合导线经角度平差后，任意边的坐标方位角按下式计算：

$$\alpha_j=\alpha_0+\sum_1^j(\beta_i)\pm j180^\circ$$

式中：$\beta_i$——经角度平差后的角值。

因为任意边的坐标方位角是角度平差值的函数，故按求平差值函数权倒数的公式，可导出平差后任意边坐标方位角中误差 $M_{\alpha_j}$ 的计算公式为

$$M_{\alpha_j}=\pm m_\beta\sqrt{\frac{j(n+1-j)}{n+1}} \tag{8-86}$$

方向附合导线中，经角度平差后，坐标方位角误差最大的边位于导线中央，将 $j=\frac{n+1}{2}$ 代入上式得

$$M_{\alpha_{最大}}=\pm\frac{m_{\beta}}{2}\sqrt{n+1} \tag{8-87}$$

因此，在支导线的终边增加一个方向控制(例如加测一条陀螺定向边)，则其方位角精度可大大提高。

## ◎ 复习思考题

1. 井下导线测量中水平角测量的主要误差来自哪些方面?
2. 测量水平角时，视轴差有何影响? 请列出其计算公式。
3. 测量水平角时，水平轴倾斜误差和竖轴倾斜误差的影响各有什么不同?
4. 测角方法误差包括哪些内容，试写出其估算公式。
5. 水平角观测时的对中误差包括哪些内容，这对我们平常测量水平角有何指导意义?
6. 井下钢尺量边的误差主要来自哪些方向?
7. 钢尺量边的 $a$、$b$ 系数各代表什么，如何确定?
8. 请写出钢尺量距的井下支导线终点位置误差的估算公式。
9. 请写出光电测距的井下支导线终点位置误差的估算公式。
10. 某矿井田一翼长度为3km，采掘工程平面图比例尺为1∶2000，若要求由井下导线测角中误差所引起的井田边界最远点巷道轮廓点的位置极限误差不超过0.33m，请你分析计算后确定井下测角精度以多高为宜(即计算测角中误差，假定导线边为100m)?
11. 试写出方向附合导线各点位置误差的估算公式。
12. 某井下巷道中需要测量边长为40m的等边直伸形导线，边数为25条边，当要求垂直于导线直伸方向的允许误差为0.3m时，试求测角及测边中误差。
13. 试写出加测多条陀螺定向边的附合导线终点位置误差的估算公式。
14. 试写出井下等边直伸形方向附合导线的终点位置误差的计算公式。

# 第9章　井下高程测量的误差

**【教学目标】**

通过本章的学习，学生能够了解井下高程测量中的水准测量和三角高程测量的误差来源、计算公式和估算方法，以及用实测资料求误差参数的方法。

## 9.1　井下水准测量的误差

### 9.1.1　井下水准测量的误差

1. 水准测量的误差来源及其估算方法

为了评定水准测量的精度，以使测量工作更好地满足采矿工程的要求，需要对水准测量的误差进行分析。哪些因素引起水准测量产生误差呢？这个问题应从井下水准测量所使用的仪器、工具及其施测的具体环境去分析。从井下水准测量的实践中不难看出，引起误差的主要因素有：

(1)水准仪望远镜瞄准的误差；

(2)水准管气泡居中的误差；

(3)其他仪器误差，其中包括水准尺分划的误差，水准尺读数的凑整误差等；

(4)观测者误差及外界条件的影响，例如巷道中空气的透明度、水准尺的照明度、水准尺的歪斜、仪器下沉等的影响所产生的误差。

上述各种误差对水准测量精度的影响集中反映在水准尺读数上。如果以 $m_0$ 表示水准尺读数中误差，以 $m_1$、$m_2$、$m_3$、$m_4$ 分别表示上述四种误差对水准尺读数的影响，则

$$m_0^2 = m_1^2 + m_2^2 + m_3^2 + m_4^2 \tag{9-1}$$

式中：$m_3$ 和 $m_4$ 之值难于估算。为研究问题方便，可以认为 $m_3$ 和 $m_4$ 的总影响等于误差 $m_1$ 和 $m_2$ 的总影响，这样则得

$$m_0 = \pm\sqrt{2(m_1^2 + m_2^2)} \tag{9-2}$$

瞄准误差 $m_1$ 与瞄准的角度误差有关，当望远镜瞄准距水准仪 $l$ 处的水准尺时，$m_1$ 的值可用下式估算：

$$m_1 = \pm\frac{100}{\rho''}\ \frac{l}{V} \tag{9-3}$$

式中：$l$——水准仪至水准尺的距离，m；

$V$——水准仪望远镜的放大倍数。

水准管气泡居中误差与水准管的分划值及观察气泡居中的方法有关。如用 $\tau$ 表示水准

管的分划值，在直接根据水准管的刻画整置气泡居中时，气泡居中的角量误差为 $m_\tau=\pm0.15\tau$；当采用符合棱镜系统整置气泡居中时，$m_\tau=\pm(0.04\sim0.1)\tau$。目前生产的水准仪均采用符合水准器，故由此引起的读数误差(取其最大值)为

$$m_2=\pm\frac{m_\tau}{\rho}l=\pm\frac{0.1\tau}{\rho}l \tag{9-4}$$

根据上述公式，如果已知水准仪望远镜放大倍数 $V$、水准管的分划值 $\tau$ 以及施测时仪器至水准尺的距离 $l$，就可估算水准尺读数的中误差。

由两测点间高差计算公式 $h=a-b$ 可知，一次仪器高测得的高差中误差为

$$m'_h=\pm\sqrt{2}\,m_0 \tag{9-5}$$

当采用两次仪器高测量高差并考虑其他误差影响时，则一个测站上一次测量(指两次仪器高)测得的高差中数的中误差为

$$m_h=\pm\sqrt{2}\,m'_h=\pm2m_0 \tag{9-6}$$

2. 水准支线终点高程的误差

若在某巷道中由水准基点 $A$ 测设一条水准支线，则其终点 $K$ 的高程应为

$$H_K=H_A+h_1+h_2+\cdots+h_n \tag{9-7}$$

终点 $K$ 的高程中误差应为

$$m^2_{H_K}=m^2_{H_A}+m^2_{h_1}+m^2_{h_2}+\cdots+m^2_{h_n} \tag{9-8}$$

当各个测站的距离大致相等时，则各测站的高差中误差可以认为是相等的，即

$$m_{h_1}=m_{h_{12}}=\cdots=m_{h_n}=m_h$$

则

$$m^2_{H_K}=m^2_{H_A}+nm^2_h$$

式中：$n$——测站数。

如果不考虑起始点高程中误差 $m_{H_A}$ 的影响，则该水准支线终点 $K$ 的一次独立测量的高程中误差 $m_{H_K}$ 为

$$m_{H_K}=\pm\sqrt{n}\,m_h=\pm2\sqrt{n}\,m_0 \tag{9-9}$$

按《煤矿测量规程》规定，井下水准支线应往返各测一次，因此终点 $K$ 的高程算术平均值的中误差应为

$$m_{H_{K(平)}}=\frac{1}{\sqrt{2}}m_{H_K}=\pm m_0\sqrt{2n} \tag{9-10}$$

3. 单位长度的高差中误差

在实际工作中，常以单位长度的高差中误差的大小，衡量水准测量的精度。设线路全长为 $L$m，水准仪至水准尺的距离为 $l$m，则该水准线路的测站数为

$$n=\frac{L}{2l}$$

将此式代入式(9-9)，则得

$$m_{H_K}=\pm m_h\sqrt{\frac{L}{2l}}=\pm\frac{2m_0}{\sqrt{2l}}\sqrt{L}$$

令

$$m_{h_0}=\frac{2m_0}{\sqrt{2l}} \tag{9-11}$$

则 $$m_{H_K}=\pm m_{h_0}\sqrt{L} \tag{9-12}$$

若 $L$ 与 $l$ 均以 km 为单位，当 $L=1$km 时+则 $m_{H_K}=m_{h_0}$，即 $m_{h_0}$ 为千米长度的水准线路的高差中误差，称为单位长度的高差中误差。在井下水准测量方案设计中，一般均以式(9-12)估算水准支线终点一次水准测量高程的中误差。

$m_{h_0}$ 值可用理论公式(9-11)计算出来，但是，该式中还有些误差没有估算进去，因而计算出的单位长度的高差中误差一般偏小。在实际工作中，通常是根据多个水准环的闭合差或往返测的闭合差，来求出单位长度的高差中误差。

### 9.1.2 用实测资料求水准测量误差参数的方法

1. 根据多个水准路线的闭(附)合差求单位长度高差中误差

设单位长度的高差中误差 $m_{h_0}$ 为单位权中误差，则

$$m_{h_0}=\pm\sqrt{\frac{[Pf_hf_h]}{N}}$$

式中：$N$——闭(附)合水准路线个数；

$f_h$——闭(附)合水准路线的高程闭合差。

如果把 $f_h$ 作为真误差看待，则其权应为水准路线长度 $L$(以 km 为单位)的倒数，这样各水准环的权应为

$$P_1=\frac{1}{L_1},\ P_2=\frac{1}{L_2},\ \cdots,\ P_N=\frac{1}{L_N}$$

故 $$[Pf_hf_h]=\frac{f_{h_1}^2}{L_1}+\frac{f_{h_{12}}^2}{L_2}+\cdots+\frac{f_{h_N}^2}{L_N}=\left[\frac{f_h^2}{L}\right]$$

因而得 $$m_{h_0}=\pm\sqrt{\frac{\left[\frac{f_h^2}{L}\right]}{N}} \tag{9-13}$$

2. 根据多个复测支线的往返测高差不符值求单位长度的高差中误差

当用复测水准支线终点的高程闭合差(即往返测高差不符值)$f_H$求单位长度中误差时

$$m_{h_0}=\pm\sqrt{\frac{[Pf_Hf_H]}{2N}}$$

此时，各复测支线的权的求法同上。则

$$m_{h_0}=\pm\sqrt{\frac{\left[\frac{f_H^2}{L}\right]}{2N}} \tag{9-14}$$

3. 根据多个水准路线的闭合差求水准尺读数中误差

设 $m_0$ 为单位权中误差，$L$ 为水准路线长度，$l$ 为仪器至水准尺的距离，则 $\frac{L}{l}=2n$。所以水准路线的权为 $\frac{1}{2n}$，即

$$P_1=\frac{1}{2n_1},\ P_2=\frac{1}{2n_2},\ \cdots,\ P_N=\frac{1}{2n_N}$$

故
$$[Pf_h f_h]=\frac{f_{h_1}^2}{2n_1}+\frac{f_{h_2}^2}{2n_2}+\cdots+\frac{f_{h_N}^2}{2n_N}=\left[\frac{f_h^2}{2n}\right]$$

所以水准尺读数中误差为

$$m_0=\pm\sqrt{\frac{[Pf_h f_h]}{N}}=\pm\sqrt{\frac{\left[\frac{f_h^2}{2n}\right]}{N}} \tag{9-15}$$

**【例 9-1】**某矿采用 $S3$ 级水准仪先后施测了 16 个闭(附)合水准路线。评定该矿井水准测量的精度。计算见表 9.1。

根据实测资料求得单位长度的高差中误差为

$$m_{h_0}=\pm\sqrt{\frac{\left[\frac{f_h^2}{L}\right]}{N}}=\pm\sqrt{\frac{3158.2}{16}}=\pm 14.0\text{mm/km}$$

表 9.1　**井下水准测量精度评定**

| 序号 | 测量地点 | 测量日期 | 路线长 $L$ (km) | 闭合差 $f_h$ (mm) | $f_h^2$ | $\frac{f_h^2}{L}$ | 测站数 $n$ | $\frac{f^2}{2n}$ |
|---|---|---|---|---|---|---|---|---|
| 1 | | | 0.29 | +7 | 49 | 169.0 | 13 | 1.9 |
| 2 | | | 0.18 | −4 | 16 | 88.9 | 6 | 1.3 |
| 3 | | | 1.10 | −2 | 4 | 3.6 | 10 | 0.2 |
| 4 | | | 0.96 | +10 | 100 | 104.2 | 10 | 5.0 |
| 5 | | | 0.50 | +2 | 4 | 8.0 | 12 | 0.2 |
| 6 | | | 1.20 | +1 | 1 | 0.8 | 8 | 0.1 |
| 7 | | | 1.20 | +4 | 16 | 13.3 | 6 | 1.3 |
| 8 | | | 0.34 | −1 | 1 | 2.9 | 8 | 0.1 |
| 9 | | | 0.40 | +13 | 169 | 422.5 | 9 | 9.4 |
| 10 | | | 1.70 | +19 | 361 | 212.4 | 19 | 9.5 |
| 11 | | | 0.46 | +23 | 529 | 1150.0 | 21 | 12.5 |
| 12 | | | 0.52 | 0 | 0 | 0 | 8 | 0 |
| 13 | | | 1.00 | −6 | 36 | 36.0 | 19 | 1 |
| 14 | | | 0.94 | −24 | 576 | 612.8 | 12 | 24.0 |
| 15 | | | 0.48 | −11 | 121 | 252.1 | 8 | 15.1 |
| 16 | | | 0.60 | −7 | 49 | 81.7 | 10 | 2.5 |
| | | | | | | $\sum$3158.2 | | $\sum$84.2 |

同时求得水准尺读数中误差为

$$m_0 = \pm\sqrt{\frac{\left[\frac{f_h^2}{2n}\right]}{N}} = \pm\sqrt{\frac{84.2}{16}} = \pm 2.3\text{mm}$$

根据上述实际资料求得的单位长度高差中误差和水准尺读数误差比前面理论公式估算的要大，这是因为理论公式中考虑的因素尚不全面。同时，《煤矿测量规程》对井下水准测量的容许限差规定较宽，因此，实测的误差也要大一些。

《煤矿测量规程》规定井下水准往返测量的高程闭合差 $f_{h_容} = 2m_{h_0}\sqrt{2R} = \pm 50\sqrt{R}\text{mm}$，也即容许的单位长度的高差中误差 $m_{h_0} = \frac{50}{2\sqrt{2}} = 17.7\text{mm}$。可见，例 9-1 中该矿井下水准测量的精度达到了《煤矿测量规程》的要求。

## 9.2 井下三角高程测量的误差

### 9.2.1 两测点间的高差中误差

井下三角高程测量时相邻两点间高差的计算公式为

$$h = l'\sin\delta + i - v$$

$$m_h^2 = \left(\frac{\partial h}{\partial l'}\right)^2 m_{l'}^2 + \left(\frac{\partial h}{\partial \delta}\right)^2 m_\delta^2 + \left(\frac{\partial h}{\partial i}\right)^2 m_i^2 + \left(\frac{\partial h}{\partial v}\right)^2 m_v^2 \tag{9-16}$$

式中：各观测值的偏导数为

$$\frac{\partial h}{\partial l'} = \sin\delta,\ \frac{\partial h}{\partial \delta} = l'\cos\delta,\ \frac{\partial h}{\partial i} = 1,\ \frac{\partial h}{\partial v} = -1$$

将以上各偏导数之值代入式(9-16)中，得两点间往测或返测的高差中误差为

$$m_h^2 = m_{l'}^2\sin^2\delta + l'^2\cos^2\delta\,\frac{m_\delta^2}{\rho^2} + m_i^2 + m_v^2 \tag{9-17}$$

分析式(9-17)可看出，量边误差对高差的影响随着倾角 $\delta$ 的增大而增大；而倾角测量误差对高差的影响则随着倾角 $\delta$ 的增大而变小。所以当倾角较大时，应注意提高量边的精度；当倾角较小时，应注意提高测倾角的精度。对于仪器高 $i$ 和提标高 $v$，则应精确丈量，防止出现粗差。

### 9.2.2 三角高程支线终点的高程中误差

三角高程测量支线终点的高程，可按下式计算：

$$H_K = H_A + \sum_1^n h$$

终点 $K$ 相对于起始点 $A$ 的高程中误差应为

$$m_{H_K}^2 = \sum_1^n m_h^2 \tag{9-18}$$

由量边误差分析中可知，$m_t^2=a^2l'+b^2l'^2$。量取 $i$ 和 $v$ 的误差可认为是相等的，即 $m_i=m_v$。将式(9-17)代入式(9-18)中，得

$$m_{H_K}^2=a^2\sum_1^n l'\sin^2\delta+b^2\left(\sum_1^n l'\sin\delta\right)^2+\frac{m_\delta^2}{\rho^2}\sum_1^n l'^2\cos^2\delta+2nm_v^2 \tag{9-19}$$

由于量边的系统误差对终点高程的影响性质与偶然误差不同，所以式(9-19)中的系统误差与偶然误差可分开表示为

$$m_{H_{K(系)}}^2=\left(\sum_1^n m_{h(系)}\right)^2=b^2\left(\sum_1^n l'\sin\delta\right)^2 \tag{9-20}$$

$$m_{H_{K(偶)}}^2=\sum_1^n m_{h(偶)}^2=a^2\sum_1^n l'\sin^2\delta+\frac{m_\delta^2}{\rho^2}\sum_1^n l'^2\cos^2\delta+2nm_v^2 \tag{9-21}$$

三角高程测量路线中每相邻两点的高差均对向观测，并取算术平均值作为最终值。因此，终点高程算术平均值的中误差应为

$$m_{H_{K(平)}}=\pm\sqrt{\frac{m_{H_{K(偶)}}^2}{2}+m_{H_{K(系)}}^2} \tag{9-22}$$

式(9-20)中 $\sum_1^n l'\sin\delta$ 的数值，在计算时应考虑各边倾角的正负号，实际上就是整个路线的高差。

根据上述公式，便可求得三角高程支线终点高程的算术平均值的中误差，以估算三角高程测量的精度。

三角高程测量的误差，除用上述理论公式可估算外，实际工作中也可以根据多个三角高程导线的闭合差或往返测之差来求算单位长度的高差中误差 $m_{h_0}$。计算公式与式(9-13)、式(9-14)相同。

一次往(返)测三角高程导线终点高程中误差为

$$m_{H_K}=\pm m_{h_0}\sqrt{L}$$

式中：$m_{h_0}$——单位长度(1km)三角高程测量的高差中误差；

$L$——三角高程线路长度，km。

《煤矿测量规程》要求基本控制导线的高程容许闭合差，$f_{h容}=2m_{h_0}\sqrt{L}=100\sqrt{L}$mm。即规程要求每千米长度容许的高程中误差为：$m_{h_0}=\frac{100}{2}=50$mm。可见它的精度比水准测量低得多。

## ◎ 复习思考题

1. 请叙述井下水准测量的误差来源有哪些。

2. 请说出井下三角高程测量的精度受哪些因素影响。

3. 请写出用井下实测资料求出单位长度的井下水准测量误差计算公式，并说明其有何意义。

4. 如何求出单位长度的井下三角高程测量的高差中误差?

5. 试用误差公式说明在井下平巷中，用水准测量和三角高程测量两种方法，哪种方法精度高一些。

# 第10章　贯通测量方案的选择与误差预计

【教学目标】

通过本章的学习，学生能够知道贯通设计书的编写内容、选择贯通测量方案及误差预计的方法和步骤；掌握同一矿井内巷道误差预计的方法、两井间巷道贯通误差预计的方法、竖井贯通及加测陀螺边时的巷道贯通误差预计方法；能够进行贯通实测资料的精度分析方法及编写贯通技术总结。

## 10.1　概　　述

一般说来，普通矿井每年大约有数十个大大小小的贯通工程。所以在矿山测量中，巷道贯通可以说是司空见惯的。但是贯通测量却是一项十分重要的测量工作，稍有不慎就会给矿井生产带来不利影响，甚至酿成事故。尤其是重要的贯通工程，关系到整个矿井的建设和生产，所以必须认真地实施。规模较小的普通巷道贯通可以不进行贯通测量方案设计，但在重要贯通工程施测之前，矿山测量人员应编制贯通测量设计书，以此来指导贯通测量工作。特别重要的贯通工程的贯通测量设计书必须报矿务局(矿建公司、基建公司或煤电公司等)批准之后，方能实施。

### 10.1.1　贯通测量设计书的编写

编制贯通测量设计书的主要任务在于，按照《煤矿测量规程》的要求并结合本矿的实际情况，选择经济合理的测量方案和切实可行的测量方法，从而达到安全、正确贯通的目的。

贯通测量设计书可按照下列内容编写：

(1)井巷贯通工程概况。包括：井巷贯通工程实施的目的、任务和要求；巷道用途、掘进方式、支护方式、断面大小、预计竣工日期；贯通相遇点位置的确定等。并附比例尺不小于1∶2000的井巷贯通工程图。

(2)贯通测量方案的选定。包括：贯通测量的起始数据情况、地面的平面控制测量和高程控制测量(GPS测量、导线测量、水准测量、三角高程测量)、矿井联系测量(几何定向、陀螺定向、导入高程)、井下平面控制测量和高程控制测量(导线测量、水准测量、三角高程测量)。主要说明，导线测量、水准测量、三角高程测量等采用什么等级或技术规格，矿井联系测量采用什么方法等。

(3)贯通测量方法。包括：采用的仪器工具、施测方法、限差要求，工作组织等。

(4)贯通测量误差预计。包括：绘制比例尺不小于1∶2000的贯通测量设计平面图，在图上绘出与工程有关的巷道和井上下测量控制点；确定测量误差参数，并进行误差预计。预计误差采用中误差的两倍(或三倍)，它应小于规定的允许偏差值。

(5)贯通测量中存在的问题和采取的措施。包括：导线通过倾斜巷道时是否加经纬仪竖轴的倾斜改正问题、导线边长归化到投影水准面的改正问题、导线边长投影到高斯-克吕格平面的改正问题、贯通前的准备、贯通后的连测、贯通偏差的调整等。

在上述贯通测量设计书内容当中，贯通测量误差预计是非常重要的一环。所谓贯通测量误差预计，就是按照所选择的测量方案与测量方法，应用最小二乘法则及误差传播定律，对贯通精度的一种估算。它不是预计实际的贯通偏差大小，而是预计贯通偏差值出现的大小范围和可能性。所以，贯通误差预计只有概率上的意义。其目的在于选择最合理最优化的测量方案、选择最适当的测量方法，让矿山测量人员在巷道贯穿之前就能做到心中有数。既避免盲目追求高精度增加测量工作量造成浪费，又避免心存侥幸降低精度酿成贯通测量事故。

本章将从以下几个方面讲述井巷的贯通误差预计：同一矿井内巷道贯通测量误差预计、两井间巷道贯通测量误差预计、竖井贯通测量误差预计，以及井下导线加测陀螺定向坚强边后的巷道贯通测量预计。

### 10.1.2 选择贯通测量方案及误差预计的一般方法

1. 了解情况，收集资料，初步确定贯通测量方案

在接受贯通测量任务之后，首先应向贯通工程的设计和施工部门了解有关工程的设计部署，工程要求限差和贯通可能的相遇地点等情况，并检查验算有关设计图纸的几何关系，确保施工设计图准确无误。其次应收集与贯通测量有关的测量资料，抄录必要的测量起始数据，了解其测量方法和达到的精度；并在图上绘出与工程有关的一切巷道和井上下测量的控制点、导线点、水准点等，为测量设计做好准备工作。然后就可以根据实际情况选择可能的测量方案。一开始可能会有几个方案，例如地面上采用 GPS、测角网、测边网，还是导线；平面联系测量采用两井定向、一井定向，还是陀螺定向；如采用陀螺定向，则在井下导线中加测多少条陀螺定向边，加测在什么位置等等。经过对几种方案的对比，根据误差大小、技术条件、工作量或成本大小、作业环境好坏等因素进行综合考虑，结合以往的实际经验，初步确定一个较优的贯通测量方案。

2. 选择适当的测量方法

测量方案初步确定后，选用什么仪器和哪种测量方法，规定多大的限差，采取哪些措施，都要逐一确定下来。这个选择是和误差预计相配合进行的，常常是有反复的过程。通常是根据本矿现有的仪器和常用的测量方法，凭以往的经验先确定其中一种，然后经过误差预计，才能确定最后的测量方法。对于大型重要贯通，必要时也可以考虑向上级和兄弟单位求援，借用或租用先进的仪器，或由矿务局出面组织几个矿的测量人员分别独立进行测量，并把最终成果互相对比检核，以期更有把握。

3. 根据所选择的测量仪器和方法，确定各种误差参数

选择误差预计的参数可按以下先后顺序选择：

(1)采用本矿平时积累和分析得到的实际数据；

(2) 比照同类条件的其他矿井的资料；

(3) 采用有关测量规程中提供的数据；

(4) 采用理论公式来估算各项误差参数。

上述四种方法可以结合使用，并相互对比，从而确定出最理想的误差参数。表 10.1 所列为根据我国二十多个矿务局提供的大量实测资料经综合分析后求得的测量误差参数，可供作误差预计时参考。

表 10.1　　**测量误差参数参考表**

<table>
<tr><th>测量种类</th><th colspan="2">误差参数名称</th><th>测量方法</th><th>参数值</th><th>备注</th></tr>
<tr><td rowspan="4">联系测量</td><td colspan="2">一井定向一次测量中误差</td><td>三角形连接法</td><td>35″</td><td></td></tr>
<tr><td colspan="2">两井定向一次测量中误差</td><td></td><td>18″</td><td></td></tr>
<tr><td colspan="2">陀螺定向一次测量中误差</td><td></td><td>15″</td><td></td></tr>
<tr><td colspan="2">导入高程一次测量中误差</td><td>钢尺法、钢丝法</td><td>h/22000</td><td>H 为井筒深度</td></tr>
<tr><td rowspan="4">井下测角</td><td rowspan="2">仪器 J2</td><td>一测回测角中误差</td><td>测回法</td><td>7″</td><td></td></tr>
<tr><td>两测回测角中误差</td><td>测回法</td><td>6″</td><td>一次对中</td></tr>
<tr><td rowspan="2">仪器 J6</td><td>一测回测角中误差</td><td>测回法</td><td>20″</td><td></td></tr>
<tr><td>两复测测角中误差</td><td>测回法</td><td>15″</td><td>一次对中</td></tr>
<tr><td rowspan="2">钢尺量边<br>（平巷）</td><td colspan="2">量边偶然误差系数 $a$</td><td rowspan="2">基本控制导线的量边方法</td><td>0.0003 ~ 0.0005</td><td rowspan="2">在 $\delta>15°$ 的巷道中，$a$、$b$ 系数取平巷的二倍</td></tr>
<tr><td colspan="2">量边系统误差系数 $b$</td><td>0.00003 ~ 0.00005</td></tr>
<tr><td>井下光电测距</td><td colspan="2">每条边的量边中误差</td><td>往返测取平均值</td><td>5mm</td><td></td></tr>
<tr><td>井下水准测量</td><td colspan="2">每公里高差中误差</td><td>两次仪器高</td><td>15mm</td><td></td></tr>
</table>

依据初步选定的贯通测量方案和各项误差参数，就可估算出各项测量误差引起的贯通相遇点在贯通重要方向上的误差。通过误差预计，不但能求出贯通的总预计误差的大小，而且还可以知道哪些测量环节是主要误差来源，以便在修改测量方案与测量方法时有所侧重，并在将来实测过程中给予充分注意。

4. 贯通测量方案和测量方法的最终确定

将估算所得的贯通预计误差与设计要求的容许偏差进行比较，若预计误差小于容许偏差值，则初步确定的测量方案与测量方法是可行的。当然预计误差值过小也是不合适的。若预计误差超过了容许偏差，则必须调整测量方案或修改测量方法，再重新进行估算。通过逐渐趋近的方法，直到符合要求为止。针对某些特殊的贯通工程，在确有困难的情况下，可以向总工程师和设计部门提出，在施工中采取某些特殊技术措施或改变贯通相遇点位置。

在上述工作的基础上，根据测量方案最优，测量方法合理、预计误差小于容许偏差的原则，把测量方案与方法最终确定下来，编写出完整详细的贯通测量设计书，并以此指导贯通工程的施工。

## 10.2 同一矿井内巷道贯通的误差预计

所谓同一矿井内巷道贯通，指的是在一个矿井内各水平、各采区及各阶段之间或之内的巷道贯通。这类贯通只需进行井下的平面控制测量和高程控制测量，不必进行地面测量和矿井联系测量。所以，同一矿井内巷道贯通的误差预计也只是估算井下导线测量、井下水准测量和井下三角高程的误差对贯通偏差的影响。

在图 10.1 中，现欲在+100 平巷与+150 平巷之间掘进四号下山。为了加快施工进度，由两个掘进队相向掘进施工，根据两队的施工速度，估计最终在 $K$ 点贯通。

+100 平巷、+150 平巷和三号下山中已测有 30″级采区控制导线，+100 平巷、+150 平巷中已进行水准测量，三号下山中已进行三角高程测量。在未掘进巷道四号下山中计划进行 30″级采区控制导线和三角高程测量。

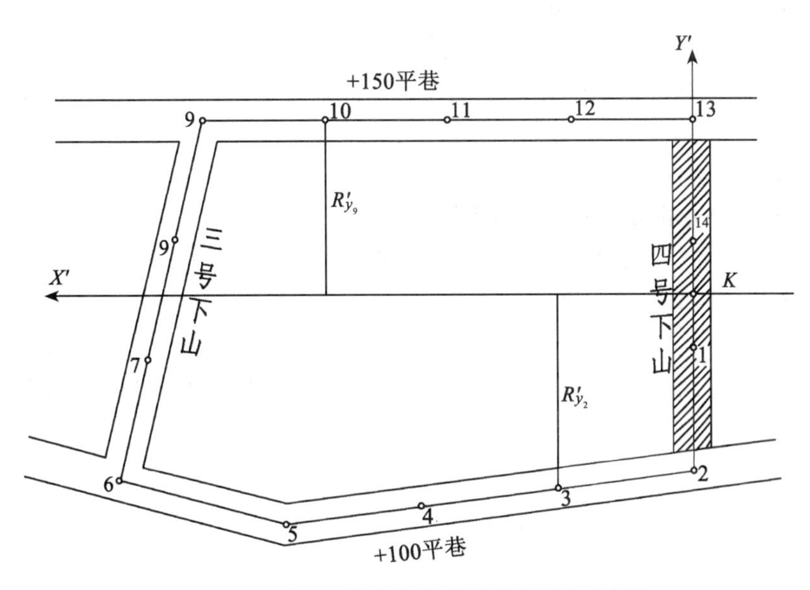


图 10.1 同一矿井内巷道测量误差预计示意图

现以贯通相遇点 $K$ 为原点，以垂直于贯通巷道的方向作为 $X'$轴，以贯通巷道中线方向作为 $Y'$轴，建立假定坐标系统。则 $X'$轴表示贯通的水平重要方向，我们需要预计 $K$ 点在这一方向上的误差和竖直方向上的误差。

### 10.2.1 水平重要方向上的误差预计

在贯通之后，导线布设的形式是从 $K$ 点开始再测回到 $K$ 点的一条闭合导线（$K$—1—2…13—14—$K$），但在贯通之前实际上是一条支导线。所以预计水平重要方向上的贯通误差，实质上就是预计支导线终点 $K$ 在 $X'$轴方向上的误差 $M_{X_K}$。

1. 由导线的测角误差引起 $K$ 点在 $X'$ 方向上的误差

$$M_{X'_\beta} = \pm \frac{m_\beta}{\rho}\sqrt{\sum R_{y'}^2} \tag{10-1}$$

2. 由导线的测边误差引起 $K$ 点在 $X'$ 方向上的误差

光电测距时
$$M_{X'_l} = \pm \sqrt{\sum \cos^2\alpha' m_l^2} \tag{10-2}$$

或
$$M_{X'_l} = \pm \frac{m_l}{l}\sqrt{\sum d_x^2} \tag{10-3}$$

钢尺量边时
$$M_{X'_l} = \pm \sqrt{a^2 \sum l \cos^2\alpha' + b^2 L_X^2} \tag{10-4}$$

对本类贯通，$L_X=0$，则有

$$M_{X'_l} = \pm a\sqrt{\sum l \cos^2\alpha'}$$

式中：$m_\beta$——井下导线测角中误差；

$R_{y'}$——$K$ 点与各导线点连线在 $Y'$ 轴上的投影长；

$\alpha'$——导线各边与 $X'$ 轴间的夹角；

$m_l$——光电测距的量边误差，$m_l=\pm(A+Bl)$；

$d_x$——各导线边在假定的 $X'$ 轴上的投影长；

$a$——钢尺量边的偶然误差影响系数；

$l$——导线各边的边长；

$b$——钢尺量边的系统误差影响系数；

$L_X$——导线闭合线在假定的 $X'$ 轴上的投影长。

3. $K$ 点在 $X'$ 方向上的预计中误差

$$M_{X'_K} = \pm\sqrt{M_{x'_\beta}^2 + M_{x'_l}^2} \tag{10-5}$$

若导线独立施测两次，则平均值中误差为

$$M_{X'_{K平}} = \frac{M_{x'_K}}{\sqrt{2}} \tag{10-6}$$

若独立施测 $n$ 次，则平均值中误差为

$$M_{X'_{K平}} = \frac{M_{x'_K}}{\sqrt{n}} \tag{10-7}$$

4. $K$ 点在 $X'$ 方向上的预计贯通误差

$$M_{X'_{K预}} = 2M_{X'_{K平}} \tag{10-8}$$

需说明的是，前述公式中 $R_{y'}$、$l\cos^2\alpha'$ 和 $L_X$ 三个量，可以用作图的方法，直接在贯通设计图上量取。如果按导线平均边长计算出了各边的边长测量相对中误差$\frac{m_l}{l}$，则可以按式(10-3)计算，此时，各 $d_x$ 的值也可在图上直接量取。

公式(10-1)可以这样理解：如图 10.2 所示，当在 6 号点测角时，产生了一个测角误差 $m_\beta$，从而使导线在贯通面上的 $K$ 点产生一个位移值 $KK'$ 至 $K'$ 点，这个位移值在贯通面上的投影(亦即对于横向贯通误差的影响)为：

$$m_{X'_\beta} = \overline{KN} = \overline{KK'}\cos\theta$$

因：$$\overline{KK'} = \frac{m''_\beta}{\rho''} \cdot S \qquad R_{y'} = S \cdot \cos\theta$$

所以 $$m_{X'_\beta} = \frac{m''_\beta}{\rho''} R_{y'} \tag{10-9}$$

式(10-9)是在6号导线点上的测角中误差对横向贯通误差的影响。实际测量过程中，每个导线点上都有测角中误差。应用误差传播定律，就会得出式(10-1)。

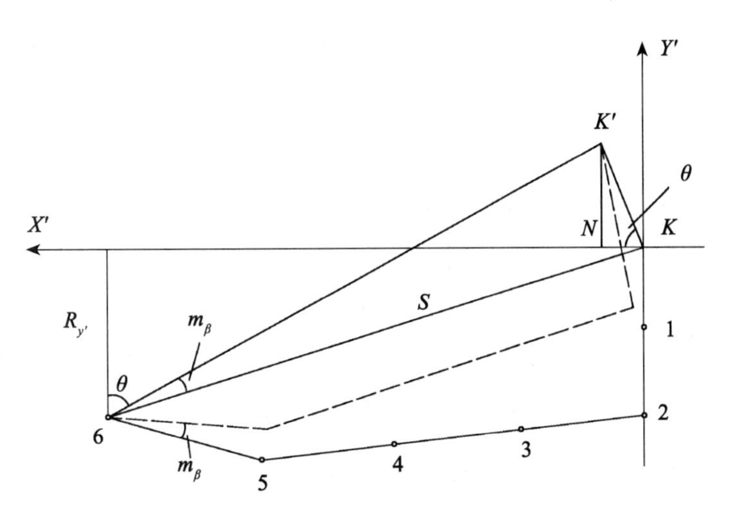


图10.2　测角误差引起的横向贯通误差

而式(10-2)、式(10-3)则可以这样理解，如图10.3所示，如果在测量导线边2—3时产生了误差3—3′，从图中可以看出，这一测边误差所引起的横向贯通误差为

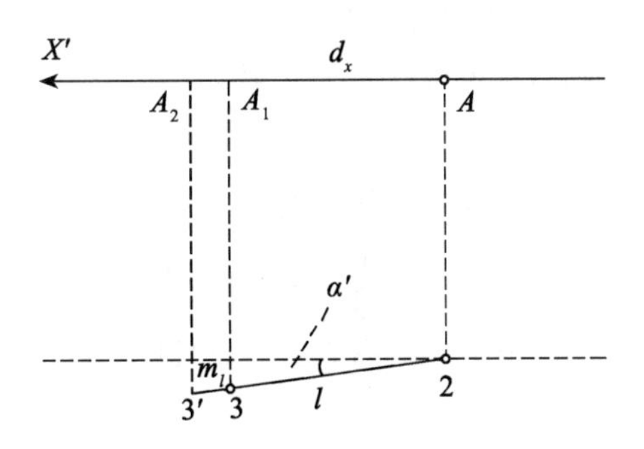


图10.3　测边误差引起的横向贯通误差

$$m_{X_l} = \overline{A_1A_2} = \frac{m_l}{l} d_x$$

因 $$\frac{d_x}{l}=\cos\alpha'$$

所以 $$m_{X_l}=\frac{m_l}{l}d_x=m_l\cdot\cos\alpha' \tag{10-10}$$

式(10-10)是在导线边2—3的测边误差对横向贯通误差的影响。实际测量过程中，每条导线边都有测量误差。应用误差传播定律，就会得出式(10-2)或式(10-3)。

### 10.2.2 竖直方向上的误差预计

在图10.1中，贯通相遇点$K$在竖直方向上的误差是由+100平巷、+150平巷中的水准测量误差和三号下山、四号下山中的三角高程测量误差引起的。所以，可以按照水准测量和三角高程测量公式分别计算，然后求总误差。

1. +100平巷、+150平巷中的水准测量误差

井下水准测量误差$M_{H_水}$可按下列方法之一估算。

(1)按每公里水准路线的高差中误差估算

$$M_{H_水}=m_{h_L}\sqrt{R} \tag{10-11}$$

式中：$m_{h_L}$——每公里水准路线的高差中误差，可按本矿实测资料分析求得或参照《煤矿测量规程》取值为$m_{h_L}=\frac{50}{2\sqrt{2}}=\pm 17.7\text{mm/km}$。

$R$——+100平巷和+150平巷中水准路线总长度，km。

(2)按理论公式估算。

$$M_{H_水}=m_0\sqrt{n}$$

式中：$m_0$——水准尺读数误差。

$n$——+100平巷和+150平巷中水准测量的总测站数。

2. 三号下山、四号下山中的三角高程测量误差

井下三角高程测量误差$M_{H_经}$可按下列方法之一估算。

(1)按每公里三角高程路线的高差中误差估算。

$$M_{H_经}=m_{h_L}\sqrt{L} \tag{10-12}$$

式中：$m_{h_L}$——每公里三角高程路线的高差中误差，可按本矿实测资料分析求得或参照《煤矿测量规程》取值为$m_{h_L}=\frac{100}{2}=\pm 50\text{mm/km}$。

$L$——三号下山和四号下山中三角高程路线总长度，km。

(2)按理论公式估算。

参照第2章的理论公式，可以计算出三角高程测量误差的影响(三角高程测量路线中每相邻两点的高差均对向观测，并取算术平均值)为

$$M_{H_经}=\frac{1}{\sqrt{2}}\sqrt{\sum m_l^2\sin^2\delta+\frac{m_\delta^2}{\rho^2}\sum l^2\cos^2\delta+2nm_v^2}$$

式中：$m_\delta$——倾角测量误差；

$m_l$——测边误差；

$m_v$——量取仪器高和觇标高的误差(设两者相等，都为 $m_v$)；

$n$——测站数；

3. $K$ 点在高程上的预计中误差

$$M_{H_K}=\pm\sqrt{M_{H_{水}}^2+M_{H_{经}}^2} \tag{10-13}$$

若独立施测两次，则平均值中误差为

$$M_{H_{K平}}=\frac{M_{H_K}}{\sqrt{2}} \tag{10-14}$$

如需独立施测 $n$ 次，则平均值中误差为

$$M_{H_{K平}}=\frac{M_{H_K}}{\sqrt{n}} \tag{10-15}$$

4. $K$ 点在高程上的预计贯通误差

$$M_{H_{预}}=2M_{H_{K平}} \tag{10-16}$$

### 10.2.3 同一矿井之内巷道贯通示例

**【例 10-1】**如图 10.1 所示，某矿现要贯通四号下山，贯通距离约长 420m。贯通相遇点为 $K$ 点，贯通导线沿 $K$—四号下山—+100 平巷—三号下山—+150 平巷—四号下山—$K$ 布设成一闭合路线，导线总长约 2045m。其中+100 平巷长 645m，+150 平巷长 554m，三号下山长 426m。求 $K$ 点在水平重要方向($X'$轴)及竖直方向上的贯通预计误差。

**解：**

1. 预计 $K$ 点在水平重要方向上的贯通误差

作 1∶2000 的贯通测量设计图，在图上量出 $R_{y'}$ 和 $l\cos^2\alpha'$ 的值，并列入表 10.2 中。基本误差参数取，$m_\beta=\pm30''$平巷中，$a_{平}=0.0008$，斜巷中 $a_{斜}=0.0016$。

(1)由导线测角误差引起 $K$ 点在 $X'$方向上的误差。

$$M_{X'_\beta}=\pm\frac{m_\beta}{\rho}\sqrt{R_{y'}^2}=\pm\frac{30}{206565}\sqrt{432800}=\pm0.096(\text{m})$$

(2)由+100 平巷和+150 平巷中导线的钢尺量边误差引起 $K$ 点在 $X'$轴方向上的误差。

$$M_{X'_{l平}}=\pm a_{平}\sqrt{\sum l\cos^2\alpha'}=\pm0.0008\sqrt{1366}=\pm0.030(\text{m})$$

由三号下山和四号下山中导线的钢尺量边误差引起 $K$ 点在 $X'$方向上的误差。

$$M_{X'_{l斜}}=\pm a_{斜}\sqrt{\sum l\cos^2\alpha'}=\pm0.016\sqrt{9}=\pm0.048(\text{m})$$

(3)$K$ 点在 $X'$方向上的预计中误差。

$$M_{X'_K}=\pm\sqrt{M_{x'_\beta}^2+M_{x'_{l平}}^2+M_{x'_{l斜}}^2}=\pm\sqrt{0.096^2+0.030^2+0.048^2}=\pm0.111(\text{m})$$

(4)为了检核，导线独立测量两次的平均值的中误差。

$$M_{X'_{K平均}}=\frac{M_{x'_K}}{\sqrt{2}}=\pm\frac{0.111}{\sqrt{2}}=\pm0.078(\text{m})$$

(5) $K$ 点在水平重要方向上的预计贯通误差。

$$M_{X'_{K预}} = 2M_{X'_{K平均}} = \pm 0.078 \times 2 = \pm 0.156(\text{m})$$

$K$ 点在水平重要方向上的预计误差明显小于 0.5m 的贯通容许偏差。

表 10.2　　$\sum R_{y'}^2$ 和 $l\cos^2\alpha'$ 值量算表　　单位：m

| 点　号 | $R_{y'}$ | $R_{y'}^2$ | 边　号 | $l\cos^2\alpha'$ |
|---|---|---|---|---|
| 1 | 61 | 3721 | 2—3 | 146 |
| 2 | 192 | 36864 | 3—4 | 148 |
| 3 | 213 | 45369 | 4—5 | 145 |
| 4 | 230 | 52900 | 5—6 | 183 |
| 5 | 248 | 61504 | 9—10 | 187 |
| 6 | 202 | 40804 | 10—11 | 182 |
| 7 | 72 | 5184 | 11—12 | 191 |
| 8 | 61 | 3721 | 12—13 | 184 |
| 9 | 191 | 36481 | $\sum$(平巷) | 1366m |
| 10 | 190 | 36100 | K—2 | 0 |
| 11 | 188 | 35344 | 6—7 | 3 |
| 12 | 188 | 35344 | 10—8 | 3 |
| 13 | 190 | 36100 | 8—9 | 3 |
| 14 | 58 | 3364 | 13—K | 0 |
| $\sum R_{y'}^2$ | | $432800\text{m}^2$ | $\sum$(斜巷) | 9m |

可以看出，导线测角误差引起的贯通误差是主要的，而沿贯通巷道中线($Y'$轴)的量边误差，对贯通精度没有什么影响。

2. 预计 $K$ 点在竖直方向上的贯通误差

基本误差参数，取平巷中每公里水准路线的高差中误差为 $m_{h_L} = \pm 17.7\text{mm/km}$，倾斜巷道中每公里三角高程路线的高差中误差为 $m_{h_L} = \pm 50\text{mm/km}$。

(1) +100 水巷、+150 平巷中的水准测量误差。

$$M_{H_水} = m_{h_L}\sqrt{R} = \pm 17.7\sqrt{1.199} = \pm 19.4(\text{mm})$$

(2) 三号下山、四号下山中的三角高程测量误差。

$$M_{H_经} = m_{h_L}\sqrt{L} = \pm 50\sqrt{0846} = \pm 46.0(\text{mm})$$

(3) $K$ 点在竖直方向上的预计中误差。

$$M_{H_K} = \pm\sqrt{M_{H_水}^2 + M_{H_经}^2} = \pm\sqrt{19.4^2 + 46^2} = \pm 49.9(\text{mm})$$

(4) 为了检核，水准测量和三角高程测量均独立施测两次的平均值的中误差。

$$M_{H_{K平均}} = \frac{M_{H_K}}{\sqrt{2}} = \pm\frac{49.9}{\sqrt{2}} = \pm 35.3(\text{mm})$$

(5) $K$ 点在竖直方向上的预计贯通误差。

$$M_{H_{预}}=2M_{H_{K平均}}=\pm 35.3\times 2=\pm 71(\mathrm{mm})=0.071\mathrm{m}$$

$K$ 点在竖直方向上的预计误差明显小于0.2m的贯通容许偏差。

可见，对于同一矿井内的贯通，高程上0.2m的容许偏差是较易达到的。

## 10.3　两井间巷道贯通的误差预计

对于两井间的巷道贯通，除进行井下导线测量和井下高程测量之外，我们还必须进行地面测量和矿井联系测量。所以在进行贯通测量误差预计时，还要考虑地面测量误差、矿井联系测量误差及井下测量误差的综合影响。

### 10.3.1　贯通相遇点 *K* 在水平重要方向上的误差预计

贯通相遇点 $K$ 在水平重要方向上的误差来源包括：地面平面控制测量误差、定向测量误差和井下控制测量误差。下面分别讨论这些误差影响的预计方法。

1. *地面平面控制测量误差引起 $K$ 点 $X'$ 方向上的误差*

两井间地面连测的平面控制测量的可能方案有：GPS、导线、三角网(锁)、插点等多种方法。由于GPS技术和全站仪的应用十分普及，所以目前GPS测量和导线测量在贯通工程的地面测量中几乎成了首选方案。

a. 地面采用GPS时的误差预计

在将GPS用于两井间巷道贯通测量时，可选用D级或E级精度来布设两井井口附近的近井点，而且两近井点 $A$ 与 $B$ 之间应尽量通视(见图10.4)。这时，由地面GPS测量误差所引起的 $K$ 点在 $X'$ 轴方向上的贯通误差按下式估算：

$$M_{x'_{上}}=\pm M_{S_{AB}}\cos\alpha'_{AB} \tag{10-17}$$

式中：$M_{S_{AB}}$——近井点 $A$ 与 $B$ 之间边长的误差(注：$M_S=\pm\sqrt{a^2+(bS)^2}$)；

$a$——固定误差，D级及E级GPS网的 $a\leqslant 10\mathrm{mm}$；

$b$——比例误差系数，D级及E级GPS网的 $b\leqslant 10\times 10^{-6}$ 和 $b\leqslant 20\times 10^{-6}$；

$\alpha'$——$AB$ 边与贯通重要方向 $X'$ 轴之间的夹角。

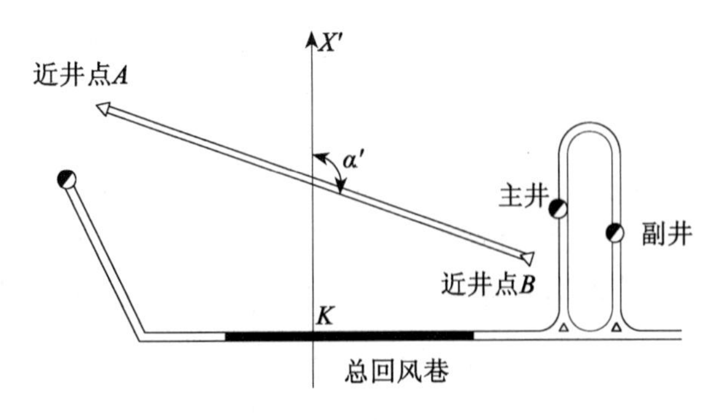


图10.4　GPS测量近井点

【例 10-2】某矿在风井与主、副井之间贯通总回风大巷时，用 GPS 敷设近井点 $A$ 和 $B$，两近井点 $A$、$B$ 之间互相通视，按照 E 级 GPS 的精度要求施测。已知边长 $S=1736\text{m}$，$\alpha'=113°29'$（见图 10.4）。

**解：**

$$M_{x'_上}=\pm M_{S_{AB}}\cos\alpha'_{AB}$$

$$=\pm\sqrt{(0.010)^2+(1736\times20\times10^{-6})^2}\times\cos113°29'=\pm0.014(\text{m})$$

可见，在进行两井间的巷道贯通测量时，地面平面控制测量采用 GPS 建立近井点是值得提倡的一种方案，施测简便，精度又高。

用 GPS 作近井网（点）时，也可不局限于如图 10.4 所示的 $A$、$B$ 两个近井点。可以考虑布设一个控制范围更大的 GPS 网，这样也能够以较高精度解决两近井点不通视的问题。

需说明的是，两近井点之间应尽量互相通视，这样在由近井点 $A$ 向风井井口施测边接导线时，可用近井点 $B$ 作为后视点，同样，由近井点 $B$ 向主、副井施测连接导线时，也可以近井点 $A$ 作为后视点，从而消除了起始边的坐标方位角中误差对于贯通的影响。

有时，矿区近井点破坏严重，可供使用的两近井点之间受地形、地物限制无法通视，则可在近井点之间沿地面敷设连接导线。由于两近井点的坐标已知，可以采用“无定向导线”的方法计算，求出两近井点之间各导线点的坐标及各导线边的坐标方位角。

b. 地面采用导线测量方案时的误差预计

地面导线测量误差引起的 $K$ 点在 $X'$ 轴方向上的误差预计方法与井下导线测量的误差预计方法基本相同。

通常在地面两井近井点之间布设闭合导线（或者是附合导线中的一部分），如图 10.5 所示。这时，在进行地面闭合导线（或附合导线）的严密平差时，应当同时评定出两井口连接点 1、$j$ 之间在 $X'$ 轴方向上的相对点位中误差，以及 1—$n$ 边的坐标方位角 $\alpha_1$ 与 $j$—$j+1$ 边的坐标方位角 $\alpha_j$ 之间的相对中误差 $M_{\Delta\alpha}$，并计算出地面导线测量误差对于贯通的影响为

$$M_{x'_上}=\pm\sqrt{(M_{x'_{1-j}})^2+\frac{M_{\Delta\alpha}^2}{\rho^2}\left(\frac{R_{y'_1}^2+R_{y'_j}^2}{2}\right)} \tag{10-18}$$

式中：$M_{x'_{1-j}}$——两井口连接点 1 和 $j$ 在 $X'$ 轴方向上的相对点位误差；

$M_{\Delta\alpha}$——两条近井点后视边坐标方位角之间的相对中误差；

$R_{y'_1}$、$R_{y'_j}$——分别为导线点 1 和点 $j$ 连线在 $Y'$ 轴上的投影长。

当地面采用导线方案时，除了上述较为严密的方法外，也可采用下述的近似估算方法来估算地面导线测量误差对于贯通的影响。如图 10.5 所示，可将地面闭合导线以点 1 和点 $j$ 为界拆成两段导线：

Ⅰ段：1，2，3，…，$j-1$，$j$

Ⅱ段：$j$，$j+1$，…，$n-1$，$n$，1

按照角度平差后任一点误差的计算公式算出 $M_{x'_{K\text{I}}}$ 和 $M_{x'_{K\text{II}}}$，再求加权平均值的误差，这就是地面导线测量误差引起的 $K$ 点在 $X'$ 轴方向上的误差 $M_{x'_上}$。公式如下（用测距仪测边时）：

$$M_{x'_{K\text{I}}}^2=\frac{m_{\beta_上}^2}{\beta^2}\left\{\sum_1^j R_{y'_i}^2-\frac{\left(\sum_1^j R_{y'_i}\right)^2}{n+1}\right\}+\sum_1^j m_{l_i}^2\cos^2\alpha'_i$$

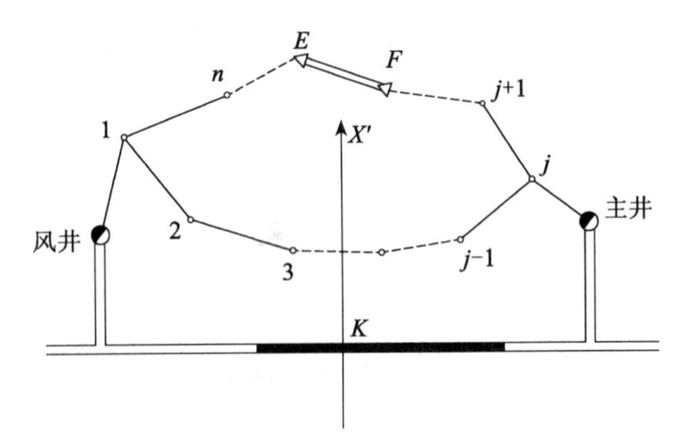


图 10.5　地面采用闭合导线

$$M_{x'_{K\mathrm{II}}}^2 = \frac{m_{\beta_{上}}^2}{\beta^2}\left\{\sum_j^1 R_{y'_i}^2 - \frac{\left(\sum_j^1 R_{y'_i}\right)^2}{n+1}\right\} + \sum_j^1 m_{l_i}^2 \cos^2\alpha'_i$$

$$M_{x'_{上}} = \pm\frac{M_{x'_{\mathrm{I}}} \cdot M_{x'_{\mathrm{II}}}}{\sqrt{M_{x'_{K\mathrm{I}}}^2 + M_{x'_{K\mathrm{II}}}^2}}$$

当近井点精度不太高或近井网精度估算数据不足时，为了满足贯通工程急需，也可以在地面布设如图 10.6 所示的复测支导线。这种导线测量误差对贯通影响的预计方法与井下导线完全相同。

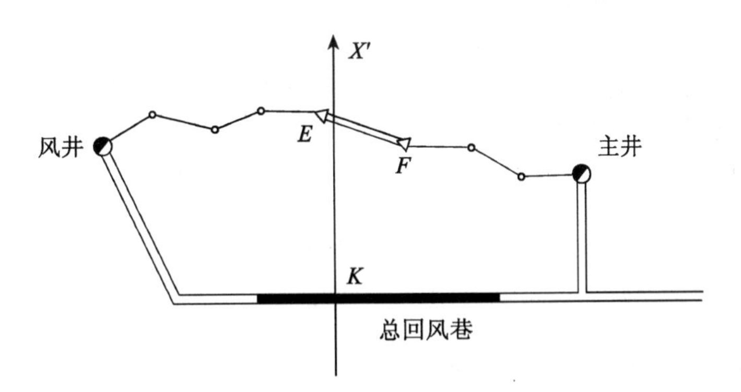


图 10.6　地面采用复测支导线

c. 地面采用三角网(锁)测量方案时的误差预计

当两井相距较远且地势不平坦时，可布设三角网(锁)。如图 10.7 所示，在两井之间布设一单三角锁，并由三角点 1 和 7 分别向两个井口敷设连接导线。

上述三角网(锁)在进行严密平差时，应同时按照求平差值的函数的中误差的方法，

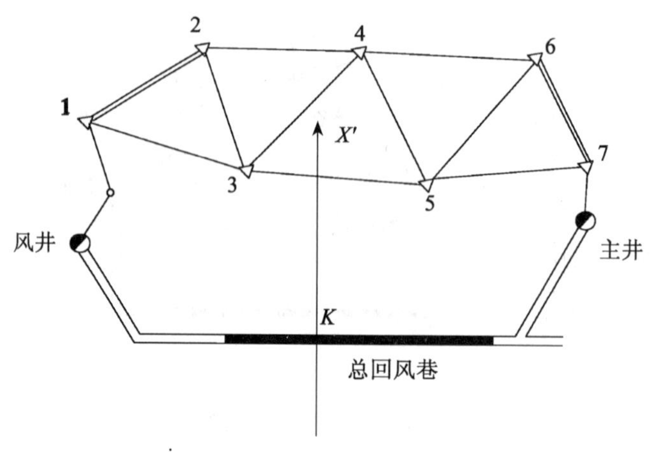


图 10.7　地面采用三角网

求出近井点 1 与近井点 7 两点之间在 $X'$ 轴方向上的相对点位误差，以及 1—2 边的坐标方位角与 7—6 边的坐标方位角之间的相对中误差，然后对照公式(10-18)计算出地面三角测量误差对于贯通的影响。

有时也可采用近似的估算方法，选择一条较短线路，如图 10.7 中的 1—3—5—7，将三角网(锁)的这几条边看成导线边。其测角中误差可按相应等级的三角网的测角中误差来确定，也可在施测后根据各三角形闭合差用菲列罗公式求得，其量边误差可根据估算的三角网最弱边相对中误差乘以各相应边长来求得。把上述的较短路线各边，加上三角点 1 和三角点 7 到两个井口的连接导线，看成一整条导线，按照前述导线方案中所用的计算公式来估算它们对 $K$ 点在 $X'$ 轴方向上的误差的影响。

在实际贯通过程中，下列一些方法也是比较实用的。

(1)两近井点能直接通视而构成三角网中的一条边(也可以是光电测距导线的一条边，或测边网中的一条边)时，由近井点的误差引起的 $K$ 点在 $X'$ 轴方向上的误差预计公式(参阅图 10.8)。

$$M_{x'_{上}} = \pm \frac{1}{T} S_{x'}$$

式中：$S_x{}'$——$\overline{AB}$边长 $S$ 在 $X'$ 轴上的投影长；

$\frac{1}{T}$——$\overline{AB}$边长平差值的相对中误差。

(2)近井点 $A$ 和 $B$ 不构成一条边，但能同时后视一共同的三角点 $C$ 时(见图 10.9)，由近井点的误差引起的 $K$ 点在 $X'$ 轴方向上的误差预计公式。

$$M_{x'_{上}} = \pm \sqrt{\left(\frac{M_{AB}}{\sqrt{2}}\right)^2 + \frac{m_\beta^2}{2\rho^2}(R_{y'_A}^2 + R_{y'_B}^2)}$$

式中：$M_{AB}$——两近井点相对的点位误差(上式中取$\frac{M_{AB}}{\sqrt{2}}$作为两近井点在 $X'$ 轴方向上的相对

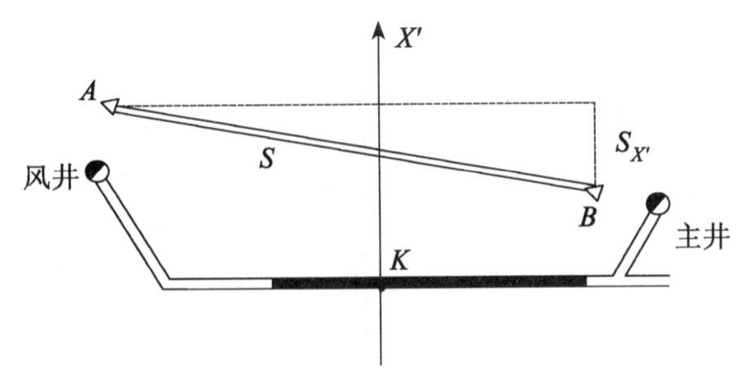

图 10.8　两近井点直接通视

点位误差)；

$m_\beta$——$\angle ACB$ 平差值的中误差；

$R_{y'_A}$、$R_{y'_B}$——A、B 点与 K 点连线在 Y′轴上的投影长度。

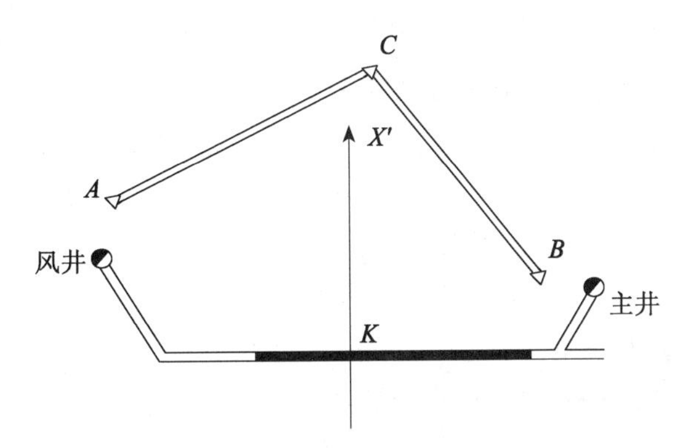

图 10.9　两近井点能同时后视一共同点 C

(3)两近井点 AB 互不通视，又不能后视同一三角点时(见图 10.10)，由近井点的误差引起的 K 点在 X′轴方向上的误差预计公式。

$$M_{x'_上}=\pm\sqrt{\left(\frac{M_{AB}}{\sqrt{2}}\right)^2+\frac{m_{\alpha_{AB}}^2}{\rho^2}\left(\frac{R_{y'_A}^2+R_{y'_B}^2}{2}\right)}$$

式中：$M_{AB}$——两近井点相对的点位中误差；

$m_{\alpha_{AB}}$——AC 边相对于 BD 边的坐标方位角平差值的中误差。

以上(1)、(2)、(3)三种情况，除近井点的影响误差外，还应再将从近井点到井口所敷设的连接导线的测量误差考虑进去，这样就预计出了整个地面平面测量误差所引起的 K 点在 X′轴方向上的误差。

2. 定向测量误差引起 K 点 X′轴方向上的误差

不论采用几何定向或陀螺定向，定向测量的误差都集中反映在井下导线起始边的坐标方位角误差上，所以定向测量误差引起的 K 点在 X′轴方向上的误差为

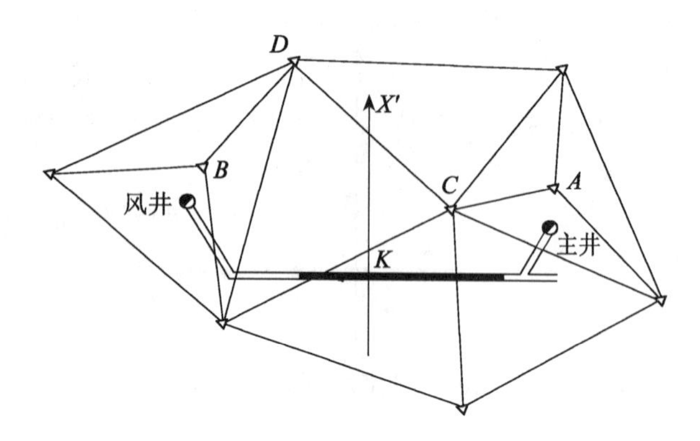


图 10.10　两近井点不通视，也不能同时后视一共同点

$$M_{x'_0} = \pm \frac{m_{\alpha_0}}{\rho} R_{y'_0} \tag{10-19}$$

式中：$m_{\alpha_0}$——定向测量误差，即由定向引起的井下导线起始边坐标方位角的误差；

$R_{y'_0}$——井下导线起始点与 $K$ 点连线在 $Y'$ 轴上的投影长，如图 10.11 中所示的 $R_{y'_{01}}$ 和 $R_{y'_{02}}$。

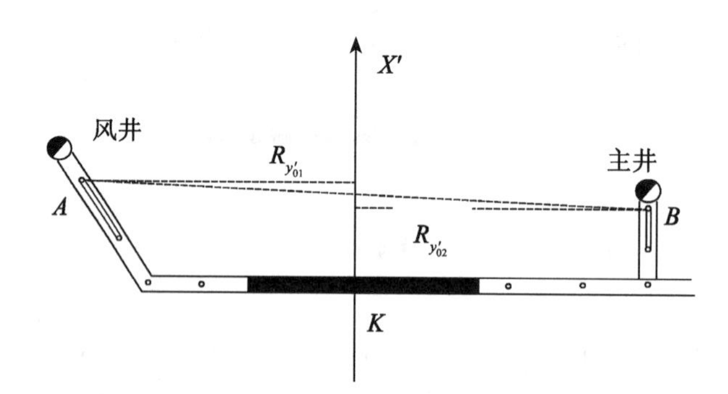


图 10.11　定向误差对贯通的影响

在图 10.11 中，如果从两个立井都分别进行了一井定向测量，定向误差所引起的 $K$ 点在 $X'$ 轴方向上的误差 $M_{x'_{01}}$ 和 $M_{x'_{02}}$ 应分别求出。

两井定向时，井下两竖井之间的连接导线一般由几条边构成。此时，应选择一条边作为井下贯通导线的起算边，并估算出由两井定向引起的该边的方向中误差 $m_{\alpha_0}$。再用式(10-19)预计出定向测量误差引起的 $K$ 点在 $X'$ 轴方向上的误差。

定向过程中所积累的井下导线起始点的坐标误差，因其值很小，可以忽略不计。

3. 井下导线测量误差引起 $K$ 点 $X'$ 轴方向上的误差

井下导线测量测角和量边误差引起的 $K$ 点在 $X'$ 轴方向上的误差和的预计公式与同一矿井内巷道贯通的预计误差公式相同，不过此时要考虑井下量边系统误差对贯通的影响。

井下导线量边系统误差为 $b_{下} L_x$，$b_{下}$ 为井下量边系统误差系数，$L_x$ 为井下导线两个起始点连线(见图 10.11 中的 $A$、$B$ 点连线)在 $X'$轴上的投影长。

需说明的是，如果矿井的开拓方式为平硐开拓或斜井开拓，其平面联系测量的方式就是导线。这时可以把平硐或斜井中的导线与井下导线看成一个整体来进行误差预计。

4. 各项测量误差引起 $K$ 点 $X'$轴方向上的总误差

由地面测量误差、定向测量误差和井下导线测量误差所引起的 $K$ 点在 $X'$轴方向上的总的中误差为

$$M_{x'_K} = \pm\sqrt{M^2_{x'_{上}} + M^2_{x'_{01}} + M^2_{x'_{02}} + M^2_{x'_{\beta下}} + M^2_{x'_{l下}}} \tag{10-20}$$

若各项测量均独立进行了 $n$ 次，则平均值的中误差为

$$M_{x'_{K平}} = \frac{M_{x'_K}}{\sqrt{n}} \tag{10-21}$$

$K$ 点在 $X'$轴方向上的预计贯通误差(取 2 倍中误差为极限误差)为

$$M_{x'_{预}} = 2M_{x'_{K平}} \tag{10-22}$$

### 10.3.2 贯通相遇点 K 在高程上的误差预计

两井间巷道贯通相遇点 $K$ 在高程上的误差来源包括：地面水准测量误差、导入高程误差、井下水准测量和井下三角高程测量误差四个方面。

1. 地面水准测量误差

地面水准测量引起的高程误差的估算公式为

$$M_{H_{上}} = m_{h_l}\sqrt{L} \tag{10-23}$$

或

$$M_{H_{上}} = m_0\sqrt{n} \tag{10-24}$$

式中：$m_{h_l}$——地面水准测量每公里长度的高差中误差；

$L$——地面水准路线长度，km；

$m_0$——地面水准测量水准尺读数中误差；

$n$——地面水准测量总测站数。

有一些矿区地处山区，地表自然坡度较大，在难以用等级水准测量的方法进行地面高程测量时，可以在地面进行三角高程测量，作为地面水准测量的补充。此时，还要估算地面三角高程测量误差对贯通的影响。

2. 导入高程误差

导入高程引起的误差的估算公式为

$$M_{H_0} = \pm\frac{1}{T_0}\times h \tag{10-25}$$

式中：$\frac{1}{T_0}$——导入高程的相对中误差；

$h$——井筒深度，m；

两个立井的导入高程中误差 $M_{H_{01}}$、$M_{H_{02}}$应分别计算。

如果缺乏根据大量实测资料所求得的导入高程中误差时，可按《煤矿测量规程》中规

定的两次独立导入高程的容许互差来反算一次导入高程的中误差。根据规程两次独立导入高程的互差不得超过井筒深度 $h$ 的 1/8000，则可计算出导入高程的相对中误差为

$$\frac{1}{T_0}=\pm\frac{1}{2\sqrt{2}}\times\frac{1}{8000}\approx\pm\frac{1}{22600}$$

从平硐或斜井将地面高程传递到井下巷道时，导入高程的误差不必单独计算，而应将平硐中的水准测量或斜井中的三角高程测量与井下水准测量或三角高程测量看成整体一并进行误差预计。

3. 井下水准测量误差和三角高程测量误差

(1)井下水准测量误差引起 $K$ 点在高程上的误差。

$$M_{H_{水}}=m_{h_L}\sqrt{R} \tag{10-26}$$

或

$$M_{H_{水}}=m_0\sqrt{n} \tag{10-27}$$

(2)井下三角高程测量误差引起 $K$ 点在高程上的误差。

$$M_{H_{经}}=m_{h_L}\sqrt{L} \tag{10-28}$$

4. 各项误差引起 $K$ 点在高程上的总误差

由上述几项误差引起的 $K$ 点在高程上的总中误差为

$$M_{H_K}=\pm\sqrt{M_{H_{上}}^2+M_{H_{01}}^2+M_{H_{02}}^2+M_{H_{水}}^2+M_{H_{经}}^2} \tag{10-29}$$

如需独立施测 $n$ 次，则平均值中误差为

$$M_{H_{K平}}=\frac{M_{H_K}}{\sqrt{n}} \tag{10-30}$$

取二倍中误差为预计误差，则 $K$ 点在高程上的预计贯通误差为

$$M_{H_{预}}=2M_{H_{K平}} \tag{10-31}$$

### 10.3.3 两井间巷道贯通误差预计实例

如图 10.12 所示为某矿中央回风上山的贯通实例，其贯通测量误差预计的具体方法如下。

1. 测量方法简述

3095 中央回风上山全长 1442m，由 501 掘进队和 503 掘进队相向掘进贯通，根据两队的施工速度，预计最后可能在从下向上的 740m 处贯通。该工程属特大型重要贯通，必须编写贯通方案设计书，进行贯通误差预计。该贯通工程要求在水平重要方向($X'$轴)上的容许偏差为 0.5m，竖直方向上的容许偏差为 0.2m。

为准确实施该贯通工程，平面测量方案如下：在地面主、副井和风井附近敷设两 GPS 点 $E$、$F$，两点相互通视，主、副井处进行两井定向，在井上确定 $A$—$B$ 边的坐标和方位角，风井处地面用 5″级光电测距导线敷设一站到井口附近，并用一井定向进行联系测量，在井下确定 $C$—$D$ 边的坐标和方位角，井下按 7″级导线施测。

高程测量方案如下：在地面两井口水准基点之间敷设四等水准路线，并分别经主井和风井导入高程，井下平巷采用水准测量，斜巷则采用三角高程测量。

a. 地面 GPS 测量

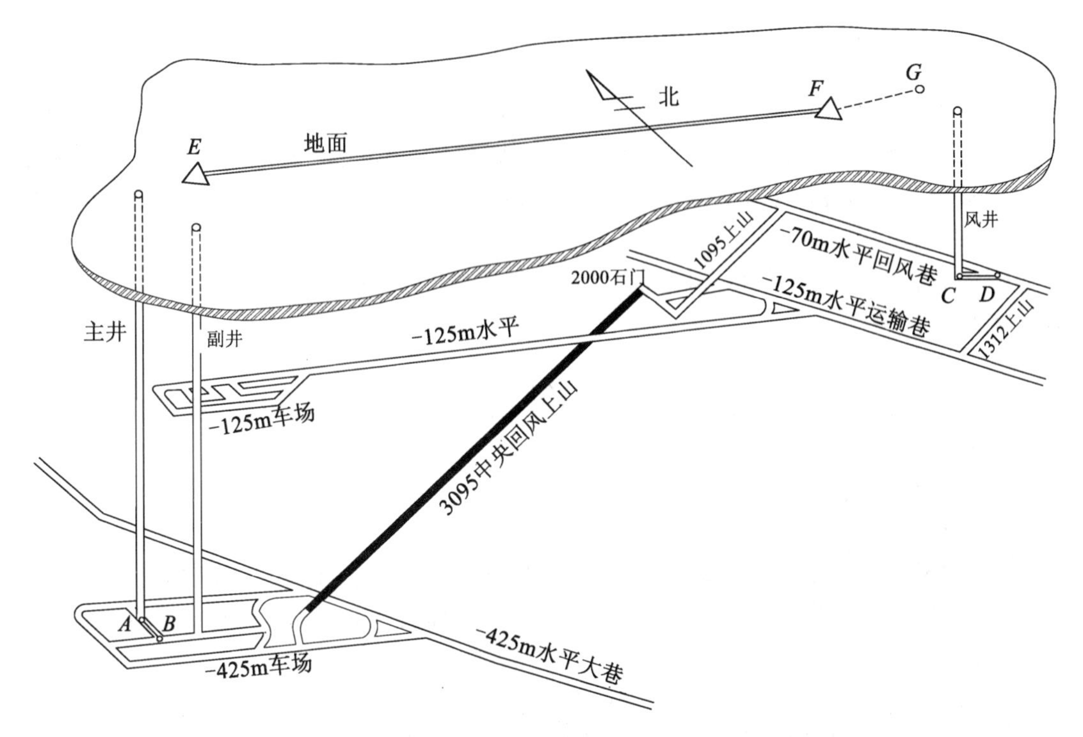

图 10. 12　某矿 3095 中央回风上山贯通示意图

在地面主、副井和风井附近处敷设 D 级 GPS 控制点作为近井点，GPS 边 $E$—$F$ 长度为 1270m。两近井点 $E$ 与 $F$ 长之间互相通视，这样可以消除 GPS 边 $E$—$F$ 的坐标方位角中误差对贯通的影响。

b. 地面导线测量

$E$ 点离主、副井较近，可以直接进行联系测量(两井定向)。$F$ 点离风井距离较长，须增设一连接点 $G$，再由 $G$ 点进行联系测量(一井定向)。

采用 5″级光电测距导线测量连接点 $G$。使用 TOPCON GTS-222 全站仪，精度为 2″，±(2mm+2ppm×$D$)，以四个测回测量水平角，边长进行往返测量，往测及返测各 2 个测回，一测回内各读数之间较差不得超过 10mm，测回之间较差不得超过 15mm，往返测边长较差不得超过$\pm\sqrt{2}$(2mm+2ppm×$D$)($D$ 为测距边长度，单位为 km)。$F$ 点至 $G$ 点边长 260m。

地面导线独立施测两次。

c. 定向测量

主、副井井深 455m，采用两定向。

风井井深 100m，采用一井定向，三角形法连接，两钢丝之间间距为 2. 8m。

主、副井两井定向独立进行两次，风井一井定向独立进行三次。

d. 井下导线测量

主、副井从定向起始边 $A$—$B$ 开始，沿井底车场测复测支导线到中央回风上山的下口。

风井从-70m井下起始边 $C—D$ 开始，沿风道经1312上山、-125m平巷和2000石门，测复测支导线到中央回风上山的上口。

测角用国产南方ET02电子经纬仪，两个测回施测，测边用Red mini2防爆型测距仪，每边往、返观测各4个测回，一测回内读数较差不大于10mm，单程测回间较差不大于15mm，往测及返测边长化算为水平距离(经气象改正和倾斜改正)后的互差，不得大于边长的1/6000。

井下所有复测支导线均由不同观测者独立测量两次，取两次测量的角度及边长的平均值参与计算。

e. 地面水准测量

主、副井处的井口水准基点与风井处的井口水准基点之间按四等水准要求施测。单程路线长度1458m，采用北光厂 $DS_1$ 水准仪测量。

地面四等水准采用往返测量，并独立进行两次。

f. 导入高程

主井和风井的高程联系测量均采用长钢丝法导入高程。定向投点工作结束后，在钢丝上、下作好标志，提升到地面后再进行丈量。导入高程独立进行两次，互差不得超过井深的1/8000。

g. 井下高程测量

平巷中的水准测量采用北光厂 $DS_3$ 水准仪往返观测，往返测高差的较差不得大于 $\pm 50\text{mm}\sqrt{R}$（$R$ 为水准点间的路线长度，以km为单位）。井下平巷水准路线长度为1092m。水准测量独立进行两次。

斜巷中的三角高程测量与井下导线测量同时进行。垂直角观测采用南方ET02电子经纬仪进行对向观测(中丝法)一测回。仪器高和觇标高应在观测开始前和结束后用钢卷尺各测量一次，其互差不大于4mm，取其平均值作为丈量结果。相邻两点往返测高差的互差不应大于 $\pm(10\text{mm}+0.3\text{mm}\times l)$（$l$ 为导线水平边长，以m为单位）；三角高程导线的高程闭合差不应大于 $\pm 100\sqrt{L}\,\text{mm}$（$L$ 为导线长度，以km为单位）。井下三角高程路线长度1127m。三角高程测量独立进行两次。

2. 贯通误差预计所需基本误差参数的确定

本次贯通误差预计所用参数主要来源有三个方面：一是根据本矿过去积累的实测资料进行分析求得；二是根据《煤矿测量规程》中的规定限差反算求得；三是根据仪器的标称精度和检定结果估算求得。各误差参数如下：

(1)地面GPS边 $E—F$ 的边长误差。按 $m_S=\pm\sqrt{a^2+(bS)^2}$ 公式估算，$a$ 为固定误差系数，D级GPS网的 $a\leqslant 10\text{mm}$；$b$ 为比例误差系数，D级GPS网的 $b\leqslant 10\times10^{-6}$。$E—F$ 边长 $S=1270\text{m}$。算得 $m_S=\pm\sqrt{0.010^2+(10\times10^{-6}\times1270)^2}=\pm 0.016\text{m}$

(2)地面导线的测角误差。由于地面导线测量采用5″级的技术规格，取测角中误差为 $m_{\beta_{上}}=\pm 5''$。

(3)地面导线测边误差。按全站仪的标称精度±(2mm+2ppm×D)，计算出边长为260m

的一条边的测边误差为：$m_{l_{上}} = \pm 0.002+2\times10^{-6}\times260 = \pm 0.003$(m)。

(4)两井定向误差。根据过去积累的两井定向资料求得两井定向一次定向中误差为 $m_{\alpha_{0主}} = \pm 16''$。

(5)一井定向误差。根据过去积累的一井定向资料求得一井定向一次定向中误差为 $m_{\alpha_{0风}} = \pm 34''$。

(6)井下导线测角误差。根据过去积累的 247 个测站两次独立测角的较差，求得两测回平均值的测角中误差为 $m_{\beta_{下}} = \pm 5.8''$。

(7)井下导线测边误差。根据 Red mini2 防爆型测距仪的标称精度$\pm(5\text{mm}+5\text{ppm}\times D)$，按井下导线平均边长 46m 计算求得 $m_{l_{下}} = \pm(0.005+5\times10^{-6}\times46) = \pm 0.0052$(m)。

(8)地面水准测量误差。《煤矿测量规程》规定，矿区地面四等水准测量的附合路线闭合差小于$\pm 20\sqrt{L}$mm(往返观测，$L$ 为附合路线总长度，以 km 为单位)，按此限差反算求得四等水准测量每公里的高差中误差为 $m_{h_{L上}} = \pm \dfrac{0.020}{2\sqrt{2}} = \pm 0.007$(mm)。

(9)导入高程误差。根据过去积累的通过竖井采用长钢丝法导入高程的资料，求得一次导入高程的中误差为 $M_{H_0} = \pm 0.018$mm(井深为 100～500m)。

(10)井下水准测量误差。根据过去积累的大量井下水准测量资料，求得井下水准测量每公里高差中误差为 $m_{h_{L水}} = \pm 0.015$mm。

(11)井下三角高程测量误差。根据过去积累的大量井下斜巷三角高程测量资料，求得井下三角高程测量每公里高差中误差为 $m_{h_{L经}} = \pm 0.034$mm。

3. 贯通测量误差预计

根据上述测量方案，绘制一张比例尺为 1∶1000 或 1∶2000 的误差预计图，如图 10.13 所示。会同设计部门和生产部门，根据相向掘进的两掘进队的掘进速度等因素，确定出贯通相遇点 $K$ 的位置大约在回风上山由下向上的 740m 处。在误差预计图中绘制出 $K$ 点，过 $K$ 点建立假定坐标系，以待贯通的中央回风上山中线方向为 $Y'$轴方向，以垂直于 $Y'$轴的方向为 $X'$轴方向。并在图上标出已有导线点和设计导线点的位置。

a. 贯通相遇点 $K$ 在水平重要方向($X'$轴)上的误差预计

(1)由地面 GPS 测量误差所引起的 $K$ 点在 $X'$轴方向上的贯通误差。

$$M_{x'_{EF}} = \pm m_S \cos\alpha'_{EF} = \pm 0.016\times\cos163° = \pm 0.015(\text{m})$$

式中：$\alpha'_{EF}$为 GPS 边 $EF$ 与 $X'$轴的夹角。

(2)地面导线测量误差引起 $K$ 点在 $X'$轴在方向上的误差。

地面导线的测角误差(独立测量两次)：

$$M_{x'_{\beta上}} = \pm \frac{m_{\beta_{上}}}{\sqrt{2}\rho}\sqrt{\sum_{上} R_{y'}^2} = \pm \frac{5}{\sqrt{2}\times 206265}\sqrt{478864} = \pm 0.012(\text{m})$$

地面导线测边误差(独立测量两次)：

$$M_{x'_{l上}} = \pm \frac{1}{\sqrt{2}}\sqrt{\sum_{上} m_{l_{上}}^2 \cos^2\alpha'} = \pm \frac{1}{\sqrt{2}}\sqrt{1.73\times10^{-6}} = \pm 0.001(\text{m})$$

(3)定向误差引起 $K$ 点在 $X'$方向上的误差。

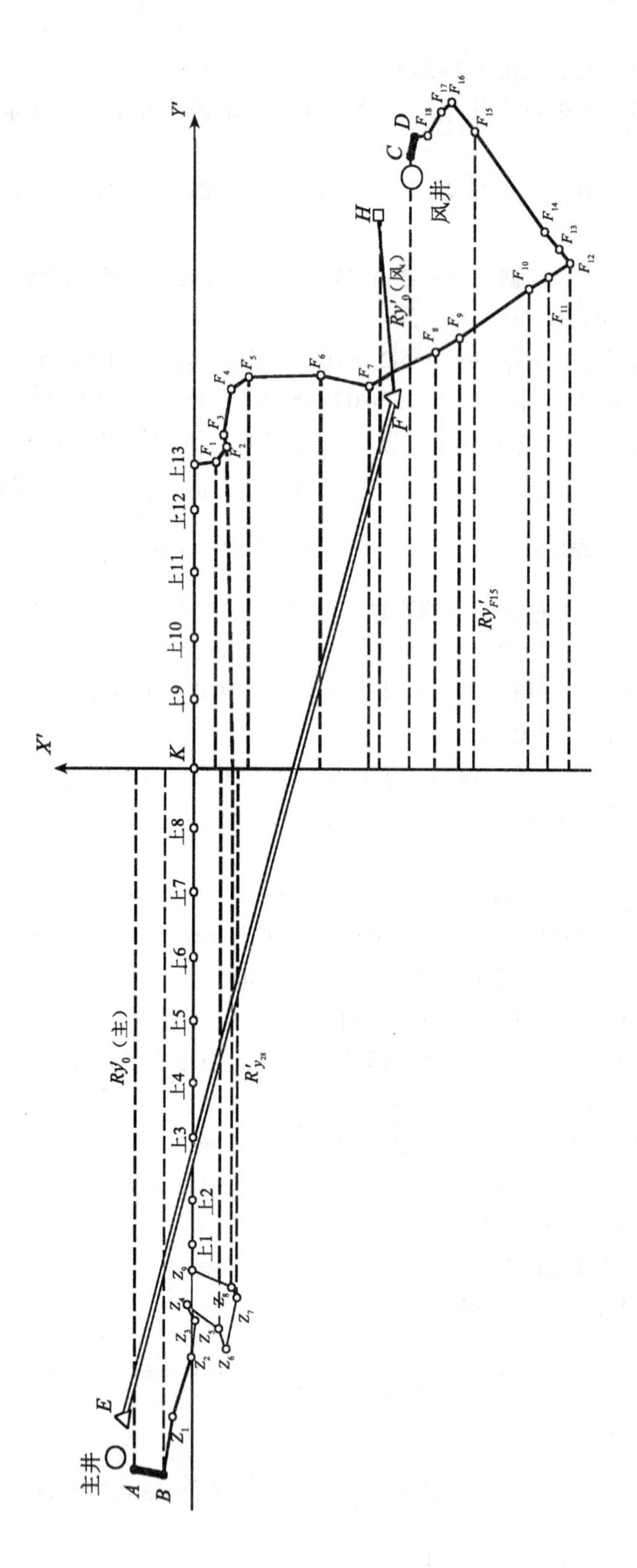


图10.13　两井间巷道贯通误差预计图

风井一井定向(独立进行三次)平均值引起的 $K$ 点误差:

$$M_{x'_{0风}}=\pm\frac{m_{\alpha_{0风}}}{\rho\sqrt{3}}R_{y'_{0风}}=\pm\frac{34}{206265\times\sqrt{3}}\times765=\pm0.073(\mathrm{m})$$

主、副井两井定向(独立进行两次)平均值引起的 $K$ 点误差:

$$M_{x'_{0主}}=\pm\frac{m_{\alpha_{0主}}}{\rho\sqrt{2}}R_{y'_{0主}}=\pm\frac{16}{206265\times\sqrt{2}}\times876=\pm0.048(\mathrm{m})$$

(4)井下导线测量误差引起的 $K$ 在 $X'$ 轴方向上的误差。

井下导线测角误差(独立测量两次):

$$M_{x'_{\beta下}}=\pm\frac{m_{\beta_下}}{\sqrt{2}\rho}\sqrt{\sum_{下}R_{y'}^2}=\pm\frac{5.8}{\sqrt{2}\times206265}\sqrt{15181138}=\pm0.077(\mathrm{m})$$

井下导线测边误差(独立测量两次):

$$M_{x'_{l下}}=\pm\frac{1}{\sqrt{2}}\sqrt{\sum_{下}m_{l_下}^2\cos^2\alpha'}=\pm\frac{1}{\sqrt{2}}\sqrt{434.7797\times10^{-6}}=\pm0.015(\mathrm{m})$$

井下导线 $\sum R_{y'}^2$ 和 $\sum m_l^2\cos^2\alpha'$ 值见表 10.3。

表 10.3 **井下导线 $\sum R_{y'}^2$ 和 $\sum m_l^2\cos^2\alpha'$ 值计算表**

| 点号 | $R_{y'}$ | $R_{y'}^2$ | 边号 | $m_l^2\cos^2\alpha'$ ($\mathrm{mm}^2$) | 点号 | $R_{y'}$ | $R_{y'}^2$ | 边号 | $m_l^2\cos^2\alpha'$ ($\mathrm{mm}^2$) |
|---|---|---|---|---|---|---|---|---|---|
| A | 876 | 767376 | AB | 26.0555 | 上 12 | 323 | 104329 | 上 12 上 13 | 0.0000 |
| B | 883 | 779689 | BZ1 | 1.8113 | 上 13 | 379 | 143641 | 上 13F1 | 26.5163 |
| Z1 | 810 | 656100 | Z1Z2 | 3.1631 | F1 | 383 | 146689 | F1F2 | 11.1723 |
| Z2 | 735 | 540225 | Z2Z3 | 0.0082 | F2 | 401 | 160801 | F2F3 | 3.1631 |
| Z3 | 690 | 476100 | Z3Z4 | 10.2492 | F3 | 416 | 173056 | F3F4 | 4.4734 |
| Z4 | 670 | 448900 | Z4Z5 | 15.8677 | F4 | 473 | 223729 | F4F5 | 21.8437 |
| Z5 | 699 | 488601 | Z5Z6 | 3.1631 | F5 | 489 | 239121 | F5F6 | 27.0318 |
| Z6 | 724 | 524176 | Z6Z7 | 1.8113 | F6 | 491 | 241081 | F6F7 | 25.6717 |
| Z7 | 671 | 450241 | Z7Z8 | 13.5200 | F7 | 477 | 227529 | F7F8 | 22.2105 |
| Z8 | 660 | 435600 | Z8Z9 | 25.2287 | F8 | 520 | 270400 | F8F9 | 22.9118 |
| Z9 | 627 | 393129 | Z9 上 1 | 0.0000 | F9 | 538 | 289444 | F9F10 | 21.0803 |
| 上 1 | 596 | 355216 | 上 1 上 2 | 0.0000 | F10 | 600 | 360000 | F10F11 | 22.2105 |
| 上 2 | 543 | 294849 | 上 2 上 3 | 0.0000 | F11 | 614 | 376996 | F11F12 | 22.2105 |
| 上 3 | 459 | 210681 | 上 3 上 4 | 0.0000 | F12 | 632 | 399424 | F12F13 | 9.3421 |
| 上 4 | 393 | 154449 | 上 4 上 5 | 0.0000 | F13 | 650 | 422500 | F13F14 | 9.3421 |
| 上 5 | 318 | 101124 | 上 5 上 6 | 0.0000 | F14 | 671 | 450241 | F14F15 | 8.4553 |
| 上 6 | 237 | 56169 | 上 6 上 7 | 0.0000 | F15 | 796 | 633616 | F15F16 | 10.2492 |

续表

| 点号 | $R_{y'}$ | $R_{y'}^2$ | 边号 | $m_l^2\cos^2\alpha'$ ($mm^2$) | 点号 | $R_{y'}$ | $R_{y'}^2$ | 边号 | $m_l^2\cos^2\alpha'$ ($mm^2$) |
|---|---|---|---|---|---|---|---|---|---|
| 上7 | 153 | 23409 | 上7上8 | 0.0000 | F16 | 833 | 693889 | F16F17 | 18.1441 |
| 上8 | 78 | 6084 | 上8上9 | 0.0000 | F17 | 820 | 672400 | F17F18 | 20.2800 |
| 上9 | 153 | 23409 | 上9上10 | 0.0000 | F18 | 791 | 625681 | F18D | 26.2246 |
| 上10 | 163 | 26569 | 上10上11 | 0.0000 | D | 765 | 585225 | DC | 1.3683 |
| 上11 | 245 | 60025 | 上11上12 | 0.0000 | C | 685 | 469225 | | |
| $\sum R_{y'}^2 = 15181138m^2$ | | | | | $\sum m_l^2\cos^2\alpha' = 434.7797\times10^{-6}m^2$ | | | | |

(5)贯通在水平重要方向($X'$轴)上的总中误差。

$$M_{x'_K}=\pm\sqrt{M_{x'_{EF}}^2+M_{x'_{\beta上}}^2+M_{x'_{l上}}^2+M_{x'_{0主}}^2+M_{x'_{0风}}^2+M_{x'_{\beta下}}^2+M_{x'_{l下}}^2}$$

$$=\pm\sqrt{0.015^2+0.012^2+0.001^2+0.048^2+0.073^2+0.077^2+0.015^2}=\pm0.119(m)$$

(6)贯通在水平重要方向($X'$轴)上的预计误差。

$$M_{x'_{预}}=2M_{x'_K}=\pm0.238m$$

b. 贯通相遇点 $K$ 在高程上的误差预计

(1)地面水准测量误差引起的 $K$ 点高程误差。

$$M_{H_上}=\pm m_{h_{L上}}\sqrt{L}=\pm0.007\times\sqrt{1.458}=\pm0.008(m)$$

(2)导入高程引起的 $K$ 点高程误差。

$$M_{H_{0主}}=\pm0.018m$$

$$M_{H_{0风}}=\pm0.018m$$

(3)井下水准测量误差引起的 $K$ 点高程误差。

$$M_{H_水}=\pm m_{h_{L水}}\sqrt{R}=\pm0.015\times\sqrt{1.092}=\pm0.016(m)$$

(4)井下三角高程测量误差引起的 $K$ 点高程误差。

$$M_{H_经}=\pm m_{h_{L经}}\sqrt{L}=\pm0.034\times\sqrt{1.127}=\pm0.036(m)$$

(5)贯通在高程上的总中误差(以上各项高程测量均独立进行两次)。

$$M_{H_{K平}}=\pm\frac{1}{\sqrt{2}}\sqrt{M_{H_上}^2+M_{H_{0主}}^2+M_{H_{0风}}^2+M_{H_水}^2+M_{H_经}^2}$$

$$=\pm\frac{1}{\sqrt{2}}\sqrt{0.008^2+0.018^2+0.018^2+0.016^2+0.036^2}=\pm0.048(m)$$

(6)贯通在高程上的预计误差。

$$M_{H_预}=2M_{H_{K平}}=\pm2\times0.048=\pm0.096(m)$$

从以上误差预计结果可以看出：在水平重要方向($X'$轴)上的预计误差为0.238m，高程上的贯通预计误差为0.096m，均未超过容许的贯通偏差值，说明所选定的测量方案和测量方法是能满足贯通精度要求的。从误差预计值的大小来看，在引起水平重要方向上的贯通误差的诸多因素中，井下测角误差及风井一井定向误差是最主要的误差来源。在引起高程测量误差的诸多因素中，井下三角高程是最主要的误差来源。最终在水平重要方向（$X'$轴）上的预计误差和高程上的贯通预计误差均小于容许偏差值，说明目前的测量仪器及方法足以保证大型贯通测量的精度要求。同时，本贯通实例也说明，对于矿井一般巷道的贯通来说，中线方向的贯通偏差值定为0.5m，腰线上的贯通偏差值定为0.2也是比较适中的，使用常用的测量方法就能比较容易地达到贯通精度，又能避免精度要求过高造成浪费。

## 10.4 竖井贯通的误差预计

立井贯通时，测量工作的主要任务是保证井筒上、下两个掘进工作面上所标定出的井筒中心位于一条铅垂线上，贯通的偏差为这两个工作面上井筒中心的相对偏差，而竖直方向在立井贯通中属于次要方向，无须进行误差预计。

实际工作中，一般是分别预计井筒中心在提升中心线方向（作为假定的$X'$轴方向）和与之垂直的方向（作为假定的$Y'$轴方向）上的误差，然后再求出井筒中心的平面位置误差。当然，也可以直接预计井筒中心的平面位置误差。

立井贯通的几种典型情况和它们所需进行的测量工作，已在前面第5章介绍过了。对于从地面和井下相向开凿的立井贯通，需要进行地面测量、定向测量和井下测量。这些测量误差所引起的贯通相遇点（井筒中心）的误差，其预计方法与前一节讨论的预计方法基本相同，只是必须同时预计$X'$和$Y'$两个方向上的误差，并按下式求出平面位置中误差：

$$M_{中} = \pm\sqrt{M_{X'}^2 + M_{Y'}^2}$$

立井延深贯通（见图10.14）时，贯通点的平面位置误差只受井下导线测量误差的影响，所以可按下式直接预计相遇点的平面位置中误差：

光电测距时
$$M_{中} = \pm\sqrt{\frac{m_\beta^2}{\rho^2}\sum R_i^2 + \sum m_{l_i}^2}$$

钢尺量边时
$$M_{中} = \pm\sqrt{\frac{m_\beta^2}{\rho^2}\sum R_i^2 + a^2\sum l_i}$$

式中：$m_\beta$——井下导线测角中误差；

$R_i$——各导线点与井筒中心的连线的水平投影长度；

$m_{l_i}$——光电测距的量边误差；

$a$——钢尺量边的偶然误差影响系数；

$l_i$——导线各边的边长；

为了方便立井施工，常常通过辅助下山和辅助平巷在原井筒下部的保护岩柱（或人造保护盖）下向上施工，这时井筒的掘进方式多为全断面掘进，有时甚至要求将下部新延深的井筒中的罐梁罐道全部安装好后，才打开保护岩柱。所以对井筒中心标设精度要求很高，尽管这时的导线距离不长，一般也需要进行误差预计。下面通过一个实例来说明这类贯通的误差预计方法。

【例 10-3】某矿立井延深工程(见图 10.14)是在预留的 8m 保护岩柱下施工的。要求在下部新掘进的井筒中预先安装罐梁罐道，破岩柱后上、下罐道准确连接。罐道连接时在 $x'$ 轴和 $y'$ 轴方向上的容许偏差定为 10mm，即井筒中心位置的容许偏差为 $10\text{mm}\sqrt{2}=14\text{mm}$。

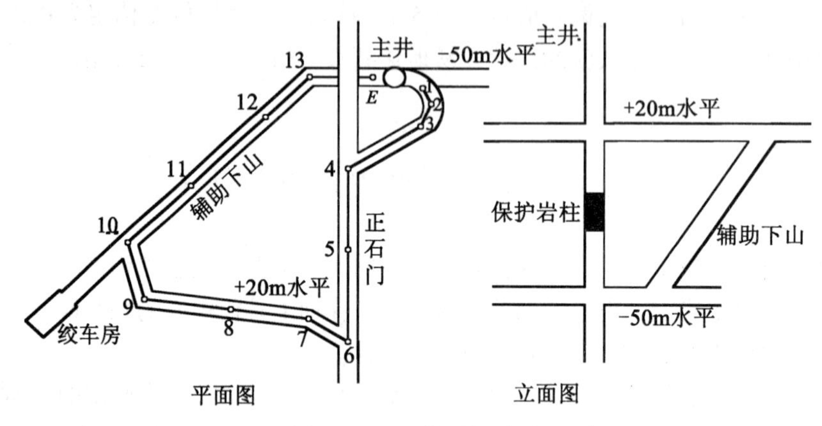


图 10.14 立井延深贯通

采用的测量方案和测量方法如下：根据井巷具体情况，从立井+20m 水平的井底边场内的 1 点经正石门、绕道、辅助下山至临时水平(-50m 水平)的 $E$ 点敷设光电测距导线，共计 14 个导线点，全长 392m。其中 1 号点用以测定立井井底原有井筒中心的坐标，E 点用以标定保护岩柱下立井井筒延深部分的井筒中心位置。导线先后独立施测三次，采用北京光学仪器厂生产的 DCB1-J 型防爆测距经纬仪，两次对中，每次对中一个测回测角，测回间较差小于 10″，量边往、返各两个测回，测回间较差不大于 10mm，往返测(加入气象和倾斜改正后的平距)互差不大于边长的 1/10000。

解：首先绘制一张比例尺为 1∶1000 的误差预计图(见图 10.15)。导线测量误差参数

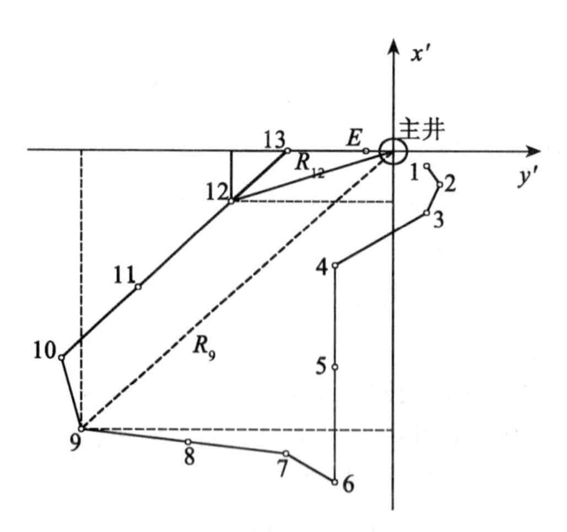


图 10.15 立井延深贯通误差预计图

参照仪器标称精度及实测数据分析取 $m_\beta=\pm5''$，$m_l=\pm3\text{mm}$，考虑到导线测量共独立施测三次，取其平均值作为标定井筒中心的依据，则井中的预计误差为

$$M_{预}=\pm2\sqrt{\frac{1}{3}\left(\frac{m_\beta^2}{\rho^2}\sum R_i^2+\sum m_{l_i}^2\right)}=\pm11.6\text{mm}$$

由于预计误差(11.6mm)小于允许偏差(14mm)，所以该立井贯通测量方案能够满足要求。

## 10.5　井下导线加测陀螺定向坚强边后巷道贯通测量的误差预计

在某些大型重要贯通工程中，通常要测量很长距离的井下经纬仪导线，测角误差的影响较大。导线在巷道转弯处往往有一些短边，这也会产生较大的测角误差。由于井下测角误差的积累，所以往往难以保证较高精度地实施贯通。而在井下要大幅度提高测角精度是比较困难的，因此在实际工作中经常采用在导线中加测一些高精度的陀螺定向边的方法来建立井下平面控制，以增加方位角检核条件。它可以在不增加测角工作量的前提下，显著减小测角误差对于经纬仪导线点位误差的影响，从而保证了巷道的正确贯通。

下面介绍在井下导线中加测了坚强陀螺定向边后，巷道贯通测量的误差预计方法。

### 10.5.1　导线中加测陀螺定向边后导线终点的误差预计公式

如图10.16所示，由起始点 $A$ 和起始定向边 $A—A_1$(坐标方位角为 $\alpha_0$)敷设导线至终点 $K$，并加测陀螺定向边 $\alpha_1$，$\alpha_2$，…，$\alpha_N$ 共 $N$ 条，将导线分为 $N$ 段，各段的重心为 $O_{\text{Ⅰ}}$，$O_{\text{Ⅱ}}$，…，$O_N$，其坐标为

$$x_{o_j}=\sum_1^{n_j}x/n_j\qquad y_{o_j}=\sum_1^{n_j}y/n_j\qquad(j=\text{Ⅰ},\ \text{Ⅱ},\ \cdots,\ N)。$$

由 $B$ 点至 $K$ 点的一段为支导线。

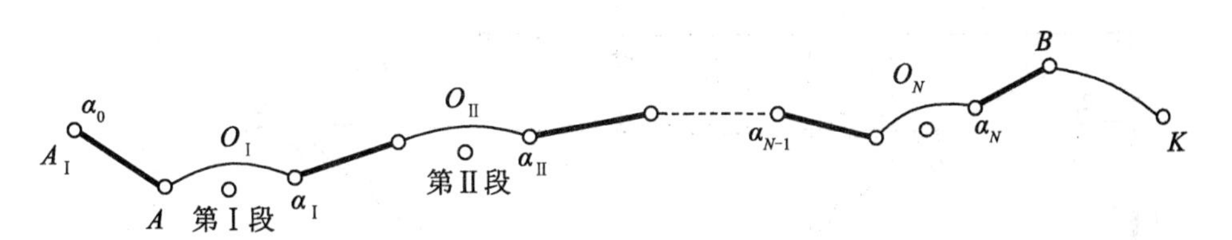


图10.16　井下加测陀螺定向边示意图

1. 由导线测边误差引起的终点 $K$ 的贯通误差估算公式

光电测距时
$$M_{X_{Kl}}=\pm\sqrt{\sum m_l^2\cos^2\alpha'}\tag{10-32}$$

钢尺量边时
$$M_{X_{Kl}}=\pm\sqrt{a^2\sum l\cos^2\alpha'+b^2L_X^2}\tag{10-33}$$

式中：$m_l$——光电测距的量边误差，$m_l=\pm(A+Bl)$；

$\alpha'$——导线各边与 $X'$轴间的夹角；

$l$——导线各边的边长；

$a$——钢尺量边的偶然误差影响系数；

$b$——钢尺量边的系统误差影响系数；

$L_X$——导线闭合线在假定的 $X'$轴上的投影长。

2. 由导线的测角误差引起 $K$ 点贯通误差的估算公式

$$M_{x_K'\beta}^2=\frac{m_\beta^2}{\rho^2}\{[\eta^2]_{\mathrm{I}}+[\eta^2]_{\mathrm{II}}+\cdots+[\eta^2]_{N-1}+[\eta^2]_N+[R_{y'}^2]_B^K\} \tag{10-34}$$

式中：$m_\beta$——井下导线测角中误差；

$\eta$——各导线点至本段导线重心 $O$ 的连线在 $Y'$轴上的投影长度；

$R_{y'}$——由 $B$ 点至 $K$ 点的支导线各导线点与 $K$ 点连线在 $Y'$轴上的投影长度；

3. 由陀螺定向边的定向误差引起 $K$ 点贯通误差估算公式

$$M_{x_K'O}^2=\frac{m_{\alpha_0}^2}{\rho^2}(y_A'-y_{O_{\mathrm{I}}}')^2+\frac{m_{\alpha_{\mathrm{I}}}^2}{\rho^2}(y_{O_{\mathrm{I}}}'-y_{O_{\mathrm{I}}}')^2+\cdots+\frac{m_{\alpha_{N-1}}^2}{\rho^2}(y_{O_{N-1}}'-y_{O_N}')^2+\frac{m_{\alpha_N}^2}{\rho^2}(y_K'-y_{O_N}')^2$$

当 $m_{\alpha_0}=m_{\alpha_{\mathrm{I}}}=\cdots=m_{\alpha_N}$时，则

$$M_{x_K'O}^2=\frac{m_{\alpha_0}^2}{\rho^2}\{(y_A'-y_{O_{\mathrm{I}}}')^2+(y_{O_{\mathrm{I}}}'-y_{O_{\mathrm{I}}}')^2+\cdots+(y_{O_{N-1}}'-y_{O_N}')^2+(y_K'-y_{O_N}')^2\} \tag{10-35}$$

### 10.5.2 一矿井内巷道贯通时，相遇点 K 在水平重要方向上的误差预计

如图 10.17 所示，在贯通导线 $K$—$E$—$A$—$B$—$C$—$D$—$F$—$K$ 中加测了三条陀螺定向边 $\alpha_1$、$\alpha_2$和 $\alpha_3$，将导线分成四段，其中 $A$—$B$ 和 $C$—$D$ 两段是两端附合在陀螺定向边上的方向附合导线，其重心分别为 $O_{\mathrm{I}}$、$O_{\mathrm{II}}$，而 $E$—$K$ 和 $F$—$K$ 两段是支导线，导线独立施测两次。这时 $K$ 点在水平重要方向 $X'$轴上的贯通误差估算公式为：

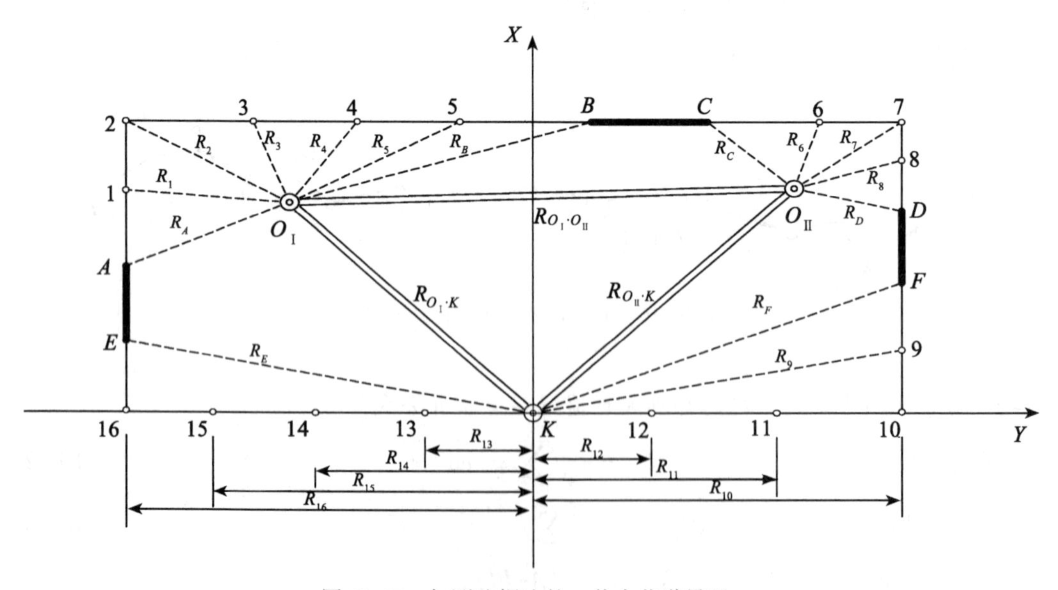


图 10.17　加测陀螺边的一井内巷道贯通

$$M_{x_l'}^2=\frac{1}{2}\sum m_l^2\cos^2\alpha' \tag{10-36}$$

$$M_{x_{K\beta}'}^2=\frac{m_\beta^2}{2\rho^2}\left(\sum_A^B\eta^2+\sum_C^D\eta^2+\sum_E^F\eta^2+\sum_F^K\eta^2\right) \tag{10-37}$$

$$M_{x_0'}^2=\frac{1}{\rho^2}\{m_{\alpha_1}^2(y_K'-y_{o_1}')^2+m_{\alpha_2}^2(y_{o_1}'-y_{o_2}')^2+m_{\alpha_3}^2(y_{o_2}'-y_K')^2\} \tag{10-38}$$

而

$$M_X'=\pm\sqrt{M_{X_l'}^2+M_{X_\beta'}^2+M_{X_O'}^2} \tag{10-39}$$

贯通相遇点 $K$ 在水平重要方向 $X'$轴上的预计误差为

$$M_{X'_{预}}=2M_x' \tag{10-40}$$

### 10.5.3 两井间巷道贯通时，相遇点 *K* 在水平重要方向上的误差预计

如图 10.18 所示，地面从近井点 $P$ 向一号井和二号井分别敷设支导线 $P$—Ⅰ—Ⅱ—Ⅲ和 $P$—Ⅳ—Ⅴ—Ⅵ，测角中误差为，量边中误差为，导线独立施测两次，井下用陀螺经纬仪测定 5 条导线边的坐标方位角，其定向中误差分别为，在一号井和二号井中各挂一根垂球线(长钢丝下悬挂重锤)，与井下定向边 $A$—1 和 $C$—23 连测，以传递平面坐标。井下导

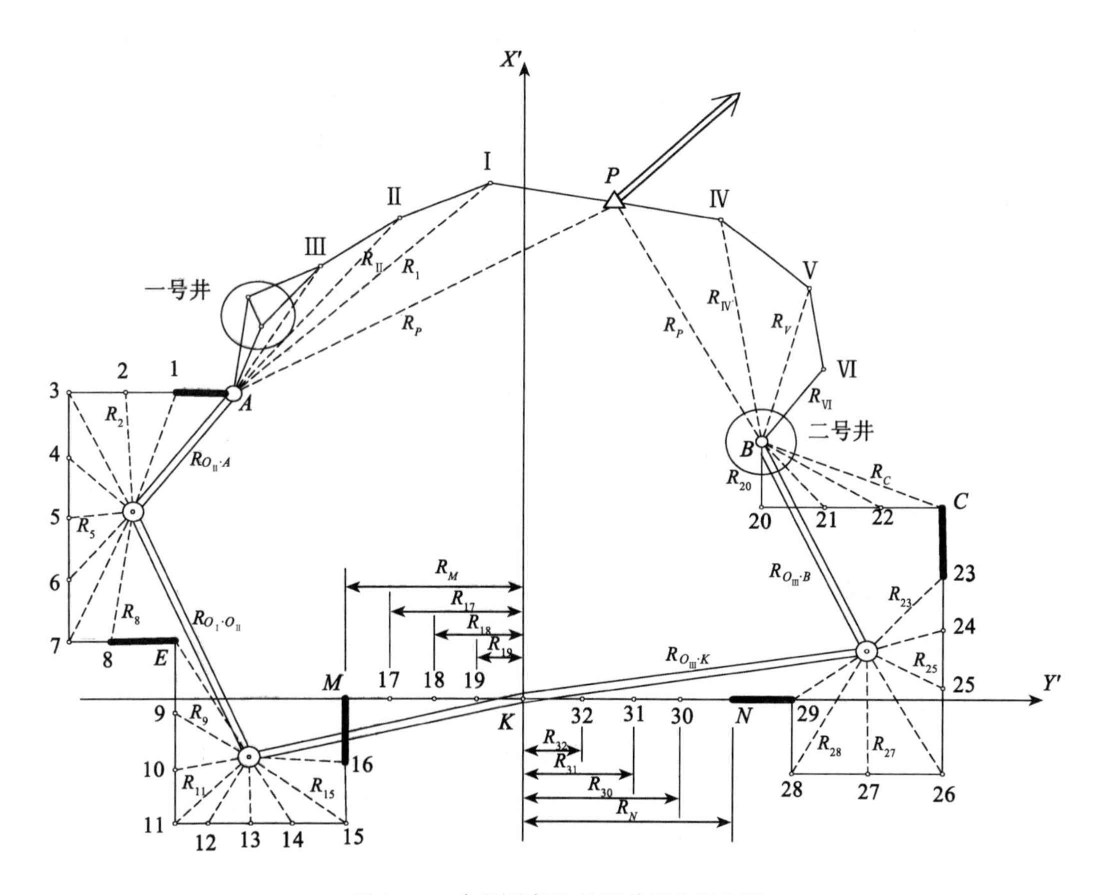


图 10.18 加测陀螺边的两井间巷道贯通

线被分成 $A—E$，$E—M$，$M—K$，$B—C$，$C—N$，$N—K$ 六段，其中 $M—K$，$B—C$，$C—N$，$N—K$ 三段为支导线，$A—E$，$E—M$，$C—N$ 三段为方向附合导线，井下导线独立测量两次，测角中误差为 $m_{\beta_下}$，量边中误差为 $m_{l_下}$。

贯通相遇点 $K$ 在水平重要方向 $X'$ 轴上的误差预计方法如下：

1. 由地面导线测量引起的 $K$ 点在 $X'$ 轴上的误差

$$M_{x'_上}^2=\frac{m_{\beta_上}^2}{2\rho^2}\left(\sum_P^A R_{y'}^2+\sum_P^B R_{y'}^2\right)+\frac{1}{2}\left(\sum_P^A m_{l_上}^2\cos^2\alpha'+\sum_P^B m_{l_上}^2\cos^2\alpha'\right)\tag{10-41}$$

式中：$R_{y'}$——地面导线各点与井下导线的起始点 $A$ 和 $B$(视为近井导线的终点)的连线在 $Y'$轴上的投影长度；

$\alpha'$——导线各边与 $X'$轴间的夹角；

2. 由陀螺定向误差引起的 $K$ 点在 $X'$ 轴上的误差

$$M_{x'_0}^2=\frac{1}{\rho^2}\{m_{\alpha_1}^2(y'_1-y'_{o\,\mathrm{I}})^2+m_{\alpha_2}^2(y'_{o\,\mathrm{I}}-y'_{o\,\mathrm{II}})^2+ m_{\alpha_3}^2(y'_{o\,\mathrm{II}}-y'_K)^2+m_{\alpha_4}^2(y'_{o_B}-y'_{o\,\mathrm{II}})^2+m_{\alpha_5}^2(y'_{o\,\mathrm{II}}-y'_K)^2\}\tag{10-42}$$

3. 由井下导线测角误差引起的 $K$ 点在 $X'$ 轴上的误差

$$M_{x'_{\beta下}}^2=\frac{m_\beta^2}{2\rho^2}\left(\sum_{O\,\mathrm{I}}\eta^2+\sum_{O\,\mathrm{II}}\eta^2+\sum_{O\,\mathrm{III}}\eta^2+\sum_M^K R_{y'}^2+\sum_N^K R_{y'}^2\right)\tag{10-43}$$

式中：$\eta$——各段方向附合导线的重心与该段导线各点连线在 $Y'$轴上的投影长度。

$R_{y'}$——地面导线各点与井下导线的起始点 $A$ 和 $B$(视为近井导线的终点)的连线在 $Y'$轴上的投影长度；

4. 由井下导线测边误差引起的 $K$ 点在 $X'$ 轴上的误差

$$M_{x'_{l下}}^2=\frac{1}{2}\sum m_{l_下}^2\cos^2\alpha'\tag{10-44}$$

5. 贯通相遇点 $K$ 在 $X'$ 轴方向上的总中误差

$$M_{X'_K}=\pm\sqrt{M_{X'_上}^2+M_{X'_O}^2+M_{X'_{\beta下}}^2+M_{X'_{\beta下}}^2}\tag{10-45}$$

6. 贯通相遇点 $K$ 在水平重要方向 $X'$ 轴上的预计误差

$$M_{X'_预}=2M_{x'_K}\tag{10-46}$$

## 10.6 贯通实测资料的精度分析与技术总结

### 10.6.1 贯通实测资料的精度分析

贯通测量工作，尤其是一些大型重要贯通的测量工作，通常都要独立进行两次、三次甚至更多次，这样便积累了相当多的实测资料，从而使我们有条件对这些资料进行精度分析，以评定实测成果的精度，并为以后再进行类似贯通测量工作提供可靠的参考和依据。

例如，可以由多个测站的角度的两次或多次独立观测值，分析评定测角精度，用多条导线边长的两次或多次独立观测结果分析评定量边精度，并将分析评定得到的数值与原贯通测量误差预计时要求的测角、量边精度进行对比，看是否达到了要求的精度。如果实测精度太低，则有必要返工重测或采取必要措施以提高实测精度，以免给贯通工程造成无法挽回的损失。又如，可以由两次或多次独立定向成果求得一次定向中误差；由地面或井下复测支导线的两次或多次复测所求得的导线最终边坐标方位角的差值和导线最终点的坐标差值来衡量导线的整体实测精度。尽管根据两次或三次成果来评定定向和导线测量的精度时，由于数据较少，评定出的结果不十分可靠，但也在一定程度上客观地反映了实测成果的质量，有利于我们在贯通测量的施测过程中，及时了解和掌握各个测量环节，而不是直到贯通工程结束后才去面对最后的实际贯通偏差。

综上所述，贯通实测资料的精度分析有两个作用：一是可以指导正在实施的贯通工程，把分析得到的各实测误差参数值与贯通误差预计时所采用的参数值进行比较，以判断原预计时所采用的方案是否恰当；二是为以后的矿井贯通测量积累实测资料，以便能在将来的贯通误差预计中采用更准确的预计参数。

**【例 10-4】**某矿立井贯通测量的精度分析评定。

该矿在距风井(立井)1.6km 处用贯通方式开凿一新立井，井深 450m。地面采用光电测距导线连测，共 11 个测站，全长 1930m，平均边长 193m，施测时采用的技术指标为，测角中误差为 5″，导线相对闭合差 1/15000，采用 TOPCON GTS-223 全站仪测角测边。导线共独立施测了三次，其最终边坐标方位角和终点坐标列于表 10.4 中。

表 10.4 **地面导线最终成果表**

| 独立测量次数 | 最终边方位角 | $\Delta\alpha$ | 最终点坐标 | | | | | 导线相对闭合差 |
|---|---|---|---|---|---|---|---|---|
| | ° ′ ″ | (″) | $x$ | $f_x$ | $y$ | $f_y$ | $f$ | |
| 1 | 211 08 59 | −11 | 897.109 | −0.004 | 506.452 | −0.009 | 0.010 | 1/193000 |
| 2 | 211 08 40 | 8 | 897.133 | −0.028 | 506.442 | +0.001 | 0.028 | 1/69000 |
| 3 | 211 08 45 | 3 | 897.073 | +0.032 | 506.435 | +0.008 | 0.033 | 1/58000 |
| 平均值 | 211 08 48 | | 897.105 | | 506.443 | | | |

(1)地面导线的实际一次测角中误差。

$$m_{\beta_{上}}=\pm\sqrt{\frac{[\Delta\alpha]^2}{n(N-1)}}=\pm\sqrt{\frac{(-11)^2+8^2+3^2}{11\times(3-1)}}=\pm 3.0''$$

(2)地面导线终点点位三次测量平均值的中误差。

$$m_{上}=\pm\sqrt{\frac{[f]^2}{N(N-1)}}=\pm\sqrt{\frac{0.010^2+0.028^2+0.033^2}{3\times(3-1)}}=\pm 0.018(\mathrm{m})$$

平面联系测量是通过风井采用一井定向的几何定向方式，共独立进行了三次，三次定向分别测定的井下导线起始边的坐标方位角列入表 10.5 中。

表 10.5　　**井下导线起始边方位角成果表**

| 独立测量次数 | 起始边方位角<br>° ′ ″ | Δα(″) | (Δα)² |
|---|---|---|---|
| 1 | 230 47 52 | -27 | 729 |
| 2 | 230 47 12 | 13 | 169 |
| 3 | 230 47 11 | 14 | 196 |
| 平均值 | 230 47 25 | $\sum(\Delta\alpha)^2$ | 1094 |

(3)三次定向平均值的中误差。

$$m_{\alpha_0}=\pm\sqrt{\frac{[\Delta\alpha]^2}{N(N-1)}}=\pm\sqrt{\frac{1094}{3\times(3-1)}}=\pm13.5''$$

(4)由定向测量误差引起的井下导线终点(即待贯通的立井中心)的点位中误差。

$$m_0=\pm\frac{m_{\alpha_0}}{\rho}R_0=\pm\frac{13.5}{206265}\times1770=\pm0.116(\mathrm{m})$$

该贯通工程的井下导线也独立施测了三次，导线全长 2591m，共计 35 个测站，平均边长 74m，采用北光厂 DCB1-J 型防爆测距经纬仪测角测边。井下导线三次独立测量的最终成果列入表 10.6 中。

表 10.6　　**井下导线最终成果表**

| 独立测量次数 | 最终边方位角 | Δα | 最终点坐标 | | | | | 导线相对闭合差 |
|---|---|---|---|---|---|---|---|---|
| | ° ′ ″ | (″) | $x$ | $f_x$ | $y$ | $f_y$ | $f$ | |
| 1 | 196 59 47 | +29 | 103.628 | -0.211 | 944.923 | +0.155 | 0.262 | 1/9800 |
| 2 | 197 01 03 | -47 | 103.340 | +0.077 | 945.281 | -0.203 | 0.217 | 1/11000 |
| 3 | 196 59 58 | +18 | 103.283 | +0.134 | 945.030 | +0.048 | 0.142 | 1/18000 |
| 平均值 | 197 00 16 | | 103.417 | | 945.078 | | | |

(5)井下导线实际的一次测角中误差。

$$m_{\beta_{下}}=\pm\sqrt{\frac{[\Delta\alpha]^2}{n(N-1)}}=\pm\sqrt{\frac{29^2+(-47)^2+18^2}{35\times(3-1)}}=\pm6.9''$$

(6)井下导线终点位置三次测量平均值的中误差。

$$m_{下}=\pm\sqrt{\frac{[f]^2}{N(N-1)}}=\pm\sqrt{\frac{0.262^2+0.217^2+0.142^2}{3\times(3-1)}}=\pm0.150(\mathrm{m})$$

(7)由地面导线、一井定向和井下导线测量所引起的总的点位中误差。

$$M_{预}=\pm2\sqrt{M_{上}^2+M_0^2+M_{下}^2}=\pm2\sqrt{0.018^2+0.116^2+0.150^2}=\pm0.381(\mathrm{m})$$

立井贯通后，经过新井定向连测到井下导线的原最终边和最终点，其方位角闭合差为−29″，坐标闭合差为：$f_x=+0.086\text{m}$、$f_y=-0.073\text{m}$、$f=0.113\text{m}$。

可见，最终的贯通实际偏差小于贯通预计误差，所以，按实测成果进行的精度评定和误差预计，只能估算出贯通偏差大小可能出现的范围，而不是给出实际贯通偏差的确切数值。

### 10.6.2 贯通测量技术总结编写纲要

重大贯通工程结束后，除了测定实际贯通偏差，进行精度评定外，还应编写贯通测量技术总结，连同贯通测量设计书和全部内业资料一起促成。

贯通测量技术总结的编写提要如下：

(1)贯通工程概况。贯通巷道的用途、长度、施工方式、施工日期及施工单位。贯通相遇点的确定。

(2)贯通测量工作情况。参加测量的单位、人员；完成的测量工作量及完成日期；测量所依据的技术设计和有关规范。测量工作的实际支出决算，包括人员工时数、仪器折旧费和材料消费等。

(3)地面控制测量。包括平面控制测量和高程测量控制测量。平面控制网的图形；测量时间和单位，观测方法和精度要求，观测成果的精度评定；近井点的敷设及其精度。

(4)矿井联系测量。定向及导入高程的方法；所采用的仪器，定向及导入高程的实际精度。

(5)井下控制测量。贯通导线施测情况及实测精度的评定；导线中加测陀螺定向边的条数、位置及实测精度；井下高程控制测量及其精度；原设计的测量方案的实施情况及对其可行性的评价，曾做了哪些变动及变动的原因。

(6)贯通精度。贯通工程的容许偏差值；贯通的预计误差，贯通的实际偏差及其对贯通井巷正常使用的影响程度。

(7)对本次贯通工作的综合评述。

(8)全部贯通测量工作明细表及附图。

## ◎ 复习思考题

1. 为什么要编制贯通测量设计书？
2. 贯通测量设计书需要编写的内容有哪些？
3. 确定贯通误差预计的各种误差参数有哪些方法？
4. 试写出井下全站仪导线的测角误差和测边误差对贯通误差的影响公式，并说明公式中的符号所代表的含义。
5. 试写出井下水准测量和三角高程测量误差对贯通误差的影响公式，并说明公式中的符号所代表的含义。
6. 进行同一矿井内巷道贯通的误差预计时要考虑哪些误差的影响？
7. 进行两井间巷道贯通的误差预计时要考虑哪些误差的影响？

8. 地面 GPS 测量误差对两井间的贯通误差有何影响?

9. 一井定向和两井定向的定向误差对贯通误差有何影响?试写出其计算公式。

10. 贯通测量技术总结需要写哪些内容?

# 第11章　立井施工测量

**【教学目标】**

通过本章的学习，学生能够了解井筒中心、井筒十字中线的概念；掌握井筒中心、井筒十字中线的标定方法；掌握立井井筒施工时的临时锁口、永乐锁口的标定方法；掌握施工时井筒中心垂球线的固定方法、砌壁时的检查测量方法以及预留梁窝的标定方法等。

## 11.1　井筒中心、井筒十字中线的标定

在竖井开拓的矿井中，立井施工测量是非常重要的工作。同其他的施工测量一样，其任务仍然是根据已批准的各种施工设计图纸资料，将施工工程的设计位置标定于现场，并进行检查测量。因此，我们在进行施工测量前，应熟悉设计图纸内容，领会设计意图，验算有关数据核对图上平面坐标和高程系统、几何关系及设计与现场是否相符。如对设计图有疑问时，应及时要求设计人员释疑，在有关部门未签字的情况下，不得进行施工标定。同时，对标定工作所需用的测量控制点及其成果也应进行检查。施工标定所用的测量基点应埋设牢固，并加强保护。施工标定及检查测量的结果，也应用专用记录簿记录并绘制草图。现场标定的结果应以书面形式向施工负责人交代清楚。立井施工测量所包括的内容很多，但其中最主要的工作是井筒中心、井筒十字中心线的标定以及立井掘进时的施工测量。

### 11.1.1　井筒中心与井筒十字中线

圆形竖井的井筒中心就是井筒水平圆截面的圆心，方形竖井的井筒中心就是其水平截面的对角线的交点。

通过井筒中心且互相垂直的两条方向线称为井筒十字中线，其中一条与井筒提升中线平行或重合，称为井筒主十字中线。

通过井筒中心的铅垂线称为井筒中心线。

在井筒的水平断面图上，双罐笼提升的两钢丝绳中心连线的中点位置称为提升中心。通过提升中心且垂直于提升绞车主轴中线的方向线，称为提升中线。

井筒十字中线是在矿井建设时期和生产时期，竖井各种安装测量和井口及工业广场各项建(构)筑物施工测量的基础和依据，必须精确测设。

上述各中心点和轴线位置如图11.1所示。

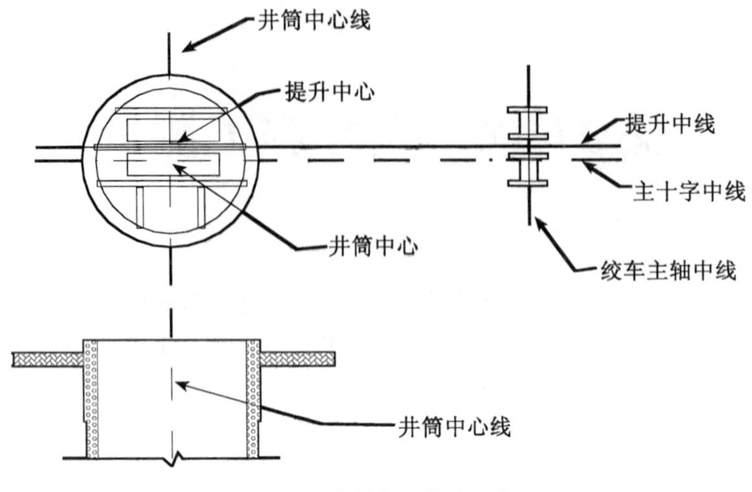


图 11.1 井筒主要轴线和中心

### 11.1.2 井筒中心的标定

井筒中心的位置应根据井筒中心的设计平面坐标和高程，用井口附近的测量控制点或近井点直接标定。当近井点离井筒中心较远时，可以再由近井点敷设一条边的导线，其等级不低于5″级，再用该导线点作测站点标定井筒中心。

井筒中心位置通常采用极坐标法标定。如图 11.2 所示。

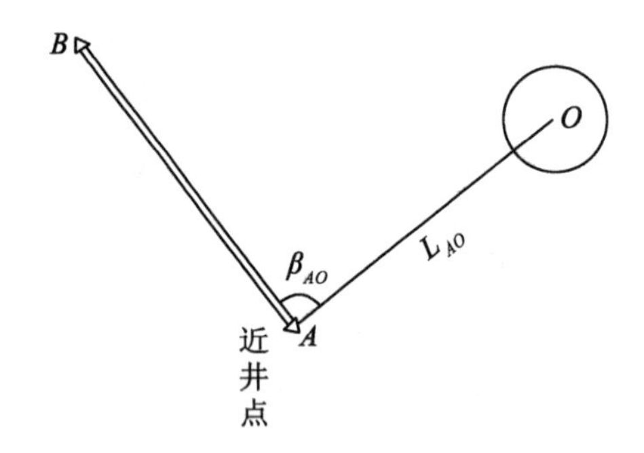


图 11.2 井筒中心的标定

### 11.1.3 十字中线的标定

标定井筒中心点后，接着我们就可以标定井筒十字中线。标定的依据是设计的井筒十字中线坐标方位角。标定在实地的井筒十字中线，最终体现为数个基点标志桩。

《煤矿测量规程》规定，立井井筒十字中线点在井筒每侧均不得少于三个，点间距离不得小于 20m，离井口边缘最近的十字中线点距井筒以不小于 15m 为宜，用沉井、冻结法施工时应不小于 30m。部分十字中线点可设在墙上或其他建筑物上。当主中心线在井口与绞车房之间不能设置三个点时，可以少设，但须在绞车房后面再设三个，其中至少应有一个能瞄视井架天轮平台。建立井塔时，地面十字中心线点的布置，每侧应保证至少有一个点能直接向每层井塔平台上标定十字中线。在井颈和每层井塔平台上，也须设置四个十字中线点。

标定的方法如图 11.3 所示。

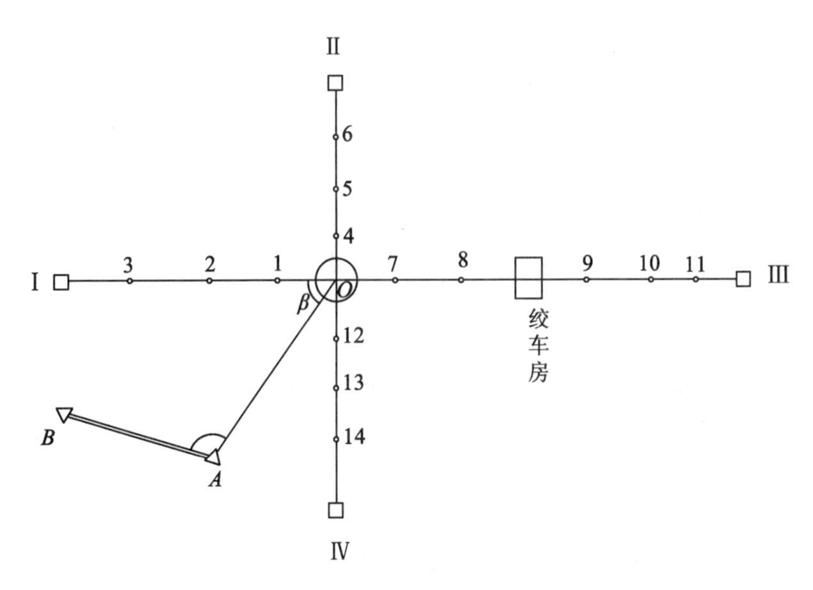


图 11.3　井筒十字中线的标定

(1)根据井筒中心的标定方位角 $\alpha_{AO}$与主十字中线的方位角 $\alpha_{O1}$，计算出角 $\beta$；

(2)将经纬仪(DJ2 级)安置在井筒中心 $O$ 上，后视近井点 $A$，顺时针拨角 $\beta$，并用正倒镜标出 $O$—Ⅰ方向，在距井筒较远处(100m 左右)用木桩标出点Ⅰ，在 $O$—Ⅰ方向线上按设计距离定出 1、2、3 各点。然后拨角度 $\beta+90°$、$\beta+180°$、$\beta+270°$分别同法定出距井筒中心较远处的Ⅱ、Ⅲ、Ⅳ点。再在 $O$—Ⅱ、$O$—Ⅲ、$O$—Ⅳ方向线上按设计距离定出 4，5，6，…各点。1，2，3，4，5，6，…各点就是井筒十字中线的基点。

(3)根据标定的点位，按设计规格挖基点坑，然后浇灌混凝土桩，并在混凝土基桩中埋设铁心，用经纬仪控制铁心，使其位于十字中线方向上。当混凝土凝固后，即可用经纬仪精确地在铁心上标出十字中线点位，并钻小孔或锯十字作为标记。

(4)完成上述标定之后，按 5″级导线的要求测定井筒十字中线各基点的实际位置，并绘制井筒十字中线点的位置图。图上注明点的高程、点间距离、设计和实际的井筒中心坐标及主中心线坐标方位角，并绘出十字中线点附近的永久建筑物。

至此，井筒十字中线的标定工作完成。由于所设的基点桩易受到破坏，因此，必须有进行永久性保护的措施，甚至可建立基点室来确保基点的稳定性，以便长期使用。

# 11.2 井筒施工测量

## 11.2.1 立井掘进时的施工测量

立井是矿山建设的重要工程，井筒掘进和砌壁施工必须严格按照设计要求进行，井壁必须竖直，井筒断面尺寸和预留梁窝的位置必须符合设计规定。

井筒掘进和砌壁时的测量工作主要有：井筒临时锁口和永久锁口的标定；指示掘进与砌壁的中心垂线的标设；梁窝线和牌子线的标设；井筒掘进深度的定期丈量等。

以上测量工作是以井筒十字中线基点为基础，根据相关设计图纸进行的。

1. 临时锁口的标定

标定井筒中心和井筒十字中线基点后，就可以根据井筒中心和设计半径，在实地画出范围，并开始立井井筒施工。但破土后，井筒中心点就变成了虚点，这时可以沿井筒十字中线拉两条钢丝，其交点就是井筒中心，从交点处自由悬挂垂球，就可指导井筒掘进施工。

当井筒下掘 3 ~ 5m 时，应砌筑安置临时锁口，以固定井位，封闭井口。

标定临时锁口时，先在井壁外 3 ~ 4m 处，根据井筒十字中线基点，精确标定十字中线点 $A$、$B$、$C$、$D$，在地上打入木桩，钉上小钉作为标志，并在木桩上给出井口设计高程。临时锁口盘有木质、钢结构和混凝土三种类型，木质和钢结构的锁口盘须在地面组装，而混凝土锁口盘一般在安装钢梁后现浇。在地面组装锁口盘时，须在盘上标出井筒中线点 $a$、$b$、$c$、$d$。如图 11.4 所示。然后在 $A$、$B$、$C$、$D$ 间拉紧两根钢丝，在钢丝上挂垂球，移动锁口盘并用垂球找正 $a$、$b$、$c$、$d$ 四点的位置，使其位于井筒十字中线上，用水准仪操平使锁口盘水平，再固定锁口盘。对于现浇混凝土锁口盘，只需根据 $A$、$B$、$C$、$D$ 四个十字中线点和井口设计高程，安装钢梁后再浇筑混凝土。

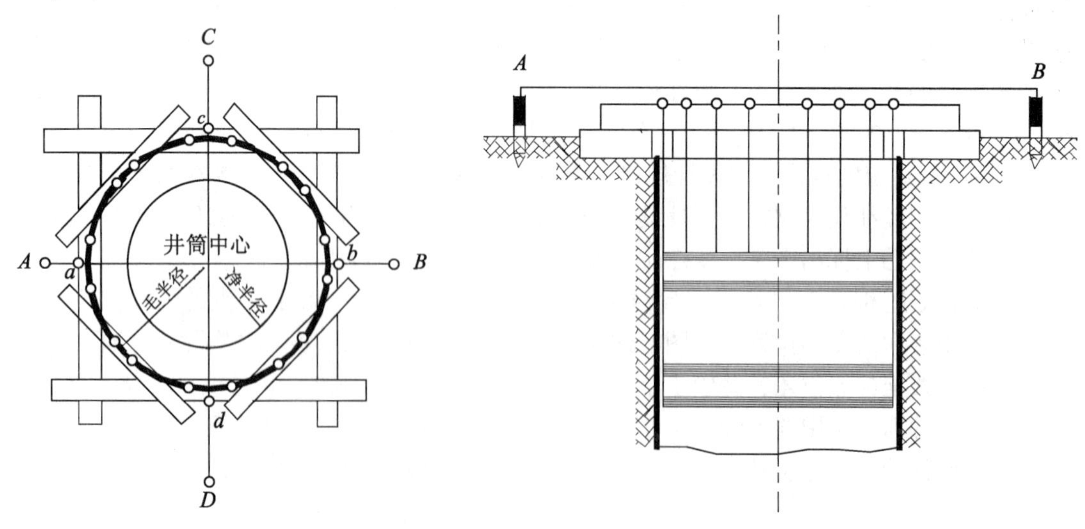


图 11.4 临时锁口的标定

2. 永久锁口的标定

砌筑临时锁口后，可以在井筒中心处自由悬挂的垂球指示下，继续进行井筒掘进施工。当掘进至第一砌壁段时，应该由下向上砌筑永久井壁和永久锁口（如图11.5所示）。

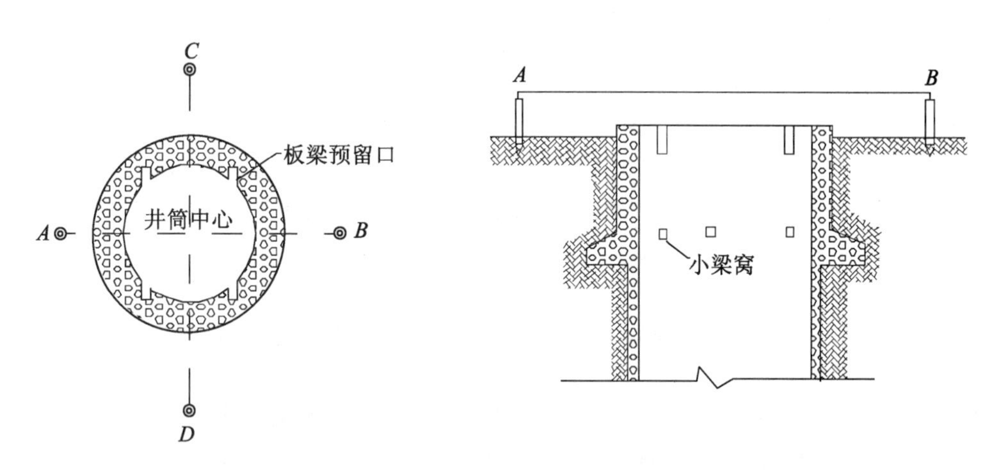


图11.5 永久锁口的标定

同标定临时锁口一样，标定永久锁口时，也要先标定出井筒十字中线点 *A*、*B*、*C*、*D*，各木桩点桩顶高程相等，并高出井口设计高程0.1～0.3m。浇灌永久锁口时，在 *AB*、*CD* 间拉紧细钢丝，在交点处挂上垂球线，作为永久锁口模板安装找正的标准。由两钢丝下量垂距，使模板的底面高程和顶面高程均满足设计要求。当浇灌混凝土到永久锁口的顶部时，应沿井筒十字中线方向在井筒边缘埋设四个扒钉。待混凝土凝固后，再在扒钉上精确标出井筒十字中线位置，锯成标志，并把它作为井筒内确定十字中线方向的依据。

3. 井筒中心垂球线的固定

浇筑立井的永久锁口后，立井还要继续向下掘进延深，因而必须悬挂垂球线作为施工的依据。

（1）当提升吊桶不在井筒中心位置时，可以在井筒中心附近的钢梁上焊接一块角钢，然后在角钢上精确标定出井筒中心位置，并在标出的位置上钻孔或锯出三角形缺口（下线点），让垂球线经过孔或缺口后自由悬挂，此时的垂球线就是经过井筒中心点的垂线，可以指示井筒掘进延深的方向。

（2）当提升吊桶在井筒中心位置时，就不可能直接下放垂球线指示掘进方向。此时我们可以采用活动式“定点杆”设置下线点。其原理是，当需要标定井筒中心垂线时，就停止吊桶提升，安置活动“中线杆”，下放井筒中心垂球线；当标定结束后，随即收线，移去活动“中线杆”，吊桶即可继续提升。活动式“中线杆”可用角钢制作，其上有下线孔，两端用带螺纹的销钉连接。

当井筒较深时（一般大于500m），中心垂球线摆幅大，不易找中，为此可用摆动观测的方法精确投点，并及时向下移设。当两次投点确定的点位互差不超过10mm时，取其中数作为移设的井筒中心下线点。

激光竖直投点仪可以代替垂球线指示竖井的掘进方向。它的安置也要考虑提升孔是否占据井筒中心位置。在使用过程中，经常对仪器进行检查，并每隔 100m 用挂垂球线的方法对激光光束进行一次检查校正。

### 11.2.2 立井砌壁时的施工测量

1. 砌壁时的检查测量

井筒每向下延深一段距离，须立即由下向上砌筑永久井壁。浇灌混凝土井壁时，应根据井筒中心垂球线检查井壁位置和模板位置是否正确，且托盘也必须操平。检查的方法是丈量出中心垂球线至井壁的距离和至模板的距离，并与设计值进行对比。这些检查测量工作至少每 15m 左右进行一次。

2. 预留梁窝的标定

安装罐梁时，井壁上要有梁窝。梁窝可以在安装时现凿，也可以在砌壁时留出，一般多采用后一种方法。

标定梁窝的平面位置，就是在模板上标出梁窝中线。一般采用极坐标法直接在井盖上标定出梁窝线的下线点。标定方法如图 11.6 所示。在井筒十字中线基点间，先确定一点 $A$，再精确测定 $A$ 点的坐标，再用极坐标法标定出下线点 1、2、3、4，然后通过各下线点，下放梁窝线，根据梁窝线在模板上确定梁窝中线的平面位置。

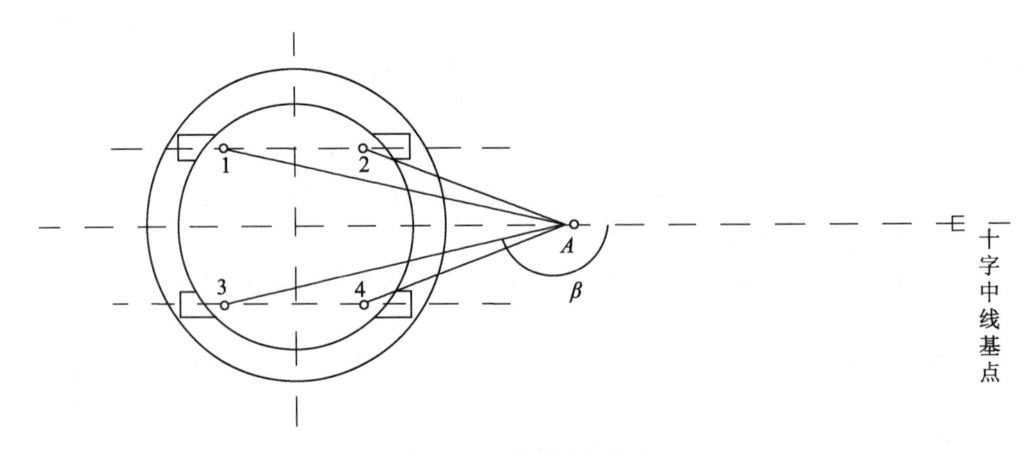


图 11.6　预留梁窝的标定

确定了梁窝中线的平面位置后，还需要确定高程位置。一般采用“牌子线”法确定高程位置。所谓“牌子线”，就是按照设计的梁窝层间距，在钢丝上焊上小铁牌，用以标示梁窝的位置。焊小铁牌时，须给钢丝施以标准拉力。牌子线只制作一根，并从主梁梁窝线下线点处下放。下放牌子线时，也应施以标准拉力，并在精确确定出下线点到第一个梁窝牌子的垂直距离后固定，此时牌子线上每个牌子的高度，就是每层梁窝的高度，也是每层罐梁梁面的高度。设置好牌子线后，就可根据牌子线和梁窝线，用半圆仪或连通管在模板上标定出各梁窝的位置。

# 11.3 立井提升设备施工测量

立井提升设备包括提升机(绞车)、天轮、井架、板梁、罐梁、罐道、装载设备和钢丝绳等，如图 11.7 所示。

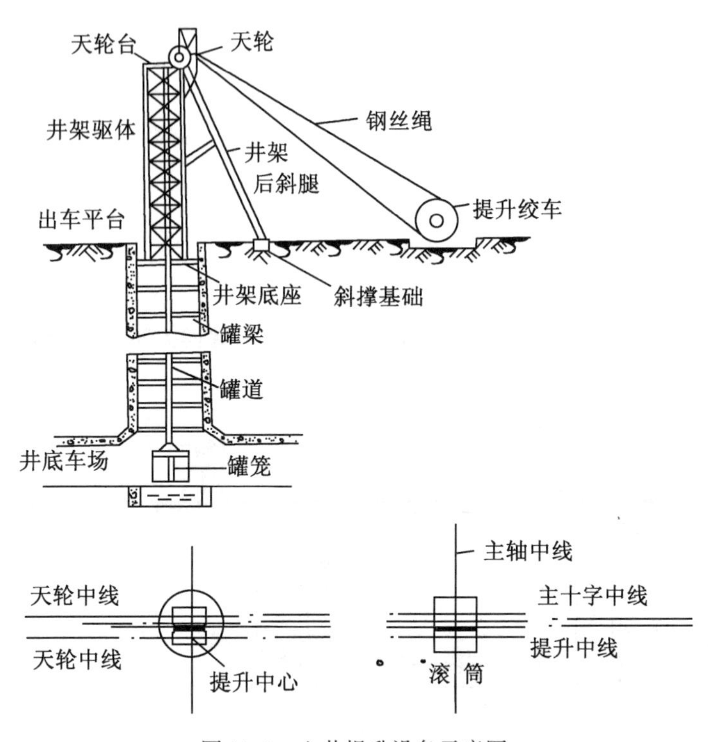


图 11.7 立井提升设备示意图

提升设备能否正常运行，取决于各设备之间的几何关系是否正确。测量的任务是，将各提升设备按设计所规定的几何关系进行标定，并对安装后的情况进行检查。

整个提升设备的标定，平面位置是以井筒十字中线为依据，高程位置则是以井口水准基点为依据。标定的顺序是由安装工程的先后次序决定的。

### 11.3.1 罐梁罐道安装测量

1. 安装罐梁时的测量工作

罐梁罐道的平面位置，是依据悬挂在井筒内的钢丝垂线，并利用各种型规来确定的。垂线的数量一般采用 2 根，特殊情况可设 3 ~ 4 根。罐梁的高程位置和梁的层间距用水准测量、钢尺和型规等确定。

从上向下安装的第一层罐梁称为基准梁。它是以下各层罐梁的基础，必须精确安装。测量工作是根据地面上的井筒十字中线基点在封口盘上标设出垂线点，如图 11.8 所示。根据转设在封口盘上的井筒中心及井筒十字中线点，采用极坐标法或直角坐标法，求出各

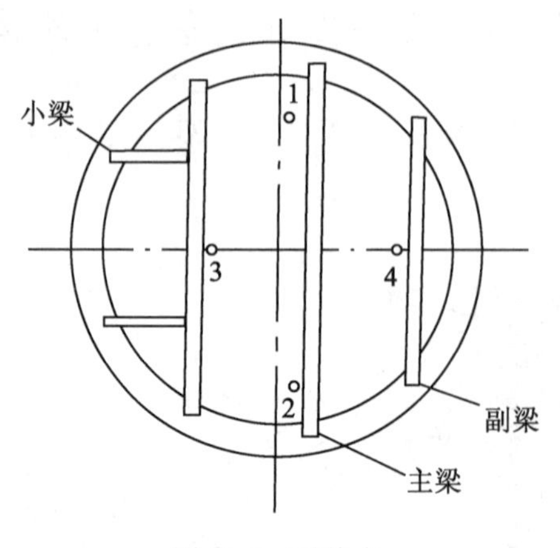


图 11.8　垂线点

个垂线点在封口盘上的位置，最后检核各点间的距离，其误差不应超过±1mm。

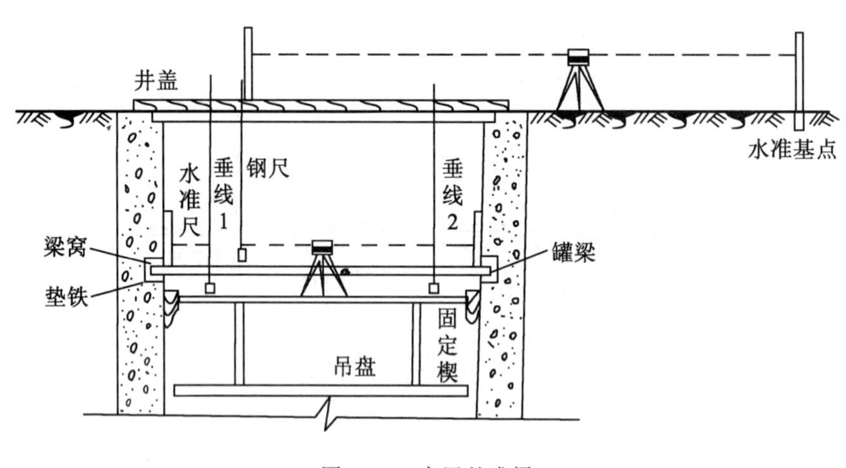


图 11.9　安置基准梁

垂线点标好后，须在封口盘上钻孔，用定点板固定点位，挂下两根垂球线至基准梁处，如图 11.9 所示，再用钢尺检查其距离。然后根据两根垂线并用看线板(见图 11.10(a))安装主梁。主梁的高程位置可用安置在地面和吊盘上的水准仪和挂下的钢尺来确定，并用水准仪操平主梁。主梁安好后，根据主梁用开挡尺(见图 11.10(b))和可转动的型规安装副梁，并用水准仪操平。

为防止封口盘移动引起垂线点的点位变化，必须及时将垂线点移设到第一层罐梁(基准梁)上。移设时，先在靠近垂球线的罐梁上安装卡线板，如图 11.11 所示。等垂线在卡线板孔内稳定后，按垂线位置在卡线板上画出十字线，然后在卡线板上固定稳线板，把垂线固定在稳定位置上。最后检查各垂线间的平距，误差不应超过±1mm。

将垂球线下放到井底，加重锤，用水桶装水稳定垂球。根据挂下的垂线并利用各种型

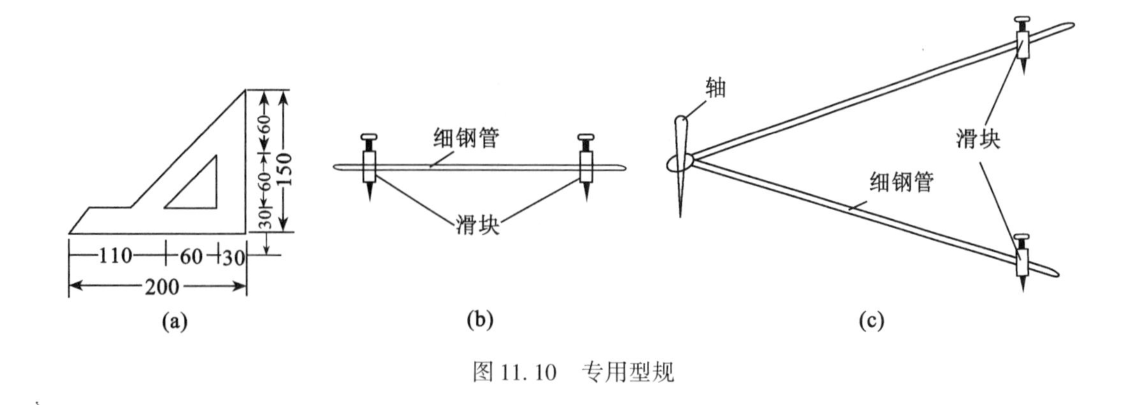


图 11.10　专用型规

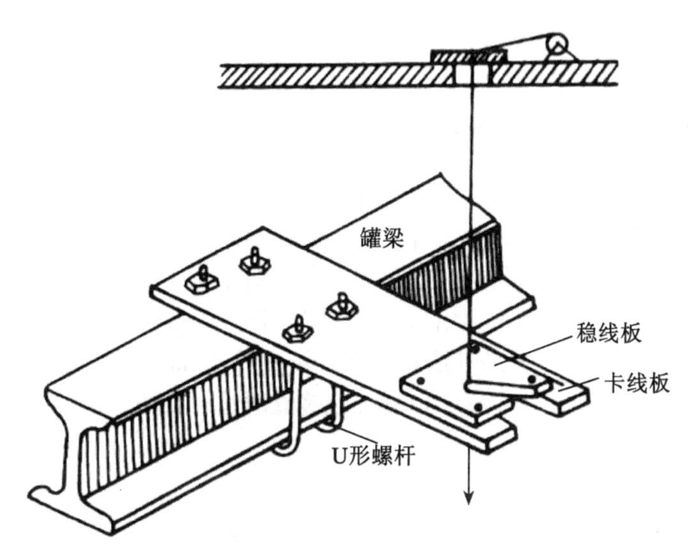


图 11.11　安装卡线板

规安装以下各层罐梁。当井筒较深时，用垂线不易稳定，可每隔一定深度将垂线点向下移设一次。移设方法与上述相同，其高程则可利用钢尺丈量来确定。

2. 安装罐道时的测量工作

由于已安装好的罐梁上都有罐道缺口，因此经检查合格后，施工人员便可由下而上挂罐道，无须测量参加。

当整个井筒的罐道都挂好后，要进行罐道的竖直程度检查测量。测量时，人是站在永久提升容器的顶上或站在安装井筒罐道用的吊笼上操作，故必须采取有效的安全措施。测量的方法是：在每根罐道附近挂一根垂线，如图 11.12 所示，并在井口测量垂线相对井筒十字中线的位置；然后在每一层罐梁处丈量图中的 $a$、$b$、$c$ 等数值及同一提升容器的两罐道间的水平距离。根据实测的数据，便可绘制每根罐道的竖直程度纵剖面图，图上注记出设计和实际位置的差值。绘制方法和比例尺与井筒纵剖面图相同。

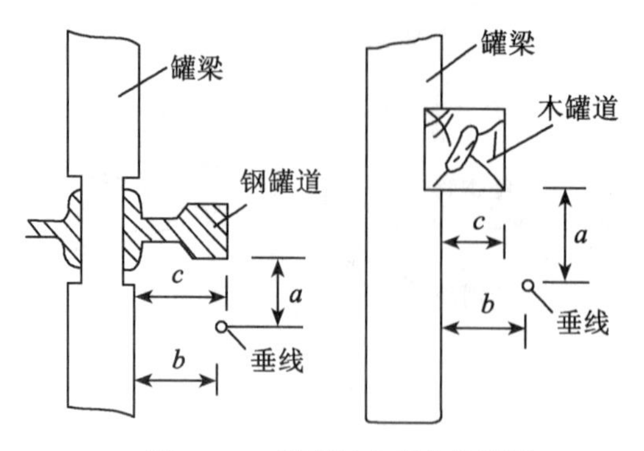

图 11.12　罐道竖直程序的测量

当然，罐道的竖直程序也可用激光铅垂仪等进行检查，但必须保证仪器安置的正确性。

### 11.3.2　井架安装和井塔施工测量

1. 整体组立井架的测量工作

整体组立，就是在井口附近地面将井架组装好，然后将它竖立在井口的板梁上。

井架在地面场地组装时，可用经纬仪标定一条井筒十字中线的延长线，以此中线为准铺设枕木、轨道，如图 11.13 所示。用水准仪操平轨面，安装人员在其上组装井架。用水准仪检查井架各立柱节点的高差，使其间的高差不大于 4mm。同时，在天轮平台上按设计要求标出井架中线或井筒十字中线，以便井架竖立时进行找正使用。

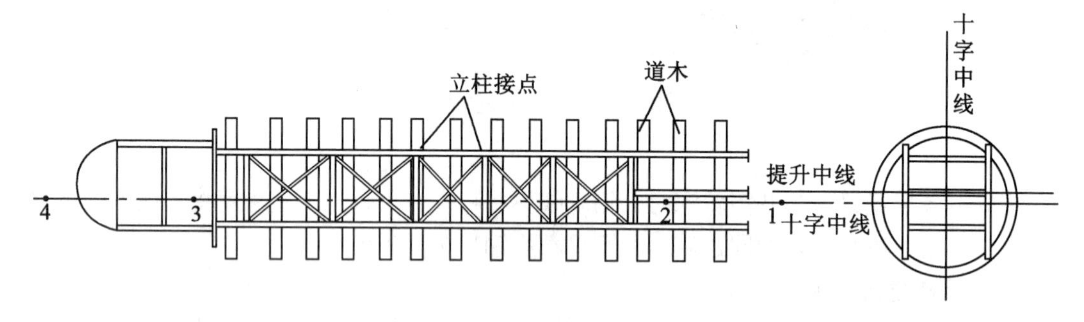

图 11.13　井架在地面组装

如图 11.14 所示，从设计图上取得标定数据，以井筒中心和井筒十字中线为依据，用全站仪、经纬仪和钢尺等标定斜撑基础、井架底座(板梁)，用水准仪操平。两次独立标定的支座十字线互差不得超过±5mm、板梁实际高程与设计高程之差应不超过±5mm、两次测量板梁高程的互差应不大于±3mm、板梁四个角相互高差不超过±1mm、两次测量板梁四个角高差的互差不大于±1mm、板梁十字中线与提升重合误差不得超过±1mm。

井架竖立时，须在不超过 100m 的井筒十字中线基点上架设 DJ2 级经纬仪来进行标定

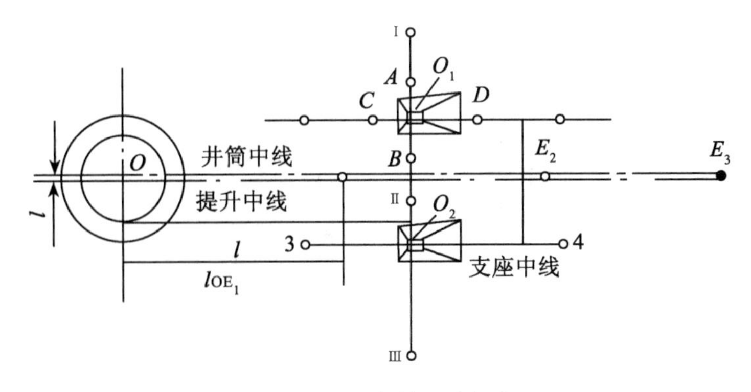


图 11.14　斜撑基础标定

和找正，两次独立标定结果之差不应大于±5mm，取其中值作为标定结果。并与地面组装井架时预刻在天轮平台上的十字中线点相比较，如偏差值超过±15mm，必须找正井架。

井架竖立完毕，应对其竖直程度进行检查，一般用偏角法和投影法。

(1)偏角法：如图 11.15(a)所示，将经纬仪置于距井架 30～50m 的 $T_1$点，照准立柱(如 $A$ 柱)下部外棱，读取水平度盘读数为起始方向值；然后由下向上依次照准各构件连接点外棱，正倒镜测量偏角 $\beta$；再量取仪器至立柱 $A$ 下部外棱的平距 $S$；则各节点外棱的偏距为 $l_i=\dfrac{\beta_i}{\rho}S_i$；同法观测 $B$ 柱；将经纬仪移至 $T_2$点，同法测算出 $A$、$D$ 柱的偏距。

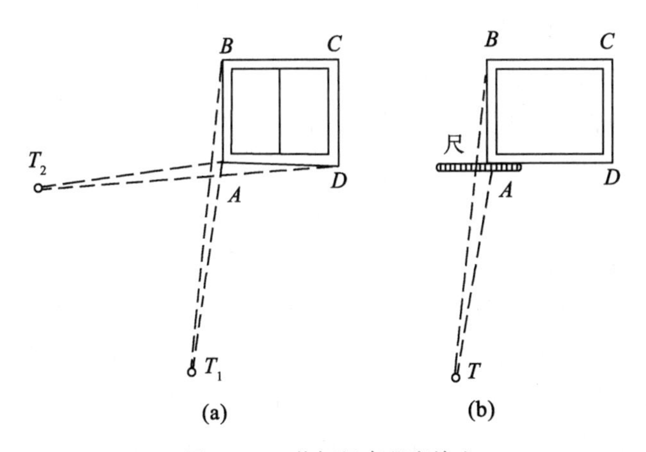


图 11.15　井架竖直程度检查

(2)投影法：在井架立柱底部，垂直于仪器视线横置一个毫米级的标尺，如图 11.15(b)所示。用望远镜照准立柱底部外棱，读取标尺读数作为零位置。然后分别照准各柱各节点外棱，再下俯望远镜在标尺上读数，与零位置读数之差即为每节立柱的偏距值。同法倒镜再观测一次，取平均值作为最终结果。

根据上述实测的各立柱偏距值，即可绘制井架竖直程度图，如图 11.16 所示。

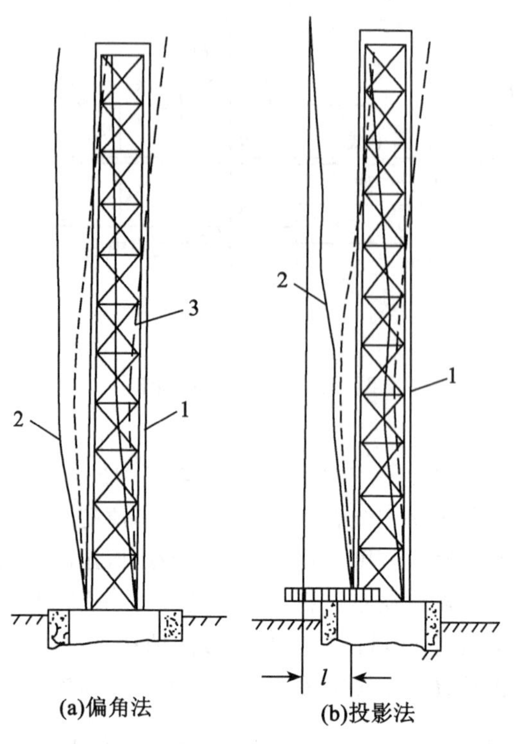


图 11.16　井架竖直程度图

2. 滑动模板浇筑井塔时的测量工作

在井口附近标设井筒十字中线点 $S$、$N$、$W$、$E$ 和高程控制点，当井塔基础浇筑完毕后，应及时在井塔基础面上埋设四个十字中线铁桩，然后根据井筒十字中线基点在铁桩上精确地标设四个十字中线点 1、2、3、4，如图 11.17 所示。

封闭井口后，根据基础面上的十字中线点 1、2、3、4，用拉线法或经纬仪交会法交出井筒中心(即井塔中心)，用圆钉固定其点位。然后以井塔中心为圆心，按照井塔设计半径 $R$ 组立滑动模板，用水准仪操平模板，并搭好脚手架，如图 11.17 听 $S$—$N$ 断面所示。在脚手架上挂一根垂球线，垂球下端对准井筒中心点，此垂线即为井塔中心线。在模板滑升过程中，经常检查操作平台中心是否与它重合，如发现偏差应及时纠正。

当提升机房砌筑完毕后，须对其平台上的四个十字中线点进行校核，然后用经纬仪将它们转设固定到内壁上，并锯好标志，同时精确地将高程转递到提升机房的平台上。

### 11.3.3　天轮安装检查测量

安装人员依据设计的天轮十字中线至安装井架前在天轮平台上标出的井筒十字中线的距离，安装天轮轴套，并用水准仪或水平尺操平两轴瓦，固定轴套，安装天轮。天轮安装结束后，应进行下列的检查测量。

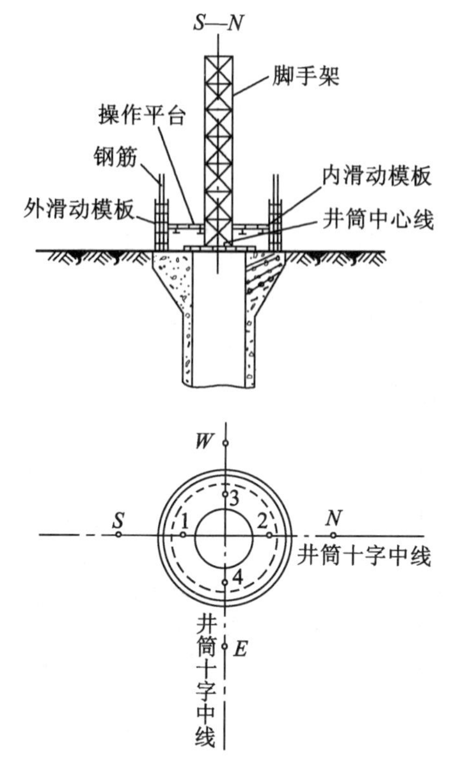


图 11.17　井塔施工测量

(1)用水准仪直接测量天轮轴两端点的高差，其值不应超过轴长的 1/5000。

(2)在天轮平台上用钢丝拉出井筒十字中线(或提升中线)，精确丈量天轮内侧边缘到提升中线的平距 $a$ 和天轮边缘宽度 $d$，如图 11.18 所示。计算天轮中线到提升中线的实际距离 $b=a+\frac{d}{2}$，与设计值进行对比检查，其检查值不应大于 3mm。

(3)利用天轮中线位置检查时所得到的天轮直径两端的数据 $b_1$、$b_2$，计算天轮平面与过提升中线的竖直面之间的夹角：$\gamma_{东}=\frac{b_1-b_2}{D_s}\rho$ 或 $\gamma_{西}=\frac{b_3-b_4}{D_s'}\rho$，式中的 $D_s$ 为天轮直径。$\gamma$ 角应符合设计规定的要求，否则应对天轮进行调整。

(4)在靠近天轮轴颈处悬挂一垂球线，量取天轮上、下外缘到垂球线的距离 $L$、$K$ 及上下测点间垂距 $D_V$，则天轮平面与铅垂面间夹角为 $\delta=\frac{K-L}{D_V}\rho$。$\delta$ 值应符合设计规定值，一般要求 $\delta<40''$，否则应调整天轮轴瓦，直到满足要求为止。

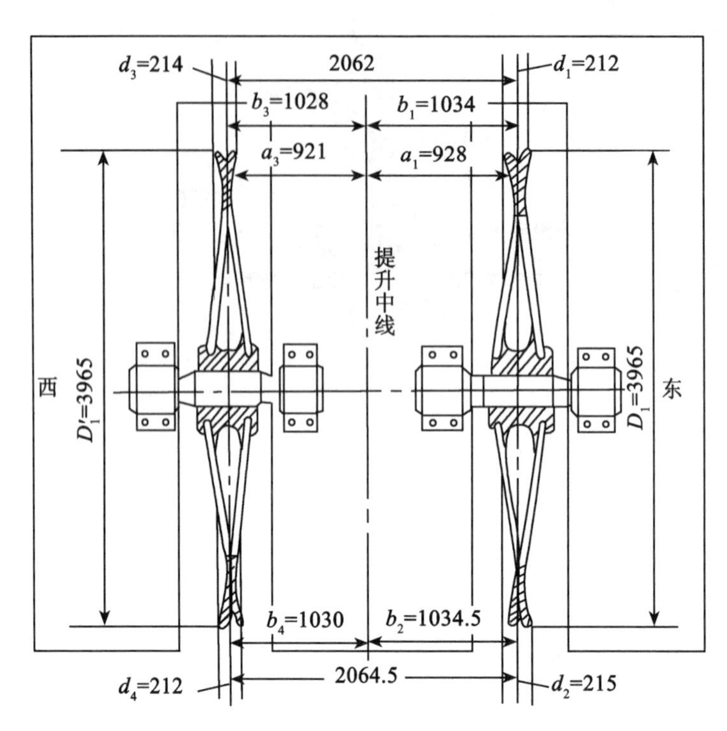


图 11.18　天轮中线位置的检查

### 11.3.4　提升机安装测量

1. 提升机基础位置的标定

根据设计图中的有关尺寸，绘制标定草图。根据十字中线基点，用全站仪、经纬仪、钢尺标出主轴中线与井筒十字中线的交点 $F$，再在 $F$ 点架设仪器标出提升机主轴中线，并用木桩固定，如图 11.19 中的 1，2，3，…等点。

根据提升机主轴中线和井筒十字中线进行基坑放样和组立绞车基础模板。基坑的高程在立模板前应用水准仪检查一次。基础模板经校核无误后，即可浇筑提升机基础。

2. 向提升机机房转设提升机主轴中线、井筒十字中线、提升中线和高程点

当提升机基础浇筑即将完成时，依据原有的井筒十字中线和主轴中线，在基础上预埋四个长形铁桩，使铁桩的顶面较基础面低 2～3mm，在抹平基础面时，注意留出点位。当基础凝固后，机房墙未砌筑前，在埋设的铁桩上标出井筒十字中线点。

如图 11.19 所示，在十字中线基点 $W_2$ 上安置经纬仪，瞄准 $W_1$，在铁桩上标出点 $A_1$、$A_2$，刻好标记。标定工作独立进行两个测回，两次标定之差不得超过 1mm。

主轴中线的转设方法与井筒十字中线的转设方法相同。如果下点上能安置经纬仪，可先标出下点，再在下点上安置经纬仪，直接标出主轴中线。

提升机房建筑完毕后，沿主轴中线、十字中线和提升中线的方向在墙上各埋设两个扒钉，扒钉应高于提升机滚筒。将基础上的十字中线转设到墙壁扒钉上，再用拐尺量偏距

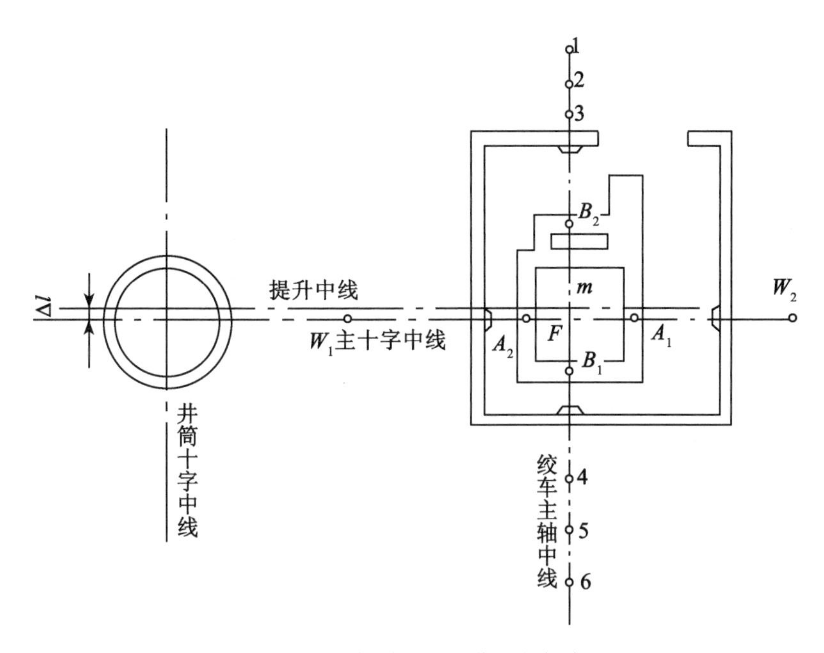


图 11.19　提升机基础位置的标定

$\Delta l$，在扒钉上标出提升中线点。用细钢丝拉起十字中线和提升中线。与主轴中线的交点为 $F$ 和 $m$，$F$ 与 $m$ 之间的距离应等于 $\Delta l$，采用 $S_3$ 级水准仪用四等水准测量的方法测出基础上任一中线点的高程，作为提升机房高程控制点。

3. 提升机安装时的测量工作

a. 提升机机座安置测量

安装提升机机座前，在机房两侧扒钉上沿井筒十字中线和提升中线拉细钢丝，并下放垂球线，在基础上用墨斗线弹出两条墨线，根据这两条线详细检查基础各细部和地脚螺丝孔的平面位置。根据提升机房内的高程点，用水准仪在滚筒槽两侧混凝土上标出等高的6～8个高程点。安装人员依据这些高程点对机座底部混凝土面操平。根据机座图的尺寸，在机座上预刻出主轴中线。在扒钉间拉起两条中线，移动机座进行校正，同时测量机座的高程和四个角的高差。符合要求后固定机座。

b. 主轴轴承安装测量

安装前，由钳工在每个轴瓦的中线上刻出两点，如图 11.20 中的 1、2 点和 3、4 点。安装时，在扒钉上拉起主轴中线和提升中线，挂下垂球，对轴瓦面所刻的中线点进行找正；利用水准仪和钢板尺对轴承面的最低点进行操平。轴承的平面和高程与设计位置之差，均应不超过±1mm。

c. 主轴平面位置的安装测量

如图 11.21 所示，沿主轴中线的两个扒钉拉起钢丝，靠近主轴的两端，由细钢丝上挂下两根垂线，根据两根垂线指示主轴两端实际中心，进行找正。

d. 检查主轴水平程度

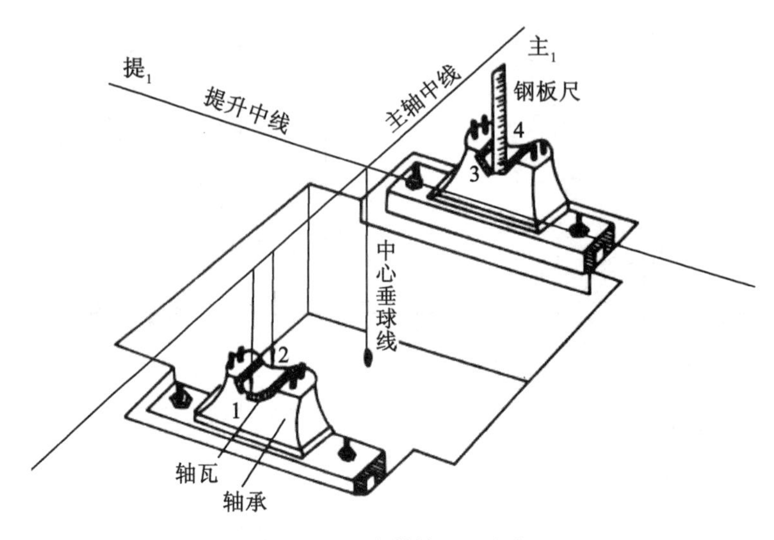


图 11.20　主轴轴承的安装

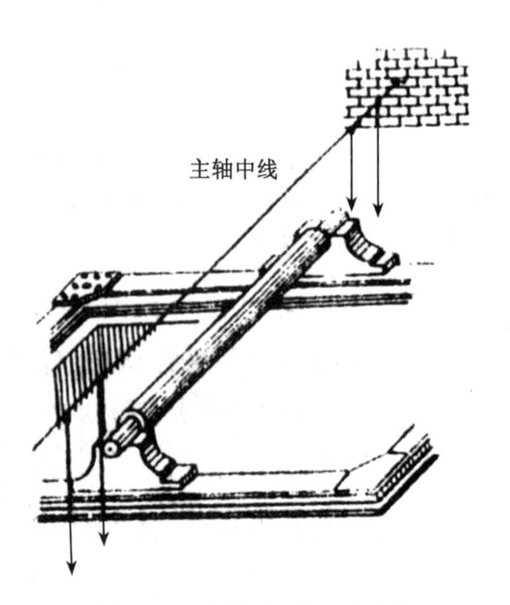


图 11.21　主轴平面位置的确定

主轴的水平程度一般通过检查两轴头的高差来确定。

(1)精密水准仪配合水准尺检查。如图 11.22 所示，检查时，将 S1 级水准仪安置在距两轴头等远的地方，把一个带钢板尺或游标卡尺的方框水准尺分别立于两轴头最高点上，使主轴转动四个不同的位置，在每个位置上使方框水准尺纵横两气泡居中，然后用两次仪器高精确测量主轴两端顶面各个位置的高差。当两轴头直径相等时，主轴两端顶面的高差不得超过 0.1$L$mm($L$ 是主轴长度，以 m 为单位)。当两轴头直径不等时，两端顶面高差应等于两轴头半径之差，其差值同样不应超过 0.1$L$mm。如果主轴水平程度不能满足上述要求时，应调整两轴头高度。

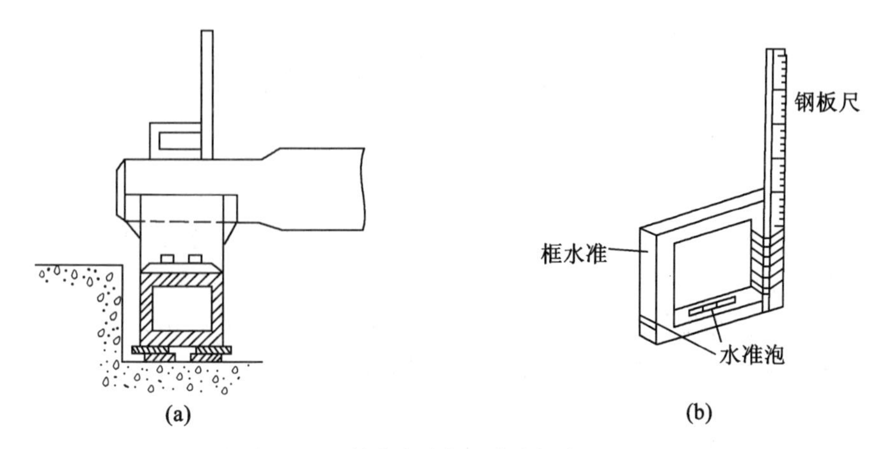


图 11.22　精密水准仪配合方框水准尺法

(2)精密水准仪直接观测法。当主轴两轴头直径相等时，可用带有测微器的 S1 水准仪，直接观测两轴头上边缘进行检查。将水准仪安置在距两轴头等远处，反复调整仪器高，使望远镜水平中丝大致位于主轴头上缘处。然后瞄准轴头 $A$，转动测微器螺旋使水平中丝切于轴头上缘，读取测微器读数 $a$；同法测 $B$ 端轴头，得读数 $b$。$a-b$ 就是两轴头上缘的高差。

## ◎ 复习思考题

1. 什么是井筒中心？什么是井筒的十字中线？什么是井筒的主十字中线？
2. 井筒中心如何标定？
3. 井筒十字中线如何标定？井筒中心垂球线如何固定？
4. 立井井筒施工时的临时锁口、永乐锁口的标定方法是什么？
5. 砌壁时的检查测量包括哪些内容？
6. 请说出立井施工时预留梁窝的标定方法。
7. 用偏角法如何进行井架竖直程度的检查测量？

# 第12章　露天矿测量

【教学目标】

学习本章，了解露天矿测量的主要工作内容；掌握露天矿平面工作控制测量和高程工作控制测量的方法和内业计算；掌握露天矿采剥场验收测量的内容、方法、验收量的计算；了解排土场测量的任务，能够计算排土场排弃面积，能够用测量仪器进行排土场测图下沉观测；掌握露天矿边坡监测站的建立和监测方法。

露天采矿工程和其他工程一样，都占有一定的空间位置，而且工程各部位之间存在着严格的相对位置关系。为满足露天采矿工程中各工程及各工程之间的相互空间位置关系所进行的测量工作，称为露天矿测量。内容包括控制测量、露天矿采剥场验收测量、生产测量、工程测量、矿图绘制与资料管理。

## 12.1　露天矿控制测量

露天矿与相邻厂矿、露天矿内部各项工程以及同一工程的不同区段之间，都有一个相互位置关系的问题。为此，这些需要对照其相互位置关系的工程，就都必须采用同一的坐标系统来确定它们的位置。露天矿控制测量就是在某一坐标系统下，建立各级控制点作为各项工程位置的放样和测图的控制。露天矿控制测量分为基本控制和工作控制两类。

### 12.1.1　露天矿基本控制测量

露天矿基本控制网是露天矿一切测量工作的基础，它分为基本平面控制网和基本高程控制网。

根据露天矿生产建设对测量工作的要求，地面三四等三角网、边角网、测边网或导线网、一级小三角网、一级小测边网或一级导线网均可作为露天矿的基本控制。小型露天矿可采用二级小三角网、二级小测边网或二级导线网作为矿区的基本控制。基本高程控制一般采用地面三四级水准网(点)，小型露天矿亦可用等外水准作为基本高程控制。

露天矿坑根据生产需要，允许采用与矿体走向线垂直和平行的独立平面坐标系统，但必须与矿区坐标系统联测，以便进行坐标换算、高程一般应采用国家统一高程系统。

有条件时，亦可采用相应的GPS网点作为露天矿的基本控制。

布设露天矿基本控制网时，必须满足以下要求：

(1)根据露天矿的地形状况，在选择基本控制方案时，应使控制点能均匀分布在露天矿坑四周的边帮上，以便为设置露天工作控制创造良好的条件。

(2)选点时须注意采矿场轮廓和露天边坡坡度。尽量使较多的基本控制点能够在矿坑内看到。

(3)设点时应考虑采矿工作的发展方向和边坡滑(移)动的影响，是控制点能够在较长的时间内不被破坏，一般应尽可能设在固定帮一侧，并且位于矿坑境界处的稳定地区。

(4)平面控制网的大部分点应测定高程，所以露天矿的平面控制网，在一般的情况下同时又是高程控制网。

### 12.1.2 露天矿平面工作控制测量

露天矿建立了基本控制网以后，还不能满足采剥生产和工程施工的要求，必须在基本控制的基础上，在采场、排土场建立平面工作控制点。露天矿的平面工作控制网(点)，一般分为两级：Ⅰ级工作控制是在基本平面控制的基础上加密，测角中误差为±10″；Ⅱ级工作控制是在Ⅰ级工作控制或基本控制的基础上加密，测角中误差为±20″。

为满足露天采场内验收测量及其他测量工作的需要，工作控制点应有一定的密度和精度。点的密度依图的比例尺而异，当测图比例尺为1∶1000时，工作控制点的距离不应大于200m，当测图比例尺为1∶500时，测点间的距离不应大于150m。工作控制点的精度，以成图精度为依据，要求工作控制点相对于基本控制点的点位误差不大于图上0.2m。

在采场、排土场以外，需要长期保存的工作控制点，应埋设永久点，并建立觇标；采场内的工作控制点，可埋设临时点，用木桩或铁棒固定在采剥平盘上，也可用红色铅油在暂时不被采动岩石上标出其位置。

露天矿工作控制网(点)的布设方法要根据采场的地形条件、煤层的轮廓、开采深度及方向，以及采用的碎部测量方法来确定，采用极坐标法、断面线法、交会法、小三网(锁)法、导线法和方格网法等方法测定。

1. 极坐标法

用光电测距仪测边的极坐标法布设工作控制点，具有布点灵活、施测方便、计算简单、精度可靠等优点。图12.1中$A$、$B$为基本控制点，1，2，3，…等点为欲布设的工作控制点，在$B$点安置测距仪，后视$A$点，依次瞄准1，2，3，…等点的反射镜，测出斜距$s_1$，$s_2$，$s_3$，…，倾角$\delta_1$，$\delta_2$，$\delta_3$，…，水平角$\beta_1$，$\beta_2$，$\beta_3$，…。工作控制点的坐标为

$$\begin{cases} x_i = x_b + s_i \cos\delta_i \cos\alpha_i \\ y_i = x_b + s_i \cos\delta_i \sin\alpha_i \end{cases} \tag{12-1}$$

第$i$点的点位中误差为

$$M_i = \pm\sqrt{\cos^2\delta_i m_i^2 + R_i^2 \frac{m_\beta^2}{\rho^2}} \tag{12-2}$$

式中，$m_s$为测距仪的测距中误差；$m_\beta$为测水平角中误差；$R_i$为测站点$B$至第$i$点的连线长度。

用全站仪极坐标法布设工作控制点，则更为简单、方便。在图12.1中的$B$点安置全站仪，后视$A$点，依次瞄准1，2，3，…等点的反射镜，直接测出各点的坐标即可。

2. 导线法

当采场、排土场的走向较长且平盘较宽时，宜采用导线法建立工作控制网。导线路线

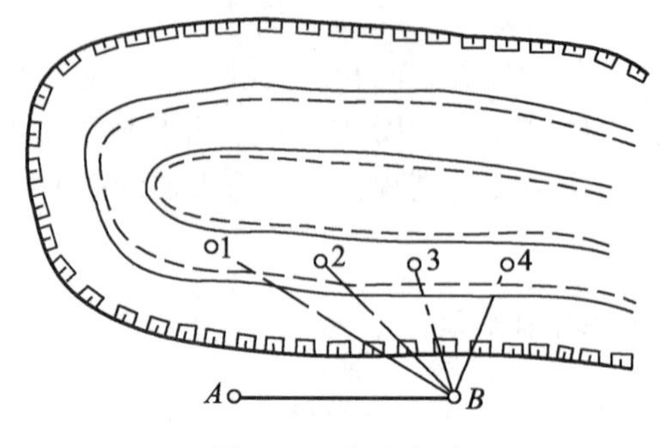


图 12.1　极坐标法

应尽可能以直伸形状敷设在同一个阶段工作平盘上，在采场端帮也可布设跨阶段的闭合导线。图 12.2 以导线形式布设的露天采场工作控制网。图中 $A_2$，$B_2$，$A_3$，$B_3$ 及 $A_n$ 点为用极坐标法建立的露天Ⅰ级工作控制点。$A_2$—1—2—3—4—$B_2$ 和 $A_3$—1—2—3—4—$B_3$ 为布设在第二和第三阶段上的直伸形附合导线。$A_n$—1—2—3—4 是随着掘(拉)沟工程进展向前敷设的复测支导。$A_2$—Ⅰ—Ⅱ…Ⅵ—$A_2$ 为采场西端帮跨第二、第三阶段的闭合导线。第 4 条导线均属于露天Ⅱ级工作控制点。

有条件的露天矿，尽可能采用全站仪或光电测距导线布设工作控制网，也可采用传统的经纬仪钢尺导线。光电测距导线的主要技术指标见表 12.1。

3. 断面线法

在露天采场的采剥平盘(即工作线长度)较长，开采深度较深的情况下，宜采用断面线法。断面线法的优点是：在采场内根据断面线上的工作点，可以很容易地确定某一点的坐标值，从而有利于生产、工程管理和测量工作的进行。

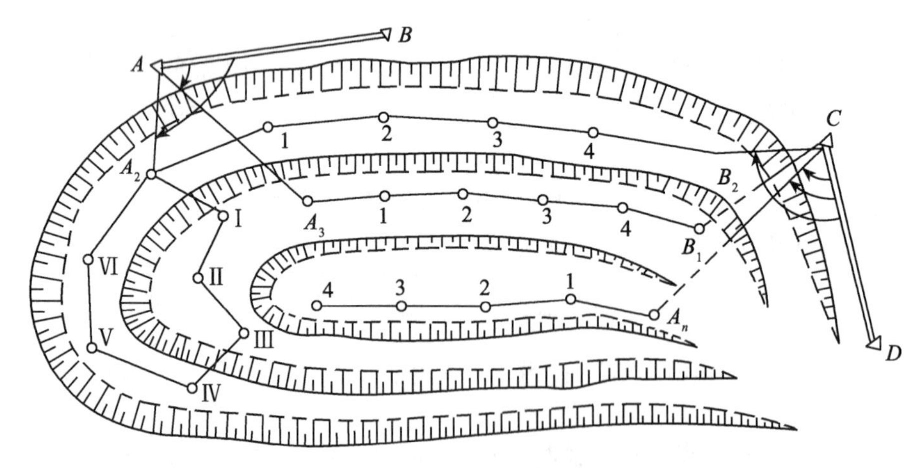


图 12.2　导线法布设工作控制网

表 12.1　　光电测距导线施测要求

| 级别 | 附合导线长度（m） | 平均边长（m） | 测角中误差 | 方位角闭合差 | 导线全长相对闭合差 |
|---|---|---|---|---|---|
| Ⅰ级 | 2400 | 200 | ±10″ | $\pm 20''\sqrt{n}$ | 1/10000 |
| Ⅱ级 | 1500 | 150 | ±20″ | $\pm 40''\sqrt{n}$ | 1/6000 |

注：$n$ 为附合导线的总测站数。

各条断面线应大致垂直于矿床走向，并相互平行、间距相等。断面线的间距通常同勘探线间距一致，一般可在 40～250m。

每条断面线上有基点和工作点。基点起着固定该断面线位置的作用，基点应是基本控制点或Ⅰ级工作控制点。基点应设置在露天采场两帮的稳定地带，当只能设在一帮时，其数目不得少于 2 个，点间距应大于 40m，并随着采剥工程的进展，及时将基点移设到非工作帮的下部阶段平盘上，以提高露天采场深部工作控制点的精度。

图 12.3 为采用断面线法布设工作控制点的平面示意图。断面线间距为 200m，主断面线 EW0 与矿床走向垂直，与露天矿假定坐标系统 $x$ 轴重合，往东各断面线上各点的横坐标分别为 E200，E400，…。

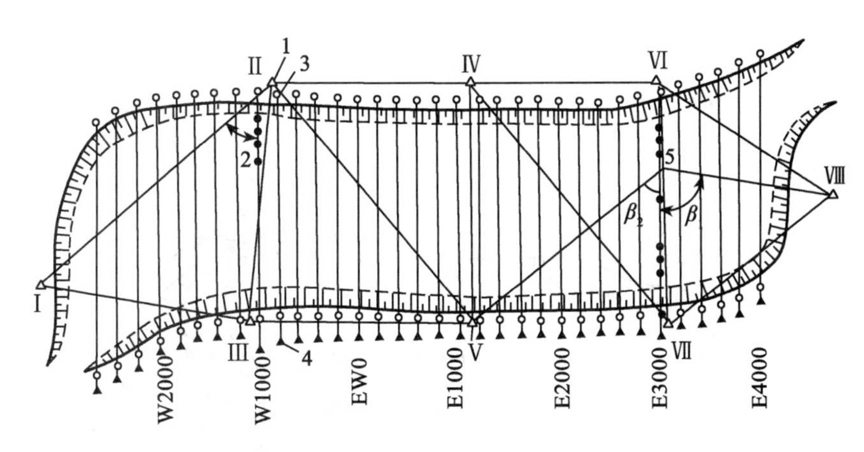


图 12.3　断面线法

为了实地标定出断面线的位置，首先应在采场四周(境界线外)布置露天矿基本控制网，如图 12.3 中的Ⅰ，Ⅱ，Ⅲ，…Ⅷ等点，然后根据这些基本控制点再标定出各断面线。由于各断面线上的基点的设计坐标是已知的，就可根据这些设计坐标值算出各基点相对于有关基本控制点的标定要素，从而采用极坐标法用全站仪或光电测距仪定出这些基点，然后利用这些基点标定出各断面线上的工作点，其方法有：

(1)全站仪或光电测距仪法标定。

在断面线的一端基点上安置测距仪，后视另一端基点上的觇标，此时的仪器视线就处在该断面线的方向上然后依次照准立在各平盘上的反射镜。测出斜距 $S_i$，倾角 $\delta_i$，利用基点的已知坐标，便可求出各工作点的平面坐标。或者在断面线一端基点上安置全站仪，用同样的方法直接测出各工作点的平面坐标。

(2)导线法标定。

从断面线的基点开始，以直伸形导线测至矿坑最下部的一个工作点，并与相邻断面线最下部的工作点联测并返测上去，形成闭合导线或导线网，经导线平差后算出各工作点坐标。

(3)断面线交会法标定。

如图12.3在E3000断面线的5号点上安置经纬仪，测出水平角$\beta_1$和$\beta_2$，由于5号点到Ⅴ和Ⅷ的横坐标增量$\Delta y$为已知，故可求出纵坐标增量$\Delta x$：

$$\begin{cases}\Delta x_{5\text{V}} = \Delta y_{5\text{V}} \cot\beta_2 \\ \Delta x_{5\text{V}\,\text{II}} = \Delta y_{5\text{V}\,\text{III}} \cot\beta_1\end{cases} \tag{12-3}$$

进而可求得5号工作点的纵坐标为

$$x_5 = \frac{x_v + \Delta x_{v5} + x_{\text{VII}} + \Delta x_{5\text{VIII}}}{2} \tag{12-4}$$

4. 交会法

在形状复杂、开采深度较深、阶段平盘较窄的露天矿和阶段平盘较多的排土场，可采用交会法测设露天Ⅱ级工作控制点。采用这种方法时，在采场四周必须有足够的基本控制点和露天Ⅰ级工作点。

如图12.4所示，$A$，$B$，…，$G$，$H$为露天矿基本控制点，$P_1$，$P_2$，$P_3$，$P_4$为交会点。图形$ABP_1$，$CDEP_2$，$EFG\,P_3$和$GHP_4$分别表示侧方交会、后方交会、前方交会。

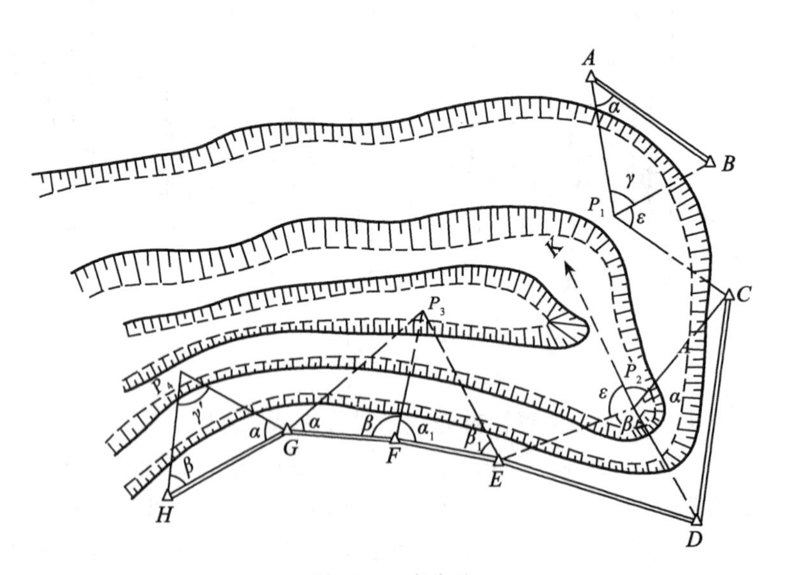


图12.4　交会法

(1)基本要求。

前方、侧方交会不得少于3个基点，后方交会不得少于4个基点，当用2个基点作前方交会时，必须测出三角形的3个内角。前方、侧方交会的交会角，均应不小于30°和不大于150°。后方交会点应尽可能设置在3个已知点构成的三角形中。当交会点有可能位于3个已知点的外接圆的圆周附近时，则应特别注意，交会点与圆周的距离一般不应小于外接圆半径的1/5，或交会角 $\alpha$、$\beta$ 和固定角 $D$ 之和不应在160°～200°之间。观测交会角的经纬仪精度应不低于DJ6级，当采用后方交会时应尽可能提高测角精度。对交会点，一般应独立解算两组坐标。两组坐标不符值不超过0.4m时，取其算术平均值作为计算结果。在特殊情况下，如后方交会点只解算一组坐标，则必须进行点位精度估算，并用多余观测方向作检核，计算角和观测角之差应小于 $M\rho''/5000S$（其中：$S$ 为多余方向边的边长，单位取m；$M$ 为测图比例尺分母）。

（2）测边交会法。

当采场太深、视线倾角太大时，采用测边交会法在精度上比较可靠。一般是采用测边后方交会，即将光电测距仪安置在采场内交会点上，观测立于3个基本控制点上的反射镜，测得3条边长，解算出交会点坐标。

### 12.1.3　露天矿高程工作控制测量

露天矿高程工作控制分为Ⅰ、Ⅱ两级。一般情况下，Ⅰ、Ⅱ级平面工作控制点也是Ⅰ、Ⅱ级高程点。如果Ⅰ、Ⅱ级高程点尚不能满足采矿工程和基建工程的需要，可增设独立高程点。

露天矿Ⅰ级高程应在三四等水准点的基础上加密；Ⅱ等高程点应在三四等水准点或Ⅰ级高程点的基础上加密。Ⅰ级高程点一般设在露天采场（或排土场）周围、采场固定帮和地面工业广场上，其点位应设在不受采动影响、便于使用和不致被破坏的地方。高程点应统一编号，并设置明显标志。露天矿高程工作控制可采用水准测量或三角高程测量方法布设。

1. 露天Ⅰ、Ⅱ级水准测量

露天Ⅰ、Ⅱ级水准路线，应以露天矿基本高程控制网、点为基础，敷设或附合路线、结点路线、环线或支线。

露天Ⅰ、Ⅱ级水准测量主要沿露天Ⅰ、Ⅱ级工作点进行。当组成闭合环或附合路线时，可采用单程观测；当以Ⅰ级水准路线作为露天矿基本高程控制或施测支线水准时，应进行往返观测或单程双测。单程双测即用4个尺台，布置成左、右水准路线，在每一测站测完左（或右）路线后，再测右（或左）路线。

露天矿工作高程网水准测量的主要技术指标应符合表12.2的规定。

露天矿水准测量观测的技术要求见表12.3。当高程闭合差不超限时，可按测站数进行分配或取往返观测的平均值。

2. 三角高程测量

采用三角高程测量方法测定露天Ⅰ级高程点的高程时，应以三四等水准点为起、闭点组成三角高程路线。对于露天Ⅱ级高程点，可在高一级高程点的基础上组成三角高程路线或用独立交会测定其高程。

表 12.2　　**露天矿工作高程网的主要技术指标**

| 等级 | 每公里高差中数中误差（mm） | 环线或附合路线长度（km） | 仪器级别 | 水准标尺 | 观测次数 | | 往返互差、环线或附合路线闭合差（mm） |
|---|---|---|---|---|---|---|---|
| | | | | | 与已知点联测 | 环线或附合 | |
| Ⅰ | ±15 | 10 | $DS_{10}$ | 木质单或双面 | 往返各一次 | 往一次 | $\pm30\sqrt{L}$ |
| Ⅱ | ±25 | 4 | | | | | $\pm50\sqrt{L}$ |

注：计算两水准点往返测互差时，$L$ 为水准点间路线长度(km)；计算环线或附合路线闭合差时，$L$ 为环线或附合路线长度(km)。

表 12.3　　**露天矿水准测量观测的技术要求**

| 等级 | 仪器级别 | 视线长度（m） | 前后视距差（m） | 前后视距累积差（m） | 视线离地面最低高度（m） | 基本分划、辅助分划（黑红面）读数差（mm） | 基本分划、辅助分划（黑红面）高差之差（mm） |
|---|---|---|---|---|---|---|---|
| Ⅰ | DS10 | 100 | 10 | 50 | 0.1 | 4 | 6 |
| Ⅱ | | 100 | | | | 5 | 7 |

注：用单面水准标尺进行露天矿Ⅰ、Ⅱ级水准测量时，应变动仪器高观测，所测高差之差与黑红面所测高差之差的限差相同。

三角高程的倾斜角观测，通常与水平观测一并进行，组成三角高程路线的各边，均应进行双向观测。仪器高和觇标高需要丈量两次，两次丈量互差应小于10mm。

相邻两点间往返测的不符值或交会点由各个方向算得的高程不符值，不超过限差规定时，可取其平均值作为测量结果。露天矿三角高程测量的施测规格和限差要求见表 12.4.

表 12.4　　**三角高程测量主要技术要求**

| 等级 | 仪器级别 | 测回数 | | 倾斜角互差 $l''$ | 指标差互差 $l''$ | 对向观测高差互差/mm | 环线或附合路线闭合差/mm |
|---|---|---|---|---|---|---|---|
| | | 中丝法 | 三丝法 | | | | |
| Ⅰ | $J_2$ | 1 | | | 15 | $0.4l$ | $\pm70\sqrt{L}$ |
| | $J_6$ | 2 | 1 | 25 | 25 | | |
| Ⅱ | $J_6$ | 1 | | | 25 | $0.8l$ | $\pm100\sqrt{L}$ |

注：$l$ 为相邻两点间的水平边长(m)；$L$ 为环线或附合路线总长度(km)。

独立交会点由各方向推算的高程互差不得超过0.2m。当交会边长超过400m时，须进行地球曲率和大气垂直折光差改正。

露天Ⅰ、Ⅱ级三角高程闭合差，不超过限差规定时，可按边长成比例进行分配。

## 12.2 露天矿采剥场验收测量

在露天矿生产过程中，为了及时了解生产的进展情况、作业机械的位置、工作平盘要素、矿石的产量和岩石剥离量，以及配合开沟和爆破工程所进行的测量工作，称为露天矿采剥场测量，包括采剥场验收测量、技术境界测量、开掘沟道测量和爆破工程测量。这些测量工作是露天矿测量的主要组成部分，并属露天矿坑内的正常生产测量，故亦称露天矿生产测量。

### 12.2.1 采剥场验收测量

露天矿在剥离、露煤(采场)工作中，必须及时地测量采、剥工作面的位置，验收采、剥工作面规格质量，计算岩土的剥离量和矿物的采出量。这些测量工作，统称为采剥场验收测量。其主要任务是：测量采剥工作量的位置并绘制采剥工程平面、断面图；按区域、阶段平盘、工程项目、电铲号等计算实际采剥工程量；在验收测量图纸上量取实际工程技术指标，如工作线长度、阶段平盘宽度、剥离进度、采宽、采高、工作帮坡度、阶段高程等。

为了检查计划执行情况，计算实际的剥采比以及安排生产计划，必须按旬、半月或月进行一次验收测量。

1. 验收测量的主要对象

验收测量的主要对象为：采剥阶段的段肩和段脚，阶段平盘上的岩石堆，主要机械的位置，露天矿坑内的运输线路，地质勘探用的井巷和地质素描点，空巷、火区及水淹区，崩岩及水源，露天坑内的排水设施及泄水井巷，绞车道、栈桥、变电所和车库等的位置，大爆破用的井巷和硐室。

2. 采剥场验收测量方法

采场验收测量时，一般均采用极坐标法，用全站仪直接测出各测点的坐标；或者用经纬仪测量水平角，用光电测距仪测量距离后，用极坐标法计算公式算出各测点的坐标；在一些小型露天矿或没有全站仪(测距仪)的露天矿，也可采用经纬仪测角，视距法测距来确定各测点的坐标。如图 12.5 所示，将经纬仪置于-28 平盘上的 Ⅰ 级工作点 $A$ 上，根据基本控制点 $M$ 定向，然后顺次瞄准立于段上 1，2，3，…和段下 1′，2′，3′，…各点的视距尺或反射棱镜，测出水平角和距离以确定各测点的位置，对露煤平盘进行验收测量时，应同时进行地质点的测绘工作，如图 12.5 中 1，4′，5′，…等点为被剥离露出的煤层顶板位置。

采用经纬仪并用视距方法进行验收测量时，应满足下列要求：

(1)视距测量应使用精度不低于 DJ6 级的经纬仪进行，所使用的水准尺(视距尺)应安装有水准气泡，尺上分米分划误差不得大于 1mm。

(2)视距测量的仪器站应是工作控制点，相邻两工作点的距离，一般不应大于 200m，在特殊情况下，允许在控制点上引测一个视距支导线点作为仪器站。引测时，水平角及倾斜角以一个测回观测，视距边长不得超过 80m，并须进行往返测量。往返测的边长及高差

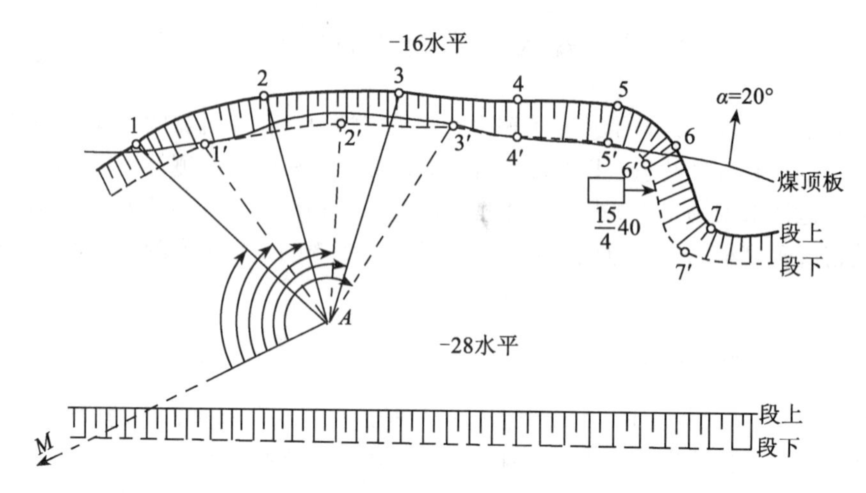


图 12.5　验收测量

不符值，分别不得大于 0.5m 和 0.1m，取其平均值计算点的平面坐标和高程。

(3)进行验收测量时的测点(立尺点)，应选在所测对象有代表性的地方，但有间距离不得大于 25m。经纬仪至视距尺的最大视距：测图比例尺为 1∶500 时，不得超过 100m；比例尺为 1∶1000 时，不得超过 150m。

(4)在相邻两测站点上进行验收测量时，必须有 1～2 个测量校核点。两测站上测得同一校核点的点位偏差，在图上不得大于 1.5mm；高程不符值不得大于 0.3m。

(5)进行视距测量时，还应做到下列几点：

①经纬仪对中和量取仪器高的误差均不得超过 10mm；②在水准尺处于垂直状态下读取视距；③视距距离读取至分米，倾斜角与水平角读至分；④在一测站测完后，须重新瞄准起始方向，检查水平度盘读数是否发生变化，如差值超过 2′时，则所测各点须重测；⑤观测结果须记入专用的视距测量记录簿内，并绘出所测对象的略图，注明作业电铲位置及测量校核点编号。

3. 采剥工程平面图和断面图的绘制

采剥工程平面图绘制的传统方法是：根据外业测量出的水平角、水平距离和高程等碎部点展绘要素，将所测出的各碎部点依比例尺展绘在图纸上，并在点旁注出高程，将坡顶线和坡底线分别用实践和虚线连接起来，就绘制成了采剥工程平面图。采剥工程平面图是绘制其他矿图的基础。

采剥工程断面图则是根据采剥工程平面图转绘而成的。图 12.6(a)为采剥工程平面图，如果要绘制 *EW*0 断面线的断面图，首先在该断面线上选取 0，1，…，5 等一系列特征点，并量取与基准线 *SN*0 的水平距离；其次按给定的水平和竖向比例尺绘出断面格网，最后按比例尺将 1，2，…，5 各点展绘在格网上，并将各点依次相连，就绘制完成了采剥工程断面图，如图 12.6(b)所示。

近年来，我国数字化测图技术的开发研究与应用发展很快。使用全站仪或半站仪，在野外数据采集采用编码和绘制草图，利用各种记录器或微型计算机记录，绘图仪输出成

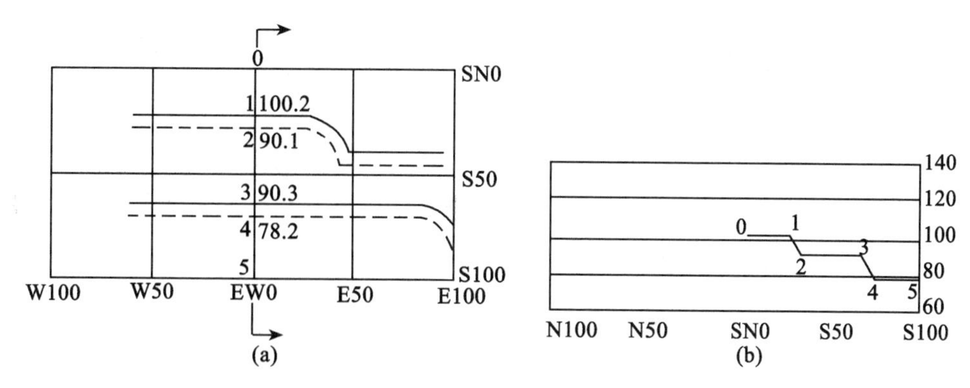


图 12.6　采剥工程断面图的绘制方法

图；或者利用全站仪和便携机(电子平板)相结合，在野外采集数据，不用编码，测量数据直接进入电子平板绘图，现场修改编辑屏幕显示，最后由绘图仪输出成果。采用数字化测图技术，可及时准确地自动绘制完成采剥工程平面图，并为建立露天矿测量数据库和露天矿地质测量信息系统打下基础。根据露天矿采剥工程数字化平面图，利用数字化测图系统的相关功能，可自动绘制任意断面图。

计算验收量的采剥工程平面图和断面图，按《煤矿测量规程》的有关规定绘制，并须符合下列要求：

(1)采剥工程断面图的间距不得大于 25m；

(2)工作控制点的点位展绘误差，不超过图上 0.3mm，刺孔不大于 0.2mm；作为起始方向线的方向描绘误差不超过±10′；

(3)用极坐标法绘制碎部点，其方向描绘误差不超过±10′，量距误差不超过图上±0.2mm；

(4)由平面图转绘断面图，其横向误差不超过图上±0.4mm，纵向误差不超过图上±0.2mm。

4. 验收量计算

验收量(采剥工程量)的计算，传统的方法是图解法。所谓图解法，就是从采剥工程平(断)面图上量取有关数据，计算验收量。图解法又分为垂直断面法和水平断面法。当采剥平盘的坡顶线和坡底线近似呈直线，且较长时，宜采用垂直断面法；否则宜采用水平断面法。目前在大型露天矿中计算验收量时，一般均采用垂直断面法。

(1)垂直断面法。

用垂直断面法计算验收量，首先在已绘好的平面图上按一定间隔绘出剖面线，沿此剖面线绘制采剥工程断面图；然后在断面图上求出断面积，将相邻两断面的平均面积，乘以断面间距，即得验收体积；最后用验收体积乘以有用矿物的容重，便求得验收量(重量)。

断面之间的距离为 10～25m。为保证计算验收量的精度，在台阶顶(底)线形状复杂和台阶高度变化大的地方加设辅助断面。由于断面线不一定都正好位于测点(验收作业时的立尺点)上，此时断面线的高程可根据邻近两个测点的高程用内插法求出。断面的面

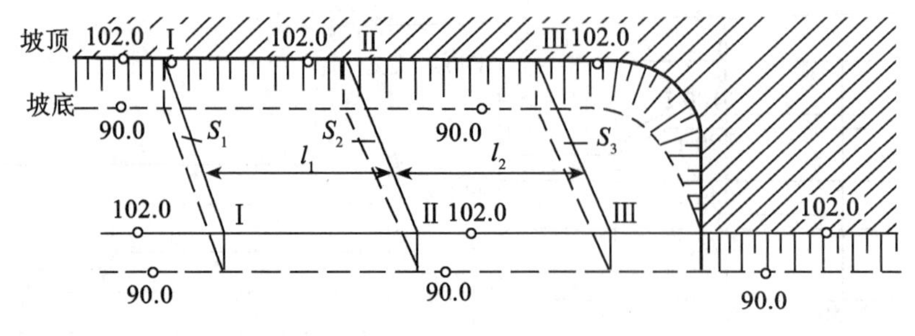

图 12.7 垂直断面法计算验收量

积，可以用几何图形法求出，也可用求积仪求出。图 12.7 为垂直断面法计算验收量的示意图。

理论分析和实践证明，根据平面图绘制断面图计算验收量的方法误差较大，而宜采用在平面图上量取采宽和直接用碎部点高程计算采高，从而求得采剥量的方法。

一个区间的采剥总体积可按下式计算：

$$V=S_1'l+\left(\frac{S_1+S_2}{2}+S_2+S_3+\cdots+S_{n-1}\right)l+S_nl'' \tag{12-5}$$

式中：$S_1$，$S_2$，…，$S_n$ 为相对应断面的断面积；$l'$ 为采掘起点至第一个断面的距离；$l''$ 为第 $n$ 个断面至采掘终点的距离；$l$ 为断面间距。

设有用矿物的容量为 $R$，则验收量（重量）可用下面公式：

$$Q=VR \tag{12-6}$$

（2）水平断面法。

图 12.8 为水平断面法计算验收量的示意图，$A_1B_1C_1D_1$ 和 $A_2B_2C_2D_2$ 分别为上期末和本期末的采剥终止线。设上平盘 $A_1A_2B_1B_2$ 和下平盘 $C_1C_2D_2D_1$ 的面积分别为 $S_1$ 和 $S_2$，上下平盘之间的平均高差为 $h_a$。则该采剥体的体积为

$$V=\frac{S_1+S_2}{2}h_a \tag{12-7}$$

式中：$S_1$、$S_2$ 可用求积仪根据平面图求得，$h_a$ 应根据平盘上各测点的平均高程求得。验收量（重量）可用式（12-6）求得。

（3）解析法。

由于图解法计算验收量误差大，计算繁琐，效率低下，已越来越不适应露天矿生产现代化的需要。随着全站仪、电子计算机等现代化设备的普及以及数字测图系统、地理信息系统的推广应用，验收量的计算由图解法向解析法发展是必然趋势。

所谓解析法计算验收量，就是利用全站仪或光电测距仪等仪器设备采集验收台阶各碎部点的平面坐标和高程；根据验收台阶上、下盘边界线上各点的平面坐标，采用解析法面积计算公式为

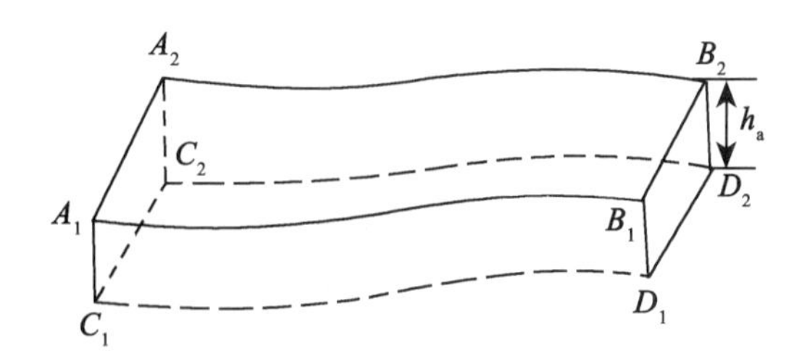


图 12.8 水平断面法验收量计算

$$\left.\begin{aligned} S &= \frac{1}{2}\sum_{i=1}^{n} x_i(y_{i+1} - y_{i-1}) \\ S &= \frac{1}{2}\sum_{i=1}^{n} y_i(y_{i-1} - y_{i+1}) \end{aligned}\right\} \tag{12-8}$$

计算出上、下盘的面积；然后再计算出上、下盘间的平均高差；最后利用式(12-7)和式(12-6)计算出验收体积 $V$ 和验收量 $Q$。上述计算是通过设计专用功能模块用计算机计算出来的。

(4)全月验收量计算。

由于验收时间不可能正好在月末，所以全月验收量需按下式计算：

$$V_{月} = V_{验} + V_{本} - V_{上} \tag{12-9}$$

式中：$V_{月}$ 为全月验收量；$V_{验}$ 为上月验收时间到本月验收时间内的验收量；$V_{本}$ 为本月验收时间到本月末的生产统计量；$V_{上}$ 为上月验收时间到上月末的生产统计量。

### 12.2.2 露天矿的技术境界测量

露天矿的技术境界通常指露天矿最终境界、滑坡处理境界、干线站场境界、露煤工程境界以及年、季、月的设计计划境界等。

标定露天矿的技术境界，根据具体情况可采用极坐标法、断面线法或其他方法进行。

1. 标定方法

(1)极坐标法。

用极坐标法标定露天矿最终技术境界时，通常是根据境界上的设计坐标和选定的工作点的坐标进行的。如图 12.9(a)所示，$P$ 为一选定的工作控制点，1、2、3、4、5 为设计给出的境界点，根据工作点和境界点的坐标，反算出已知工作点到每一境界点的坐标方位角 $a_i$ 和边长 $l_i$。在 $P$ 点安置全站仪(或光电测距仪)，照准起始方向 $M$，将水平度盘置零，拨水平角 $a_i$，测距 $l_i$，依次将各个境界点($i$=1，2，3，…)标设于实地上。

(2)断面线法。

当露天矿的工作控制网采用断面线法布设时，如图 12.9(b)所示，则境界点可根据断面线上的工作控制点直接标定出来。这样只需要计算各条断面线上的工作控制点(例如 10 号点)至相应境界点的距离 $l_1$，$l_2$，…，$l_n$ 外业标定时，把标杆立在 10 号和 11 号工作点上，标出该断面线的方向，丈量由 10 号工作点到境界点的水平距离 $l_i$，并钉下境界标桩，即得境界线。

由于每条断面线在同一阶段平盘上均有 1 ~ 2 个工作控制点，而各境界点是由同一阶段平盘的不同工作点独立标定出来的，所以对于丢失的境界点的补测工作，也比较方便。

如果在一个阶段平盘上，由于某些原因已不具备两个工作点时，应用经纬仪在一个工作点上，照准同一个断面线上任一阶段上的工作点或后视标杆，定出断面线方向，再标定距离 $l_i$，并钉出境界桩。

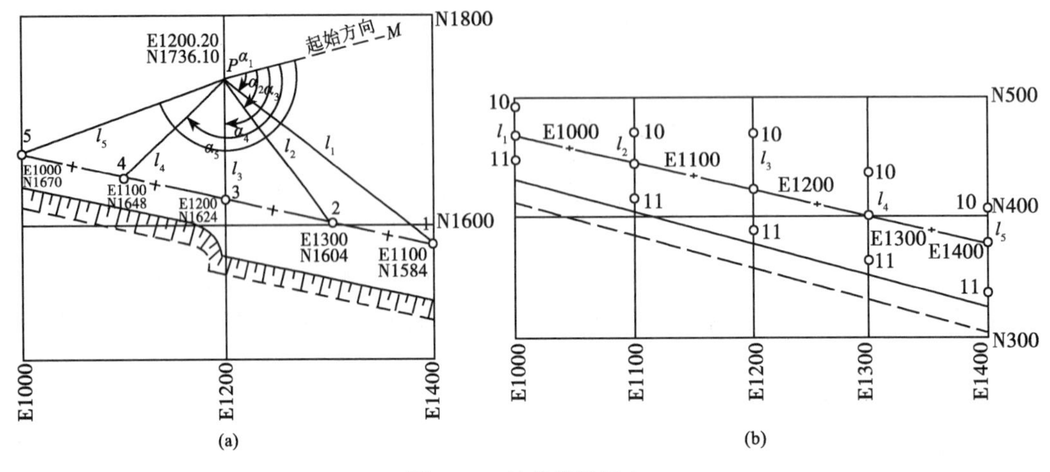


图 12.9　技术境界标定

2. 标定技术境界时的有关要求

(1)标定露天矿最终技术境界时，测站点至最终境界点的距离应用光电测距仪或钢尺测量，标定出的最终技术境界点应埋设永久标石，以便供第一阶段验收测量和矿坑周围地形补测时作为图根点使用。

(2)除露天矿最终技术境界外，标定其他各种技术境界时，一般可按视距法标定测站点至技术境界点的距离。

(3)当计划图上没有给出生产进度计划境界点的坐标数据，而且设计图的比例尺不小于1：1000 时，标定数据可用图解法求得，即用量角器和比例尺量出标定角值和边长，但这一工作必须独立进行 2 次，取平均值作为标定数据。

### 12.2.3　开掘沟道测量

在露天矿建设和生产时期，由于剥离、露煤和延深工程的需要，要开挖出、入沟和开段沟。这些沟道的平面位置和坡度都是设计好的，在开挖过程中所进行的测量工作称为开掘沟道测量。

开掘沟道测量的主要任务，就是将已设计好的沟道(方向、形式、坡度)标设于实地，以供施工需要。在沟道测量开始前，应具有沟道平面图、沟道纵断面图和沟道横断面图等图纸资料。依据这些资料可以求出沟道中心线的设计方位角和沟道起始点的坐标、各段的设计高程和沟道设计坡度、沟道的宽度和沟道两帮的坡面角等。

在标定沟道时，可用极坐标法按露天Ⅱ级导线测量(标定出、入沟道时)或按碎部点测量的要求定出沟道的起点(或连接点)、中心线和肩线。在出入沟道的肩线桩(或中心线桩)上注明下挖深度，并沿肩线设置部分标杆，以示机械作业方向。

根据开沟的方向不同，标定时的具体要求如下。

1. 沿陡坡开掘出入沟时的测量方法

所谓沿陡坡开掘的沟道，是沟道的中心线与山坡的走向一致，而沟道的一侧为陡坡，如图12.10(a)所示。这种沟道的具体标定方法如下：

(1)按设计坐标找出沟道中心线的起点或连接点1；

(2)用临时标桩在实地上标出沟的中心线，如图12.10(a)中3、4点。标桩间的间距一般可为20～100m；

(3)根据沟道起点的设计高程及沟底纵向设计坡度，在陡坡地表面上，标出沟的底部外侧边挖方“零位线”上的各“零位点”1′，2′，3′，…点；

(4)根据在实地上已标出的“零位点”测出开沟中心线上对应点的下挖深度，并注记在各个点的标示板上；

(5)定出沟的肩线如图12.10(a)中的1″，2″，3″，…点；

(6)在沟道的曲线地段，应按设计测设曲线；

(7)机械开挖后，须及时恢复中线桩，并用几何水准测量各桩的高程，如图12.10(a)的1，2，3，…点，以此作为线路施工时的依据。

2. 用上装车方式开沟或用吊车式电铲开沟时的标定方法

所谓上装车开沟方式，是电铲在沟内、自翻车在沟上一侧的开沟方式，见图12.10(b)；用吊斗式电铲开沟方式，是电铲在沟上，被挖出的岩土堆积在沟两侧的开沟方式，见图12.10(c)。这两种开沟方式的标定方法，和上述沿陡坡开沟时的标定方法基本相同。

(1)按设计图从沟道的起点(或连接点)开始，标出沟道中心线点，如图12.10(b)中的Ⅴ、Ⅵ等点，并在各中心标桩上注明开掘深度。中心线点间的距离一般可为20～50m，在曲线地段可适当加密。

(2)定出沟道两边肩线上的各点，如图12.10(b)、(c)中的4，5，6，…点。

(3)在中心线或肩线点上设置标杆，以示机械作业方向。

(4)机械开掘后，恢复中线标桩并用几何水准方法测量各点高程，以检查能否满足设计坡度要求和便于铺设运输路线。

3. 用大爆破法开沟时的标定工作

(1)定出沟的中心线。

(2)按设计定出爆破用的井巷和硐室(包括装药平巷、硐室和小井等)的位置。

(3)爆破用井巷和硐室开好之后，应及时测量其实际位置并绘于采剥工程图上。

(4)在图上绘出爆破安全边界线并标定于实地。

(5)爆破后应进行实际爆破边界和爆堆的碎部测量，并依次计算爆破前实方量和爆破后的松方量。

(6)定出沟道的肩线桩，并依据设计高程，在一侧肩线桩上标出拉沟深度。

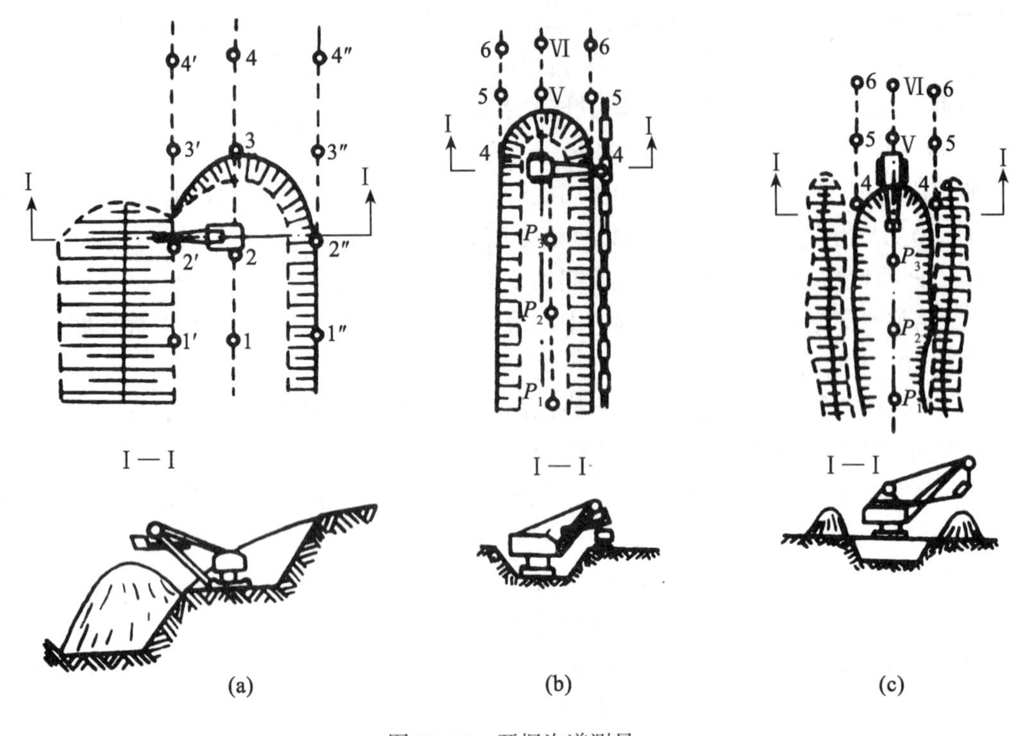


图 12.10　开掘沟道测量

(7)随着沟道的开出，再一次标出沟道中心桩，用几何水准测量各桩的高程，并在桩上标出设计高程位置，以便为铺设运输线路提供依据。

### 12.2.4　爆破工程测量

爆破的效果，与炮孔间距、行距、炮孔口距坡顶线的距离、阶段高度、最小抵抗线的大小、超钻值以及炸药质量和装药量等因素有关，这些参数的合理性大都需要经过测量才能确定。因此，爆破工程测量对于提高爆破质量，有着重要的作用。爆破工程测量内容包括：

1. 为爆破设计提供必要的图纸资料

(1)爆破地区的采剥工程平面图和断面图的复制图。图上应绘出阶段坡顶线、坡底线，并注明有代表性点的高程；开采煤层(矿层)和其他岩层的分界线和有关地质资料。

(2)根据穿爆工程需要，在各个阶段平盘上，沿采掘线和运输干线进行纵断面测量，并绘制成综合线路竖直面投影图，以示露天矿工作帮采矿运输系统和各阶段的阶段坡度以及任一区间的阶段段高。

2. 炮孔位置测量

炮孔位置测量，包括两个方面：一是将设计图上的设计孔位标定于实地上；二是将实地上已有的孔位测绘于图上。

3. 爆破区的测量工作

当爆破孔打好后，需要对爆破地区进行全面测量，测量工作包括爆破区平面测量、高程测量、横断面测量和炮孔深度测量。

爆破区平面测量的内容包括：爆破阶段的坡顶线、坡底线、炮孔位置、孔间距离、靠近段肩的炮孔中心到坡顶线的距离和爆破时岩石散落范围内的构筑物等。平面测量可采用极坐标法，用经纬仪测角，光电测距仪测距或钢尺、皮尺量距。

高程测量包括测出爆破阶段的段肩、段脚上有代表性的点和炮孔口的高程，以确定爆破区的平均高度。高程点的密度，根据阶段高度而定，一般情况下，点间的距离可为10～13m。高程测量一般宜用几何水准进行。

横断面测量的内容是测绘用过炮孔中心并垂直于坡顶线的垂直断面。其目的是为了能较准确地求出最小抵抗线的数值和正确地计算装药量，以提高爆破效果。

炮孔深度测量，是在炮孔打完以后，及时对所有炮孔的孔深进行验收。孔深的测量是用测绳零端悬一重物投入孔内来进行的。当孔内有积水时，应同时测出积水深度，以便选择炸药或采用扫孔措施。

4. 爆破测量的内业工作

爆破测量的内业工作主要包括：绘制爆破区的平面图和通过炮孔的垂直断面图以及确定最小抵抗线、底盘抵抗线和计算爆破量等。

爆破区平面图的比例尺一般为1∶500或1∶1000。图上应绘出爆破阶段的坡顶线和坡底线、炮孔的位置和炮孔口及炮孔底的高程、爆破区内的地质素描、爆破岩石散落边界及边界内的构筑物。

为了明显起见，垂直断面图的比例尺一般采用1∶200。在图上应绘出阶段的坡顶线和坡底线，并注明高程、炮孔位置及孔口和孔底的高程、坡面上特征点的位置、必要的地质资料。

5. 爆破验收测量

为了检查爆破工作的质量和效果，在爆破后还应对爆破区进行一次全面测量，一般称为爆破验收测量。

爆破验收测量，应在爆前的通过炮孔中心的断面线位置上进行。如图12.11(a)所示，根据工作点$P_1$和$P_2$，在断面Ⅳ上采用上述爆破区测量的方法和要求，测出爆后段肩、爆破边界以及爆堆坡面上的1，2，…等特征点的位置和高程。

爆破后测量的外业工作完成后，应绘制爆后的垂直断面图，如图12.11(b)所示，以反映爆堆坡面的真实形状。

当电铲采掘完后，结合采剥咽喉测量，可确定实际的采剥位置，精确计算爆破区间的采出量，将其和预计采剥位置和爆破量相比较，可以检验工作效果。

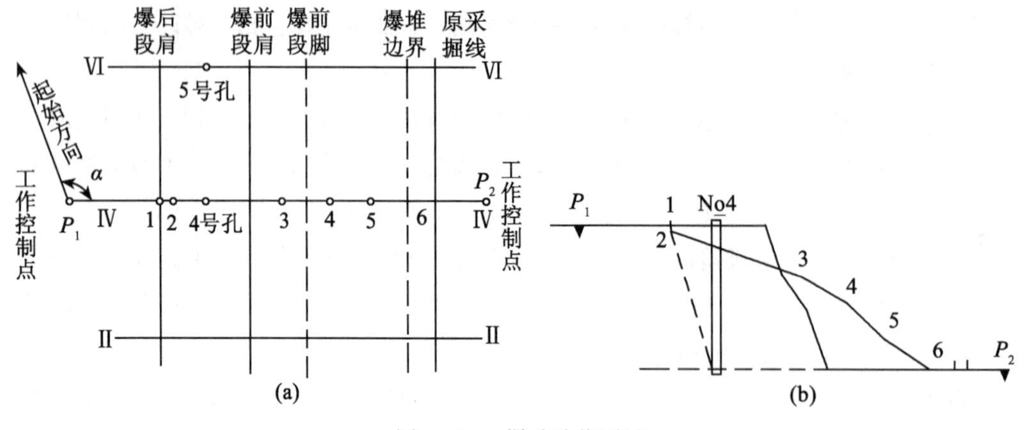


图 12.11　爆破验收测量

## 12.3　露天矿排土场测量

### 12.3.1　排土场测量的主要任务

排土场测量是指在露天矿基建和生产时期对排土场所进行的测量工作。其主要任务为：

(1)在露天矿基建和改建时期，为设计排土场提供图纸资料。根据设计确定的排土场高度和面积，计算排土场的接收能力。根据最终境界，计算和划分各类排土场的面积和范围。实地标定排土场境界，埋设永久境界标桩。

(2)测绘境界内的地形图，并附必要的计算与说明资料。

(3)在露天矿生产过程中，为了及时了解排土场情况，以便有计划地安排各阶段剥离岩土的排弃位置，需要对排土场进行定期测量。测量一般要求在每年的 6 月末或 12 月末进行，每次可只测量这一段时间内有变动的阶段和构筑物。

(4)对贫矿储存阶段应进行定期的验方测量，计算出储存量并登入专用台账。

(5)对排土场杂煤区，除需要进行正常的测量外，当用实验法计算损失率时，还应及时在斜坡和平盘上标定出固定采样小槽或采样点位置，并画在测量图上，作为计算损失煤量和损失率的图纸资料。

(6)进行排土场下沉和变形的观测工作。

### 12.3.2　排土场排弃面积计算和境界标定

1. 排土场排弃面积的计算

根据地质勘探和技术设计资料，首先计算出全部露天矿的岩土剥离体积，然后乘以松散系数，换算成松散剥离体积。如果露天矿设有内部排土场，则应根据规定的排土高度和采空区区间，计算内部排土场的接收能力。在全部岩土剥离体积中，减少可在内部排土场排弃的数量，就求得了外部排土场应排弃的岩土体积。再按照已经确定的排土高度，即可求出外部排土场的面积：

$$S=k\frac{V}{h} \tag{12-10}$$

式中：$k$ 为根据排土场地形条件所考虑的系数；$V$ 为应在外部排土场排弃的岩土松方体积；$h$ 为排土场的设计排土高度。

外部排土场的面积，再加上运输通路和必要的安全距离所增加的面积，即为排土场的总面积。

另外还应将露天矿贫矿松方体积和混杂煤的估算松方体积（内剥离量）所需要占有的排土场面积计算出来，加到外排土场的总面积内。

年度排土面积，可根据年度剥离计划产量和设计排弃进度按上述方法计算。但应分别求出每一阶段的排弃面积和年度境界，以便使排土工作能按设计有计划地进行。

2. 排土场境界的标定

排土场境界标定的方法和要求如下：

（1）以三四等三角（边）网、点或Ⅰ Ⅱ级小三角点以及同级导线点，作为标定最终境界转折点的控制基础。

（2）按照露天Ⅱ级工作控制的精度要求，对境界转折点进行定位测量，并埋设永久标石。

（3）在境界线上，每隔100m左右埋设一个永久地界标石。临时境界可设临时地界标桩。

（4）转折点标石埋设并稳定后，应按露天Ⅰ级工作控制和Ⅰ级高程测量的精度要求，重新与露天矿基本控制网（点）联测，求出各转折点的坐标和高程，作为排土场的Ⅰ级工作控制。

（5）转折点之间的百米地界标石，可按照露天Ⅱ级工作和Ⅱ级高程点高程测量的精度要求，用经纬仪光电测距导线法或其他方法，测出其平面坐标和高程，作为排土场的Ⅱ级工作控制。

（6）年度进度境界，可采用极坐标法标定。

### 12.3.3 排土场测图

排土场境界内开始排土前的初期地形测量与普通地形测量方法和要求相同。但必须配合实地调查编制必要的统计和说明资料，包括：排土场范围内的各种耕地面积；房屋、树木、坟地数量；输电、通信线杆的根数；公路、铁路长度等以供有关单位使用。

排土场开始使用后的测量工作与采剥场测量方法相同。但考虑到排土场测量次数少，时间比较集中，因此在加密Ⅱ级工作点时，可根据境界外基本控制点或排土场Ⅰ级控制点，布设小三角网（锁）和附合导线、或用全站仪测设支导线。在碎部测量时，可采用全站仪（光电测距仪）采集特征点信息，电子手簿记录（或微型计算机记录）数据输入计算机后进行数据和图形处理；绘图仪输出成图，或者利用全站仪和便携机相结合，野外通过电子平板编辑修改后，室内绘图仪输出成图。不具备数字测图条件的单位，也可采用经纬仪测记法、经纬仪配合小平板法成图。排土场测图的碎布点，应是所测对象的特征点。排土场测图的主要对象为：排土阶段的坡顶线和坡底线，排土场内的运输线路、采样地点、排水设施、地类界与境界以及排土场下沉观测点的位置。

### 12.3.4 排土场下沉观测

排弃在排土场上的松方岩土，将随着堆置的时间而逐渐压实。结果就使排土场平盘发生了下沉和变形，从而将影响排土线和自翻车的作业安全。为了掌握这种下沉和变形的规律性，给排土场生产线路维修提供资料，需要建立排土平盘观测站并进行定期的观测工作。

观测站布置成方格网形，每个排土带一般至少设3排观测点。然后对格网的所有角点进行平面、水准测量。点的平面位置可用导线测量法，全站仪极坐标法或垂距法测定，点的高程可用几何水准法测定。根据测量成果可求出点的下沉曲线和下沉速度曲线图。

## 12.4 露天矿边坡稳定性观测

### 12.4.1 概述

矿山未开采时，地下的岩体保持着自然的应力平衡状态。随着矿山的采掘(剥)，这种应力平衡状态便遭到破坏，引起岩体的变形和移动。在露天矿开采过程中，要形成很多台阶，这些台阶随着采剥工程的进展而逐渐接近采掘终了边界。当台阶边坡的坡底超过一定限度时，边坡岩体的稳定条件就不复存在，便会产生边坡滑移动。

为了研究露天矿边坡的移动和稳定问题，应建立专门观测站，定期进行边坡滑移动观测，以便总结出不同的工程地质、水文地质和采矿条件下边坡移动的规律。边坡移动规律主要包括下列内容：①边坡岩体上不同点在空间的移动及其过程；②滑落体的大小、形状和滑落方向；③滑落面的形状、大小、倾角和位置；④边坡岩体移动对采剥工程、边坡上各种建、构筑物的危害程度。

### 12.4.2 边坡观测站的建立

1. 边坡观测站设计

在建站之前，要编制观测站设计。观测站设计，包括设计平面图、沿观测线剖面图和设计说明书。选择建站地点时，要考虑对本矿边坡移动有代表性，观测方便和经济合理性。具体的设计原则是：

(1)边坡观测站一般由多条观测线组成，见图12.12。观测线的数目，要根据地质、采矿条件和观测目的来确定。观测线应沿预计的最大移动值方向和大致垂直于露天矿边坡走向布设，并设在稳定性差、存在薄弱岩层等各种因素的地段。

(2)每条观测线均有控制点和观测点。控制点应设于稳定地区，一般设在坑外、且至第一阶段段肩的距离大于$H$($H$为预计滑动范围的垂直高度)的地方。控制点至少要设2个，其间距应大于20cm。观测点则应设在预计要滑动或已经滑动的边坡上。在每个阶段上，至少应在段肩和段脚附近各设一个点。

2. 边坡观测站的建立

根据观测站设计，以采场基本控制点为基础，用光电测距导线或极坐标法，将观测站标定于实地。标桩埋好后，在标桩旁设立标记，以便于观测时寻找。

在设观测站的同时，应设立水准基点。露天矿基本高程控制点可作为水准基点。

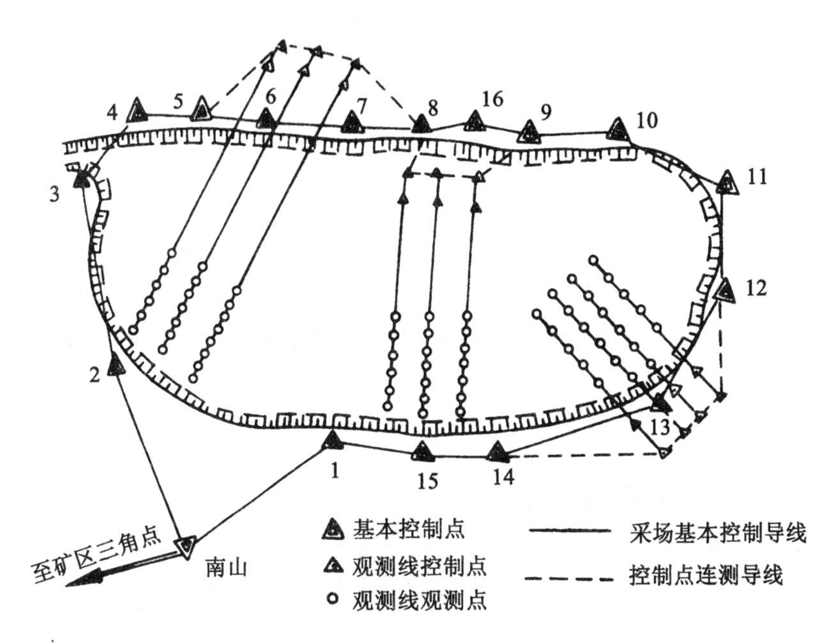


图 12.12　边坡观测站设计示意图

### 12.4.3　边坡观测工作

1. 联测

在预测站全部测点埋设 10～15 天后，即可进行观测工作。首先，在观测线控制点与露天矿基本控制点之间进行联测。平面联测，可用一级光电测距导线；高程联测，可用四等水准或相当于四等水准的光电测距三角高程。观测线控制点联测后，须测出所有其他测点的平面坐标和高程，此项工作应进行两次，如两次测量结果的导线闭合差均符合露天矿Ⅰ级经纬仪导线的精度要求，高程闭合差均不大于 $\pm 35\sqrt{L}$ mm 时，取其平均值作为原始数据。

2. 正常观测

在边坡滑移动延续的各个时期内，应进行的观测内容如下：

(1) 预测。预测的目的是发现边坡何时开始移动。预测工作根据季节和观测线的具体情况，每隔 7～30 天进行一次高程测量。当观测点下沉超过 30mm 时，即认为移动期已开始。

(2) 移动期观测。移动期观测一般每隔 1～2 个月进行一次，在移动速度快、变形大的情况下，应缩短观测的时间间隔，以便全面了解移动的过程。移动期内的每次观测，均应进行平面测量、高程测量、裂缝(包括裂缝的位置、宽度、长度和深度)测量等。

(3)滑坡后测量。包括能够找到的观测点的平面测量、高程测量及滑落体的碎部测量。

### 12.4.4 边坡观测资料的整理和分析

(1)观测资料的整理和分析。

每次观测工作结束后，应及时检查外业手簿、计算所有观测点的高程、计算相邻点间的水平距离在观测线方向上的投影长度、计算测点的下沉 $w$ 和下沉 $v$、测点的水平移动 $u$、空间的移动向量 $U_w$ 和坐标方位角 $\alpha$。

(2)图纸绘制。

资料整理分析后，还应绘制观测区域地形图、观测线地质剖面图、观测线垂直下沉曲线图、观测点水平移动与水平变形曲线图、观测点在垂直面内的移动向量图等图件。

观测资料的整理分析与图纸绘制方法与开采沉陷资料处理要求相同，此处不再赘述。

## ◎ 复习思考题

1. 露天矿测量的主要任务是什么？
2. 露天矿山控制测量监理的意义和方法是什么？
3. 我国一些露天矿为何采用后方交会法建立Ⅱ级工作控制网？对Ⅱ级工作控制点有何要求？
4. 露天矿山测量图的种类和它们的主要内容是什么？

# 第 13 章　矿图绘制与矿山测量信息系统

【教学目标】

通过本章的学习，学生能够知道矿图的概念、矿图的用途、矿图的特点、矿图绘制的要求、矿图的各类、分幅与编号的方式，了解井田区域地形图、采掘工程平面图、井上下对照图等矿图所要表示的内容，掌握用 CAD 绘制矿图的方法，了解煤矿地质测绘管理信息系统。

## 13.1　概　　述

在矿井设计、施工和生产管理等工作中，需要绘制和应用一系列图纸。一些教科书按照广义的观点把为煤炭开发、生产服务的地质测量图、设计工程图、生产管理图等统称为矿图。事实上，人们通常所说的矿图主要是指矿井测量图。

矿图是煤矿建设和生产的工程技术语言，一个煤矿技术人员，只有掌握矿图的基本知识，才能够正确识读、应用和绘制矿图。有了矿图，人们才能够正确地进行采矿设计、科学地管理、指挥生产及合理地安排生产计划，才能及时地制定灾害预防措施和处理方案。

### 13.1.1　矿图的特点和要求

1. 矿图的特点

(1)矿井测量是随着矿井的开拓、掘进和回采逐渐进行的，矿图的图面内容要随着采掘工程的进展逐渐增加、补充和修改。

(2)测绘区域随着矿层分布和掘进巷道部署情况而定，常常是分水平的、呈条带状的，不像地形测图那样大面积的测绘。

(3)矿图所要反映的是较为复杂的井下巷道的空间关系、矿体和围岩的产状以及各种地质情况，测绘内容较多，读图也比较困难。

(4)采用实测和编绘的方法，以实测资料为基础，再辅以地质、水文地质、采掘等方面的技术资料绘制而成。

2. 矿图的绘制要求

(1)矿图必须用经久耐用、变形小的图纸或聚酯薄膜绘制。

(2)矿图的分幅应根据矿层产状和采区布置加以确定，这样便于绘图和使用，同时可以节省图纸。

(3)矿图必须准确、及时、完整和美观。准确指的是原始资料准确、展点画线准确及图例符号使用正确；及时就是要求测绘及时；完整指的是每矿必须有一套完整的图纸，每张图上的内容应完整无缺；美观指的是所绘内容布置适当，线条匀滑着色均匀，字体工整。

(4)矿图要能明显反映所绘对象的空间关系，同时要求作图简便，易于度量。

### 13.1.2 矿图的种类

1. 广义的分类

通常，一个生产矿井必须具备的图纸一般可分为三大类：地质测量图、设计工程图和生产管理图。

地质测量图主要有：井田地形地质图、井田煤层底板等高线图、各种地质剖面图、地质构造图、水文地质图、储量计算图、井田区域地形图、工业广场平面图、采掘工程平面图、主要巷道平面图、采掘工程立面图、井上下对照图和主要保护煤柱图等。

设计工程图主要有：矿井新井建设设计图、矿井改扩建设计图、矿井水平延深设计图、采区设计图和单项工程设计图等。

生产管理图主要有：采掘计划图、各类安全系统图和生产系统图等。

2. 其他分类

按照投影方法和投影面的不同，可以将矿图分为平面投影图、竖直面投影图、断面图和立体图。

按照成图方法分为原图和复制图两类。原图是根据实测、调查或收集的资料直接绘在聚酯薄膜或原图纸上的矿图，它是复制图的基础，必须长期保存。原图的副本称之为二底图。复制图是根据原图或二底图复制或编制而成的。

按用途和性质的不同，矿图又可分为基本矿图和专门矿图。

按照《煤矿测量规程》的规定，煤矿必须具备的基本矿图种类和比例尺应符合表13.1和表13.2的要求。

表13.1　**煤矿必须具备的基本矿图种类和比例尺**

| 图　名 | 比例尺 | 说　明 |
| --- | --- | --- |
| 井田区域地形图 | 1∶2000或1∶5000 | — |
| 工业广场平面图 | 1∶500或1∶1000 | 包括选煤厂 |
| 井底车场平面图 | 1∶200或1∶500 | 斜井、平硐的井底车场一般可不单独绘制 |
| 采掘工程平面图 | 1∶1000或1∶2000 | 须分煤层绘制 |
| 主要巷道平面图 | 1∶1000或1∶2000 | 可按每一开采水平或各水平综合绘制。如开拓系统比较简单，且分层采掘工程平面图上已包括主要巷道，可不单独绘制 |
| 井上下对照图 | 1∶2000或1∶5000 | — |
| 井筒(包括立井和主斜井) | 1∶200或1∶500 | — |
| 主要保护煤柱图 | 一般与采掘工程平面图一致 | 包括平面图和断面图 |

表 13.2 **露天矿必须具备的基本矿图种类和比例尺**

| 图　　名 | 比例尺 | 说　　明 |
| --- | --- | --- |
| 矿田区域地形图 | 1：1000 或 1：2000 | 根据需要可加绘 1：5000 或 1：10000 比例的 |
| 工业广场平面图 | 1：500 或 1：1000 | 如在 1：1000 矿田区域地形图上已包括工业广场可不单独绘制 |
| 分阶段采剥工程平面图 | 1：500 或 1：100 | — |
| 采剥工程断面图 | 1：5000 或 1：1000 | — |
| 采剥工程综合平面图 | 1：1000 或 1：2000 | 根据需要可加绘 1：5000 比例尺的 |
| 排土场平面图 | 1：1000 或 1：2000 | 根据需要可加绘 1：5000 比例尺的 |
| 防排水系统图 | 1：1000 或 1：2000 | 根据需要可加绘 1：5000 比例尺的 |
| 排水井巷平面图 | 1：1000 或 1：2000 | 也可与防排水系统图绘在一起 |

### 13.1.3　矿图的分幅及编号

1. *矿图的分幅*

煤矿测量图的分幅方式采用矩形分幅（包括正方形分幅）、梯形分幅或自由分幅。矩形分幅和梯形分幅与同比例尺地形图的分幅方法相同。这两类分幅方式主要应用于矿区地面的测量图纸。

反映井下采掘工程的各种矿图，则比较普遍地采用自由分幅法划分图幅。幅面大小和格网方向按下列原则考虑：

(1)要便于图纸的绘制、使用和保存。

(2)幅面大小视井田和采区的范围而定。井田范围不大时，可按全井田或井田一翼为一幅，大型矿井采区范围很大时可按采区分幅。

(3)坐标格网线可以平行于图边方向，也可与图边斜交。交角视煤层走向和倾向而定，以使图面上的煤层走向方向大致平行于图面上的上、下图边方向，煤层倾向指向下图边。

(4)在同一矿井中，矿图的图幅大小应尽量一致，并便于复制。图幅的长度一般不超过 1.5～2.0m，如超过 2.0m 时应分幅绘制，并绘出接合表。

2. *矿图的编号*

当矿图采用梯形分幅（国际分幅）时，按国际分幅的编号方式统一编号，如 *J*—50—5—(24)—*b*。

当矿图采用矩形分幅时，图幅编号按图廓西南角坐标公里数编号，*X* 坐标在前，*Y* 坐标在后，中间用短横线连接。如某矿地面 1：1000 比例尺地形图的图幅编号为：3690.0—8550.0。

当矿图采用自由分幅时，可只给出图名而不进行编号。

### 13.1.4 矿图图例

煤矿井下测量图的一些常见符号如表 13.3 所示。

表 13.3 煤矿测量图常用符号

| 编号 | 名　称 | 符　号 | 说　明 |
|---|---|---|---|
| 1 | 矿区地面三角点 | △ Ⅲ/385.48 平山 | 分子为等级，分母为标石高程，右边为点的名称 |
| 2 | 矿区地面水准点 | ⊗ Ⅲ/500.66 32 | 分子为等级，分母为标石高程，右边为点的编号 |
| 3 | 地面永久导线点 | ⊡ 52/344.92 | 分子为编号，分母为标石高程 |
| 4 | 井口十字中心线基点及建筑物中线基点 | ⊗ 16 | 箭头指向井筒或建筑物，右边为点的编号 |
| 5 | 井下经纬仪导线点 | 1. ◎61　2. ○17 | 1. 永久性的<br>2. 临时性的<br>右边为点的编号 |
| 6 | 立井 | 1.一号井 152.0 −25.0 提升　2.五号井 154.0 −30.0 通风 | 1. 圆形　2. 矩形<br>(1)箭头向下表示进风，箭头向上表示出风；(2)筒用途以注记表达，如提升、通风等；(3)暂封闭的井口，可在原符号的空白部分用铅笔画上斜线；(4)左边上面的数字为井口高程，下面的数字为井底高程。 |
| 7 | 暗立井 | 二号暗井 25.0 70.0 提升　三号暗井 −30.0 −90.0 提升 | 1. 圆形　2. 矩形<br>左边上面的数字为井口高程，下面的数字为井底高程。 |
| 8 | 暗小立井 | 六号小井 −25.0 −85.0 通风　八~七号小井 −15.0 −90.4 通风 | 井下溜煤、通风、煤仓等小立井全按此符号绘制，但用途需在符号右边用文字注明 |
| 9 | 斜井 | 二号斜井 165.8 20° | 左边注明井口高程，取至小数点两位，在井筒旁边注明用途，暂时封闭的井口，沿井口用铅笔画一横线，箭头表示坡度 |

续表

| 编号 | 名　　称 | 符　　号 | 说　　明 |
|---|---|---|---|
| 10 | 平硐 | 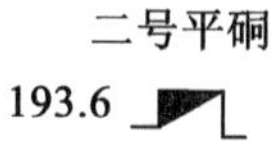 二号平硐<br>193.6 | 左边注明井口高程，取至小数点两位，在井口旁边注明用途 |
| 11 | 岩巷 | 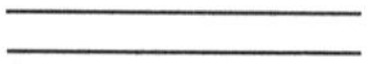 | 1∶2000 按实际宽度绘制，巷宽小于 3m，按 1.5mm 宽绘制，半煤岩根据断面的煤岩多少，煤多画煤巷，岩多画岩巷 |
| 12 | 煤巷 | | |
| 13 | 混凝土、料石等砌碹的巷道 | 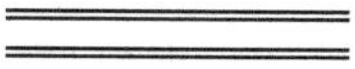 | |
| 14 | 锚喷巷道 | 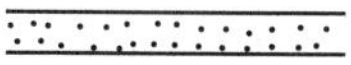 | |
| 15 | 裸体巷道 | 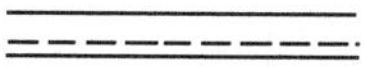 | |
| 16 | 木支架巷道 | 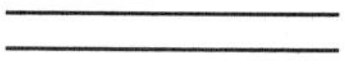 | |
| 17 | 金属、混凝土及其他装配式支架的巷道 |  | |
| 18 | 石门 |  | 适用于薄煤层及中厚煤层 |
| 19 | 废巷 |  | |
| 20 | 倾斜巷道 | 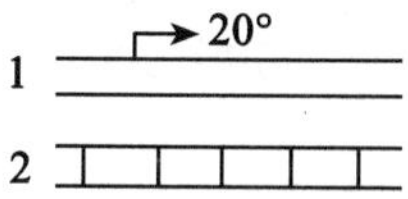 20°<br>1<br>2 | 1. 一般倾斜巷道<br>2. 特厚煤层倾斜巷道<br>线条的粗细及颜色按煤巷、岩巷的规定绘制 |
| 21 | 井底斜煤仓 | 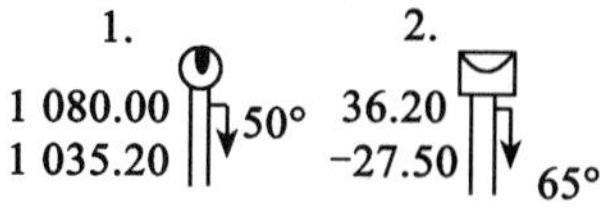 1. 1 080.00 1 035.20 50°<br>2. 36.20 −27.50 65° | 1. 圆形　2. 矩形<br>其他斜煤仓、斜溜煤限用此符号并适当缩小 |

续表

| 编号 | 名　　称 | 符　　号 | 说　　明 |
| --- | --- | --- | --- |
| 22 | 报废井筒 | 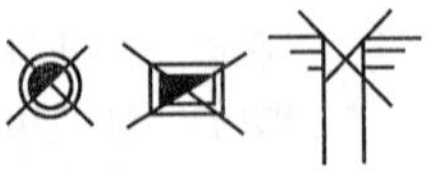  |  |
| 23 | 风桥 | 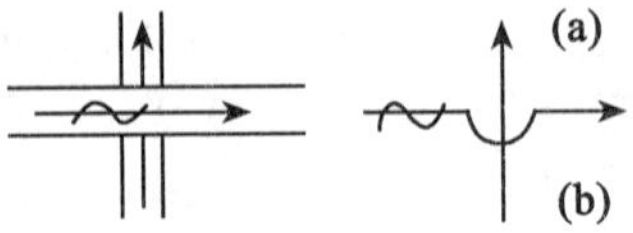 (a) (b) | (a)表示新风流向;<br>(b)表示污风流向; |
| 24 | 水闸门 | 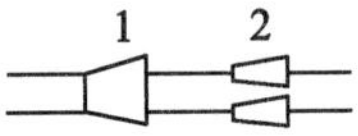 1 2 | 1. 全门　2. 半门<br>从宽到窄为水流方向 |
| 25 | 水闸墙 | 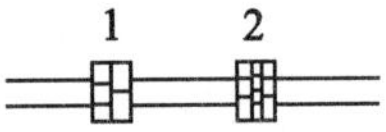 1 2 | 1. 砖石的<br>2. 混凝土的 |
| 26 | 调节风门 | 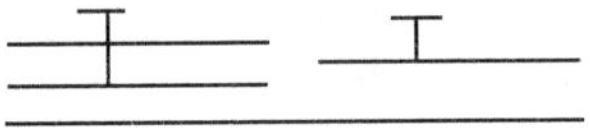  |  |
| 27 | 风门<br>风帘 | 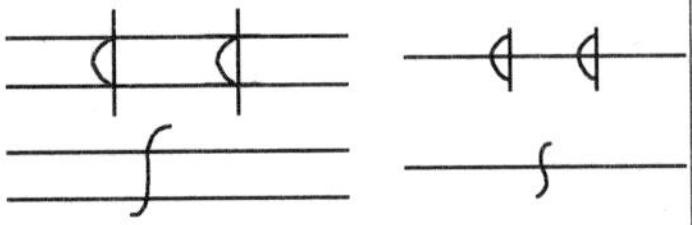  |  |
| 28 | 防火封闭 | 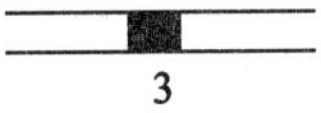 3 |  |
| 29 | 瓦斯突出或喷出地点 | 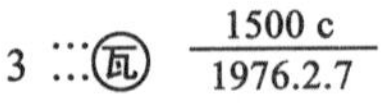 3 ⁞⁞瓦 1500 c / 1976.2.7 | 分子为突出量(以突出的煤量计算)，分母为突出时间 |
| 30 | 井下测风站 | 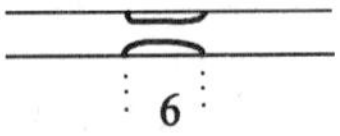 6 | 等号用红色 |
| 31 | 隔爆水棚 | 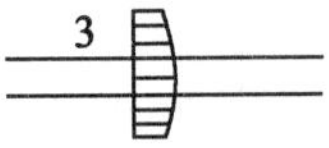 3 | 符号内用蓝线表示 |
| 32 | 井田边界 | —+————+— | 用黑色粗十字画线表示 |
| 33 | 煤矿占地边界 | 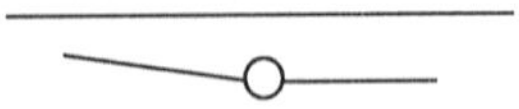  | 小圆间距可根据不同比例尺自行决定 |
| 34 | 安全煤柱、采掘安全及地面受护边界 |  | 依实际边界绘制、并注明受护对象 |

续表

| 编号 | 名　称 | 符　号 | 说　明 |
| --- | --- | --- | --- |
| 35 | 实测回采边界 | 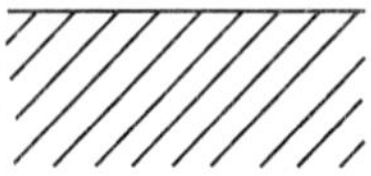 | 根据旧资料编绘的边界，可靠的按实测边界绘制，不可靠的按推测边界绘制 |
| 36 | 推测回采边界 | 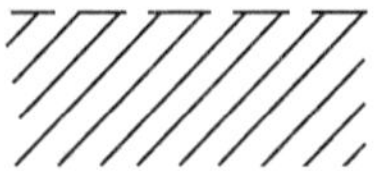 | 根据旧资料编绘的边界，可靠的按实测边界绘制，不可靠的按推测边界绘制 |
| 37 | 厚煤层人工分层巷道(仅考虑三个分层)不重合时 | 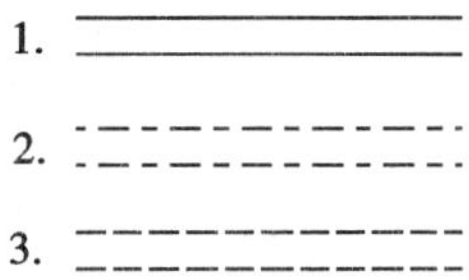 1.<br>2.<br>3. | 1. 第一分层<br>2. 第二分层<br>3. 第三分层<br>超过三层应分组绘制<br>1、2、3 仅表示示意，对 1∶2000、1∶1000、1∶500 比例尺应以双线表示 |
| 38 | 薄、中厚煤层长壁回采工作面 | 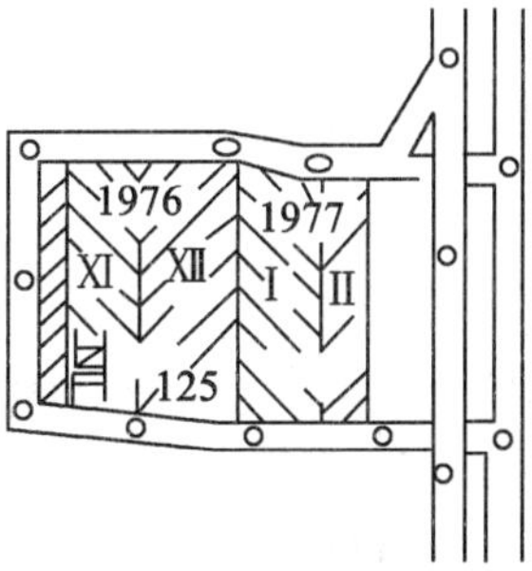 1976 1977 XI XII I II 125 | 回采工作面按月份画斜线，注记罗马字，年度画色框，采区中间注记回采工作面编号，并适当注记倾角和煤厚，蓝图的底图上可不画色框 |

## 13.2 煤矿基本矿图的种类及其绘制

### 13.2.1 井田区域地形图

井田区域地形图是指某一井田范围内的地形图。它较全面地反映井田范围内地面的地物和地貌情况。地物是指地面上的房屋、河流、农田、森林、道路、桥梁以及各种公用和民用设施等。地貌则是指地面上的高低起伏的形态，如高山、盆地、山谷、山脊等。

井田区域地形图是一种地面测量图纸，是对井田地理环境作周密调查和研究的重要资料。在煤矿各种工程建设规划、工程设计、工程施工等工作中(如合理选择井口位置、考虑工业场地布置、修筑运输线路和输电线路、解决矿山供排水问题等)都需要用地形图来了解规划地区的地貌和地物分布状况，以便根据地形资料和其他资料做出合理的规划、设计和施工方案。井田区域地形图如图 13.1 所示。

井田区域地形图图示的主要内容有：

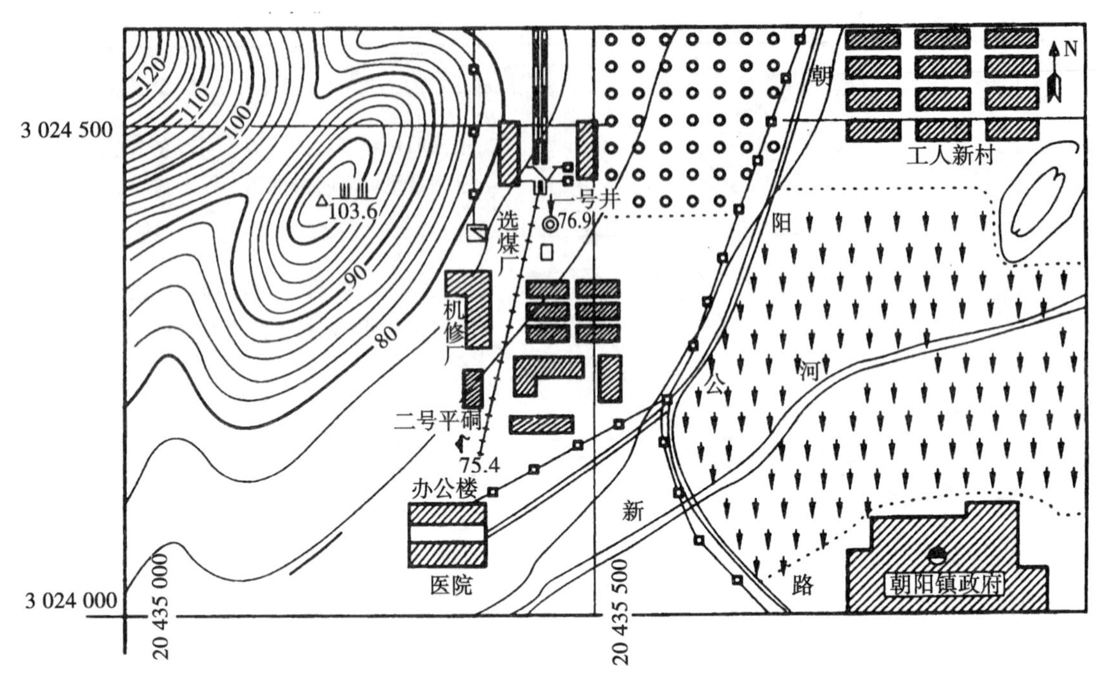


图 13.1　某矿井田区域地形图

(1)图名、比例、指北方向、坐标网。

(2)测量控制点：包括各级三角点、GPS 点、水准点和埋石图根点等。

(3)居民点和重要建筑物外部轮廓。

(4)独立地物：包括各种塔、烟囱、高压输电杆(塔)、贮气柜、井筒、井架等。

(5)管线、交通运输线路及垣栅：包括输电线、通信线、煤气管道和围墙及栅栏等。

(6)用等高线表示的各种地形、地貌。

(7)河流、湖泊、水库、水塘、输水槽、水闸、水坝、水井和桥梁等。

(8)土质和植被：包括重要资源、森林、经济作物地、菜田、耕地、沙地和沼泽等。

井田区域地形图的比例尺一般为 1∶2000 或 1∶5000。当几个矿井连成一片，测区范围较大时，宜采用航空摄影方法成图；若测区范围不大，则可采用数字化测图技术成图，如果条件不具备，也可采用常规平板测图。该图是编绘井上下对照图和采掘工程平面图的基础。井田区域地形图的图面内容与大比例尺地形图基本相同，但为了满足煤矿企业生产建设的需要，还应反映各类井口、各类厂矿及居民区、矿界线、塌陷积水区、矸石山、矸石堆以及石灰岩地区的岩溶漏斗等。

井田区域地形图采用国际统一分幅或正方形分幅，绘制在聚酯薄膜上或经过裱糊的优质原图纸上。为了日常使用，应复制印刷图或蓝晒图。为了使用与阅读方便，也可以一个井田或一个井田分成若干幅，描绘大幅面的聚酯薄膜图作为直接复制图的底图。

井田区域地形图是矿井规划、设计和施工的重要依据，是矿井建设和生产必须具备的矿图之一。

### 13.2.2 工业广场平面图

工业广场平面图是反映工业广场范围内的生产系统、生活设施和其他自然要素的综合性图纸，是井田区域地形图的一部分，是一种专用矿图，其比例比井田区域地形图大，为1∶500或1∶1000。工业广场平面图表示的内容也更详细准确，除了包括工业广场范围内的所有地形、地物外，还有地下各种主要的隐蔽工程。工业广场平面图如图13.2所示。图上主要内容有：

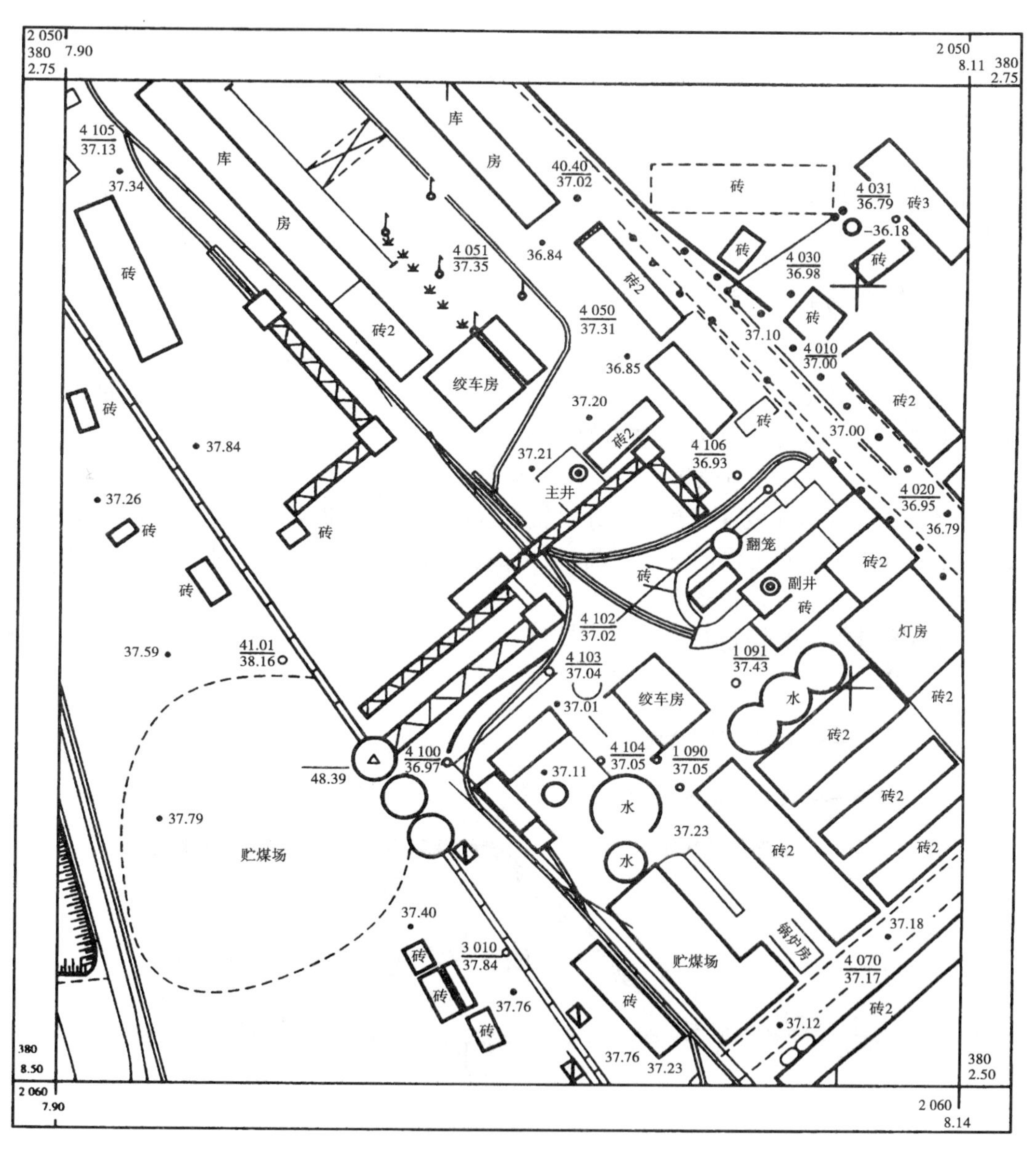


图13.2 工业广场平面图(局部)

(1)测量控制点、井口十字中线基点、注明点号、高程；

(2)各种永久和临时建(构)筑物，如办公楼、绞车房、井架、选煤厂、锅炉房、机修厂、食堂、仓库、料场、烟囱、水塔、贮水池、广场和花园等；

(3)各井口(包括废弃不用的井口)的位置；

(4)各种交通运输设施，如铁路、轻便铁路、架空索道和公路等；

(5)各种管线和垣栅，如高低压输电线、通信线、煤气管道、围墙、铁丝网等；

(6)供水、排水和消防设施，如排水沟、下水道、供水管、暖气管和消防栓等；

(7)隐蔽工程，如电缆沟、防空洞、扇风机风道等；

(8)以等高线和符号表示的地表自然形态及由于生产活动引起的地面特有地貌，如塌陷坑、塌陷台阶、积水区、矸石山(堆)等；若地形特别平坦或工业广场很平整不便以等高线表示时，要适当增加高程注记点的个数；

(9)保护煤柱围护带，注明批准文号。

工业广场平面图主要是作为工业场地的规划、设计、改建、扩建和留设工业场地保安煤柱的依据，同时，在检修和改建地上、下各种管道中，有着特别重要的作用。

### 13.2.3 井底车场平面图

井底车场平面图是反映主要开采水平的井底车场的巷道与硐室的位置分布以及运输与排水系统的综合性图纸，比例尺为1∶200或1∶500，主要为矿井生产和进行改扩建设计服务。如图13.3所示，图上应绘制出如下内容：

(1)井底车场内各井口位置、各个硐室及所有巷道、水闸门、水闸墙和防火门的位置；轨道要表示坡向和坡度，并须区分单轨或双轨；曲线巷道要注明半径、转向角和弧长；巷道交叉和变坡点要注记轨面(或底板)标高；泵房要表示出各台水泵位置，注明排水能力、扬程和功率；水仓要注明容量。

(2)永久导线点和水准点的位置。

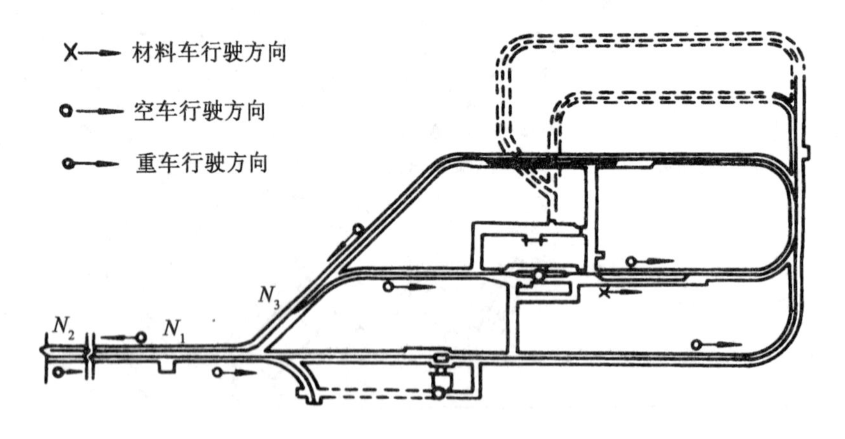


图13.3 某矿井底车场平面示意图

(3)附有硐室和巷道的大比例尺横断面图，图上绘出硐室和巷道的衬砌厚度和材质、轨道与排水沟的位置，并标注有关尺寸。

井底车场平面图一般采用自由分幅绘制在聚酯薄膜上。

### 13.2.4 主要巷道平面图

主要巷道平面图是反映矿井某一开采水平内的主要巷道和地质特征的综合性图纸，其比例尺与采掘工程平面图一致，主要为安全生产、进行矿井改扩建设计、掌握巷道进度和煤层分布等提供基础资料。图上必须绘出下列内容：

(1)井田技术边界线、保护煤桩边界线和其他技术边界线，并注明名称和文号；

(2)本水平内的各种硐室和所有巷道(包括与本水平相连的斜井、上下山等)，并按采掘工程平面图中对巷道的要求进行注记；

(3)永久导线点和水准点的位置；

(4)勘探和表明煤层埋藏特征的资料，如钻井和勘探线、煤层、标志层和含水层在本水平的分布、煤厚点、煤样点以及断层、褶曲等地质构造；

(5)重要采掘安全资料，如水闸墙、水闸门、永久风门、防风门、突水点、瓦斯和煤尘突出点以及抽放水钻孔等；

(6)井田边界以外100m内邻矿的采掘工程和地质资料。

若矿井仅开采一、二层近距离煤层，水平开拓系统比较简单且在采掘工程平面图上已绘有主要巷道平面图所要求的内容，主要巷道平面图可不单独绘制，或在一张图上绘制若干水平的综合主要巷道平面图。

主要巷道平面图一般采用自由分幅法绘制在聚酯薄膜上，图幅大小和方格网方向应尽量与采掘工程平面图一致。

### 13.2.5 采掘工程平面图

采掘工程平面图是将开采煤层或开采分层内的实测地质情况和采掘工程情况，采用正形投影的原理，投影到水平面上，按一定比例绘制出的图件。它是煤矿生产建设过程中最重要的图纸，比例尺为1∶1000或1∶2000。采掘工程平面图主要用于指挥生产、及时掌握采掘进度、了解与邻近煤层的空间关系、进行采区设计、修改地质图纸、安排生产计划、进行“三量”计算等方面。它是编绘其他生产用图的基础。

1. 采掘工程图的内容

矿井开采一般要持续很长的时间，随着时间的推移，井下巷道和回采工作面逐渐增多，而这些又是必须表示的内容，所以采掘工程平面图往往图面负荷较重。为了让采掘工程平面图清晰明了，人们往往分煤层表示各煤层的采掘情况。如某矿煤层为倾斜煤层，可采煤层有 $K_1$ 和 $K_2$ 两层，其采掘工程平面图分别按岩石巷道、$K_1$ 煤层、$K_2$ 煤层绘制成三张，图13.4就是某矿的 $K_2$ 煤层采掘工程平面图。

一般说来，在采掘工程图中应当表示下述内容：

(1)井田或采区范围、技术边界线、保护煤柱范围、煤层底板等高线、等厚线、煤层露头线或风化带、较大断层交面线、向斜背斜轴线、煤层尖灭带、火成岩侵入区和陷落柱

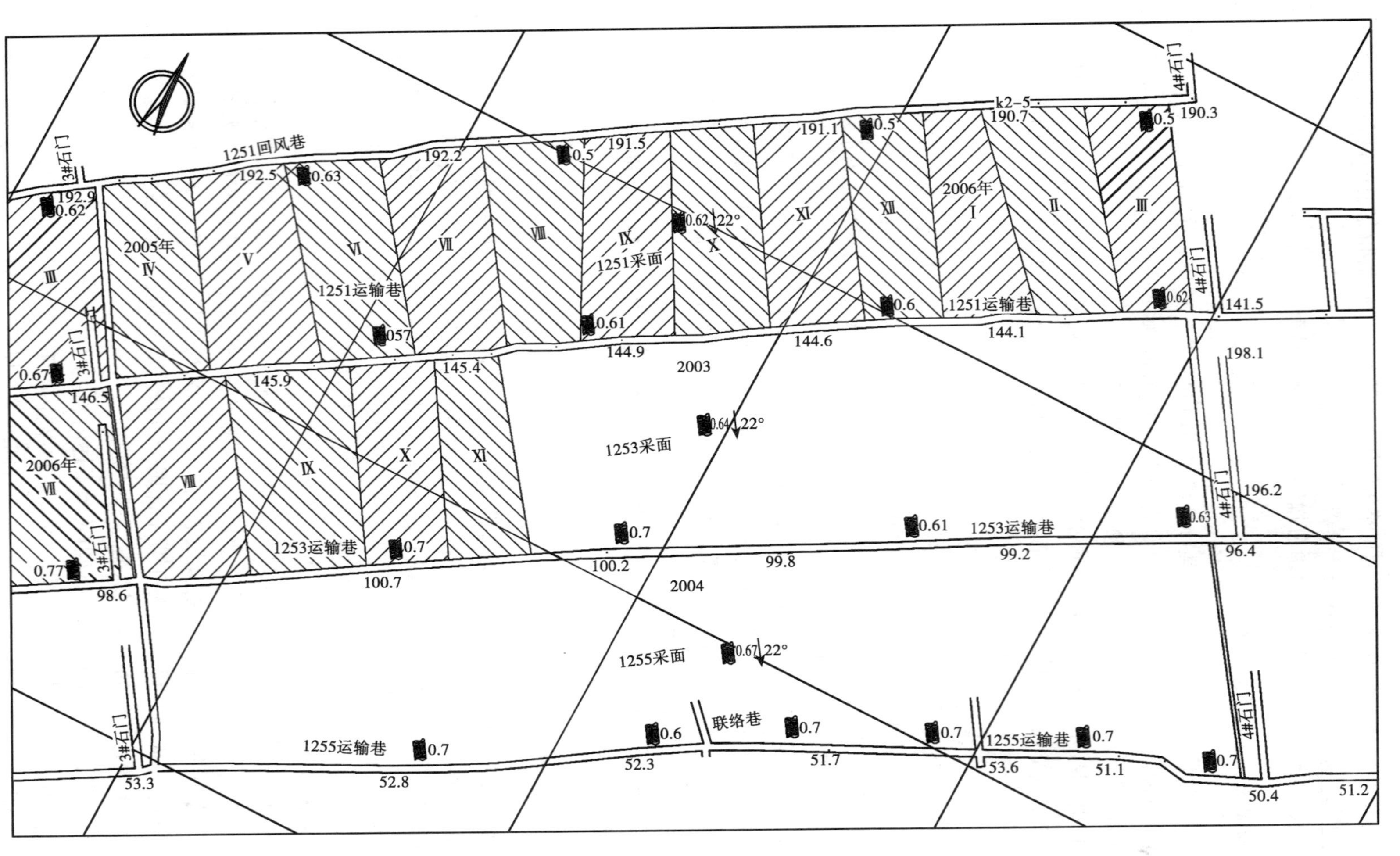


图13.4　采掘工程平面图

范围等。

(2)本煤层内及本煤层有关的所有井巷。其中主要巷道要注明名称、方位、斜巷要注明倾向、倾角，井筒要注明井口、井底标高，巷道交叉、变坡等特征点要注明轨面标高或底板标高。

(3)采掘工作面位置。需注明采、掘工作面名称或编号，采掘年月，并在适当位置注明煤层平均厚度、倾角、绘出煤层小柱状图。

(4)井上、下钻孔，导线点，水准点位置和编号，钻孔还要注明地面、煤层的底板标高、煤层厚度，导线点、水准点要注明坐标、高程。

(5)采煤区、采空区、丢煤区、报损区、老窑区、发火区、积水区、煤与瓦斯突出区的位置及范围。

(6)地面建筑、水体、铁路及重要公路等位置、范围。

(7)井田边界以外100m内的邻近采掘工程和地质资料，井田范围内的小煤窑及其开采范围。

2. 采掘工程图的画法

(1)缓倾斜和倾斜煤层采掘工程平面图。

绘制缓倾斜和倾斜煤层采掘工程平面图时，应绘制的内容有：本煤层的全部采掘工程和规定的其他内容；进入本煤层的集中运输大巷、采区石门、采区上下山、阶段集中运输巷等巷道；本煤层与上下煤层之间的巷道和硐室；本煤层上部的主要建筑物、主要巷道、硐室及煤柱边界；通过本煤层的全部竖井和斜井。此外，还要注明回采年月日、煤层倾角及回采厚度、工作面的斜长等内容。

(2)急倾斜煤层采掘工程立面图。

对于倾角较大的急倾斜煤层，除绘制采掘工程平面图外，还须绘制与其对应的采掘工程立面图。因为煤层倾角较大，当向水平面投影后，沿煤层倾斜方向的长度将产生显著的变形，因而采掘工程平面图不利于解决采掘工程中的问题，所以要绘制采掘工程立面图。如图13.5所示。

采掘工程立面图是在采掘工程平面图的基础上绘制的。首先绘制平面图，使煤层的平均走向与图纸的底边线大致平行，也就是说使煤层沿图纸左右方向分布。其次，在平面图上过一固定的测点作一直线，使其平行于煤层的平均走向，以此作为竖直投影面的迹线。此后，在图纸的上方，按平面图的比例尺画高程线，令其与竖直投影面的迹线平行。最后，由平面图上各特征点沿垂直于迹线的方向作垂线，在此垂线上按各点的高程，确定其在立面图上的位置，即各点的立面投影，根据图例符号画出该图的全部内容，即得采掘工程立面图。

为了便于平、立面图进行对照，须注明各点的高程。

(3)厚煤层采掘工程图。

厚煤层采掘工程平面图的绘制方法与薄煤层和中厚煤层采掘工程平面图基本相同。无论是水平分层还是倾斜分层开采，都须按分层绘制采掘工程平面图。图上除绘制本分层的所有采掘巷道和地质资料外，还必须展绘开采本煤层的基本巷道，如采区上下山、集中运输巷道、采区石门等。

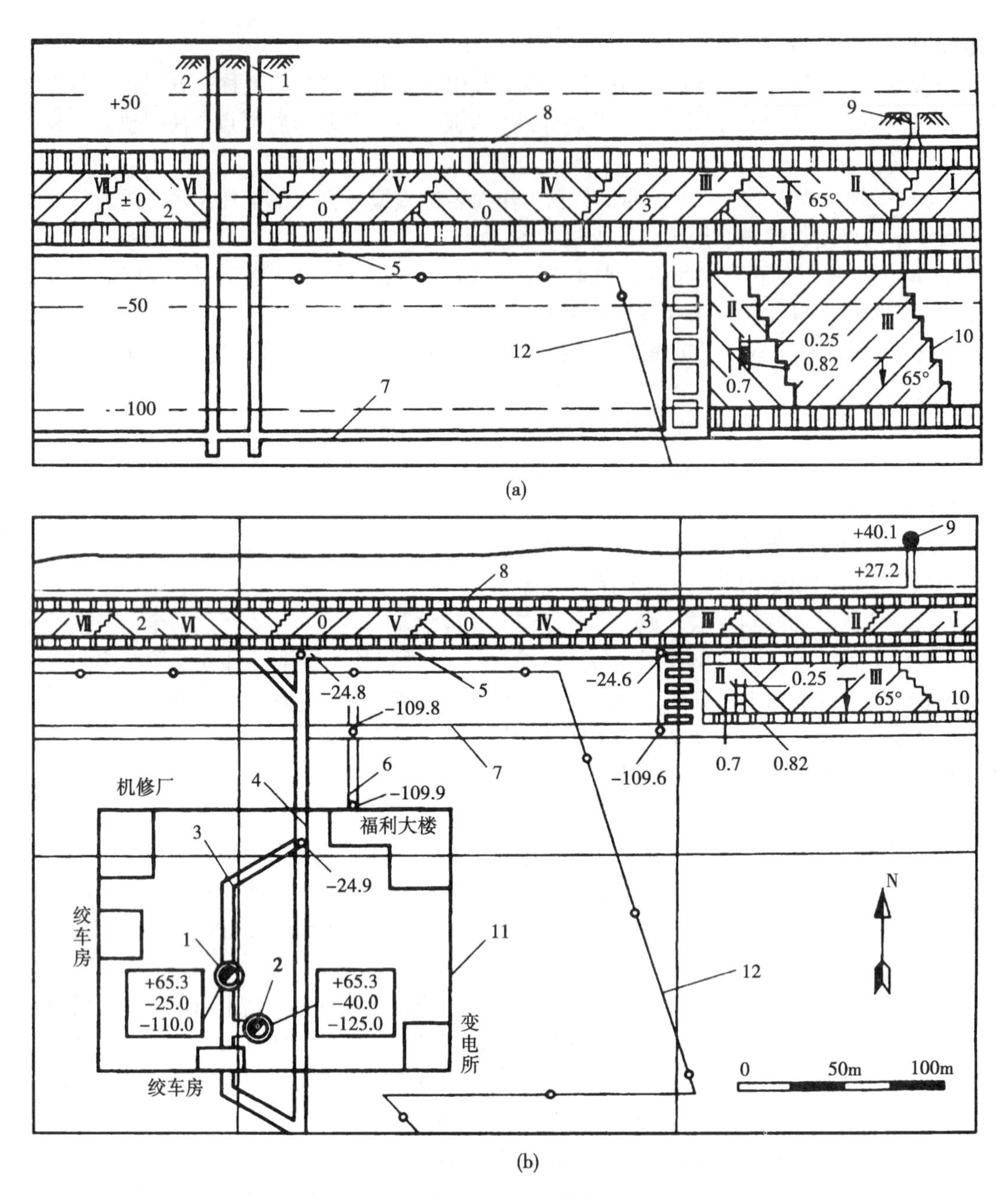


(a)立面图 (b)平面图

1—主井 2—副井 3—井底车场 4—石门 5—25m 水平大巷 6—石门 7—110m 水平大巷 8—回风大巷 9—小竖井 10—工作面 11—工业场地边界线 12—工业场地保护煤柱

图 13.5 某矿急倾斜煤层采掘工程平面图和立面图(局部)

(4)特厚煤层采掘工程图。

特厚煤层的分层数较多，各分层的情况相差不大，没有必要每一分层都绘制采掘工程平面图。所以在开采特厚煤层时，采掘工程平面图的绘制方法比较特殊，可以只绘底分层的采掘工程平面图和沿倾斜方向的垂直剖面图。

特厚煤层采掘工程平面图中应填绘的内容有：本水平的运输大巷、采区石门、皮带运输巷和煤门等，注明巷道特征点的高程；自然分层中第一人工分层的顺槽和上山管子道；上水平的走向管子道和平巷管子道；本不平的煤层顶底板和断层等，并注明煤层和断层的倾角。此外，在图上还应填绘煤层顶底板、剖面所截巷道、断层线、人工分层及其回采年月、高程线及高程等。

3. 采掘工程图的用途

(1)了解采、掘空间位置关系，及时掌握采、掘进度，协调采掘关系，对矿井生产进行组织和管理；

(2)了解本煤层及邻近煤层地质资料，进行采区或采煤工作面设计；

(3)根据现已揭露的煤层地质资料，补充和修改地质图件；

(4)根据现有采煤工作面生产能力及掘进工作面掘进速度，安排矿井年度采、掘计划；

(5)绘制其他矿图，如生产系统图等。

4. 采掘工程图的读图方法

拿到一张采掘工程平面图后，我们要看清图名、坐标、方位、比例尺和编制时间，了解采区或采煤工作面的范围、边界及四邻关系，搞清楚煤层产状及主要地质构造、全矿井、采区或采煤工作面巷道布置，掌握采掘情况。同时注意不同巷道的识别方法。

(1)竖直巷道、倾斜巷道、水平巷道的识别。

立井、暗立井等属于竖直巷道，立井的附近表示有井名、井口标高、井底标高，箭头向里表示进风井，箭头向外表示出风井，两标高的差值即立井的深度。

斜井、暗斜井和上、下山等巷道属于倾斜巷道，有专用符号来表示。判别一巷道是否为倾斜巷道，主要看其名称和底板标高的变化情况。如果一巷道内各点标高数值相差较大，可判定该巷为倾斜巷道。

平硐、石门、运输大巷、回风平巷等属于水平巷道。所谓水平巷道，并不是绝对水平的，为了方便运输和排水，一般会设有3%或5%的坡度。我们可以根据巷道名称和巷道底板标高来判定巷道是否为水平巷道。

(2)煤巷、岩巷的识别。

巷道断面中，煤层占到4/5及以上的巷道称为煤巷。这类巷道在采区中较多，如上山、下山、区段平巷道、开切眼等。巷道断面中，岩层占4/5及以上的巷道称为岩巷。在采掘工程平面图中，我们可根据巷道名称来辨别是煤巷还是岩巷，或根据图例来辨别，或根据巷道标高和煤层底板标高来辨别。在同一点上，巷道标高和煤层底板标高大致相同，则说明巷道是在煤层中开掘的，煤层厚度大于巷道高度为煤巷，小于巷道高度为煤岩巷。

(3)巷道相交、相错或重叠的识别。

井下各巷道在空间上的相互位置关系有三种情况：相交、相错或重叠。两条巷道相交是指不同方向的巷道在某一位置交于一处，两条巷道在交点处的标高相等。两条巷道相错是指方向和高程均不同的巷道在空间上相互错开，在采掘工程平面图上，两条巷道虽然相交，但交点处标高不相等。两条巷道重叠是指标高不同的巷道位于同一竖直面内，在采掘工程平面图上，两条巷道重叠在一起，但标高相差较大。

采掘工程平面图上一般用双线表示巷道，两巷道相交时，交点处线条应断开；两巷道相错时，上部巷道线条连续而下部巷道线条中断；两巷道重叠时，位于上部的巷道用实线表示，位于下部的巷道用虚线表示。

### 13.2.6 井上下对照图

井上下对照图是用水平投影的方法，将井下主要巷道投影到井田区域地形图上所得到的，反映地面的地物地貌和井下的采掘工程之间的空间位置关系的综合性图纸。井上下对照图比例尺一般为 1∶2000 或 1∶5000，主要用来了解地面情况和井下采掘工程情况的相对位置关系，为井田范围内进行各类工程规划、村庄搬迁、征购土地、土地复垦、矿井防排水以及进行“三下”采煤等提供资料依据。井上下对照图如图 13.6 所示。

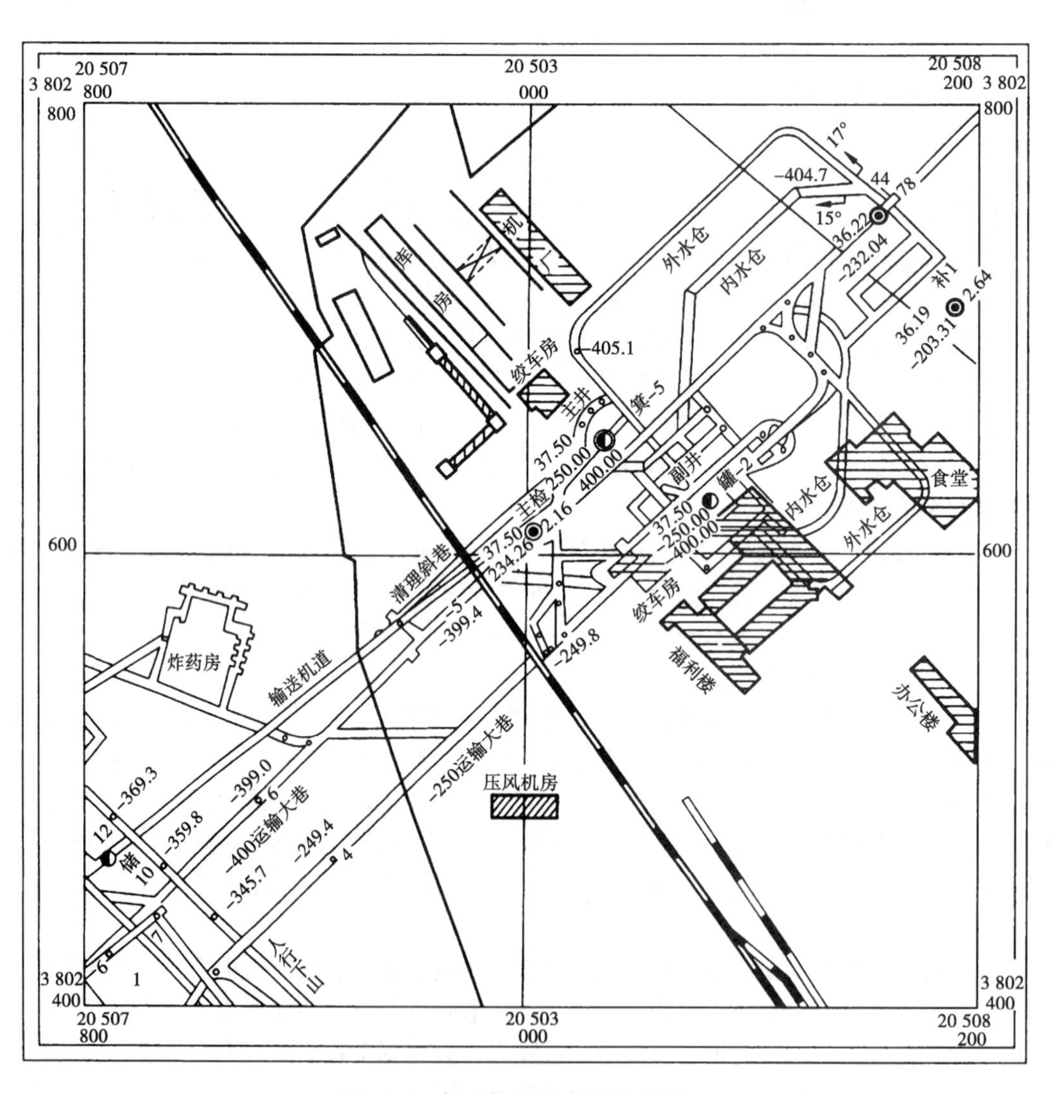


图 13.6　某矿井上下对照图(局部)

1. 井上下对照图上应表示的内容

(1)井田区域地形图所规定的主要内容：如地面的地物、地貌、河流、铁路、湖泊、桥梁、工厂、村庄和其他重要建筑物等。

(2)各个井口(包括废弃未用的井口和小窑开采的井口)位置。

(3)井下主要开采水平的井底车场、运输大巷、主要石门、主要上山、总回风巷、采区内的重要巷道；回采工作面及其编号(对于煤层开采层数较多的矿井，应根据煤层间距和煤层倾角，可绘有代表性煤层的开采工作面或只绘制最上层煤的开采工作面)。

(4)井田技术边界线，保护煤柱围护带和边界线并注明文号。

2. 井上下对照图主要用途有以下几个方面

(1)确定地表移动的范围。

由于井下开采所引起的岩层的移动和地表的沉降，可能使地表的铁路和重要建筑物遭受破坏，还可能使地面河流或湖泊之水顺地表塌陷而涌入地下，造成重大灾害，因此必须准确确定受到采动影响的地表移动范围，以便采取必要措施。

(2)确定井下开采深度。

在井上下对照图上，可同时知道地面某点标高和煤层底板标高，这样两者之差即为开采深度，这可以确定排水钻孔，灌浆灭火钻孔等各种钻孔的深度。

(3)考虑在铁路下、建筑物下和水体下采煤的问题。

在铁路下、建筑物下和水体下进行开采工作，由于岩层的塌陷会造成地表的沉降，为了使地表发生的沉降不会引起铁路、建筑物的破坏，则需要在开采方法、开采顺序和开采时间上采取适当的措施，井上下对照图是研究“三下采煤”的基础资料之一。

(4)确定钻孔位置。

在进行钻探、井下注浆灭火、排水或处理井下灾害事故中，往往需要向井下打钻，此时，准确的定出钻孔位置是极其重要的，这一工作也需要借助井上下对照图来解决。

### 13.2.7 井筒断面图

井筒断面图是反映井筒施工和井筒穿过的岩层地质特征的综合性图纸，比例尺为1∶200或1∶500，如图13.7所示。井筒断面图主要为矿井开采提供井筒情况的地质资料，为井筒延深设计、井筒设备安装和井筒维修提供依据，井筒断面图上应表示的内容有：

(1)井壁的支护材料和初砌厚度，壁座的位置和厚度，掘进的月末位置；

(2)穿越岩层的柱状，并注明岩层名称、厚度、距地表的深度以及岩性简况，开凿过程中的涌水量和其他水文资料等；

(3)地表(锁口)、井底和各中间连通水平的高程注记；

(4)井筒竖直程度；

(5)附井筒横断面图，图上绘出井筒内的主要装备和重要设备，并标出井筒的提升方位；

(6)附表列出：井筒中心的坐标、井筒直径、井深、井口和井底高程、井筒提升方位、井筒开工与竣工日期以及施工单位等。

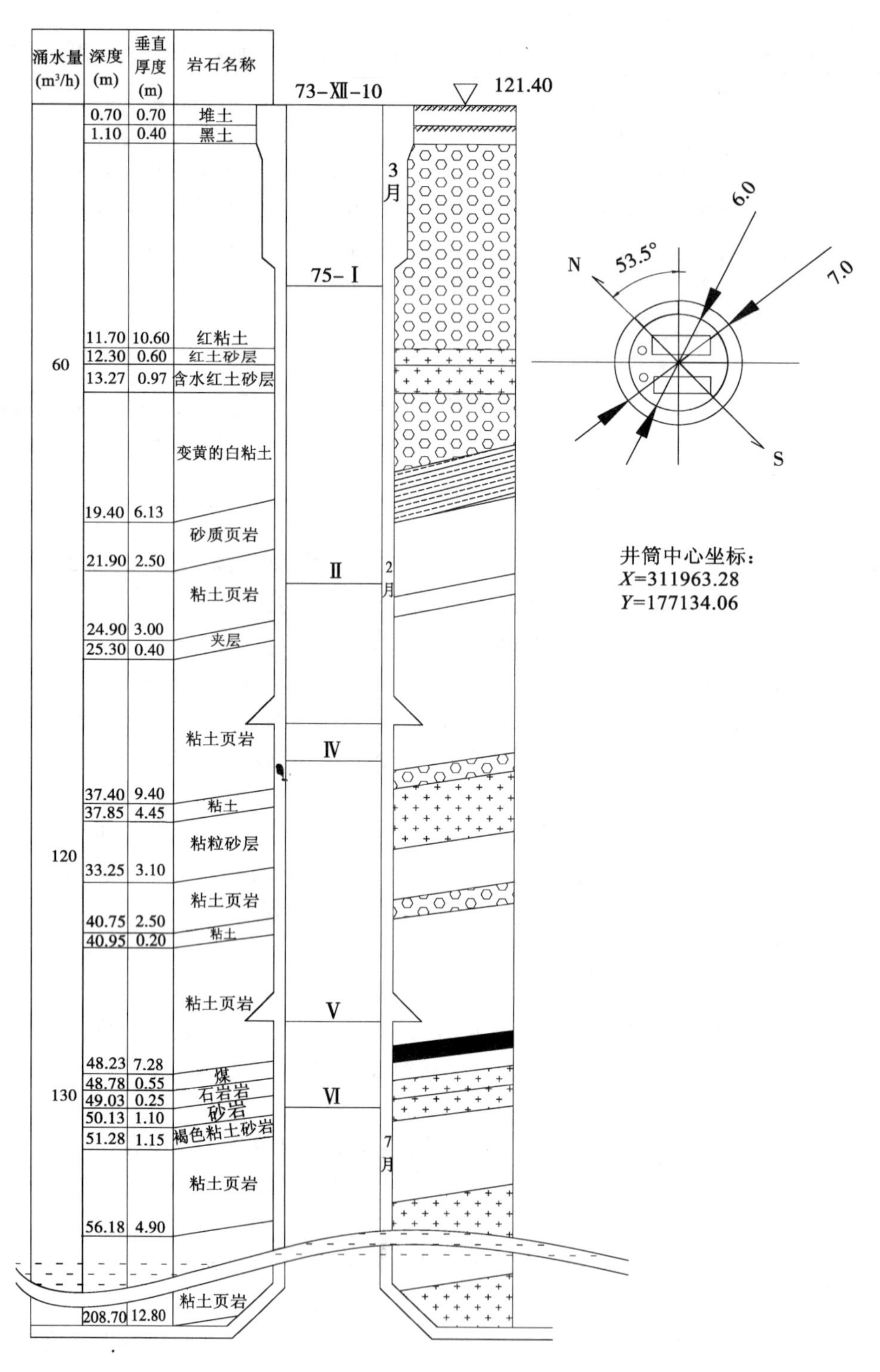
涌水量 $(m^3/h)$
深度 (m)
垂直厚度 (m)
岩石名称
73-Ⅻ-10
121.40
0.70 0.70 堆土
1.10 0.40 黑土
3月
75-Ⅰ
11.70 10.60 红粘土
12.30 0.60 红土砂层
60
13.27 0.97 含水红土砂层
变黄的白粘土
19.40 6.13
砂质页岩
21.90 2.50
Ⅱ
2月
粘土页岩
24.90 3.00
夹层
25.30 0.40
粘土页岩
Ⅳ
37.40 9.40
粘土
37.85 4.45
粘粒砂层
120
33.25 3.10
粘土页岩
40.75 2.50
粘土
40.95 0.20
粘土页岩
Ⅴ
48.23 7.28
煤
48.78 0.55
130
石岩岩
49.03 0.25
砂岩
50.13 1.10
Ⅵ
褐色粘土砂岩
51.28 1.15
7月
粘土页岩
56.18 4.90
粘土页岩
208.70 12.80
N
53.5°
6.0
7.0
S
井筒中心坐标:
X=311963.28
Y=177134.06

图 13.7 井筒断面图

### 13.2.8 主要保护煤柱图

主要保护煤柱图又称保安煤柱图，它是反映井筒和各种重要建筑物和构筑物免受采动影响所划定的煤层开采边界的综合性图纸，由平面图和沿煤层走向、倾向的若干剖面图组成，比例尺一般与采掘工程平面图和主要巷道平面图相一致，为矿井改扩建设计、确定开采煤层的开采边界和指挥生产提供资料依据。主要保护煤柱图如图 13.8 所示。图上应表示如下内容：

(1)平面图上绘出受护对象、围护带宽度、煤层底板等高线、主要断层、煤柱各侧面与开采水平(或与开采煤层)的交面线的水平投影线；

(2)剖面图上应绘出受护对象、围护带宽度、地层厚度、各开采水平的水平线、煤层剖面、主要断层和保护煤柱边界线；

(3)附表说明受护对象及其名称和保护级别，煤柱设计所采用的参数及其依据，围护带宽度和各角点的坐标，煤柱内各煤层的分级储量统计，煤柱设计的批准文号等。

保护煤柱的设计方法主要有垂直断面法和数字标高投影法，我们可以根据受护对象轮廓的复杂程度和开采煤层的数目，以及开采水平的多少，选择合适的方法。当受护对象轮廓比较复杂，开采煤层和开采水平都较多时，宜采用数字标高投影法绘制主要保护煤柱图。当受护对象轮廓比较简单，开采煤层和开受水平都较少时，可以采用垂直断面法或垂线法。

### 13.2.9 采掘计划图

采掘计划图是在现有采掘工程平面图、水平主要巷道布置平面图的基础上，根据市场对矿井的煤炭产量和质量提出的要求，依据矿井设计资料、生产技术和地质条件以及矿井的实际管理情况绘制的关于掘进计划和采煤计划的图件。

掘进和采煤是矿井生产过程中的两个基本环节，要想采煤必须先进行掘进，只有合理安排采、掘布置，平衡采掘关系，才能保证矿井创造出好的经济效益。

采掘计划图可以分为开采计划图和掘进计划图。开采计划图又分为采煤工作面年度生产计划图、采煤工作面较长期(5～10 年)规划图和采区接替规划图；巷道掘进计划图可分为年度计划图、较长期巷道掘进规划图和水平接替规划图；按巷道类别又分为回采巷道掘进计划图、准备巷道掘进计划图和开拓巷道掘进计划图。

采掘计划图上应表示的内容有：

(1)矿井现有采煤、掘进工作面的类型、数目和位置；

(2)年度内各采掘队逐月、逐季工作地点、计划进度及接替关系等；

(3)采煤工作面、采区、水平的接替。

采掘计划图的用途有以下几个方面：

(1)用于编制年度产量计划和采掘设备投资预算；

(2)用于安排和组织采煤和掘进工作；

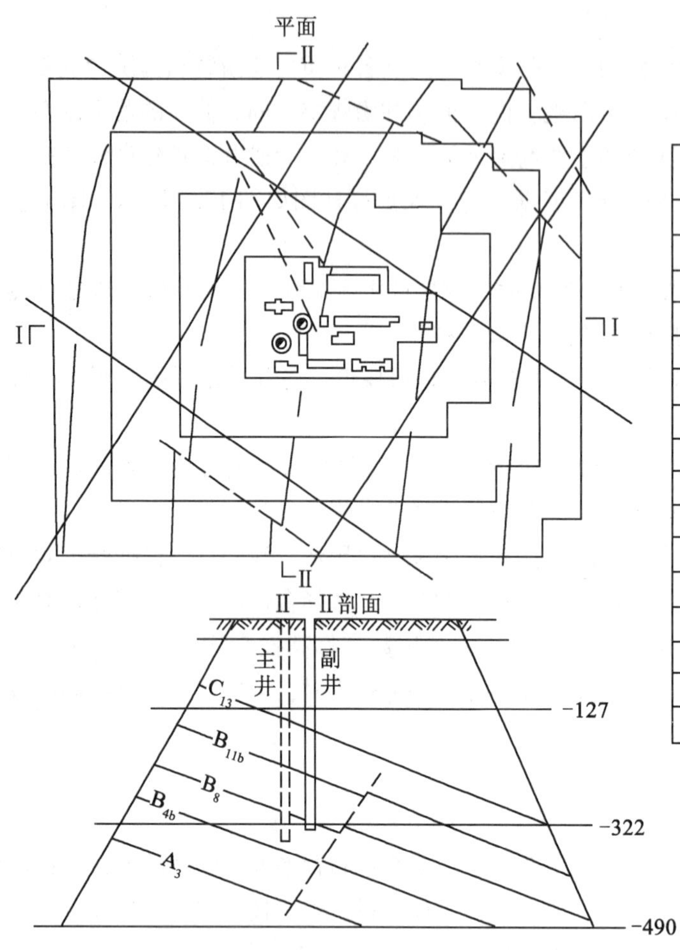


煤柱储量表　单位：万t

| 煤层 | A+B+C | A+B+C+D |
|---|---|---|
| 合计 | 1 755.7 | 1 909.1 |
| $C_{15}$ | 27.3 | 27.3 |
| $C_{13}$ | 184.4 | 184.4 |
| $B_{11b}$ | 216.6 | 216.6 |
| $B_{10}$ | 32.7 | 32.7 |
| $B_{9b}$ | 116.2 | 132.2 |
| $B_{9a}$ | | 16.8 |
| $B_{8}$ | 290.7 | 309.3 |
| $B_{7}$ | 273.0 | 298.0 |
| $B_{6}$ | 38.3 | 52.1 |
| $B_{4b}$ | 143.0 | 152.5 |
| $B_{4a}$ | 59.4 | 64.8 |
| $A_{3}$ | 254.8 | 278.3 |
| $A_{3}$ | 130.3 | 144.1 |
| | | |
| | | |

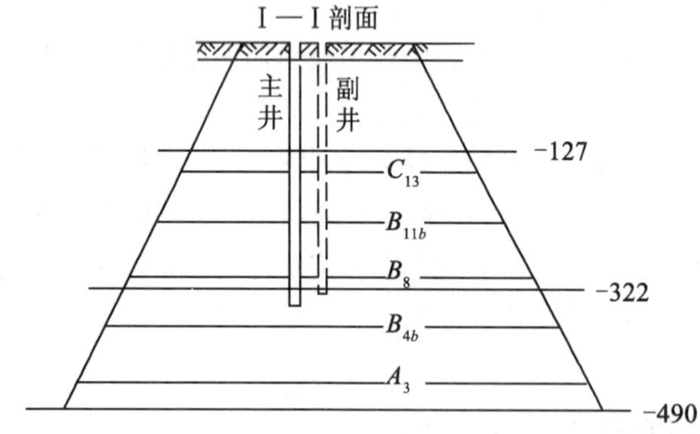


1.保护对象：主副井筒及其绞车房，行政办公大楼，福利大楼，煤仓，高压泵房，煤泥沉淀池，变电所，矿灯房，机修厂，锅炉房，等等
2.按煤地字(1978)305号文规定，设计参数采用：$\phi=40°$，$\delta=62°$，$\gamma=67°$，$\beta=70°-0.5\alpha$
3.煤柱作图方法：垂直断面法

图 13.8　某矿工业广场保护煤柱设计图

(3)了解计划年内(各时期)的计划产量和巷道掘进进尺；

(4)了解采区内工作的计划接替情况；

(5)了解采掘组的进度或进尺，指挥生产；

(6)检查、验收各队采掘生产完成情况；

(7)用于检查分析水平之间、采区之间的接替关系；

(8)作为下年度采掘计划的参考。

### 13.2.10 煤矿生产系统图

煤矿生产系统图包括运输系统图、供电系统图、排水系统图和通信系统图。各矿井可根据自己的生产需要选择绘制。

1. 运输系统图

运输系统图是反映井下运输情况的图件，即把全矿井主要运输线路及运输设备画在一张图上。

运输系统图上应表示的内容有：

(1)和段巷道内的运输方式和运输设备的分布情况，如刮板输送机、无极绳、带式输送机和电机车等，在图上要注明这些设备的主要技术规格，并画出其位置。

(2)各段巷道的运输距离及通过能力。

(3)井底车场的通过能力。

(4)井筒的提升方式、提升设备和提升能力。

运输系统图的主要用途如下：

(1)根据井下运输线路、运输设备、运输方式和通过能力等情况指挥井下运输工作。

(2)分析井下运输线路和运输设备的布置是否合理，简化运输环节，提高运输效率。

(3)作为编制年度运输计划及规划的基础资料。

(4)作为运输图表管理的参考图纸。

2. 供电系统图

在井下供电系统图上，不表示井下各巷道系统的关系，只表示井下供电线路、供电设备、电缆规格，以便了解井下供电情况，研究和解决井下供电问题。如图13.9所示。

3. 排水系统图

排水系统是表示井下各开采水平排水线路，泵房内水泵的型号、台数，管线的规格、趟数和布置的综合性示意图。排水系统图如图13.10所示。

排水系统示意图的主要用途如下：

(1)反映井下排水线路、排水设备和排水能力等信息，以便主管人员了解排水，分析和解决井下排水问题。

(2)便于检查排水管路、排水设备的布置是否合理。

(3)可作为井下防水，排除水害的重要参考图纸。

(4)可作为矿井编制年度计划和长远规划的基础资料。

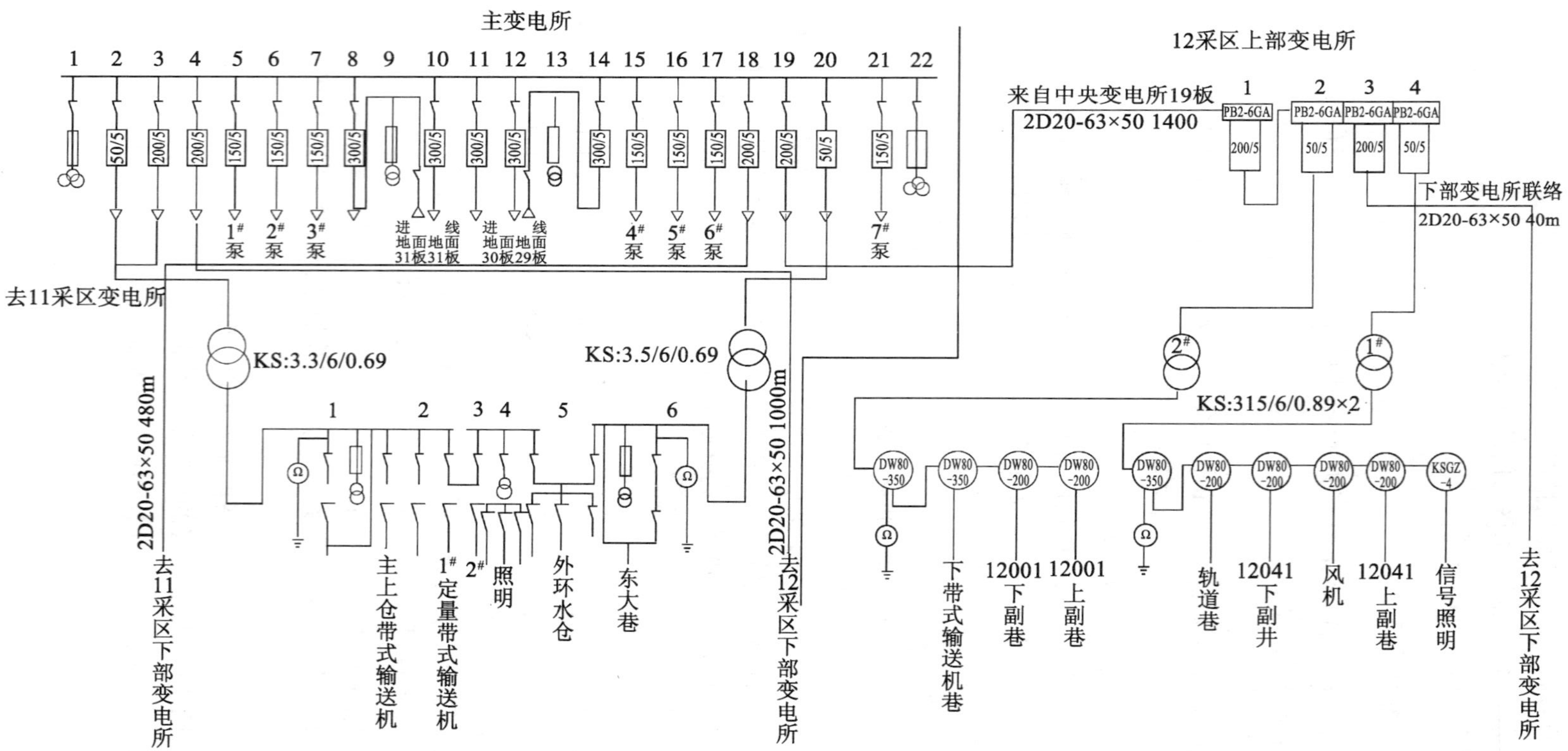

图13.9　某矿井下供电系统图

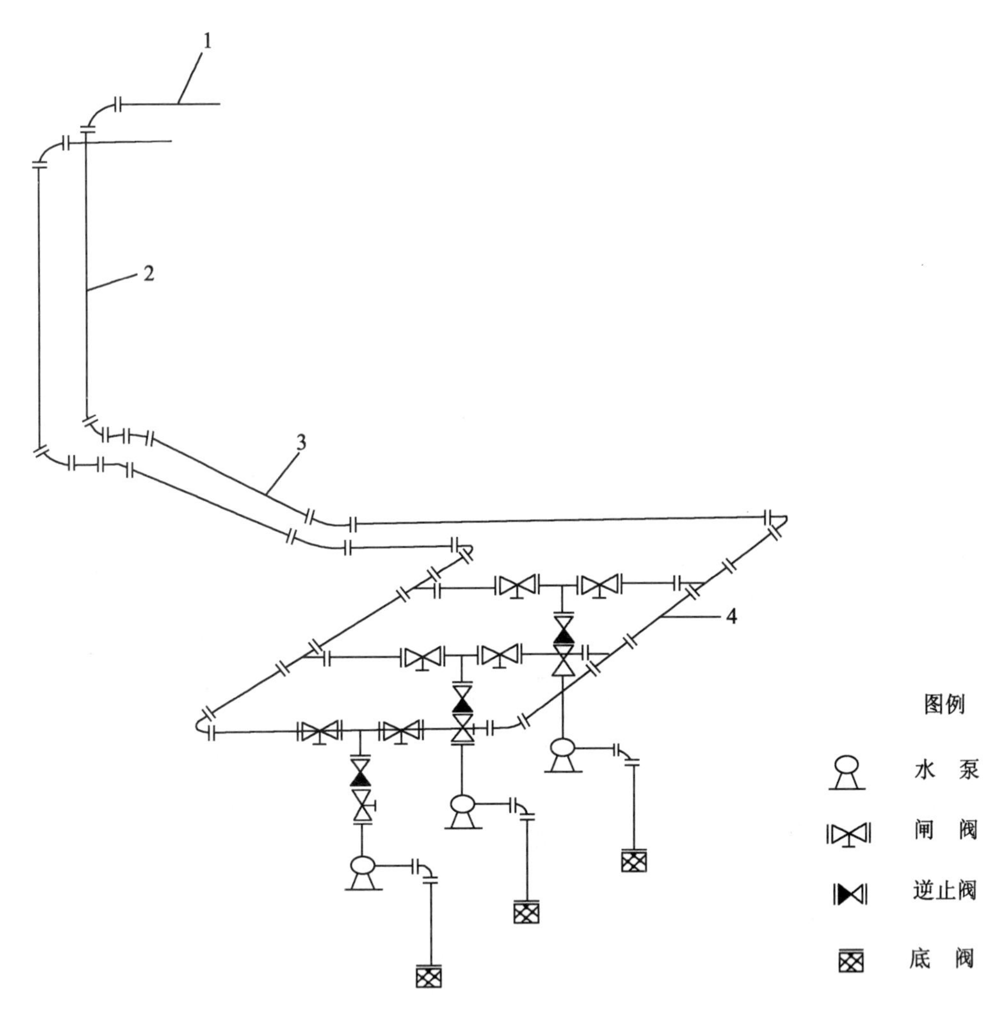


1—地面水管　2—副井水管　3—管子道管路　4—主水泵房排水设备

图 13.10　某矿排水系统示意图

4. 通信系统图

通信系统图是反映矿井通信系统网络的图件。通信系统图是由通信网络及通信设备组成。

煤矿井下通信装置的作用十分重要，在正常工作时，它可远距离联络工作人员，使机械设备互相配合运转。在输送机、转载机斜巷串车运输设备起运前发出预警报信号，以保证启动运行的安全。井下通信系统采用矿用隔爆兼本质安全型设备，并与井下通信系统接通，在紧急情况下及时与地面管理部门联系，快速采取事故应急救援措施，处理事故。通信系统图如图 13.11 所示。

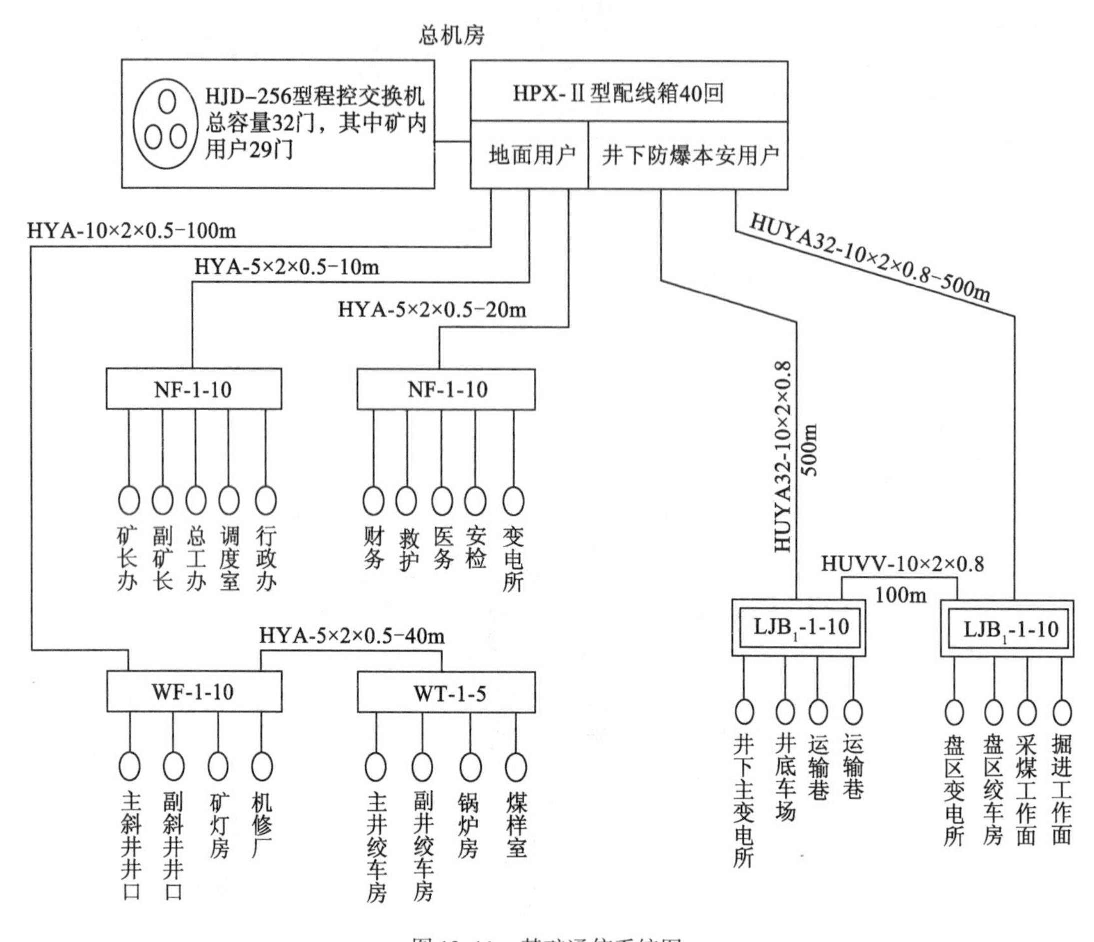


图 13.11　某矿通信系统图

## 13.3　计算机辅助绘制矿图

随着计算机技术的飞速发展，计算机及其外围设备的逐步普及，特别是计算机绘图软件的不断完善和功能的日益强大，计算机绘制矿图现已逐步取代传统的手工绘制矿图。

与传统的手工绘图相比，计算机绘制矿图可以任意进行矿图的分解或合成，随时动态修改或填图，图件可按要求任意放大或缩小，可随时复制，图件资料可数字化存储、保存，可通过网络传输图形信息，实现信息资源的共享，具有无可比拟的优越性。

计算机辅助绘制矿图的实质是，根据矿图绘制的和具体目标和任务要求，利用计算机及其外围设备等硬件设施，借助于空间数据管理及计算机绘图软件等工具的支持，开发研制出矿图绘制的专业性应用软件，从而形成计算机绘图系统，并利用该系统完成矿图绘制的工作过程。

1. 硬件配置

通常应根据矿图绘制要求和软件要求来配置计算硬件。一般说来必须具备的硬件设备有：微型计算机、彩色显示器、A0 或 A1 幅面的绘图仪、喷墨或激光打印机。此外还可根据需要配备其他一些设备：A0 或 A1 幅面的数字化仪、A1 幅面的扫描仪、电子记录手簿、网卡、网络文件服务器等。

2. 软件配置

通常根据一些部门研制开发的计算机辅助绘制矿图的软件系统来配置。一般说来必须具备：Windows 或其他操作系统、AutoCAD、Office 等。此外还可配置一些图像处理软件、网络软件、数据库编程软件等。

3. 常见计算机辅助绘制矿图软件系统功能

国内一些研究单位或部门开发有一些功能齐全、界面友好、实用性强的矿图绘制系统，能够满足煤矿测量生产中各种基本矿图的绘制和管理。无论用何种手段开发，计算机矿图绘制系统都应具有以下一些基本功能：

(1)图形数据的采集与输入。

野外或井下测量数据可采用电子手簿、便携机等设备将观测数据成果记录下来，并传输给主机，也可采用手工记录，键盘输入主机。已有的图件资料可通过扫描仪或数字化仪采集，并输入主机。

(2)图形数据的组织与处理。

野外或井下采集的确图形数据量相当庞大、数据格式既有几何数据，又有属性数据和拓扑关系。因此，需要通过图形数据的组织和处理，经过编码，坐标计算，组织实体拓扑信息，将这些几何信息、拓扑信息、属性数据按一定的存储方式分类存贮，形成基本信息数据库。根据矿图绘制的特点和要求，将现有图例形成图例库，将巷道、硐室、井筒等矿图基本图素形成图素库，以便于用图素拼接法成图，简化绘图方法，加快成图速度。

(3)图形的编号与生成。

目前国内在多数测量绘图软件包都是在 AutoCAD 环境下开发的。当数据组织一定的条件下，成图方法基本可以分为两种类型。一是在 AutoCAD 环境下成图，这种方法是在环境外部利用高级语言形成 AutoCAD 的 *.SCR 文件(或 *.DXF 文件)，再回到 AutoCAD 环境下成图。或者直接利用 Lisp 语言编程，让 AutoCAD 运行 Lisp 函数生成图形。二是在外部高级语言环境下，进行数据处理的同时直接生成 AutoCAD 的图形文件。基本图形形成后，对图形进行整体或局部移动、缩放、增删，改变图形的线条的颜色、粗细、属性，进行地貌地物的标注，图廓的整饰等，最后形成满足要求的矿图。

(4)矿图的动态修改。

矿井采掘工作是动态变化的，矿图要随着采掘活动的进程不断修改与填绘，才能保证其现势性。因此，矿图绘制系统应具有随时更改数据库的数据、可以随时向数据添加数据，并能根据修改和增加后的数据及时地修改和填绘矿图的功能。

(5)矿图的存贮、显示和输出。

根据矿井生产建设的需要，随时输出不同比例尺、不同种类的图纸。输出方式可以是纸质、聚酯薄膜，也可以直接将数字化图形转记到软盘上，或者可在大屏幕上直接输出平面图、断面图和三维立体图，供工程、设计、会议、调度用。

4. 直接在AutoCAD中绘制矿图的方法

一些煤矿的测量部门，本着节约的原则，不愿意购买别人已经开发好的矿图绘制软件，也可以在 AutoCAD 环境下直接绘制矿图。事实上，采掘工程平面图等反映井下生产情况的图纸，线条一般都比较简单，内容并不复杂，完全可以直接在 AutoCAD 中绘制。一般步骤和技巧如下：

(1)准备工作：设置图层、文字、标注样式、对象捕捉、单位格式、图形界限等。并对常用的图形界限、单位、标注样式、文字样式等做好模板，或保存为样板文件，以便随时调用。

(2)在 CAD 中建立测量坐标系(UCS)：CAD 的基本坐标系是 WCS，与数学坐标系一致。我们可以改变原点、坐标轴的方向和象限的旋转方向来建立一个用户坐标系，使其成为测量坐标系。但现在较通常的做法是：不建立 UCS，直接在 WCS 中(CAD 的默认坐标系，不作任何设置)展点，展巷道中的导线点时，以“Y 坐标，X 坐标，H 高程”的格式输入各点的位置。

(3)用坐标展点绘制巷道：先设置点样式，导线点的大小可在选择点样式的基础上，按绝对大小设置。绘图时一般是以 m 为单位绘图，如在 1：2000 图上，当我们将点的大小设置为 2 个单位时，其直径就是 1mm。巷道可用多线绘制，绘制时先设置多线(偏移距离、线型和绘制比例)，然后用坐标展点绘制多线(巷道)。巷道相交可以通过对多线进行编辑修改(mledit)来实现。

(4)绘制其他内容：绘完巷道后，再绘制井下的硐室、水仓、绞车房、回采工作面、巷道名称、工作面名称、巷道坡度、断层、地质小柱状、风门、密闭、井口标志、露头线、井田边界等内容。

(5)绘制图签、图框、图例、图廓注记等内容：注明图名、图号、比例尺、坐标系统、高程系统、测绘单位、测绘时间、测绘人员、审核人员等。

(6)打印输出：在测量绘图过程中，最好以米为单位并以 1：1 的比例绘图，打印输出时再根据需要调整比例。如图纸的尺寸设置为 mm，则打印比例为“1：0.5”时，就是按 1：500 比例输出，打印比例为“1：2”时，就是按 1：2000 比例输出。按上述方式绘制的矿图，在打印输出时，还有一个问题需要注意，就是北方向和图廓线的问题。由于矿层的走向一般与 $X$ 轴或 $Y$ 轴斜交，绘图时按坐标绘图(图廓线与坐标线斜交)，打印输出时应将整个图纸沿走向旋转到水平位置(图廓线呈水平状态)，这样绘制的矿图才符合我们的看图要求。

## 13.4 地质测量信息系统

### 13.4.1 地质测量信息系统概述

矿井地质测量信息系统，就是以采集、存贮、管理和描述矿井范围内有关矿井地质和测量数据的空间信息系统，是矿区资源环境信息系统的基础和核心子系统。矿井地质测量信息系统有四大基本功能：数据的采集、管理、分析和表达。

地理信息系统的理论和技术方法是矿区多层空间(地面、地下和近地表大气层)，以及资源和环境等动态四维时空信息的存储、处理、复合、分析与评价的有力武器。在此基础上，开发用于矿区条件的矿区资源环境信息系统，可以为矿产资源的合理开发、环境影响与生态效应、自然过程与社会经济问题的分析评价或预测报等提供最好的信息载体和有效的技术手段。

矿井地质测量工作为矿井生产建设提供完备的地质信息、几何数据和图形信息，矿井地质测量空间信息是整个矿区资源环境空间信息的主要来源和核心。因此，矿井地质测量信息系统是矿区资源环境信息系统的基础，它具有如下特点：

(1)基础性。矿井地质测量信息是矿井地面与井下规划设计、矿井生产指挥调度、矿井通风安全等方面的基础信息源。因此，矿井地质测量信息系统具有基础性的特点。

(2)三维空间性。矿井空间是包括地面、井下及上覆岩层的多层立体空间，它具有复杂的内部结构。如起伏的地形，矿床中的褶皱、断层构造，井下巷道的空间交错等。

(3)动态性。矿区开发和生产作业的地理空间地点时刻处在变动之中，地下巷道、采场和矿床贮存状况下断变化。这就要求地质测量信息系统能不断地扩充、更新和完善，能及时反映新揭示的地质现象，准确表达井下巷道和采场的空间位置。

(4)不确定性和随机性。由于地下矿藏赋存状况和地质构造的复杂性、下稳定性，并且受勘探技术手段和勘探工程量的限制，因此对矿体及其围岩地质特征的描述往往带有一定的推断性质，对开采对象下完全确知，因而生产作业和管理工作完全按原定计划执行很难做到，故具有一定的随机性。

地理信息系统(GIS)是以采集、存贮、管理、分析和描述整个或部分地球表面(包括大气层在内)与空间和地理分布有关的数据的一种特定而又十分重要的空间信息系统，处理空间数据和图像是 GIS 的最大特点。

### 13.4.2 地质测量信息系统的组成

矿井地质测量信息系统是在国内外现有的通用 GIS 软件的基础上，根据矿井地质测量的空间特点和矿井生产建设的需要，进一步扩展和再开发的专用出的专用软件。与通用 GIS 软件一样，矿井地质测量信息系统的主要组成部分如图 13.12 所示。其主模块介绍如下：

1. 数据输入与格式转换

该系统能够实现常用 GIS 数据格式间的转换，能够支持多种形式的数据输入，如文本、数字、矢量和网格图形数据的输入。将现有的井田区域地质地形图、煤层底板等高线图、采掘工程图等图件以及野外测量数据、地质编录资料和采矿数据等转换成与计算机兼容的数学形式。该系统不仅要包括通用的图形处理功能，如图形数据的输入、编辑、构建拓扑关系、地图整饰、图幅接边等，而且还要具备图像功能，以实现 GIS 和遥感的完全结合。在图形编辑系统中设计属性数据的输入功能可以直接参照图形数据，实现图形数据与属性数据的连接。

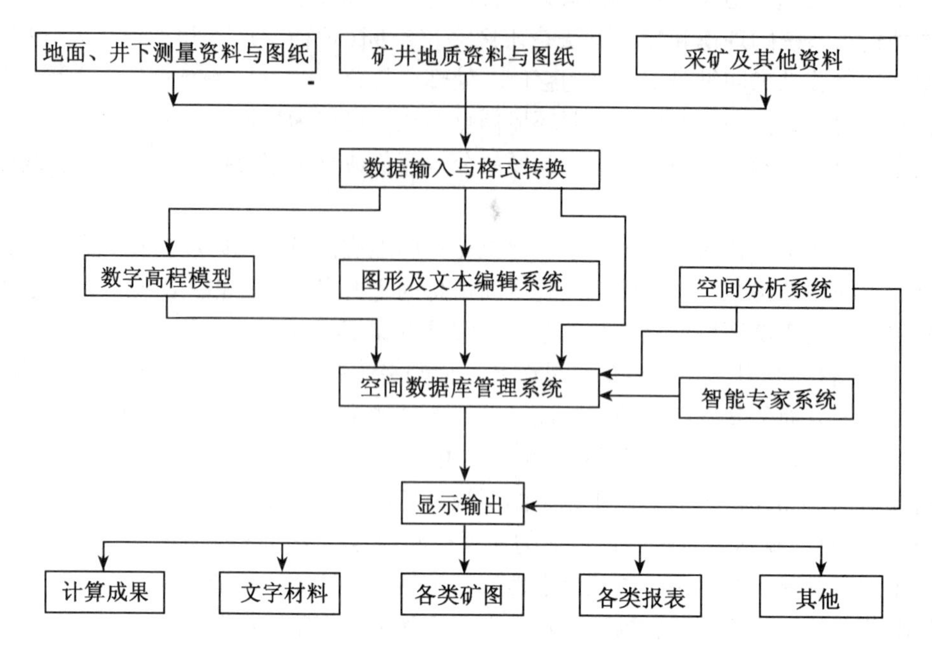


图 13.12　地质测量系统的主要功能模块组成

2. 数字高程(地面)模型模块

数字高程(地面)模型是一种特殊的数据模型。在矿产资源开发中，在地面地形图、煤层底板等高线图以及采掘工程图上，不能再把高程当做属性，而应该用真三维的方法研究，因此把它设计成一个单独的模块。

3. 空间数据管理系统

它是GIS软件工具的核心部分，统一管理属性和空间数据，具有初始化、输入、更新、删除、检索、变换、量测、维护等功能，并为其他模块提供基本图形图像支持工具和接口。

4. 空间数据分析系统

空间数据的处理、分析是GIS软件的又一重要内容和特色。关于空间数据分析可分为三个层次：一是简单的空间搜索、空间叠加；二是空间格局的关系及其描述；三是空间模拟。

5. 智能专家系统工具

该系统工具以人工智能为基础，它具有模仿专家的思维、推理，进行分析和解决问题的能力。它对于处理井下复杂的、不确定的地质现象，进行地质推断和地质预报等具有重要意义。

6. 数据显示、输出系统

数据输出和表示是关于数据显示和向用户报告分析结果的方法问题，数据可能以图形、图像、文本、表格等各种形式表示。

### 13.4.3 地质测量信息系统的功能

1. 数据的采集与输入功能

矿井地质测量信息系统的数据主要来自于矿井地质数据、矿井测量数据和采矿信息数据。例如，地质勘探资料、井下开拓掘井揭露的地质资料、野外和井下测量数据、现有的图纸资料等。

不论地理数据信息的形式怎么多样化，它大体可分为两类：一是地理基础数据或空间数据，如地形、井下巷道、工作面的位置，矿床的贮存状态及地质构造的位置等；二是属性数据或描述数据，如煤质、顶底板岩性、生产统计数据等。

野外和井下测量数据、属性数据等可通过键盘、电子数据记录器等输入；现有图纸资料可通过数字化仪或扫描仪输入。

2. 图形处理功能

图形处理是 GIS 的主要功能之一。它能完成图形的输入、编辑、建立拓扑关系、图形修饰、分层显示、输出等主要任务。对于矿井地质测量信息系统来说，它应具备以下功能：

(1)制图功能。根据矿井地质测量资料建立矿井地面、煤层底板的数字高程模型，生成各类矿图。

(2)矿图动态修改功能。根据井下采掘工程的进展情况，及时填绘采掘工程图、井上下对照图等矿山测量图；根据采掘过程中新揭露的地质资料补充和修正煤层底板等高线图、地质水平切面图、勘探线剖面图、地形地质图等矿井地质图，动态地对矿图进行更新，以保证矿图的现时性。

(3)生成断面图、立体图及其他专业图纸。

(4)实现属性数据与图形的互访。如某个位置的煤质、剩余煤厚，或不可采厚度所圈定的不可采块段范围。

(5)图形显示、输出功能。

3. 地质测量数据库管理功能

地质测量数据库是地质测量信息系统的核心部分，其功能如下：

(1)数据库的建立与维护。根据地质测量的原始数据、计算成果、应用模型等分别建立原始资料库、成果库、图例库、模型库等。数据库建立后，还需要对其进行维护，以确保其安全和效率。

(2)数据库的操作。应能从数据库中检索出满足条件的数据，可以向数据库中插入新数据，可以修改、删除数据库中的数据。

(3)通信功能。可以向上级主管部门或其他有关部门发送数据库中的数据或图形，也可以接收到其他数据库中的数据，实现信息的共享。

4. 数据处理与空间分析功能

根据数据库的资料进行设计。如控制网优化设计、贯通测量预计、开采沉陷预计、煤柱设计等。

进行数值计算。如地面控制网平差、井下导线的平差计算、各级储量的计算、资源损失量计算、开采沉陷观测资料的分析计算等。

根据地质测量数据库提供的信息，利用智能专家系统工具，对矿井地质现象进行推断。诸如工作面前方地质构造预测，煤层顶底板岩石稳定性预报，综采工作面小断层预报等。

当前，一些地质测量研究部门开发了的矿山地质测量信息系统，主要由系统维护、测量信息管理、储量信息管理、地质信息管理、水文信息管理、调度查询、系统共享软件、远程信息传递等模块构成。可以完成矿井地质、测量、水文、储量等信息的采集、处理、计算与管理以及矿图的自动绘制，并能完成煤矿生产中上、下级单位之间、部门之间数据与图形的相互传递，共享该系统的软、硬件资源。减少地测资料与图件的传统人工报送和交换，大大减轻了劳动强度，提高了工作效率和地质测量的自动化水平，促进了矿山测量的信息化。

## ◎ 复习思考题

1. 什么叫矿图？矿图有什么用途？
2. 根据矿图的特点，矿图绘制有什么要求？
3. 煤矿必须具备的基本矿图有哪些种类？
4. 矿图的常见分幅方式有哪些？矿图如何编号？
5. 井田区域地形图上要表示哪些内容？
6. 采掘工程平面图上要表示哪些内容？
7. 井上下对照图上要表示哪些内容？
8. 手工绘制矿图的基本步骤有哪些？
9. 请叙述用CAD绘制矿图都有哪些步骤？
10. 煤矿地质测量信息系统由哪些部分组成？
11. 煤矿地质测量信息系统的功能有哪些？

# 附录　矿山测量生产实习指导书

## 一、实习目的

测量生产实习是在生产矿井测量理论教学完成之后，集中时间到生产单位(矿山井下)进行的一次综合性实践操作训练。通过本次在工作现场进行的实战训练，使学生了解和掌握以下方面的知识和技能。

(1)了解井下巷道掘进、回采工作和井下测量工作的关系，了解井下各种巷道的概况；

(2)熟悉生产矿井的日常测量工作内容，各种测量工作所使用的仪器、工具以及测量方法、精度要求；

(3)能根据设计图计算巷道中线的标定数据；能正确地使用全站仪(经纬仪)、罗盘仪进行巷道中线的标定；

(4)能正确地使用水准仪、全站仪(经纬仪)、半圆仪标定巷道的腰线；

(5)掌握井下全站仪导线测量的方法，能用“三架法”进行井下导线测量和三角高程测量；

(6)能熟练地操作水准仪，进行井下水准测量；

(7)了解井下巷道中激光指向仪的安装及给向的工作原理。

## 二、实习任务

(1)井下控制测量(平面控制测量、高程控制测量)；

(2)巷道中、腰线的标定工作。

## 三、实习组织

每组4~5人，设组长1人，组长负责与矿山测量部门指导教师和有关人员的工作协调，并负责组内人员每项测量工作的工种安排，同时负责小组人员的出勤考核。

## 四、实习时间

按教学计划的安排，生产实习总的时间两周，具体安排如下：

(1)矿井下安全知识的学习，熟悉实习矿山主要巷道平面图和采掘工程图等图纸，了解矿山测量坐标系统和高程系统。

(2)井下水平巷道高程控制测量，用水准测量进行。

(3)井下巷道用经纬仪给中、腰线、井下全站仪导线测量(15″)、三角高程测量。

(4)井下水平巷道用水准仪给腰线。

(5)井下次要巷道给中、腰线，罗盘仪给中线；半圆仪给腰线。

(6)书写实习总结报告。

## 五、仪器设备

每组借：防爆全站仪 1 台，单棱镜 2 付，三脚架 3 个，带线垂球 3 个，小钢卷尺 3 个；DJ6 经纬仪 1 台，DS3 水准仪 1 台，水准尺 2 根，30m 皮尺 1 把；罗盘仪、半圆仪一套；安全帽每人 1 个。

各组自备：计算器 1 台，井下水准测量、导线测量记录手簿各 1 本，铅笔 HB、H 数支。

到矿后准备的工具：钉锤、木楔、铁钉、测绳、石灰水(或油漆)。

## 六、注意事项

(1)遵守矿山井下的各项规定，特别是井下安全规程中的规定。

(2)在井下的工作时间内，同学间不得打闹，戏耍；不得擅自单独行动，组内人员应统一下井，统一出井。

(3)实习期间各小组长应合理安排每一位同学的工作，注意每一项内容操作时的相互轮换；特别是主要工作的轮换。

(4)在实习期间要特别注意仪器的保管，因一次性拿到矿山的仪器较多，每一组对每种仪器应分别安排专人进行日常管理。每天根据指导教师安排的实习内容，准备好相关的仪器、工具，下班后要对其进行清点。在仪器的搬运和使用过程中，应注意仪器的安全，不得损坏，发现问题及时向实习指导教师报告。

(5)实习期间不得无故缺勤，更不得私自回校或回家。如因特殊情况不能参加实习，须经实习指导教师批准同意。

## 七、实习内容与步骤

为了使实习更紧贴生产实际，故实习的内容安排尽可能和矿山井下巷道测量的实际工作结合起来。实习内容作安排如下：

1. 井下平巷的高程控制测量，具体任务根据矿井巷道实际情况安排

(1)测量方法，用水准往返测量的方法，相邻两点间的高差用两次仪器高法观测。

(2)精度要求，两次仪器高观测高差的互差不大于 5mm，往返测量高差的较差不应大于 $\pm 50\sqrt{R}$ mm($R$ 为水准点间的路线长度，以 km 为单位)。若是闭合路线，其闭合差不应大于 $\pm 50\sqrt{L}$ mm($L$ 为水准环线的总长度，以 km 为单位)。

(3)施测过程及步骤，由指导教师在测量巷道中指定路线及提供已知点，并讲安全注意事项；指导教师在第一站要重点辅导，并讲操作要领和要求，必要时可先示范；在每一站上组内学生轮流操作。

(4)内业计算，出井后内业每位学生独立完成一份计算成果。

2. 用全站仪进行井下导线测量

(1)使用仪器，全站仪。

(2)测量方法，导线测量、三角高程测量。

(3)精度要求，导线水平角观测的技术要求见附表1，水平角的观测限差见附表2，竖直角观测精度见附表3。

附表1　　**导线水平角观测的技术要求**

| 导线类别 | 使用仪器 | 观测方法 | 按导线边长分(水平边长) | | | | | |
|---|---|---|---|---|---|---|---|---|
| | | | 15m以下 | | 15～30m | | 30m以上 | |
| | | | 对中次数 | 测回数 | 对中次数 | 测回数 | 对中次数 | 测回数 |
| 7″导线 | DJ2 | 测回法 | 3 | 3 | 2 | 2 | 1 | 2 |
| 15″导线 | DJ2 | 测回法或复测法 | 2 | 2 | 1 | 2 | 1 | 2 |
| 30″导线 | DJ6 | 测回法或复测法 | 1 | 1 | 1 | 1 | 1 | 1 |

附表2　　**水平角的观测限差**

| 仪器级别 | 同一测回中半测回互差 | 检验角与最终角之差 | 两测回间互差 | 两次对中测回(复测)间互差 |
|---|---|---|---|---|
| DJ2 | 20″ | - | 12″ | 30″ |
| DJ6 | 40″ | 40″ | 30″ | 60″ |

附表3　　**竖直角观测精度**

| 观测方法 | DJ2经纬仪 | | | DJ6经纬仪 | | |
|---|---|---|---|---|---|---|
| | 测回数 | 垂直角互差 | 指标差互差 | 测回数 | 垂直角互差 | 指标差互差 |
| 对向观测(中丝法) | 1 | — | — | 2 | 25″ | 25″ |
| 单向观测(中丝法) | 2 | 15″ | 15″ | 2 | 25″ | 25″ |

全站仪边长测量的作业要求：每条边的测回数不得少于两个。采用单向观测或往返(或不同时间)观测时，其限差为：一测回(照准棱镜一次，读数四次)读数较差不大于4mm；单程测回间较差不大于15mm；往返(或不同时间)观测同一边长时，化算为水平距离(经气象改正和倾斜改正)后的互差，不得大于1/6000；测定气压读至100Pa，气温读至1℃。

(4)外业工作步骤，①选点和埋点。注意的主要问题：相邻点间通视好、距离尽可能大、避免运输干扰、点位稳定安全、便于安置仪器。临时点可边选边测，永久点则要提前一昼夜埋设好。②检查测量，在置入棱镜常数和气象改正数后，用测角法对上一次导线的最后一个水平角$\beta$进行检查，同时再配合测距，检查已知点间的距离。若本次所测水平角

$\beta$ 与上次之差 $\Delta\beta$ 不超过容许值 $\Delta\beta_{容} \leqslant 2\sqrt{2}\, m_{\beta}$ 时，可继续进行导线测量。③学生轮流完成观测、记录、前视、后视等工作，并依次测量各导线点。

(5)内业计算，出井后内业每位学生独立完成一份导线计算成果。

3. 用经纬仪或全站仪标定巷道中线

(1)检查测量。检查开切点 $A$ 的位置是否发生位移。方法是：在 $A$ 点安置全站仪，后视 4 点，前视 5 点，测此夹角与原有角值比较。

(2)将全站仪安置于 $A$ 点，后视点 4，用盘左、盘右两个镜位，拨指向角 $\beta_A$，标出的 1′、1″点，若所标两点不重合，取其平均位置 1 作为中线点，在巷道顶板上将其标定出来。同法再在 $A$—1 方向线上标定出 2、3 点。1、2、3 三点便组成新开巷道的一组中线点，用以指示巷道的掘进方向。各中线点之间的距离一般不应小于 2m。

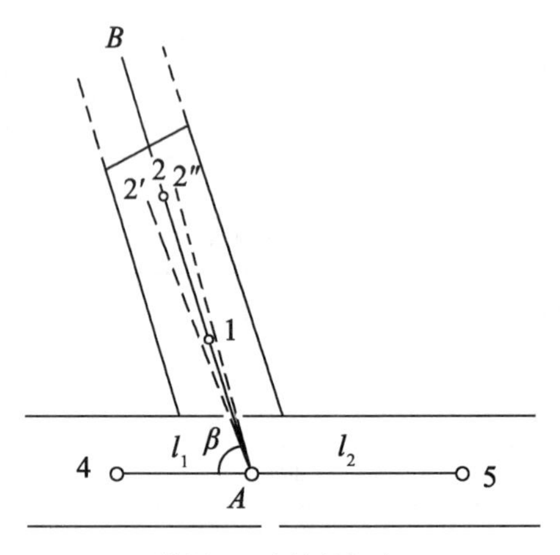


附图 1　中线的标定

4. 腰线的标定

(1)用半圆仪标定平巷腰线。要求每人标定一次。

(2)用半圆仪标定斜巷腰线。要求每人标定一次。

(3)用水准仪(或用全站仪或经纬仪将垂直度盘置于 90°或 270°代替)，标定平巷腰线。要求每人标定一次。

(4)用伪倾角法标定斜巷腰线。要求每位同学编制一个伪倾角改正数表，并在井下标定时独立操作一次。

## 八、实习总结报告

生产实习完成后，每位同学应完成一份实习总结报告。记述自己的实习内容，每项内容的测量方法、步骤、遵循的作业要求；完成后的心得体会以及收获。总结报告的书写可参照如下格式：

(1)封面，实习项目名称、实习地点、起止日期、班级及小组、报告编写人、指导教师姓名。

(2)目录。

(3)前言，说明实习的目的、任务和要求。

(4)内容，各项实习任务执行计划的情况，测量作业依据，采用的测量仪器，作业方法、过程和步骤，资料处理及成果评价。

(5)总结，实习中的收获、心得、体会、实习中出现的问题，解决问题的办法、对本次实习的意见、对以后的实习建议，以及行业社会观察。

## 九、上交资料

(1)每组交一份实习内容相应的记录(水准测量记录表、导线测量记录表)

(2)每人交一份计算资料及最后成果(水准测量计算表、导线测量计算表、伪倾角计算表)。

(3)每人交一份实习总结报告。

# 参 考 文 献

[1]朱红侠. 矿山测量[M]. 重庆：重庆大学出版社，2010
[2]孙京礼，冯大福. 生产矿井测量[M]. 北京：煤炭工业出版社，2007
[3]张国良. 矿山测量学[M]. 徐州：中国矿业大学出版社，2000
[4]白裕良，徐云龙，杨赞行. 矿山测量[M]. 北京：煤炭工业出版社，1989
[5]高井祥. 测量学[M]. 徐州：中国矿业大学出版社，2002
[6]周建郑. 工程测量[M]. 郑州：黄河水利出版社，2006
[7]冯耀挺，闫光准. 矿图[M]. 北京：煤炭工业出版社，2005
[8]中华人民共和国能源部制定. 煤矿测量规程[M]. 北京：煤炭工业出版社，1989
[9]李战宏. 矿山测量技术[M]. 北京：煤炭工业出版社，2008
[10]冯大福. 建筑工程测量[M]. 天津：天津大学出版社，2010
[11]周立吴，张国良，等. 生产矿井测量[M]. 徐州：中国矿业大学出版社，1993
[12]张海东. Y/JTG-1 陀螺全站仪性能研究[M]. 解放军信息工程大学硕士论文，2005
[13]李天和，王文光. 矿山测量[M]. 北京：煤炭工业出版社，2004
[14]煤炭工业部生产司. 煤矿测量手册[M]. 上册修订版. 北京：煤炭工业出版社，1990